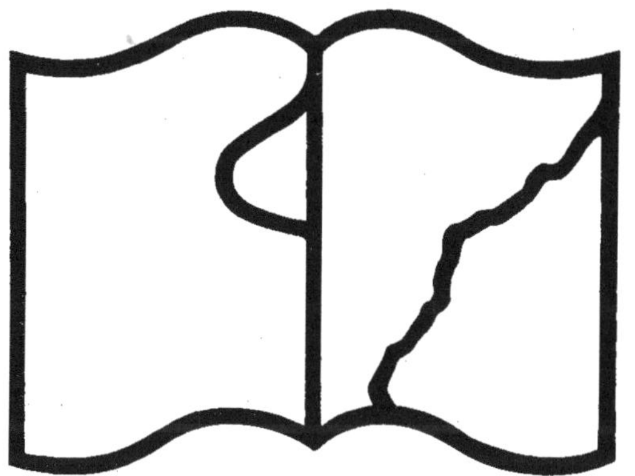

Texte détérioré — reliure défectueuse

NF Z 43-120-11

Contraste insuffisant

NF Z 43-120-14

NOTE

SUR LE

CALCUL DES BARRAGES

DE

RÉSERVOIRS EN MAÇONNERIE

PAR

M. BARBET,

Ingénieur en Chef des Ponts et Chaussées.

(Extrait des Annales des Ponts et Chaussées, 2ᵉ trimestre 1898.)

PARIS

Vᵛᵉ Cₕ. DUNOD, ÉDITEUR

LIBRAIRE DES CORPS NATIONAUX DES PONTS ET CHAUSSÉES, DES MINES
ET DES TÉLÉGRAPHES

49, Quai des Grands-Augustins, 49

1898

NOTE

SUR LE

CALCUL DES BARRAGES

DE

RÉSERVOIRS EN MAÇONNERIE

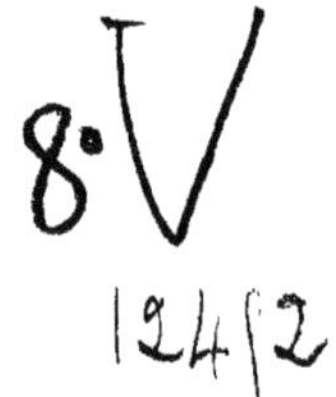

TOURS. — IMPRIMERIE DESLIS FRÈRES.

NOTE

SUR LE

CALCUL DES BARRAGES

DE

RÉSERVOIRS EN MAÇONNERIE

PAR

M. BARBET,

Ingénieur en Chef des Ponts et Chaussées.

(Extrait des Annales des Ponts et Chaussées, 2ᵉ trimestre 1898.)

PARIS

Vᵛᵉ Ch. DUNOD, ÉDITEUR

LIBRAIRE DES CORPS NATIONAUX DES PONTS ET CHAUSSÉES, DES MINES
ET DES TÉLÉGRAPHES

49, Quai des Grands-Augustins, 49

1898

N° 2)

MÉMOIRE

SUR LE

PONT-CANAL DE BRIARE

Par M. MAZOYER, Ingénieur en Chef des Ponts et Chaussées.

CHAPITRE I.

EXPOSÉ ET HISTORIQUE DE LA QUESTION.

Le 1ᵉʳ octobre 1897, le mouillage de 2ᵐ,20 a été réalisé définitivement dans le nouveau bief de Briare long de 19 kilomètres, dont 17 font partie du canal latéral à la Loire, et 2, du canal de Briare, et qui comprend le nouveau grand pont-canal de Briare long de 662 mètres, entre les extrémités de ses culées. Ce pont-canal a été construit pour assurer la jonction du canal latéral à la Loire au canal de Briare et, par là, à Paris et aux réseaux navigables du Nord et de l'Est, d'une manière absolument indépendante de la Loire.

Ce nouveau bief et le pont-canal avaient été ouverts à la circulation, en date du 16 septembre 1896, avec un mouillage de 1ᵐ,80 seulement, par mesure de prudence, en raison du relief de la cuvette au-dessus du sol naturel. Le pont-canal avait été essayé d'une manière spéciale, après son achèvement en 1894, à deux reprises différentes :

1° du 2 au 22 novembre,
2° du 4 au 10 décembre.

On avait, à cette époque, réalisé, à l'intérieur du pont-canal, au moyen d'un remplissage, par machine élévatoire :

Le mouillage de 1^m,80 et au-dessus pendant   1 jour
—   2^m,00   —   —   1 —
—   2 ,20   —   —   13 —
                                     TOTAL............ 15 jours

En outre, le nouveau bief avait été, au cours de l'année 1896, rempli progressivement, et l'on avait réalisé le mouillage de 1^m,80 :

Au mois de juillet 1896........   6 jours
   —   septembre 1896.....   5 —
                       TOTAL.......... 11 jours

L'ouverture du nouveau bief à la circulation, à la date du 16 septembre 1896, avait donc été précédée d'essais à la tenue de 1^m,80 poursuivis avec succès pendant 15 + 11 = 26 jours.

Le mouillage de 1^m,80, après huit mois d'exploitation, fut porté à 2 mètres le 16 mai 1897, puis à 2^m,20 le 1er juillet 1897. La tenue de 2^m,20 fut maintenue du 1er au 20 juillet.

Après le chômage de 1897, le remplissage à 2 mètres fut entrepris immédiatement et terminé le 17 septembre, et le mouillage de 2^m,20 fut atteint le 1er octobre 1897. Nous sommes donc fondé à dire que, dans ces conditions, c'est à titre définitif.

L'expérience faite depuis cette dernière date jusqu'à ce jour confirme pleinement ce résultat.

dans un état parfait de conservation à l'intérieur d'une petite urne et au milieu d'une boîte en plomb remplie de poussière de charbon. Cette boîte était scellée dans une cavité pratiquée dans l'une des pierres de taille de la tête aval de l'écluse qu'il a fallu déplacer pour allonger cette écluse.

Mais, quel que soit celui des deux objectifs que l'on considère en partant de la Loire supérieure, c'est-à-dire en partant de Roanne ou de Digoin, il faut remarquer que les villes de Nevers, La Charité et Cosne qui s'élèvent sur les coteaux de la rive droite, depuis les bords mêmes du fleuve jusque sur le plateau, ne laissaient aucune place pour le passage d'un canal latéral entre la ville et le fleuve.

Ces villes se seraient d'ailleurs opposées à ce qu'on les séparât du fleuve dont la navigation n'était encore qu'à la première période de sa décadence et qui, par suite, faisait leur prospérité, surtout avant l'établissement des voies ferrées.

Quant à passer sur le plateau, en arrière des centres habités par rapport au fleuve, cela est possible pour une voie ferrée qui les contourne en s'élevant pour redescendre ensuite le long du cours d'eau. Mais il serait inadmissible de multiplier ainsi les biefs de partage le long d'un canal latéral à un fleuve, en raison des dépenses et des difficultés d'alimentation. Ce serait contraire aux règles de l'art les plus élémentaires.

Force était donc de disposer le canal sur la rive gauche du fleuve où aucun de ces inconvénients n'existait. Mais, pour relier le nouveau canal aux canaux préexistants dans la région — les anciens canaux de Briare et du Centre ouverts dès les XVIIe et XVIIIe siècles, œuvres de Cosnier et de Gauthey, — il fallait franchir deux fois la Loire, une première fois à Digoin et une seconde fois près de Briare.

A Digoin, grâce à M. l'Ingénieur en Chef Vigoureux,

la solution du passage du fleuve au moyen d'un pont-canal fut adoptée et réalisée avec un plein succès.

Entre Digoin et Briare, le canal devait franchir au Guétin un affluent de la rive gauche de la Loire presque aussi important que le fleuve lui-même : la rivière d'Allier. Là encore, grâce à l'un de nos éminents prédécesseurs, la solution du passage avec pont-canal fut réalisée, et c'est ainsi que sur les trois grands ponts-canaux en maçonnerie existant en France en 1890, deux de ces ponts : celui de Digoin (200 mètres) et celui de Guétin (400 mètres), se trouvent sur le canal latéral à la Loire, le troisième, celui d'Agen (580 mètres) étant établi pour le passage du canal latéral à la Garonne, d'une rive à l'autre du fleuve.

Pourquoi cette même solution n'a-t-elle pas été adoptée à Châtillon-sur-Loire ?

On peut invoquer d'abord l'importance croissante de l'ouvrage nécessaire pour franchir le fleuve.

Les eaux à écouler à Châtillon-sur-Loire dépassent la somme des eaux qui passent sous les ponts-canaux de Digoin et du Guétin, puisqu'il faut y ajouter le débit de tous les affluents de la Loire qui se jettent dans le fleuve entre Digoin et Nevers :

L'Arroux à Digoin ;

La Bèbre, près Dompierre ;

L'Aron, à Decize ;

La Nièvre, à Nevers.

Donc on conçoit qu'il faille bien compter sur un débouché de 600 mètres pour un pont-canal dans la région de Briare.

Mais il n'y avait point là qu'une simple question de dimensions totales et de dépenses.

Il faut tenir compte de deux autres éléments :

1° La multiplicité et les dimensions des points d'appui nécessaires ;

2° La hauteur disponible.

Les dimensions des arches et les épaisseurs des piles
sont les suivantes :

	Ouverture des arches	Largeur des piles
à Digoin.......	16^m,00	3^m,00
au Guétin......	16 ,00	3 ,04

Cette succession de piles et d'arches est admissible
pour la Loire et l'Allier coulant séparément. Le serait-
elle encore pour ces deux cours d'eau réunis et grossis
d'affluents?

On était forcément conduit à examiner l'éventualité
d'ouvertures d'au moins 40 mètres, séparées par des
piles qui auraient dû avoir au moins 4 mètres d'épaisseur.
L'adoption d'ouvertures aussi grandes est indispensable
pour éviter les remous importants et si dangereux pendant les crues de la Loire. Cette dimension de 4 mètres
pour les piles était d'ailleurs indispensable pour réduire,
dans une limite convenable, les pressions dans la substructure maçonnée supportant l'énorme charge d'une
voie d'eau jetée au-dessus de ces points d'appui.

Or, en 1838, on n'avait pas encore abordé, au moins
couramment, l'ouverture de 40 mètres pour les routes.
Les chemins de fer étaient encore à leur début. *A fortiori*, ne pouvait-on songer à des arches de cette dimension pour les canaux.

Sans même parler de l'influence des crevasses bien
plus considérable encore avec les arches de 40 mètres
qu'avec les arches courantes de 16 à 20 mètres des ponts-
canaux existants, on peut remarquer que des arches de
pareille ouverture sous canal même surbaissées seulement
à 1/3 ou à 1/4 auraient eu l'inconvénient d'exercer des
poussées d'une intensité exceptionnelle sur les culées de
l'ouvrage. Elles auraient, en outre, conduit à des hauteurs
beaucoup trop considérables au point de vue du raccor-

dement de la cuvette maçonnée avec les canaux existants.

Si, avec la poutre droite adoptée, on a eu déjà de sérieuses difficultés d'ordre administratif et d'ordre technique pour se relier aux canaux préexistants — et il sera facile d'en juger par la suite, — toute surélévation au-dessus de ce niveau minimum, obtenu grâce à l'emploi de la cuvette métallique en poutre droite, eût conduit à de véritables impossibilités.

Mais nous pouvons dire, dès à présent, que les premières études entreprises au service du canal latéral avec l'assentiment de tous les Inspecteurs Généraux qui s'étaient succédé jusqu'en 1880 attribuaient au niveau du plan d'eau du pont-canal la cote

$$138^{m},00,$$

tandis que, à la suite des conférences relatives au projet d'exécution du nouveau bief, le service du canal de Briare demanda et obtint que ce niveau fût abaissé à la cote

$$137^{m},50,$$

en vue d'éviter le relèvement du bief de ce canal et les indemnités qui en eussent été la conséquence.

C'était subordonner un ensemble considérable de travaux et la question capitale de la sécurité de la nouvelle voie navigable au-dessus de la Loire à une question d'indemnités relativement secondaire.

Dans tous les cas, on peut conclure qu'au point de vue soit des relations administratives avec les services voisins du canal, soit des difficultés techniques, on était limité par la hauteur.

Et soit qu'on considère la cote 138 mètres pour le plan d'eau du nouveau bief, cote à laquelle correspond une revanche de 2 mètres entre le dessous du tablier et des

qui a permis la réalisation sûre et pratique du pont-canal
de Briare, d'un autre côté, c'est ce grand ouvrage qui a
consacré définitivement (décision ministérielle du 25 novembre 1890) l'emploi officiel de l'acier doux travaillant à
la flexion dans les travaux publics en France où l'on ren-
contrait, à titre de précurseurs, les ponts de la Braye sur
la ligne de Tours à Sargé (réseau de l'État, décision ministérielle du 3 octobre 1885) et le pont Caulaincourt
(voirie municipale de Paris, décision ministérielle du
17 avril 1887).

Tel est l'historique sommaire de la solution de ce difficile problème portant sur l'exécution d'une poutre droite
dont le poids, par mètre courant, avec surcharge d'épreuve
est plus du double du poids par mètre courant, dans les
conditions analogues, d'une travée de chemin de fer à
deux voies de 75 mètres d'ouverture.

Le principe de cette solution étant connu, nous pouvons
examiner maintenant avec plus de détails les dispositions
d'ensemble du nouveau bief appelé à franchir la Loire
d'une manière absolument indépendante de ce grand
fleuve.

Après avoir vu pourquoi on avait été conduit, en 1838, à
adopter une traversée à niveau de la Loire par le canal,
nous avons à indiquer brièvement comment cette traversée s'est comportée jusqu'à son remplacement, en 1896,
par un pont-canal, c'est-à-dire pendant cinquante-huit ans.

Les dispositions du passage en Loire sont bien connues
et classiques. Nous avons seulement à rappeler ici qu'elles
consistent dans un chenal de 55 mètres de largeur situé
entre deux digues basses arasées :

l'une, dite digue d'Ousson à $0^m,50$ au-dessus de
l'étiage ;

l'autre, dite digue de Châtillon à $1^m,20$ au-dessus de
l'étiage.

La principale masse des eaux de la Loire coule dans

ce chenal au lieu de divaguer dans un lit qui, en ce point, n'atteint pas moins de 335 mètres de largeur. De là, un effet d'enlèvement plus rapide des sables mobiles qui constituent le lit du fleuve et une tendance à l'approfondissement. Mais, de plus, pour réaliser et maintenir un mouillage convenable dans ce chenal, le service d'entretien procède presque constamment à des dragages. L'écoulement des sables étant essentiellement variable, ces dragages sont surtout nécessaires quand le débit de sables se trouve exceptionnellement augmenté pendant certaines périodes, autrement dit lorsqu'il passe une *grève de sables* pour employer la locution locale usitée.

La longueur du chenal, tracée obliquement par rapport à l'axe du fleuve et qu'il s'agit d'entretenir entre les deux écluses d'entrée en Loire du canal latéral sur chaque rive, est de 1.020 mètres ; en raison du trafic considérable que ce passage desservait jusqu'en 1896, le service apportait tous ses soins à l'entretien particulièrement difficile de cette partie de voie.

Malgré tous ces soins, le mouillage obtenu était irrégulier et insuffisant par rapport à l'ancien mouillage normal ($1^m,60$) du canal latéral pendant près du 1/3 de l'année.

Voici, du reste, les chiffres pour les trois dernières années où le passage en Loire a desservi le trafic.

Nombre de jours où le mouillage a été :	1894	1895	1896
égal ou supérieur à 1 mètre.	293 jours	319 jours	359 jours
— $1^m,20$ ...	220	254	359
— $1^m,60$ ...	104	120	234

On voit donc que pendant :

261 jours en 1894,
245   —   1895,
131   —   1896,

les bateaux n'ont pu passer qu'avec un tirant d'eau réduit.

On était alors obligé d'alléger les bateaux en répartissant leur charge sur d'autres bateaux vides avant qu'ils ne s'engagent dans le passage en rivière, puis de reconstituer le chargement primitif après qu'on avait franchi ce passage. On conçoit quelles dépenses et quels retards il s'en suivait pour la batellerie.

De plus, il arrivait le plus souvent que les bateaux ne pouvaient passer seuls. Ainsi, par exemple, dès que l'une des digues basses formant le chenal et qui servait de chemin de halage était notablement submergée, c'est-à-dire que la Loire atteignait de 0^m,75 à 1 mètre au-dessus de l'étiage le halage devenait impossible. Même lorsque cette opération était possible, elle restait toujours difficile et dangereuse.

Aussi l'on conçoit facilement qu'il se soit établi, sous le régime de permission de voirie, un toueur qui offrait ses services pour le passage en Loire. Ce toueur, au lieu d'une chaîne noyée, exposée perpétuellement aux ensablements, avait une chaîne qui s'enroulait à la remonte autour d'une grosse bobine située sur sa plate-forme et qui se déroulait à la descente.

Les services étaient, la plupart du temps, acceptés par la batellerie, ainsi qu'on peut en juger par le tableau suivant qui fait, en outre, ressortir l'importance de la circulation totale :

| | BATEAUX PASSÉS | | TOTAL |
	à l'aide du toueur	à l'aide des billeurs	
1892	7.948	1.156	9.104
1893	8.444	1.370	9.814
1894	8.396	815	9.211
1895	7.585	931	8.516
Totaux	32.373	4.272	36.645
Moyennes annuelles	8.093	1.068	9.161

Or ce toueur n'arrivait pas toujours à écouler chaque jour tous les bateaux qui demandaient ses services. D'où une nouvelle cause de retard à ajouter en pratique à celle qui provenait des allègements. Si on fait enfin entrer en ligne de compte toutes les crues au-dessus de $2^m,50$, les jours de charriage des glaces, on voit combien l'exploitation de la voie navigable au passage en Loire était difficile, coûteuse et précaire.

On peut d'ailleurs chiffrer facilement les sacrifices annuels que le passage en Loire imposait au commerce.

Ainsi les prix perçus par le toueur étaient les suivants :

PRIX PERÇUS.

Les prix perçus sont, depuis le 1er décembre 1891, de :

Descente.

```
Grand bateau chargé : 15fr,00 + 2fr,00 de prime.......   17fr,00
        —        vide : 5fr,00...........................    5 ,00
Petit bateau ou berrichon : 10fr,00 + 1fr,00 de prime..   11 ,00
        —            —        vide : 4fr,00..............    4 ,00
Train ou radeau : 20fr,00...............................   20 ,00
```

Remonte.

```
Grand bateau vide : 6fr,00..............................    6fr,00
        —        chargé : 0fr,30 par centimètre d'enfonce-
ment total, plus 2fr,00 de prime.
Petit bateau berrichon vide : 3fr,00....................    3 ,00
        —            —        chargé : 0fr,15 par centimètre
d'enfoncement total, plus 1fr,00 de prime.
Train ou radeau : 0fr,50 par centimètre d'enfoncement.
```

NOTA. — Les bateaux jaugeant à vide $0^m,20$, 1 tonne correspond à un enfoncement de 0,0065 à 0,007 pour les grands bateaux, et de 0,014 à 0,015 pour les berrichons.

D'autre part, on comptait une moyenne de 9.200 bateaux franchissant le passage en Loire dont :

8.000 en nombres ronds empruntaient le touage ;

Et 1.200 passaient avec leurs propres moyens de traction et de gouvernail, à l'aide de pilotes spéciaux désignés dans la localité sous le nom de billeurs et qui percevaient d'ailleurs les mêmes tarifs que le touage, mais présentaient l'avantage, dans les cas fréquents où le toueur ne pouvait suffire au passage de tous les bateaux qui se présentaient, de diminuer l'attente imposée de ce chef aux mariniers.

Dans ces conditions on peut résumer ainsi les dépenses imposées du fait même de la traversée de la Loire, si l'on remarque que le nombre total de bateaux se répartit sensiblement par moitié entre les gros bateaux de $30^m,00 \times 5^m,00$ et les berrichons de $30^m,00 \times 2^m,50$.

FRAIS DE PASSAGE.

Descente.

Passage de 4.600 bateaux, dont:
—   2.300   bateaux   du   Berry
à 11^{fr},00............................... 25.300^{fr},00
Passage de 2.300 grands bateaux à 17^{fr},00. 39.100 ,00

                    64.400^{fr},00

Remonte.

4.600 bateaux: 2.300 grands et 2.300 berrichons moitié passés à vide et moitié chargés:
Soit: 1.150 grands bateaux vides à 6^{fr},00. 6.900^{fr},00
  1.150 grands bateaux chargés en moyenne de 116 tonnes et, par suite, avec un tirant d'eau moyen de $1^m,01$ à 0^{fr},30 du centimètre d'enfoncement:
1.150 $\times$ 30^{fr},30...................... 34.845 ,00
1.150 bateaux du Berry vides à 3^{fr},00. 3.450 ,00
1.150   —   —   chargés de 58 tonnes en moyenne et, par suite, avec un tirant d'eau moyen de $1^m,10$ en moyenne à 0^{fr},15 du centimètre.. 18.875 ,00

                    64.070 ,00

                   128.470^{fr},00

En outre de ces frais, il faut encore faire entrer en
ligne de compte les conséquences indirectes du passage
en Loire, c'est-à-dire les dépenses non moins importantes
qui proviennent des retards et des dangers inhérents à ce
passage, retards résultant de l'impossibilité où se trouve
le toueur de passer tous les bateaux au fur et à mesure
de leur arrivée dans les gares d'attente situées de chaque
côté du fleuve, soit des chômages spéciaux à ce passage
(crues, glaces, etc.), soit encore des allègements nécessités par l'insuffisance du mouillage.

Ces divers frais peuvent se chiffrer ainsi :

1° Frais occasionnés par les allègements
de 1.950 bateaux par an, comme cela résulte du manque d'eau pendant les 5 dernières années, à raison de 15^{fr},00 pour les
grands bateaux et 10^{fr},00 pour les berrichons, soit 12^{fr},50 en moyenne, soit.... 24.500^{fr},00

2° Les retards occasionnés par ces allègements, soit 2 jours par bateau à 8^{fr},00
par jour (moyenne entre les frais jour-
naliers des gros bateaux 9^{fr},50, et des
berrichons 6^{fr},50).
Pour les 1.950 bateaux................ 31.200 ,00

3° Les retards généraux que l'on peut évaluer à une journée de perte pour tous
les autres bateaux, même non allégés,
soit pour 7.250 bateaux à 8^{fr},00........ 58.000 ,00

4° Les jours de chômages inhérents au
passage, soit 8 jours par an représen-
tant 240 jours de bateau à 8^{fr},00....... 1.920 ,00

5° Enfin la détérioration du matériel par
suite des chocs reçus dans la traversée
et les manœuvres plus ou moins difficiles qui fatiguent les bateaux et que l'on
peut évaluer sans exagération à 1^{fr},00
par bateau, soit...................... 9.200 ,00

On arrive à un chiffre de dépenses accessoires de..............................

124.820 fr.

Donc, l'ensemble des charges annuelles pesant sur la batellerie du chef du passage en Loire s'élève à :

$$128.470^{fr},00 + 124.820^{fr},00 = 253.290^{fr},00,$$

soit en nombres ronds :

$$253.000^{fr},00$$

qui représentent à 3 0/0 un capital de :

$$8.433.333^{fr},00,$$

le nouveau bief ayant exigé une dépense de 8.335.187 fr. 18 (acquisitions de terrains et travaux réunis). Ce sacrifice est donc bien justifié et, de plus, Paris est rapproché d'un jour et demi au point de vue des transports par eau de la région du Centre en même temps qu'une cause grave d'insécurité a été supprimée.

Le passage de Châtillon-sur-Loire formait donc un contraste complet et fâcheux avec les excellentes conditions de navigabilité de la ligne du Bourbonnais et tous les efforts de l'Administration devaient tendre à la faire disparaître afin d'assurer la sécurité, la régularité et le bon marché des transports par eau dans la région du Centre, conditions essentielles à réaliser pour les voies navigables, surtout depuis que les chemins de fer offrent des conditions de régularité et de rapidité bien supérieures à celles qu'offrait autrefois le roulage.

Ces conclusions étaient absolument exactes, même avec les anciennes conditions de navigabilité de la ligne du Bourbonnais, conditions ainsi définies :

Longueur des écluses...................	$30^m,00$
Largeur...............................	5 ,20
Mouillage normal......................	1 ,60
Hauteur libre sous les ponts supérieurs.	3 ,00 (environ).

Ces dimensions avaient été fixées d'après les dimensions du matériel flottant qui fréquentait autrefois la Loire et les canaux voisins de Briare et du Centre.

Mais les canaux de Briare et du Centre venaient d'être transformés et unifiés avec la généralité des canaux français, d'après les bases suivantes :

Longueur des écluses...................	$38^m,50$
Largeur..............................	$5\ ,20$
Mouillage normal......................	$2\ ,20$
Hauteur libre sous les ponts supérieurs...	$3\ ,70$

Or, pendant quel nombre restreint de jours eût-on pu espérer réaliser au passage en Loire, non plus seulement le mouillage de $1^m,60$ déjà si peu fréquent, mais, ce qui devait être bien plus rare, le mouillage de $2^m,20$?

Dès que la hauteur d'eau dans le fleuve atteint $1^m,80$ à 2 mètres, c'est que le fleuve est en crue ou, tout au moins, en période de fortes eaux, et la vitesse rend la navigation dangereuse et difficile. A la tenue de $2^m,50$ dans le fleuve, la navigation devient radicalement impossible.

Le canal latéral à la Loire ne pouvait rester en dehors de l'unification des conditions de navigabilité des canaux du reste de la région, et l'application de ces nouvelles conditions à Châtillon-sur-Loire condamnait absolument le passage en Loire.

La transformation du canal latéral devenait même urgente, sous peine de laisser une lacune de 200 kilomètres non transformée sur la ligne navigable du Bourbonnais.

Ainsi, d'une part, au nord du canal latéral dans la direction de Paris, la transformation déclarée d'utilité publique, en date du 18 septembre 1880 pour le canal du Loing, et en date du 7 juillet 1881 pour le canal de Briare, a été terminée en 1893, sous le rapport de la réalisation du mouillage de $2^m,20$, ce qui assurait la continuité de ce même mouillage depuis Paris jusqu'aux abords de Briare.

D'autre part, au sud-est du canal latéral, la transformation du canal du Centre, déclarée d'utilité publique en date du 20 juin 1881, avait pour conséquence la réalisation du mouillage de $2^m,20$ jusqu'à Digoin dans cette même année 1893 et, par suite, le mouillage de $2^m,20$ se trouvait assuré de Lyon à Digoin.

Il fallait donc, dès 1885 et surtout en 1890, se mettre sérieusement à l'œuvre pour compléter une transformation analogue entre Briare et Digoin et, pour cela, renoncer au passage en Loire de Châtillon et recourir à l'emploi du métal pour permettre à la voie navigable transformée de passer sur la Loire à Briare.

La traversée de la Loire au moyen d'un nouveau pont-canal a d'abord été étudiée à Châtillon-sur-Loire dans le voisinage immédiat du passage en Loire, au moyen d'un pont-canal en maçonnerie.

Mais supposons même ce pont-canal métallique, ce qui demande moins de hauteur et qui rend la comparaison des tracés par Châtillon et Briare plus précise.

Cette comparaison a d'ailleurs bien été faite dans ces conditions au moment où le choix définitif du tracé a eu lieu en 1888 à la suite de nouvelles et dernières réclamations des habitants de Châtillon-sur-Loire.

A Châtillon-sur-Loire, comme à Briare, il fallait mettre la bâche métallique à l'abri des plus hautes crues du fleuve et des corps flottants qui sont entraînés dans ces crues ; c'est même cette amplitude des crues de la Loire qui, non moins que la largeur du fleuve, constituait la difficulté de la traversée.

Or, à Châtillon, les plus hautes crues connues s'élèvent à $6^m,90$ au-dessus de l'étiage qui est, en ce point, à la cote $129^m,08$.

A cette hauteur il faut ajouter au moins :

0^m,50 pour les vagues ;
0 ,50 pour la saillie des corps flottants entraînés dans les grandes crues (dimension plutôt faible) ;
0 ,50 comme revanche de sécurité (comme dans le projet de Briare) ;

Total. 1^m,50, hauteur totale plutôt faible, mais que les exigences du service de Briare nous ont forcés à accepter.

D'autre part, la bâche doit assurer un mouillage de.................................. 2^m,20

L'épaisseur de l'ossature métallique au-dessus du fond de la bâche ne peut être inférieure à.. 0 ,80

Total................... 3^m,00

Le plan d'eau dans la bâche devait donc être à une hauteur au-dessus de l'étiage de :

$$6^m,90 + 1^m,50 + 3^m,00 = 11^m,40,$$

soit à la cote

$$140^m,48.$$

Le plan d'eau dans le port du canal, immédiatement en amont de l'écluse de descente en Loire et situé sur la rive gauche du fleuve, est à la cote (131^m,68), soit à 2^m,60 au-dessus de l'étiage.

Le plan d'eau du nouveau canal dans la bâche devait donc être situé à 8^m,80 au-dessus du plan d'eau de l'ancien canal, dans le voisinage immédiat de ces deux branches de canal existante et projetée.

De là, la nécessité d'un raccordement long et coûteux (voir le tracé pointillé du plan général, pl. 15) entre la culée gauche du pont-canal et l'ancien canal latéral: ce raccordement ne pouvait s'effectuer seulement au moyen d'une modification du profil, car on ne peut relever considérablement un canal sur place et le disposer en grand remblai. Il est encore préférable, sous le double rapport de la dépense et de la sécurité, de modifier, en même temps, le tracé et de rejeter ce tracé sur le flanc du coteau à la hauteur déterminée par le plan d'eau dans la bâche.

Le raccordement ainsi étudié allait rejoindre le niveau de l'ancien canal après un parcours d'environ 13^{km},600.

Du côté de la rive droite, on serait descendu de la bâche sur le plafond de la vallée de la Loire, au moyen de deux biefs étagés d'une longueur de 778 mètres et de 505 mètres et de trois écluses correspondantes ayant la première, placée immédiatement à la suite du pont-canal, une chute de 3^m,22, les deux autres, placées à l'aval de chacun des deux biefs précités, une chute de 3^m,85 pour regagner, au moyen du tracé AB, le bief des Combles, dont la cote est 129^m,56.

Avec cette solution il fallait que la voie navigable suivît le niveau du bief des Combles pendant 5 kilomètres jusqu'à Briare pour remonter ensuite par le canal de Briare dans la direction de Paris à une hauteur supérieure à celle du plan d'eau du pont-canal.

Ce n'était pas sans appréhension qu'on envisageait la création, à la suite immédiate du pont-canal de Châtillon-sur-Loire, d'écluses analogues à celles du Guétin qui causent déjà de grands retards et de grandes sujétions en ce dernier point, mais qui y sont la solution indispensable, puisque la voie navigable est toujours descendante et ne remonte pas dans la région du Guétin. A défaut d'écluses accolées, on était, dans tous les cas, obligé, à Châtillon-sur-Loire, d'accepter deux biefs très courts pour regagner le bief des Combles depuis le pont-canal, ce qui constituait encore une solution défectueuse.

De plus, il est à noter que le bief des Combles, depuis Châtillon jusqu'à Briare, longe le fleuve de très près et à un niveau peu élevé et est exposé à être submergé et détérioré pendant les grandes crues. Les digues qui le protègent, terminées en 1838, n'ont pu être étudiées en vue des trois grandes crues exceptionnelles de ce siècle : 1846, 1856 et 1866.

Dans ces conditions on s'est demandé, puisqu'il fallait toujours construire, sur le coteau de rive gauche, une branche neuve de canal de 12 kilomètres pour regagner la hauteur correspondant au niveau du plan d'eau de la bâche par rapport au niveau du canal à Châtillon, si on ne pourrait pas reporter le pont-canal en aval, de manière d'abord à bénéficier de la pente de la Loire ($0^m,50$ par kilomètre, soit $2^m,50$ pour la distance de 5 kilomètres qui, mesurée selon l'axe du fleuve, sépare Châtillon de Briare). Le pont-canal se trouvait ainsi placé à une hauteur moindre et l'on rapprochait beaucoup de Châtillon le point de raccordement de la branche neuve de rive gauche avec le canal existant.

En même temps, on pouvait se placer vis-à-vis du canal de Briare et chercher à se raccorder avec ce dernier canal par la branche neuve de rive droite faisant suite au pont-canal sans descendre, pour remonter presque aussitôt après et, par suite, en évitant les écluses analogues à celles du Guétin.

Cette nouvelle disposition revenait à réunir, par un seul et même bief comprenant le pont-canal et dont le niveau était déterminé par ce pont-canal, les deux biefs situés à peu près au même niveau, d'un côté sur le canal latéral (rive gauche de la Loire), d'autre part sur le canal de Briare (rive droite de la Loire).

Les études démontrèrent la possibilité de cette solution qui supprimait, du même coup, dans la direction de Digoin à Paris non seulement le passage en Loire, mais encore sept écluses, savoir :

Trois sur la partie du canal latéral située sur la rive gauche du fleuve : l'Étang et la Folie, écluses ordinaires (points C et D du plan, pl. 15), et l'écluse de descente en Loire de Châtillon-sur-Loire (point E du plan) ;

Quatre sur la partie du canal latéral située sur la rive droite du fleuve et sur le canal de Briare ;

Une écluse de descente en Loire aux Combles F et trois écluses du canal de Briare (écluses de Briare, La Place et La Cognardière, G, H et J du plan, pl. 15).

Ainsi, sur la ligne du Bourbonnais au profil M aux environs de Briare, on substituait le profil N infiniment plus avantageux au point de vue de la facilité, de la rapidité et du bon marché des transports. On a figuré également, à titre comparatif, le profil correspondant au passage de la Loire à Châtillon (Voir pl. 15).

Le nouveau bief se trouvait ainsi constitué :

1° En profil avec la cote 137^m,50 pour le plan d'eau :
par le bief de Maimbray à l'Étang (cote ancienne 137^m,09) relevé sur place de 0^m,41 pour une longueur de.. 4.422^m,84

Par la branche neuve de canal :
Branche neuve de rive gauche entre la porte de garde de l'Étang et le pont-canal........................... 10^k,132.03
Pont-canal........................... 662,69 } 13.170 ,41
Branche neuve de rive droite entre le pont-canal et la porte de garde de La Cognardière................... 2.375 ,69

Par le bief de La Cognardière surélevé de 0^m,05 entre les écluses de La Cognardière et de Venon. 2.013 ,02

Longueur totale du bief de jonction............. 19^k.606^m,27

2° En plan :

Le tracé du nouveau bief était identique à celui de l'ancien canal latéral sur tout le bief de l'Étang ; il se développait le long des coteaux de la rive gauche de la Loire à la hauteur du bief de l'Étang jusqu'à ce qu'il s'infléchisse au moyen de deux coudes successifs à angle droit vis-à-vis le versant de rive gauche de la vallée secondaire de la Trézée pour traverser la vallée princi-

pale de la Loire à angle droit et s'appuyer, en continuant
à suivre une direction générale perpendiculaire au grand
fleuve, sur les coteaux de la vallée de la Trézée.

La solution du pont-canal à Briare avait toutefois l'inconvénient d'entraîner l'exécution d'une branche neuve
de canal en grand remblai :

1° A la traversée de la vallée secondaire de Châtillon-
sur-Loire ;

2° Dans la traversée du lit majeur de la Loire entre les
coteaux du flanc gauche de la vallée et la culée gauche
du pont-canal.

CHAPITRE II.

DISPOSITIONS GÉNÉRALES DU PONT-CANAL.

Un avant-projet fut dressé, en 1881, avec bâche en fer,
d'après les bases que nous venons d'indiquer.

Il semble que l'Administration ait hésité à l'approuver
et se soit demandé si ce n'était pas là une solution trop
hardie.

L'approbation cependant intervint en date du 22 avril
1886, et, comme nous venions de prendre le service à la
date du 15 juillet, des instructions nous furent données
pour procéder à l'enquête d'utilité publique.

Cette enquête eut lieu du 9 août au 9 septembre 1886,
et la Commission d'enquête tomba d'accord avec l'Administration, sous réserve de certaines conditions dont nous
reproduisons celles qui intéressent la question au point
de vue technique. Le service les avait, du reste, accep-
tées, et cet accord a constitué un pacte entre l'État et
les représentants des intérêts locaux. Ce pacte a été

fidèlement observé à cela près que l'accolement d'un pont-route au pont-canal a bien été étudié et approuvé par l'Administration. Mais les intéressés locaux, département, communes et particuliers n'ayant pas voulu prendre à leur charge la dépense complémentaire, la construction du pont-route a été abandonnée par l'État.

Nous devons insister d'autant plus sur les résultats de l'enquête d'utilité publique que ces résultats ne présentent pas seulement un intérêt sérieux au point de vue de l'historique de la question, les débats qui ont eu lieu à ce sujet ont été des éléments déterminants des dispositions générales adoptées pour le pont-canal. A cet égard, cette phase de l'affaire mérite quelque attention.

En outre de l'adjonction d'un pont-route au pont-canal, la Commission d'enquête demandait :

1° Le maintien de toutes les branches de canal en exploitation en 1886, vœu qui se justifiait par cette considération que ces branches desservent des industries locales, entre autres l'usine de Briare.

2° Le rétablissement facile des communications entre la ville et la vallée secondaire de Châtillon-sur-Loire d'une part, avec la grande vallée de la Loire, d'autre part.

C'était un desideratum conforme à la fois au droit et à l'équité qui a été résolu par la construction d'une voie de terre supérieure au canal neuf, quoique celui-ci fût déjà en remblai vis-à-vis de la ville de Châtillon. Dans ces conditions, cet ouvrage était nécessairement coûteux, mais le problème a été résolu à la satisfaction de l'opinion publique, nettement hostile soit à un passage sous le canal, passage trop exposé à être envahi par les eaux de la Loire, soit à un passage à niveau qui ne paraissait pas offrir au public toutes les garanties désirables d'indépendance de la voirie terrestre par rapport à la voie navigable.

3° La défense complète du bourg de Saint-Firmin contre la Loire et, comme conséquence du rejet des eaux du côté de Briare par les nouvelles digues ainsi établies, la défense de Briare contre cette aggravation de la situation de cette dernière ville par rapport au régime des crues du fleuve.

Ce vœu de la Commission posait nettement la question du débouché total et de la position par rapport au lit majeur de la Loire de l'ouvrage destiné à franchir le fleuve d'une manière indépendante avec une nouvelle voie navigable placée au-dessus de ses plus hautes crues.

Cette question peut se résumer ainsi :

Le pont-canal avec ses travées d'une ouverture minimum indispensable de 40 mètres revenait à un prix trop élevé pour qu'on pût songer à traverser par ce moyen tout le lit majeur de la Loire d'un coteau à l'autre, la distance de ces deux coteaux au droit du pont-canal n'est pas moindre de 1.200 mètres.

De plus, en se plaçant au quadruple point de vue du prix de l'ouvrage, de la hauteur nécessaire pour la cuvette, de la dépense et de l'effet utile, on ne prévoyait le pont-canal que pour une seule voie de bateaux.

Il suffit, d'ailleurs, de constater que jusqu'à présent tous les ponts-canaux de quelque importance n'ont été exécutés que pour une seule voie de bateaux.

Il fallait donc que sa longueur fût limitée de manière à ce que cet ouvrage pût donner passage chaque jour à un nombre de bateaux égal à celui qui fréquentait alors le canal latéral et même au nombre de bateaux appelés à fréquenter le canal pendant une longue période, quelles que fussent les prévisions d'extension du trafic.

Il était notamment nécessaire que le débit journalier du pont-canal de Briare fût au moins égal au débit du pont-canal du Guétin.

Or ce pont-canal devait avoir et a, en effet, deux

écluses accolées depuis la transformation du canal. La vitesse moyenne de traction est de $0^m,12$ par seconde : en admettant pour chacun de ces éclusages la durée plutôt faible de vingt minutes, durée fixée pour cette opération dans le cas d'une exploitation intensive du canal, on arrive à cette conclusion que les deux écluses accolées du Guétin constituent l'équivalent d'un allongement de parcours de :

$$2 \times 20 \times 60 \times 0,12 = 288 \text{ mètres.}$$

Le pont-canal du Guétin ayant, en outre, 346 mètres, la longueur maximum du pont-canal de Briare devait être, pour satisfaire à la condition d'un égal débit journalier :

$$346 + 288 = 634 \text{ mètres.}$$

Au delà, si on continuait la traversée de la vallée de la Loire, au moyen d'un viaduc d'inondation, les appuis du viaduc pouvaient être plus rapprochés, mais la cuvette supportée par ces appuis devait être établie pour deux voies de bateaux.

Cette solution entraînait soit l'exécution d'un long et massif viaduc en maçonnerie surmonté d'une cuvette également en maçonnerie et dégageant mal la section mouillée au-dessous des hautes eaux, soit d'une cuvette métallique ayant 11 mètres au plafond d'un type entièrement nouveau à étudier et encore inconnu, car le pont-canal s'il était nouveau :

1° Comme dimensions totales ;
2° Comme dimensions de chaque travée ;
3° Comme métal employé dans l'ossature métallique (acier doux),

était conforme, comme dispositions générales de la bâche et des chemins de halage, à plusieurs ponts-canaux déjà approuvés dans les années précédentes, notamment au pont-canal sur l'Aisne (canal de l'Oise à l'Aisne), trois travées d'une ouverture totale de 60 mètres.

Il fallait notamment abandonner le système de bâche constitué par deux poutres maîtresses de tête reliées par une série de pièces de pont et adopter le système de poutres longitudinales parallèles à l'axe du canal, jetées d'un des appuis en maçonnerie jusqu'à l'autre et concourant toutes à supporter le plancher en tôle formant le fond de la cuvette.

C'est là une disposition qui n'a pas encore été réalisée, ni même étudiée en détail, et qui, par suite, pouvait très légitimement soulever devant l'Administration les plus sérieuses et les plus longues discussions.

Enfin, dans tous les cas, les fondations des piles du viaduc d'inondation étaient difficiles, coûteuses, et, à moins de recourir à l'air comprimé, ne donnaient pas une sécurité absolue en cas de grande crue de la Loire.

Par suite, en adoptant la traversée en viaduc de toute la vallée, on se lançait dans des difficultés et des dépenses considérables supérieures à celles qui résulteraient de l'établissement du canal en grand remblai.

Mais le tracé de ce canal en remblai présentait forcément sa convexité vers l'amont et, par suite, en temps de grande crue, on exposait ce remblai à être corrodé par les eaux et les eaux elles-mêmes à être rejetées obliquement sur l'ouvrage d'art établi en lit mineur. En second lieu, on aggravait ainsi la situation du bourg de Saint-Firmin, par suite :

1° De la surélévation des eaux, conséquence de la réunion de ces eaux sous l'ouvrage d'art ;

2° Des courants violents dus à cet arrêt brusque des eaux par le grand remblai du canal et à leur déviation brusque dans une direction presque perpendiculaire ;

3° Des tourbillons tumultueux qui se forment toujours en pareil cas.

D'où la nécessité d'établir en avant de Saint-Firmin une digue insubmersible entre le coteau et la culée de rive gauche du pont-canal protégeant le remblai du canal et le village et faisant converger les courants en temps de crue sur l'ouvrage d'art par une déviation lente et progressive de manière à éviter tout danger soit pour les terrains et centres habités, situés à l'amont du pont-canal, soit pour l'ouvrage lui-même.

Une fois le principe admis de réunir toutes les eaux sous un ouvrage spécial établi dans le lit mineur, il suffit, pour déterminer le débouché, que ce lit mineur soit suffisamment agrandi pour que les vitesses maxima au moment des plus grandes crues ne deviennent pas des vitesses dangereuses.

Le débit total des plus grandes crues connues est considéré comme pouvant s'élever à

9.000 mètres cubes.

Avec un débouché linéaire total de 600 mètres brut correspondant à 15 travées de 40 mètres et avec des piles de 3 mètres d'épaisseur, on arrive :

A un débouché net de 556 mètres ;
A un débouché superficiel de 3.732 mètres carrés

au-dessous des hautes eaux.

On en déduit les valeurs suivantes qui caractériseraient le régime des eaux à la traversée de l'ouvrage au moment des plus grandes crues :

Vitesse moyenne : $v = 2^{m},41$
Vitesse au fond : $w = 0,85\, v = 2^{m},05$
Vitesse maximum suivant l'axe du courant à la surface :

$$V = \frac{}{0,80} = 3 \text{ mètres.}$$

Le pont étant fondé sur le tuf calcaire au moyen de

caissons descendus à l'air comprimé sur ce tuf en traversant toute la couche de sable qui est supérieure au banc calcaire, ces vitesses sont assurément admissibles.

Si l'on calcule le remous dû aux piles par la formule usuelle :

$$Z = \frac{Q^2}{2g}\left(\frac{1}{\mu^2\lambda^2 H^2} - \frac{1}{L^2\,(H + Z)^2}\right),$$

où nous prendrons pour le coefficient de contraction la valeur 0,90, notamment en raison de la forme ogivale donnée aux avant-becs, ainsi qu'on le verra plus loin, et où on représente par :

Z, le remous à chercher ;
H, la hauteur de l'eau immédiatement en amont du pont :
L, le débouché linéaire ;
λ, le débouché linéaire net du pont.

Or les quantités L et λ sont respectivement égales à 598 et 556 mètres.

Quant à H, la hauteur des plus hautes crues, observées avant la rectification du lit mineur, était de $6^m,30$.

On a cherché à démontrer que l'extension du lit mineur faisait plus que compenser la suppression d'une partie du lit majeur et la concentration de toutes les eaux dans ce lit mineur ; on se base, pour faire cette démonstration, sur les formules indiquées par M. Graëff pour la Loire, formules qui sont de la forme :

$$Q = klh\,\frac{3}{2}$$

(GRAEFF, *Traité d'Hydraulique*, t. II, p. 188).

On arrive ainsi à conclure que les plus hautes eaux ne dépasseraient plus sousle pont

$5^m,98$, soit $6^m,00$ en nombres ronds.

En admettant pour H cette valeur de $5^m,98$, on trouve :

$$Z = 0^m,15,$$

valeur très acceptable.

Il peut régner une certaine incertitude au sujet des coefficients qui, dans les formules et les calculs, représentent l'influence qu'exerce, au point de vue de la vitesse d'écoulement, le frottement des eaux sur les diverses parties du périmètre de la section mouillée. Mais, en admettant même que H soit pris égal à $6^m,50$, on arriverait à la valeur :

$$Z = 0^m,13,$$

encore plus faible que la précédente.

Jusqu'à présent, le pont-canal a eu à subir deux fortes crues moyennes qui se sont élevées à son échelle à

$$4^m,20 \quad \text{et} \quad 4^m,32$$

au-dessus de l'étiage, et l'écoulement des eaux s'est fait, dans ces deux cas, d'une manière très satisfaisante.

Une dernière remarque intéressante à propos des conditions générales d'écoulement des eaux sous le pont-canal de Briare est la suivante :

Entre le Bec-d'Allier, d'une part, et Briare, de l'autre, la Loire, qui a reçu au Bec-d'Allier la rivière d'Allier, ne reçoit plus d'autre affluent important.

Or le pont-canal du Guétin se trouve situé sur l'Allier un peu en amont du confluent du Bec-d'Allier. Le pont-route de Nevers se trouve situé sur la Loire, un peu en amont de ce même confluent.

On peut donc rapprocher utilement :

1° Le total des débouchés de Nevers et du Guétin ;

2° Le débouché de Briare.

C'est cette comparaison que résume le tableau ci-après :

	PONT-CANAL du Guétin	PONT-ROUTE de Nevers	TOTAL pour les deux ouvrages	PONT-CANAL de Briare	DIFFÉRENCE entre le pont-canal de Briare et le total des ouvrages de Nevers et du Guétin
Distance entre culées....	$343^m,06$	$342^m,57$	$685^m,63$	$598^m,00$	— $87^m,63$
Débouché linéaire net....	$288^m,00$	$284^m,72$	$572^m,72$	$556^m,00$	— $16^m,72$
Débouché superficiel au-dessous des plus hautes eaux...............	$1.539^{m2},74$	$1.410^{m2},09$	$2.949^{m2},83$	$3.732^{m2},00$	+ $782^{m2},17$

Ces chiffres accusent bien l'avantage de la forme de pont en poutre droite donnée au pont-canal de Briare.

Après l'examen des considérations qui ont conduit à la détermination de la longueur totale du pont-canal, nous avons à donner quelques détails au sujet de la situation de l'ouvrage par rapport à l'ensemble de la vallée de la Loire à Briare.

La culée de la rive droite avait sa position déterminée par la position fixe de la berge de la Loire, au droit de la traversée. Cette berge de rive droite est occupée par le port de Briare sur la Loire et recouverte de perrés soit sur le talus, soit sur la plate-forme du port.

Entre cette culée et le coteau de rive droite, il n'y a qu'une distance de 100 mètres dans laquelle on rencontre à partir de cette berge perreyée :

1° La levée longitudinale à la Loire qui protège contre les crues la ville de Briare et l'ancienne branche du canal latéral ;

2° Cette ancienne branche du canal.

La levée longitudinale entièrement en terre, d'un profil insuffisant, a sa crête située à $0^m,40$ au-dessous des grandes crues du siècle. Elle sert, chaque hiver, à protéger l'ancienne branche du canal latéral et la ville de Briare contre les crues de la Loire. Mais, en temps de grande crue, elle est nécessairement surmontée, corrodée et ouverte. Les eaux inondent alors l'ancienne branche du canal latéral, la ville de Briare et la partie de la vallée secondaire de la Trézée, voisine de la Loire, sur une hauteur de près de 3 mètres.

L'établissement d'une digue en amont de Saint-Firmin a pour effet de rejeter les eaux du côté de la rive droite et d'aggraver cette situation. Il convenait donc de fermer le val de rive droite au moyen d'un éperon que formerait le nouveau canal.

On avait agité la question d'établir, à partir de la levée longitudinale et en se dirigeant vers le coteau de rive droite, une seizième travée de 40 mètres d'ouverture.

Mais alors la condition précédente ne se trouvait plus remplie, et l'on s'exposait à des réclamations de la part des habitants de Briare.

Qu'on veuille bien noter qu'en pareil cas il suffit qu'il y ait possibilité de discuter une aggravation des conditions dans lesquelles le dommage se serait produit antérieurement aux travaux en question pour que les réclamants puissent intenter une action contentieuse contre l'Administration avec tous ses ennuis et ses dangers.

D'autre part, l'établissement de la seizième travée supposait qu'on placerait dans la levée longitudinale elle-même une pile analogue aux autres. Outre l'aspect peu satisfaisant et surtout peu monumental de cette combinaison, on s'exposait au danger de voir cette pile prise par des courants obliques ou des tourbillons dans le cas où la rupture de la levée longitudinale, insuffisante, s'effectuerait aux abords immédiats de la pile noyée dans le béton. Cette hypothèse n'avait rien que de très naturel, puisque c'est dans le profil en travers du fleuve correspondant au pont-canal que les vitesses des courants atteignent leur maximum et que c'est immédiatement en amont que la surélévation accidentelle des eaux du fleuve atteint également son maximum.

Si donc on se place au triple point de vue :

1° De la stabilité de l'ouvrage ;

2° De son aspect architectural;

3° De la constitution d'un éperon entre le port de la Loire à Briare et le coteau de rive droite en vue de la protection de la Ville :

Il était logique d'établir une cuvette maçonnée sur toute la traversée de la levée longitudinale, puis de disposer sur l'ancienne branche du canal et, par suite, sous le nouveau bief, un passage d'ouverture minimum, c'est-à-dire pour une voie de bateau et avec 5^m,20 de passe marinière, et enfin seulement au-delà de ce passage sur l'ancien canal, la culée de rive droite du pont-canal.

Cette culée de rive droite touchait presque au coteau et il n'y avait qu'à la relier solidement à ce coteau par des remblais munis de perrés.

La passe marinière sur l'ancien canal devait être pourvue de portes de garde busquées du côté de l'amont du fleuve et destinées à assurer une fermeture continue entre la berge de rive droite de la Loire et le coteau de ce même côté du fleuve.

Les eaux rejetées de la rive gauche par la nouvelle digue insubmersible de Saint-Firmin sont amenées progressivement dans une direction sensiblement parallèle à l'axe du fleuve par les inflexions de cette digue.

Après avoir franchi le pont, leur cours ne peut être que parallèle à l'axe de la Loire et le remous produit par les piles du pont ne peut se faire sentir qu'en amont.

Par suite, on peut dire qu'en aval du pont-canal l'écoulement des grandes crues se fera dans des conditions qui ne seront pas plus défavorables après qu'avant la construction du pont.

L'épi formé par la seizième travée et ses port

garde commencera même à améliorer la situation, et il suffit, pour que cette situation devienne bonne, d'exécuter l'exhaussement et le renforcement de la levée longitudinale de la Loire en aval du pont-canal.

Cette question vient d'être remise à l'étude.

Chacune des deux culées du pont-canal doit comporter :

1° L'établissement de portes de garde busquées vers l'extérieur du pont-canal, de manière à permettre la vidange complète de la cuvette à l'intérieur du pont, sans que le mouillage varie sur le surplus du bief neuf;

2° L'établissement d'aqueducs de vidange.

Il faut, en outre, que cette partie de la cuvette maçonnée, située au-dessus de la culée, pénètre assez avant dans les remblais pour prévenir tout danger pour ces remblais aux abords du pont par suite des filtrations qui s'établissent à la jonction des remblais et des maçonneries.

Enfin, pour assurer leur stabilité, même en temps de grandes crues de la Loire, et afin d'éviter les différences de tassement, les parties maçonnées de la cuvette devaient reposer exclusivement sur des fondations à l'air comprimé.

D'où la nécessité d'appuyer soit chacune des deux culées, soit la traversée de la levée longitudinale de la Loire avec cuvette maçonnée sur deux caissons servant de piédroits à des voûtes de décharge supportant les maçonneries supérieures de la cuvette.

Autrement dit, la cuvette maçonnée est constituée par un massif unique de maçonnerie reposant exclusivement, grâce à des voûtes d'évidement pratiquées à sa partie inférieure, sur des caissons foncés à l'air comprimé.

Dans ces conditions aucun tassement, aucune dislocation n'étaient possibles.

Le pont-canal, d'une longueur totale de $662^m,69$ entre

les extrémités des culées, se trouvait donc ainsi composé :

1° Cuvette maçonnée sur la culée de rive gauche......	18^m,85
2° Traversée de la Loire :	
15 travées de 40 mètres =.............. 600^m,00	604^m,70
Abouts au-delà des appuis : 2 × 0,85 =..... 1^m,70	
3° Cuvette maçonnée sur la levée longitudinale de rive droite..................................	15^m,85
4° Traversée du bief des Combles :	
Une travée de 10^m,15 =.............. 10^m,15	11^m,20
Abouts au-delà des appuis : 2 × 0,525 =.... 1^m,05	
5° Cuvette maçonnée sur la culée de rive droite......	15^m,09
TOTAL ÉGAL	662^m,69

(Voir l'élévation d'ensemble, pl. 16, *fig*. 1.)

Nous avons maintenant à donner quelques détails sur les deux parties de cet ouvrage :

1° Substructure maçonnée;

2° Grande bâche métallique à la traversée de la Loire et petite bâche métallique à la traversée de l'ancienne branche du canal latéral.

Nous ajouterons seulement, à titre de simple renseignement au sujet du pont-route étudié comme pouvant être accolé au pont-canal, que cet ouvrage fut compris dans le projet présenté le 16 février 1887. Ce projet était prévu naturellement avec les mêmes ouvertures que le pont-canal : 40 mètres et avec la même longueur.

Il avait été étudié dans l'hypothèse où le pont-canal aurait seulement 13 travées et 520 mètres. Ces données avaient été admises au début et bientôt abandonnées, à la suite de l'étude approfondie du régime de la Loire, étude que nous avons résumée plus haut.

Son profil en travers comportait une chaussée de 8 mètres de largeur encadrée entre un trottoir de 1 mètre du côté extérieur et un contre-trottoir de 0^m,50 du côté de la cuvette métallique du canal. Ce contre-trottoir

accolé au chemin de contre-halage, qui avait reçu 1 mètre
de largeur dans cette hypothèse, en était entièrement
séparé par mesure de prudence par un garde-corps.

L'ossature métallique constituée en acier doux se com-
posait de deux poutres maîtresses en treillis, reliées à
leur partie supérieure par une série de pièces de pont
reliées par des voûtelettes en briques supportant la
chaussée.

Les dépenses de ce pont-route pouvaient se résumer
ainsi :

Pont proprement dit	Fondations à l'air comprimé ..	117.921ᶠ,30	
	Maçonneries en élévation.....	106.916 ,36	
	Ossature métallique et chaussée	425.661 ,80	
	Total....................	650.499ᶠ,46	
	Somme à valoir correspondante ..	65.000 ,54	715.500 fr.
Abords pour raccordement avec les voies de terre existantes	Terrassements	18.270ᶠ,00	
	Chaussée......	2.392 ,00	
Bordure de trottoirs et garde-corps....		2.625 ,00	
Pont sur le bief des Combles		25.355 ,00	
	Total....................	48.642ᶠ,00	
	Somme à valoir correspondante...	1.358 ,00	50.000 fr.
	Total général		765.500 fr.

Or M. Arnodin, le constructeur des ponts suspendus,
offrait d'exécuter un ouvrage de cette nature sur la Loire
à raison de 1.000 francs le mètre courant pour deux
voies charretières, soit 520.000 francs pour 520 mètres.

On avait donc ainsi l'occasion d'obtenir, en portant la
dépense à moitié en sus environ, un pont fixe.

Pour que cet ouvrage pût être exécuté, il eût fallu que
la dépense fût répartie par tiers entre l'État, le département, puis les communes et les particuliers. Ce sont, du

reste, ces conditions qu'a souvent offert pour les grands travaux publics le Conseil général d'Eure-et-Loir.

On sait que, lorsqu'il s'agit d'un grand ouvrage intéressant la voie terrestre, le Ministère de l'Intérieur donne des subventions exceptionnelles. Ces subventions en 1886 et pour le Loiret atteignaient de 27 à 29 0/0.

Nous ne présentions donc pas une demande exagérée au point de vue de l'emploi des deniers de l'État quand nous sollicitions le Ministère des Travaux publics de concourir à la dépense du pont-route dans la proportion de 33 0/0.

Même avec cette proportion — 33 0/0 des dépenses à la charge de l'État — il n'est pas absolument certain que la combinaison eût réussi, mais du moins l'État eût fait tout ce qui dépendait de lui pour la faire aboutir.

Mais, du moment où la dépense totale était laissée à la charge des pouvoirs locaux, il n'y avait plus aucune chance de réussite. Et si les études ainsi entreprises présentent un réel intérêt au point de vue technique, leur seul effet pratique fut de retarder de près de deux ans environ l'achèvement des études définitives du pont-canal.

La question vient, du reste, d'être reprise, mais pour une traversée de la Loire sur un autre point voisin de Briare. Le pont, qui sera exécuté avec un concours de l'État de 50 0/0, doit être construit à Bonny, à 13 kilomètres en amont de Briare.

CHAPITRE III.

SUBSTRUCTURE MAÇONNÉE DU PONT-CANAL.

Le poids par mètre courant du pont-canal peut s'établir ainsi :

La cuvette est constituée par deux poutres maîtresses en I et âmes pleines, hautes de $3^m,40$ entre les semelles, distantes horizontalement de $7^m,259$ d'axe en axe, reliées à leur partie inférieure par une série de pièces de pont en fer également en I hautes de $0^m,70$ entre les semelles et espacées de $1^m,45$ suivant l'axe du canal. Ces pièces de pont sont recouvertes par une tôle se recourbant près des poutres maîtresses. La bâche se trouve ainsi constituée par cette tôle de fond et par la partie supérieure des deux poutres maîtresses.

Au-dessus de ces poutres, un chemin de halage ayant $2^m,50$ de largeur libre repose sur les semelles et sur une série de consoles placées en encorbellement à l'extérieur de la cuvette, espacées de $1^m,45$ comme les pièces de pont et correspondant à ces pièces de pont. Une autre série de petites consoles intérieures correspondent aux consoles extérieures et aux pièces de pont (Voir la coupe en travers, pl. 16, *fig.* 4).

Sur les consoles extérieures s'appuient des tôles embouties supportant la chaussée empierrée du chemin de halage. Aux consoles intérieures sont reliées de chaque côté de la cuvette une série de longrines en charpente de $0^m,26$, dont le plan d'eau normal à la tenue de $2^m,20$ affleure le milieu et qui sont destinées à amortir les chocs des bateaux contre la bâche métallique.

En supposant toujours ce mouillage de $2^m,20$, un bateau présentant une largeur de 5 mètres et un enfoncement de 1^m,80, et supposé placé dans l'axe du pont-canal, se trouve avoir, de chaque côté, une largeur en eau de 1^m,125 entre ses parois latérales et les côtés de la bâche et, sous lui, une profondeur de 0^m,40.

Le rapport de sa section mouillée à la section de la bâche est seulement de :

$$\frac{9,00}{15,60} = 0,58,$$

alors que ce rapport serait au Guétin :

$$\frac{9,00}{13,27} = 0,68.$$

Dans ces conditions on conçoit que les bateaux, même à pleine charge, circulent très facilement dans le pont-canal de Briare.

De ces données on déduit les poids suivants :

Ossature métallique. Appareils de dilatation et plaques d'appui....................................	4.982^k,00
Accessoires (chaussée empierrée, longrines, etc.)...	2.195 ,00
Eau au mouillage normal de 2^m,20....................	15.600 ,00
Totaux par mètre courant........	22.777^k,00
Soit pour une travée de 40 mètres.........	911.080^k,00

Si on ajoute à ce chiffre la surcharge réalisée pendant les épreuves, surcharge ainsi définie :

Eau..........	400^k
Trottoirs	1.200
Total....	1.600^k

on arrive à un poids par mètre courant de........... 24.377^k

soit pour une travée de 40 mètres.................... 975.080^k

Ce poids se transmet aux sommiers par deux plaques d'appui dont les dimensions horizontales sont de :

Piles : 1^m,700 $\times$ 1^m,050.   Culées : 1^m,050 $\times$ 1^m,050.

La pression sur les sommiers est donc par centimètre carré :

	Piles	Culées
Charge normale	25^k,52	21^k,237
Charge d'épreuve	27^k,31	22^k,728

Les sommiers sont constitués chacun par quatre pierres de taille de granit jointives dont l'ensemble présente :

Piles : 2^m,70 sur 2^m,054 et une épaisseur de 0^m,60
Culées : 2^m,1475 sur 1^m,85   —

Ces sommiers peuvent donc supporter facilement la pression qui leur est imposée.

Les piles ont 2^m,90 de largeur au-dessous de la saillie du couronnement et 4^m,273 à la base du socle.

Leurs avant et arrière-becs sont ogivaux. L'ogive en plan a une flèche égale à la largeur. Cette forme ogivale est une réminiscence des grands ponts hollandais et constitue une disposition qui donne plus de légèreté à l'aspect des piles en même temps qu'elle est éminemment favorable au passage des grandes crues (Voir pl. 18, *fig.* 6).

C'est là d'ailleurs un fait devenu classique (Voir les cours de M. l'Inspecteur général Morandière).

La distance entre les saillies extrêmes des avant et arrière-becs est :

Au-dessous du couronnement........ 15^m,214
A la base du socle .... 16^m,730

La pile présente en plan :
1° Au-dessous du couronnement, une surface rectangulaire de 27^{m2},27 qui, ajoutée aux surfaces des deux ogives, donne une superficie totale de 39^{m2},67.

La pression par centimètre carré est donc au sommet de la pile :

Charge normale .... 2^k,296
Charge d'épreuve....... 2 ,457

2° A la base du socle, une surface rectangulaire de 9^m,314 sur 4^m,273 qui, ajoutée aux surfaces des deux ogives, donne une superficie totale de 62^{m2},24.

D'autre part, la résultante verticale à la partie inférieure de la pile s'établit en ajoutant au poids d'une travée de 40 mètres le poids de la pile :

366^{m3},700, soit à raison d'une densité de 2.400 kilogrammes pour la pierre de taille et le moellon parementé et de 2.200 kilogrammes pour la maçonnerie ordinaire : 844.480 kilogrammes.

La résultante verticale s'élève donc à :

$$975.080 + 844.480 = 1.819.560 \text{ kilogrammes.}$$

D'autre part, la surface de la première assise inférieure étant de 62^{m2},24, la pression par centimètre carré est de :

Charge normale....... 2^k,650
Charge d'épreuve....... 2 ,923

Ces piles reposent sur des caissons dont la surface supérieure est arasée à 0^m,40 au-dessous du niveau de l'étiage (cote 126,10) et dont les dimensions horizontales sont ainsi définies :

Une partie centrale rectangulaire de 10^m,85 de longueur sur 7 mètres de largeur terminée à ses deux extrémités par deux demi-cercles de 7 mètres de diamètre (Voir pl., page 42 *bis*).

La saillie du caisson par rapport au socle des piles est de :

1° Vis-à-vis de la saillie de l'avant-bec en ogive..... 0^m,56
2° Latéralement entre les deux droites parallèles au
    fil de l'eau.. 1^m,3635
La surface d'un caisson pour une pile est de....... 114^{m2},43

CAISSON DE PILE

Demi-élévation

Demi-coupe en long

Demi-plan

Demi-coupe horizontale

Or les caissons ont été descendus à des profondeurs variables en vue, de les pousser jusque sur les bancs continus et compacts de tuf calcaire et les encastrer dans ce tuf.

On a, pour réaliser cette condition, dû dépasser les prévisions primitives qui avaient été basées sur des sondages effectués au cours des études.

Ces sondages avaient révélé l'existence de terrains crayeux durs à des profondeurs bien déterminées. Seulement, en exécution, on constata qu'à ces profondeurs on se trouvait sur un terrain constitué de rognons crayeux durs, entourés d'une pâte marneuse et crayeuse tendre et plus ou moins délayée.

Il n'a pas paru prudent de fonder un ouvrage aussi important sur un terrain manquant d'homogénéité et qui n'était pas complètement à l'abri des affouillements, étant données les vitesses que les eaux peuvent prendre à la traversée du pont-canal au moment des plus grandes crues.

On a donc traversé toute cette couche de poudingues calcaires pour arriver aux bancs calcaires continus horizontaux et homogènes et on y a encastré les caissons de $0^m,50$.

Et même, comme ces calcaires crayeux sont souvent caverneux, on a, dans chaque caisson une fois descendu au niveau ainsi défini, effectué plusieurs sondages à la barre à mine sur 2 mètres de profondeur, de manière à s'assurer, autant que possible, qu'il n'existait aucune cavité au-dessous du caisson sur cette profondeur.

Il était difficile de pousser plus loin les précautions.

Jamais, du reste, soit après leur achèvement, soit après la construction de la bâche métallique ou au moment de son remplissage, les piles n'ont donné le moindre signe du plus léger tassement.

Le frottement latéral du caisson sur les couches traversées contribue d'ailleurs à augmenter notablement la résistance au tassement.

En outre des 14 caissons correspondant aux piles, nous avons à signaler les trois systèmes de deux caissons servant à supporter par l'intermédiaire d'une voûte dont les retombées s'appuient sur ces deux caissons les cuvettes maçonnées établies au droit de chacune des deux culées et au droit de la traversée de la levée longitudinale de la Loire par le nouveau canal.

Ces caissons ont reçu la forme rectangulaire à angles arrondis de $0^m,80$ de rayon avec les dimensions ci-après :

	Dimensions	Surfaces correspondantes
Culée de rive gauche.		
A. Caisson le plus éloigné du fleuve......	$19,60 \times 8^m,00$	$156^{m2},25$
B. Caisson le plus rapproché du fleuve...	$16,00 \times 6^m,00$	$95 \quad ,45$
Traversée de la levée longitudinale de la Loire.		
C. Caisson le plus rapproché du fleuve...	$16,00 \times 6^m,00$	$95 \quad ,45$
D. Caisson le plus éloigné du fleuve et le plus rapproché du canal latéral (ancienne branche)....................	$16,00 \times 5^m,00$	$79 \quad ,45$
Culée de rive droite.		
E. Caisson le plus rapproché du canal latéral (ancienne branche).............	$16,00 \times 5^m,00$	$79 \quad ,45$
F. Caisson le plus éloigné du canal latéral (ancienne branche)	$19,60 \times 8^m,00$	$156 \quad ,25$

Les caissons A et F n'ont à supporter que la moitié du poids de la cuvette maçonnée correspondante.

Les caissons B et C n'ont à supporter que la moitié du poids de la cuvette maçonnée correspondante et la moitié du poids d'une travée de 40 mètres.

Les caissons D et E n'ont à supporter que la moitié du poids de la cuvette maçonnée correspondante et la moitié du poids de la petite travée de 8 mètres sur le canal latéral.

Les pressions, par centimètre carré, à l'assise inférieure des maçonneries, en élévation au-dessus des divers caissons des culées sont les suivantes à la charge d'épreuve (mouillage de 2ᵐ,25 et trottoirs surchargés à 300 kilogrammes par mètre carré) :

Caisson A............... 2ᵏ,57
— B............... 4 ,17
— C............... 3 ,94
— D............... 3 ,59
— E............... 2 ,89
— F............... 2 ,46

Nous avons ainsi donné l'ensemble des conditions statiques de l'ouvrage au niveau supérieur de tous les caissons de fondation, piles et culées.

		PROFONDEUR à laquelle le caisson a été descendu au-dessous de l'étiage	HAUTEUR du massif de maçonnerie dont le niveau supérieur est arasé à 0ᵐ,40 au-dessous de l'étiage	SURFACE des caissons	CHARGE SUPPORTÉE par le sol de fondation à la charge d'épreuve		
					totale	par centimètre carré en tenant compte du frottement	sans tenir compte du frottement
Culée de rive gauche.	Caisson A ..	5,48	5,08	156ᵐ2,25	5.438.840ᵏ	3ᵏ,36	3ᵏ,48
	— B...	5,55	5,15	95 ,45	3.616.160	3 ,63	3 ,79
	1............	5,52	5,12	114 ,43	3.108.540	2 ,58	2 ,72
	2............	5,23	4,83	114 ,43	3.035.500	2 ,52	2 ,65
	3............	6,03	5,63	114 ,43	3.236.800	2 ,68	2 ,83
	4............	5,43	5,03	114 ,43	3.085.880	2 ,56	2 ,70
	5............	5,39	4,99	114 ,43	3.075.760	2 ,55	2 ,69
	6............	6,88	6,48	114 ,43	3.450.860	2 ,85	3 ,02
Piles.............	7............	7,28	6,88	114 ,43	3.551.620	2 ,93	3 ,10
	8............	6,85	6,45	114 ,43	3.443.380	2 ,85	3 ,01
	9............	6,64	6,24	114 ,43	3.390.360	2 ,81	2 ,96
	10............	6,79	6,39	114 ,43	3.428.200	2 ,83	3 ,00
	11............	7,70	7,30	114 ,43	3.679.880	3 ,02	3 ,22
	12............	8,54	8,14	114 ,43	3.868.860	3 ,19	3 ,38
	13............	8,28	7,88	114 ,43	3.803.300	3 ,16	3 ,32
	14............	7,69	7,29	114 ,43	3.654.800	3 ,02	3 ,19
Culée de la levée....	Caisson C ..	7,30	6,90	95 ,45	4.067.032	4 ,04	4 ,26
	— D ..	6,95	6,55	79 ,45	3.181.815	3 ,77	4 ,00
Culée de rive droite..	Caisson E ..	7,00	6,60	79 ,45	2.770.479	3 ,25	3 ,49
	— F ..	6,67	6,27	156 ,25	5.729.880	3 ,52	3 ,67

Nous donnons dans le tableau ci-dessus les profondeurs

auxquelles les différents caissons des piles et des culées ont été foncés au-dessous de l'étiage et la pression par centimètre carré sur le sol de fondation d'abord, abstraction faite de toute force résistante de frottement et ensuite en faisant entrer cette force résistante de frottement (à raison de 700 kilogrammes par mètre carré de surface frottante) comme une force verticale agissant en sens contraire de la gravité et venant en déduction de l'action de la pesanteur.

Tous ces caissons ont été descendus à leur niveau définitif au moyen de l'air comprimé.

Les maçonneries au-dessus de la chambre de travail étaient exécutées à l'air libre à l'intérieur du caisson formant batardeau et débouchant au-dessus du niveau de la Loire avec une revanche suffisante pour être à l'abri des variations périodiques ordinaires du niveau du fleuve. Au fur et à mesure que les caissons descendaient, par suite du fonçage, on les complétait dans le sens vertical par une hausse ajoutée sur tout le pourtour, c'est-à-dire par un nouvel anneau rivé aux précédents.

Le poids total des fers employés pour les 20 caissons, y compris les hausses, a été de 554.811 kilogrammes et le poids des fers des caissons restés en place après achèvement est de 487.620 kilogrammes.

Après l'achèvement du massif de maçonneries ordinaires à l'air libre et une fois le caisson descendu à sa place définitive, la chambre de travail et les cheminées ont été remplies de béton de ciment.

Ainsi qu'il résulte du tableau précédent, la pression sur le sol de fondation, en supposant le pont-canal terminé et mis en eau ne dépasse en aucun point de l'ouvrage la *limite supérieure de* 4^{kg},26 *par centimètre carré*.

Le cube total des maçonneries exécutées dans les caissons a été de 14.143^{m3},83, et la dépense correspondante de 1.004.161 fr. 92.

Le prix du mètre cube de maçonnerie mise en œuvre dans les caissons s'est élevé à 71 francs.

Au-dessus des caissons ont été établies les maçonneries vues en élévation des piles et des culées.

Les piles ont une hauteur de $7^m,925$ entre le dessus des sommiers et le niveau supérieur de la maçonnerie des caissons.

Le prix moyen du mètre cube de maçonnerie en élévation (pierre de taille, moellons d'appareil et maçonnerie de remplissage) a été de 40 fr. 73.

La partie constante de chacune des piles, situées au-dessus des fondations, représente un cube de maçonnerie de $366^{m3},73$ et une dépense de 19.900 fr. 43.

Pour la culée de rive gauche, le cube au-dessus des fondations est de $1.989^{m3},46$, et la dépense de 53.129 fr. 97.

Pour la cuvette maçonnée, vis-à-vis la digue longitudinale de la Loire (rive droite), le cube au-dessus des fondations est de $1.470^{m3},17$ et la dépense de 47.542 fr. 47.

Pour la culée de rive droite, le cube au-dessus des fondations est de $1.654^{m3},64$, et la dépense de 39.795 fr. 39.

L'ensemble des dépenses concernant la substructure maçonnée peut se résumer ainsi :

	CULÉE de rive gauche	PILES	CUVETTE maçonnée à la traversée de la levée longitudinale de la Loire	CULÉE de rive droite	TOTAUX
Fondations.....................	92.400fr,42	719.846fr,49	85.017fr,33	106.891fr,68	1.004.161fr,92
Maçonneries en élévation........	53.129 ,97	278.605 ,96	47.542 ,47	39.795 ,39	419.073 ,79
Somme à valoir.................	»	»	»	»	140.453 ,71
Totaux.............	145.536fr,39	908.452fr,45	132.550fr,80	146.687fr,07	1.563.689fr,42

Le projet primitif correspondant (quatrième lot) a été

approuvé le 24 mars 1890 et adjugé le 16 mai suivant. Il a été complété par une extension du cube des fondations due à la nécessité que nous avons signalée plus haut de descendre les fondations plus bas pour certains caissons que ne pouvaient le faire prévoir les sondages.

Cette extension du projet du quatrième lot a fait l'objet d'un projet complémentaire approuvé le 27 octobre 1891, et le tableau précédent donne les dépenses correspondant à l'ensemble du projet primitif et du projet complémentaire pour la maçonnerie essentielle au pont-canal proprement dit, c'est-à-dire les maçonneries exécutées à l'air comprimé et les massifs que ces fondations supportent immédiatement.

Mais il était nécessaire de les compléter par les travaux accessoires :

1° Des quarts de cône aux abords du pont-canal ;

2° Du revêtement en maçonnerie de la levée longitudinale de la Loire aux abords du pont-canal ;

3° De la construction des bâtiments d'exploitation ;

4° De la construction d'une longueur de 43 mètres de canal aux abords de la culée droite, longueur laissée à dessein au dehors de la dérivation de rive droite, afin de ne pas compliquer par des sujétions spéciales les rapports de deux grandes entreprises voisines.

De plus, sur cette longueur le plafond du nouveau canal devait être terminé bien avant l'achèvement de cette dérivation de rive droite afin d'offrir l'installation nécessaire au montage et au lançage successifs de la bâche métallique.

Enfin à ce chef de dépenses doivent être rattachées :

A. Les maçonneries établies sur pilotis nécessaires :

1° Pour les banquettes de halage de l'ancienne branche du canal latéral au-dessus de la seizième travée de 8 mètres d'ouverture ;

2° Pour le radier de la porte busquée fermant la seizième travée ;

B. Les charpentes fixes correspondantes.

De là, la nécessité d'une nouvelle extension du quatrième lot comprenant, sous le nom de lot n° 4 *bis*, les travaux à exécuter en régie et à la tâche, afin d'éviter toute réclamation du chef de la gêne et des sujétions provenant de l'installation des chantiers du cinquième lot (bâche métallique).

L'approbation et l'autorisation d'exécuter portent la date du 4 novembre 1891.

Les bâtiments d'exploitation primitivement prévus sont au nombre de deux situés de chaque côté du canal :

D'un côté, la maison du Conducteur, logement et bureau ;

Au fond du jardin, une maison acquise a pu être utilisée comme bureau des employés pendant la période de construction et de premier entretien.

De l'autre côté du canal, une maison comprenant : logement d'un garde et d'un éclusier et magasin.

De plus, il a été reconnu nécessaire d'attacher au service de l'exploitation du pont-canal un second éclusier, ce qui constitue un éclusier pour chacune des deux paires de portes de garde du pont-canal.

A cet effet, on a pu acheter et utiliser pour loger ce second éclusier, en le complétant par quelques aménagements, l'immeuble bâti pour le service de l'entreprise du quatrième lot. Et sur la culée gauche on a installé un poste de garde pour l'éclusier détaché aux portes de garde de la culée de rive gauche et à la police des bateaux en stationnement près de ce point dans l'attente du passage du pont-canal.

Enfin on a récemment construit un autre bâtiment annexe pour servir de bûcher, écuries, etc..., pour l'ensemble des agents chargés de la surveillance de l'entretien et de l'exploitation du pont-canal.

Nous compléterons cette nomenclature en faisant connaître qu'un cantonnier attaché à ce même service est logé dans un immeuble à proximité, dépendant de l'ancienne branche du canal latéral.

Avec cette équipe de quatre hommes placés sous sa main, l'expérience démontre que le Conducteur subdivisionnaire peut parer à toutes les nécessités de la police et de l'entretien d'un ouvrage d'un genre nouveau et exceptionnel qui demande, surtout dans les premières années, une vigilance soutenue.

Nous aurons à parler encore plus loin, à propos des bâtiments situés autour de la culée du bâtiment des machines pour l'éclairage électrique du pont-canal.

Les dépenses correspondantes se résument ainsi :

1° Ouvrages autour de la culée droite.

(Quarts de cône, radier de la porte busquée sur le bief des Combles, banquettes de halage et revêtement de la digue de la Loire et terrassements du canal sur la longueur précitée de 43 mètres.)

Terrassements	2.194^{fr},02	
Maçonneries	52.620 ,60	54.814^{fr},62
2° Bâtiments.		
Maisons d'habitation { à droite	23.050^{fr},99	
{ à gauche	23.040 ,75	
Latrines	936 ,34	
Puits	875 ,70	47.903 ,78
3° Bâtiments complémentaires.		
Achat et aménagement d'une maison pour le logement d'un second éclusier	2.044^{fr},15	
Bâtiment commun pour bûcher, écurie, etc	3.535 ,68	
Guérite pour l'éclusier détaché sur la rive gauche	1.785 ,93	7.365 ,76
TOTAL		110.084^{fr},16
Somme à valoir		12.189 ,94
Dépenses totales pour les ouvrages autour de la culée de rive droite		122.274^{fr},10

Les quarts de cône de perrés divers aux abords de la rive gauche ont été rattachés au lot voisin de terrassements et d'ouvrages d'art de la dérivation de rive gauche.

La réception provisoire des travaux des lots 4 et 4 *bis* a eu lieu les 14 décembre et 21 novembre 1893.

CHAPITRE IV.

OSSATURE MÉTALLIQUE.

Les conditions générales d'établissement du pont-canal avaient donné lieu à de longues et vives discussions. Aussi, pendant la période de ces débats, les études relatives à la bâche métallique avaient été très avancées. Par suite, bien que le projet définitif de la substructure maçonnée porte la date du 15 février 1890, la présentation du projet d'ossature métallique eut lieu dès le 27 juin suivant.

Des deux nouveautés que présentait l'ouvrage, l'une, la travée de 40 mètres pour pont-canal métallique, en vue de la circulation facile des grands bateaux usuels, sur les canaux français, de 5 mètres de largeur, était acceptée et en cours de réalisation.

Il ne restait plus, pour obtenir une solution entièrement satisfaisante qu'à faire trancher, en faveur de l'acier doux, la question du métal employé.

En outre, les travées discontinues revenant à la mode, la question qui se présentait était de savoir si les 15 travées seraient continues ou discontinues.

Nous avons à peine besoin de rappeler qu'il est un peu plus coûteux, mais plus prudent d'adopter les travées discontinues, toutes les fois qu'on peut craindre quelques légers tassements dans les fondations, car, s'il se produit quelques différences dans l'horizontalité des appuis, on se trouve en dehors des hypothèses du calcul des travées continues, et il peut en résulter des écarts considérables entre les tensions calculées et les tensions qui se réalisent dans l'ossature d'une poutre.

Toutefois, le pont-canal étant fondé sur un tuf calcaire un peu tendre, mais homogène, il ne semblait pas qu'on eût à redouter cette éventualité. Il y avait donc un motif d'adopter, au double point de vue de l'économie et de la rigidité, la continuité de la poutre.

A ces arguments s'appliquant aux voies de communication de toutes natures venaient s'en ajouter d'autres : c'était la difficulté d'établir pour un pont-canal un grand nombre de joints mobiles et cependant étanches, et la difficulté encore plus grande d'aller, en cas de besoin, rechercher et réparer les avaries ayant pu survenir à ces joints.

Avec une poutre continue pour les 15 travées sur la Loire, toutes les difficultés se concentraient sur les raccords extrêmes et si, d'une part, la dilatation y était plus considérable, d'autre part, on pouvait concentrer facilement sur ces deux points tous les moyens nécessaires pour surmonter la difficulté.

La question ne se posait donc plus guère qu'entre le fer et l'acier.

Pendant longtemps on a reproché à l'acier :

1° D'être brusquement cassant, c'est-à-dire de se rompre sans prodromes avertisseurs et, par conséquent, de ne pas remplir les conditions nécessaires pour assurer la sécurité indispensable surtout sur les voies de communication ;

2° De subir, sous l'action des chocs, des transformations moléculaires qui tendent à lui donner ce défaut d'être cassant, alors qu'il ne l'aurait pas eu au début de son emploi ;

3° De subir également des altérations moléculaires soit sous l'action d'un travail mécanique brusquement appliqué tel que le perçage des trous de rivets à la poinçonneuse, soit à la suite de tout travail à la température critique du rouge sombre ;

4° Son défaut d'homogénéité dû à la pénétration insuffisante de la cémentation ;

5° Enfin son prix.

Mais, dès 1885, toutes ces difficultés avaient été ou supprimées ou résolues. Ainsi, en 1884, M. Périssé, ingénieur civil, résumait, dans sa brochure sur l'emploi de l'acier, les plus récents progrès réalisés à cette époque par la métallurgie. L'industrie métallurgique était en mesure de fournir, dès cette époque, des lingots d'acier fondu, provenant du convertisseur Bessemer ou d'autres procédés analogues, parfaitement homogènes donnant des tôles très douces présentant une résistance notamment supérieure à celle du fer (42 kilogrammes par millimètre carré de section au lieu de 30 kilogrammes) et cependant offrant des propriétés remarquables d'élasticité (22 kilogrammes par millimètre carré au lieu de 15 kilogrammes pour le fer) et d'extension avant rupture (24 0/0).

Ce métal mis en œuvre était livré presque au même prix que le fer.

Pour un pont-canal la question des vibrations était écartée ; elle ne semble pas d'ailleurs avoir des conséquences aussi graves qu'on le craignait autrefois.

Il ne restait donc qu'à observer quelques précautions spéciales dans la mise en œuvre et l'assemblage des tôles, notamment :

1° Forer les trous de rivets avec un poinçon d'un diamètre inférieur au diamètre de l'ouverture définitive et compléter l'ouverture des trous de rivets par l'alésage ;

2° Avoir terminé toutes les opérations de forgeage (soit pendant le rivetage, soit pour la présentation des assemblages des tôles) avant que les aciers d'abord portés au rouge ne fussent descendus à la température du rouge sombre.

Dans le rivetage on arrive rapidement à remplir la condition nécessaire.

Pour la préparation des assemblages de tôles on peut également arriver au résultat désiré, mais il faut, pour cela, opérer avec beaucoup d'activité, et le mieux consiste encore à éviter d'avoir à couder ou à dévier de quelques épaisseurs les tôles ou les cornières ; c'est le plus prudent.

On arrive actuellement à réaliser les assemblages usuels de tôles en évitant à peu près tout travail à chaud en dehors du travail originaire du laminage.

Il est difficile de définir chimiquement les aciers avec leurs doses infinitésimales de carbone, de manganèse et d'autres corps simples accessoires. Il est plus facile et plus pratique de les définir par leurs propriétés mécaniques qui sont absolument caractéristiques d'une qualité donnée d'acier.

Nous venons de rappeler plus haut les propriétés mécaniques qu'on pouvait demander à l'acier doux et qui rendaient ce métal apte à être employé dans les travaux publics.

Reste à définir la limite de travail à demander au métal.

On admet que, sous l'action spéciale aux charges dynamiques, les pressions ou tensions statiques peuvent doubler. C'est pourquoi on limite à 6 kilogrammes le travail maximum à demander au fer, ce travail pouvant s'élever exceptionnellement au passage des charges en mouvement à 12 kilogrammes.

La limite d'élasticité du fer étant de 15 kilogrammes, il reste 3 kilogrammes de marge pour tenir compte d'un défaut possible d'homogénéité avant d'atteindre cette limite de 15 kilogrammes à partir de laquelle il y a déformation permanente, ce qu'on doit éviter à tout prix, si faible que soit cette déformation.

Pour un métal dont la limite d'élasticité est de 22 kilogrammes et dont l'homogénéité est assurée par une fusion complète et par un laminage progressif et énergique, on peut admettre 10 kilogrammes comme limite de travail sous l'action des charges statiques, cette pression pouvant exceptionnellement s'élever à 20 kilogrammes. La marge à réserver, pour tenir compte du défaut d'homogénéité, serait encore de 2 kilogrammes.

Ces conditions ont été déterminées en 1885, par conséquent sous le régime du règlement du 9 juillet 1877 sur les ponts métalliques. Elles supposent:

1º Qu'il n'y a aucune déduction correspondant aux trous des rivets;

2º Qu'on admettra une limite fixe et invariable de travail, quels que soient le sens et la répétition des efforts auxquels les pièces seront soumises, pourvu que ces efforts calculés statiquement ne déterminent jamais un travail supérieur à la limite fixée.

Le premier devis relatif à l'emploi de l'acier doux pour un ouvrage en voie courante, construit en France, fut présenté par nous, à titre d'Ingénieur ordinaire, en date du 2 avril 1885, dans le service de M. Prompt, alors Ingénieur en Chef, pour deux ponts en poutre droite de 59^m,50 et de 13 mètres d'ouverture destinés à recevoir deux voies de chemin de fer, les ponts sur la Braye pour la ligne de Tours à Sargé.

Il comportait l'emploi de 224^T,900 d'acier laminé.

Le projet fut approuvé par une décision du 3 octobre 1885, signée de M. Alfred Picard, aujourd'hui Inspecteur Général des Ponts et Chaussées et Commissaire Général de l'Exposition de 1900.

Un second exemple de l'emploi de ce même métal fut donné au pont Caulaincourt.

Le devis fut dressé à la date du 18 août 1886 (M. André, Ingénieur en Chef ; M. Journet, Ingénieur ordinaire).

On s'était inspiré pour ce devis de celui des ponts de la Braye, qui nous avait été demandé, et quelques perfectionnements y avaient été apportés.

La décision approbative est du 17 avril 1887.

La quantité d'acier laminé prévue au projet était de 650 tonnes. C'était un second pas de fait dans cette même voie. Après les voies ferrées, c'étaient les voies de terre qui avaient leur premier ouvrage en acier.

Enfin vint le devis du pont-canal de Briare, préparé en date du 27 juin 1890, prévoyant une quantité de près de 3.000 tonnes. L'acier allait s'appliquer aux voies navigables, comme aux routes et aux chemins de fer, et l'on peut dire que la décision portant approbation de la bâche métallique du pont-canal de Briare, décision du 25 novembre 1890, consacrait officiellement l'emploi de l'acier doux travaillant à la flexion dans les constructions civiles.

Depuis lors, tous les grands ponts, notamment les ponts de chemin de fer, se font en acier doux.

Il n'est pas inutile de noter en passant que, pendant cette période de recherches et de progrès, dans l'emploi de l'acier doux travaillant à la flexion, c'est-à-dire sur certains points à la compression, et sur d'autres à l'extension, d'autres Ingénieurs étudiaient et réalisaient, avec d'éclatants succès, l'emploi de l'acier dur dans les ponts en arc où cet acier dur ne travaille qu'à la compression.

Il suffit de mettre en regard, en observant l'ordre chronologique, les dates de l'approbation des ponts en arc en acier dur et des ponts en poutre droite en acier doux :

GRANDS PONTS EN ACIER DONT LA CONSTRUCTION
A ÉTÉ AUTORISÉE EN FRANCE POSTÉRIEUREMENT A 1880.

Ponts en arc.	*Ponts en poutre droite.*
21 juin 1884. — Pont de Rouen (pont-route) 655 tonnes d'acier laminé.	
	5 octobre 1885. — Ponts de la Braye (chemin de fer de Tours à Sargé), 225 tonnes d'acier laminé.
	17 août 1886. — Pont Caulaincourt (pont-route), 650 tonnes d'acier laminé.
25 octobre 1886.—Ponts Morand et Lafayette (ponts-routes), 5.135 tonnes d'acier laminé.	
	24 mars 1890. — Pont-canal de Briare, 2.459 tonnes d'acier laminé.

La nature et le mode d'emploi de l'acier sont bien appropriés à sa destination dans les deux genres d'ouvrages.

A propos de ce point d'histoire technique, M. Rabut, Ingénieur en Chef des Ponts et Chaussées, a cité un pont tournant en acier construit par lui en 1882 dans son service d'Ingénieur ordinaire pour le service maritime du Calvados.

Nous ferons remarquer qu'il s'agit là d'un ouvrage spécial sur lequel la vitesse est toujours nécessairement restreinte, tandis que nous n'avons considéré, dans cette étude, limitée d'ailleurs à la France, que les grands ouvrages destinés à la voie courante pour chacun des genres de voie de communication.

Avant d'aller plus loin, il convient d'examiner quelle était la raison spéciale et dirimante qui nous portait à insister pour l'emploi de l'acier doux, de préférence au fer, au pont-canal de Briare.

Ce n'était pas seulement pour appliquer à un grand ouvrage les derniers progrès réalisés dans la métallurgie et dans la construction, mais encore parce que le métal pouvant travailler à 10 kilogrammes était celui qui, scientifiquement, convenait le mieux à la solution du problème d'un pont de poids mort considérable et à grandes travées.

En effet l'importance de ce poids mort conduit à des épaisseurs de semelles importantes pour les poutres maîtresses sur les piles et vers le milieu des travées et à des épaisseurs d'autant plus considérables que la limite du travail maximum est plus faible.

Nous donnons ici le tableau des épaisseurs moyennes de semelles composées telles qu'elles résultent des projets d'exécution étudiés simultanément, d'une part, avec le fer et la limite de travail de 6 kilogrammes, d'autre part, avec l'acier et la limite de travail de 10 kilogrammes.

Poutre continue en fer.

		Millimètres.
Milieu des travées...	1re et dernière......	102
	Autres travées.......	51
Piles...............	1re et 14e piles......	132
	Autres piles........	102

Les moyennes analogues pour l'acier restent bien au-dessous des moyennes correspondant au fer :

		Millimètres.
Milieu des travées...	1re et 15e travées....	68
	Autres travées......	32
Au-dessus des piles..	1re et 14e piles......	86
	Autres piles........	68

Avec l'acier, le maximum des épaisseurs à river est réduit de :

$$132 - 86 = 46 \text{ millimètres.}$$

Avec 86 millimètres nous restons dans les épaisseurs

pratiquées et sanctionnées par l'expérience pour le rivetage.

Au-delà de 100 millimètres, le rivetage, quelle que soit l'extension qu'on donne au diamètre des rivets, ne doit pas inspirer une confiance absolue pour le serrage des tôles.

Nous avons déjà donné les dispositions d'ensemble à propos de la description générale de l'ouvrage et du calcul de ses fondations et de ses appuis. Nous pouvons maintenant entrer dans l'examen détaillé des diverses parties de l'ossature métallique et aborder le calcul de ses dimensions, conformément aux dispositions suivantes :

La bâche se compose de deux poutres à âmes pleines, servant à la fois à soutenir la cuvette métallique et à en constituer les parois à leur partie supérieure.

La distance entre les axes des poutres est de 7^m,259 ;

La largeur de la bâche entre âmes, 7^m,25 ;

Ces poutres ont une hauteur de 3^m,40.

L'âme a une épaisseur de 9 millimètres, et les semelles, en nombre variable suivant l'intensité des moments fléchissants, se composent de tôles de 8 à 15 millimètres d'épaisseur sur 650 millimètres de largeur.

Ces poutres-maîtresses sont reliées par des pièces de pont qui sont disposées entre les piles, à une distance uniforme mesurée suivant l'axe du canal, de 1^m,475 pour les travées extrêmes et de 1^m,45 pour les travées courantes.

Au-dessus des piles et des culées, les pièces de pont sont rapprochées de manière à présenter les intervalles suivants :

1 mètre sur l'appui des culées ;

1^m,15 de chaque côté de l'axe des appuis sur pile.

Sur les pièces de pont s'appuient les tôles du fond de la bâche, qui viennent se raccorder en se recourbant avec l'âme des poutres maîtresses.

Les pièces de pont sont également relevées près des poutres maîtresses suivant la même courbure.

A chaque pièce de pont placée entre les deux poutres maîtresses correspond, à l'extérieur de la bâche, une console qui sert à supporter les chemins de halage par l'intermédiaire de tôles embouties qui vont d'une console à la suivante.

Ces chemins, s'étendant ainsi au-dessus des consoles comme au-dessus de la semelle supérieure des poutres, présentent, de chaque côté du pont-canal, une largeur de $2^m,50$ suffisante pour assurer facilement le passage d'une paire de chevaux attelés de front suivant l'habitude du Nord de la France et des régions avoisinantes.

A chaque pièce et à chaque console extérieure correspond également une petite console placée à l'intérieur de la bâche, au-dessous de la semelle supérieure.

Ces consoles intérieures sont destinées à fixer les longrines en bois prévues au plan d'eau, afin de ne pas exposer directement aux chocs des bateaux l'ossature en métal.

Des cours de cornières horizontales placées sur les tôles de la bâche à l'extérieur de la cuvette et des longrines placées à sa partie inférieure, au-dessous des tôles du plafond, assurent la rigidité de chacun des panneaux constituant la bâche et se trouvant en contact avec l'eau.

Nous donnons (Pl. 16 et 17) les détails de construction de la bâche métallique. Le raccord de la partie courbe, de la bâche avec l'âme pleine des poutres maîtresses a présenté quelques difficultés sous le rapport de la rivure et n'a pu être établi, d'une manière satisfaisante, que par l'emploi de coins en acier dont le dispositif est reproduit dans la *fig.* 4, pl. 16.

Le mouillage du pont-canal est $2^m,20$.

On relève les hauteurs suivantes :

1° Au-dessous de l'étiage :

Du dessous des poutres maîtresses....... 8ᵐ,00
Du fond de la bâche..................... 8 ,80
Du plan d'eau dans le pont-canal........ 11 ,00
Des chemins de hâlage................... 11 ,75

2° Au-dessus des plus hautes crues de la Loire :

Du dessous des poutres maîtresses........ 1ᵐ,50
Du fond de la bâche..................... 2 ,30
Du plan d'eau dans le pont-canal........ 4 ,50
Des chemins de hâlage................... 5 ,25

En somme, cette poutre droite de 3ᵐ,40 de hauteur, placée sur des appuis espacés de 40 mètres d'axe en axe, rentre comme aspect général dans les dimensions usuelles des poutres de chemins, sa hauteur étant de 1/12 de la portée et le garde-corps en fer se voyant très peu.

Le pont a été calculé pour un mouillage de 2ᵐ,30 et les déversoirs établis sur le bief de jonction permettent d'éviter que ce niveau soit dépassé.

La section mouillée dans la bâche, en supposant le plan d'eau normal à 2ᵐ,20 au-dessus du plafond est de 15ᵐ²,60, soit un poids d'eau de 15.600 kilogrammes par mètre courant.

D'autre part, le poids de l'ossature en acier est, non compris les appuis :

Au total................... 2.844.055 kilogrammes
Par mètre courant....... 4.740 —

et y compris les appuis :

Au total................... 2.989.161 kilogrammes
Par mètre courant....... 4.982 —

Les chaussées, le bitume, les charpentes pour longrines pèsent :

1° Par mètre courant....... 2.195 kilogrammes
2° Pour une travée......... 87.800 —

Le poids de l'ouvrage supposé à sec est donc, en y comprenant le poids accessoire sans les appuis :

1° Par mètre courant (4.740 kg. + 2.195 kg.) =   6.935 kilogr.
2° Pour une travée........................... 277.400   —

Le poids de l'ouvrage supposé plein est, par suite, à mouillage normal de $2^m,20$:

1° Par mètre courant (6.935 kg. + 15.600 kg.) =   22.535 kilogr.
2° Pour une travée........................... 901.400   —

En résumé, avec ces travées de 40 mètres, on arrive, au moyen d'une ossature métallique de 4.740 kilogrammes par mètre courant, à supporter un poids total par mètre courant de :

$$4.740 \text{ kg.} + 2.195 \text{ kg.} + 15.600 \text{ kg.} = 22.535 \text{ kilogrammes}$$
(ossature métallique comprise).

Cette poutre de 600 mètres de longueur est fixée sur la pile n° 8. De l'un des côtés se trouve un tronçon de huit travées et, de l'autre, un tronçon de sept travées qui peuvent se dilater librement en pénétrant dans la chambre réservée à cet effet dans chaque culée.

La course de chacun de ces tronçons pour des limites de température variant de — 20° à + 50°, c'est-à-dire pour un écart de 70°, est de 216 millimètres pour les sept travées de la rive droite :

$$70 \times 280 \times 0,000116 = 0,216$$

et de 246 millimètres pour les huit travées de la rive gauche :

$$70 \times 320 \times 0,000116 = 0,246.$$

Pour permettre à ces mouvements de se produire, la bâche mobile peut plonger comme un piston dans une bâche fixe de faible longueur fixée aux culées, les deux bâches fixe et mobile étant séparées par des étoupes comprimées. Des tampons maintiennent cette compression des étoupes et sont eux-mêmes pressés par des vis qui se meuvent dans des écrous reliés à la bâche fixe.

En outre, une bande en caoutchouc en forme d'U relie la bâche fixe et la bâche mobile à l'intérieur de la chambre d'étanchement. Cette bande de caoutchouc forme soufflet et permet à ses deux extrémités de prendre des positions variables avec la dilatation de la poutre. Les eaux de la bâche ne peuvent arriver aux étoupes que si elles ont traversé le caoutchouc.

Enfin, pour que ce caoutchouc ne soit pas détérioré, le joint formé par le caoutchouc en **U** est recouvert par deux tôles, l'une reliée à la bâche fixe, et l'autre à la bâche mobile qui se meuvent, l'une par rapport à l'autre, à frottement serré.

Ainsi, les moyens d'étanchement à la jonction de la bâche aux culées en maçonnerie sont au nombre de trois qui se succèdent dans l'ordre suivant, en allant de l'intérieur vers l'extérieur de la bâche :

1° Tôles à frottement serré ;

2° Joint en caoutchouc en forme d'**U** ;

3° Étoupes serrées entre les deux bâches et maintenues par des tampons presse-étoupes.

La combinaison de cet ensemble de procédés d'étanchement a donné jusqu'ici de bons résultats (voir les *fig*. 5 et 9 de la pl. 17).

Le poids des aciers et fers mis en place s'élève à 2.989.161 kilogrammes, et la dépense correspondante à 1.177.280 fr. 27.

Ces travaux ont fait l'objet d'un projet d'exécution présenté en date du 27 juin 1890, approuvé le 25 novembre 1890 et adjugé, le 28 février 1891, à MM. Daydé et Pillé, constructeurs à Creil (Oise).

La seizième travée est constituée par une bâche métallique ayant $10^m,15$ de portée entre les appuis.

Son poids est de 87.486 kilogrammes (y compris chaussées et accessoires).

Le poids total de l'ossature des quinze travées sur la Loire et de la seizième travée sur le canal s'élève à 3.076.647 kilogrammes.

Les travaux ont été exécutés pendant les campagnes 1892, 1893 et 1894.

Le pont-canal lui-même a donc demandé cinq campagnes pour son exécution. Il porte les deux dates 1890-1894.

Nous avons maintenant à donner quelques détails sur les calculs de résistance.

Le projet présenté avait été étudié avec des semelles formées de tôles ayant la même épaisseur que l'âme (9 millimètres). L'entreprise nous proposa de composer les semelles avec des tôles ayant la plupart 11 millimètres et même quelques-unes, celles qui règnent sur la plus faible longueur, mesurant 12, 13 et 15 millimètres. Nous avons accepté ces propositions parce que, malgré la plus grande épaisseur des tôles, la surface totale des moments résistants embrassant le périmètre-enveloppe des moments fléchissants maxima en chaque point, n'était pas sensiblement plus élevée. Par suite, l'accroissement de dépenses correspondant à l'emploi des tôles de 11 millimètres, ne pouvait être que relativement très faible.

Les moments fléchissants ont été déterminés analytiquement d'après les méthodes de MM. Collignon et Bresse, méthodes d'une application très simple dans le cas particulier où il n'y a pas de surcharge à considérer et où les travées sont égales.

La donnée essentielle est la charge par mètre courant qui, le pont étant rempli à la tenue de $2^m,25$, est égale à 24.600 kilogrammes, non compris les appuis, mais en tenant compte d'une surcharge sur les trottoirs de 400 kilogrammes par mètre carré.

Ce qui donne pour chacune des deux poutres maîtresses :

$$p = 12.300 \text{ kilogrammes.}$$

On a donc, pour la quantité pl^2, la valeur :

$$pl^2 = 12.300 \times 40^2 = 19.680.000 \text{ kilogrammes.}$$

Les moments fléchissants ont été notamment déduits, jusqu'à la sixième travée, du formulaire de M. Bresse qui est établi, on le sait :

1° En ce qui concerne les moments sur les piles, d'après le théorème des trois moments :

$$M_{m-1} + 4M_m + M_{m+1} + pl^2 = 0,$$

relation qui lie les moments sur les appuis d'ordre $m - 1$, m et $m + 1$ et qui, appliquée aux $n + 1$ appuis d'une poutre à n travées, donne $n - 1$ équations avec $n - 1$ inconnues, si l'on observe que les moments d'encastrement sur les culées M_o et M_n sont tous deux nuls ;

2° En ce qui concerne la courbe des moments à l'intérieur de chaque travée par la formule :

$$M = M_{m-1} + (M_m - M_{m-1}) \frac{x}{l} - \frac{1}{2} px (l - x).$$

Toutes ces courbes sont des paraboles à axe vertical qui, dans chaque travée, coupant en deux points l'axe des x, présentent, entre ces deux points, où le moment de flexion est nul, un maximum négatif et sur chaque pile un moment positif d'une valeur généralement plus grande.

Les deux maxima positifs de deux courbes consécutives se réunissent sur chaque pile avec une direction se rapprochant de la verticale. Aussi, la série des courbes à considérer, pour avoir la loi de succession des moments fléchissants, dans l'ensemble de la poutre, présente-t-elle en quelque sorte un point de rebroussement au-dessus de chaque pile.

Les deux points où les paraboles coupent l'axe des x sont situés sensiblement au 1/4 et aux 3/4 des travées, sauf dans les travées extrêmes où, l'encastrement n'existant pas au-dessus des culées, la courbe passe par les appuis extrêmes de ces culées et coupe l'axe en un second point situé aux 4/5 environ de la travée à partir de la culée.

Le formulaire de M. Bresse ne s'étendant pas au-delà de la sixième travée, le moment sur l'appui 7 (le même que sur l'appui 8) a été calculé directement. Il y a d'ailleurs lieu d'observer que les valeurs de ces moments, au-delà de la sixième pile, convergent rapidement vers une limite donnée et constante.

Les poutres maîtresses appelées à fournir les moments résistants correspondants sont constituées, d'une manière continue, sur toute la longueur des travées :

1° Par une âme de $3^m,40$ de hauteur et de 9 millimètres d'épaisseur ;

2° Par quatre cornières $\dfrac{140 \times 140}{13}$;

3° Par une semelle haut et bas de 650×10 ;

4° Par des semelles supplémentaires de même largeur et d'épaisseurs variant de 8 à 15 millimètres. Leurs longueurs ont été déterminées, de manière à ce que les moments résistants, en admettant pour les aciers la limite de travail de 10 kilogrammes par millimètre carré, soient pour chaque section, supérieurs aux moments fléchissants.

Ces moments résistants ont été calculés par la formule :

$$\frac{2RI}{h}.$$

En prenant pour R, comme nous venons de l'indiquer plus haut, en principe, la valeur :

$$R = 10.000.000.$$

On arrive ainsi à une série de moments résistants et gradués de la manière suivante :

1° Section composée de l'âme et des cornières seulement. — (Section A) 398.659

2° Section A ci-dessus augmentée d'une 1re semelle de 650 × 10 (haut et bas). — (Section B) 617.327

3°
Section B augmentée d'une 2e semelle de 650 × 8 (haut et bas). — (Section C_1) 785.658
Section B augmentée d'une 2e semelle de 650 × 8 (haut et bas). — (Section C_2) 814.171
Section B augmentée d'une 2e semelle de 650 × 8 (haut et bas). — (Section C_3) 836.041
Section B augmentée d'une 2e semelle de 650 × 8 (haut et bas). — (Section C_4) 856.949

4°
Section C_3 augmentée d'une 3e semelle de 650 × 11 (haut et bas). — (Section D_1) 1.076.696
Section C_4 augmentée d'une 3e semelle de 650 × 11 (haut et bas). — (Section D_2) 1.098.574

5°
Section D_2 augmentée d'une 4e semelle de 650 × 11 (haut et bas). — (Section E_1) 1.339.323
Section D_1 augmentée d'une 4e semelle de 650 × 12 (haut et bas). — (Section E_2) 1.339.323
Section D_2 augmentée d'une 4e semelle de 650 × 13 (haut et bas). — (Section E_3) 1.383.106

6°
Section E_1 augmentée d'une 5e semelle de 650 × 12 (haut et bas). — (Section F_1) 1.602.074
Section E_2 augmentée d'une 5e semelle de 650 × 12 (haut et bas). — (Section F_2) 1.602.074
Section E_3 augmentée d'une 5e semelle de 650 × 12 (haut et bas). — (Section F_3) 1.667.787

7° Section F_3 augmentée d'une 6e semelle de 650 × 15 (haut et bas). — (Section G) 1.996.497

Ces longueurs des semelles supplémentaires se déterminent graphiquement d'après l'épure (*fig*. 2 de la pl. 20), où l'on peut relever immédiatement :

1° Les valeurs relatives des moments fléchissants et leurs valeurs absolues par le tracé, au-dessus de l'axe, d'une parabole symétrique des moments négatifs ;

2° Les moments résistants en valeur absolue avec la distinction des aires correspondant aux moments élémentaires ;

a. De l'âme ;

b. Des cornières haut et bas ;

c. De chacune des semelles (semelle continue et semelles supplémentaires haut et bas).

La même épure donne également la répartition des tôles en longueur, ainsi que les couvre-joints destinés à suppléer à la discontinuité des tôles suivant leur longueur.

Ces longueurs de tôles varient, en général, comme on peut le voir, de 5 à 8 mètres ; la plupart oscillent autour de la dimension 6 mètres avec quelques écarts en plus ou en moins.

Nous relevons encore sur l'épure le travail maximum qui a lieu dans les semelles les plus éloignées de l'axe neutre, c'est-à-dire du milieu de l'âme, puisque la poutre est symétrique.

Les résultats analytiques du calcul des moments fléchissants et résistants peuvent se résumer dans le tableau suivant que nous arrêtons à la pile n° 8, en raison de la symétrie de la poutre par rapport au milieu de la huitième travée.

DÉSIGNATION		VALEUR DES ABSCISSES			SEMELLES SUPÉRIEURES de la poutre donnant le moment fléchissant maximum en outre de la section constante composée de 1 âme de 9mm, 4 cornières de 140 × 140 / 13 et de 1 semelle courante de 650 / 10		ÉPAISSEUR TOTALE DES SEMELLES A RIVER	ÉPAISSEUR TOTALE A RIVER y compris la cornière d'attache des semelles à l'âme, mais non compris le couvre-joint.	MOMENTS fléchissants correspondants	MOMENTS résistants correspondants	TRAVAIL MAXIMUM PAR mm² dans la section considérée $\frac{10 M_f}{M_r}$	OBSERVATIONS
Des appuis	Des travées où se trouvent les maxima intermédiaires	x_1 — Moments de flexion nuls	x_2 — Moments de flexion nuls	$x_m = \frac{x_1 + x_2}{2}$ — Maximums intermédiaires	NOMBRE	ÉPAISSEUR cumulée des semelles supplémentaires vis-à-vis l'abscisse x_m						
Culée	»	»	»	»	»	»	10mm	28mm	»	»	»	
1re pile	1	0	31.547	15.778	4	45mm	55	68	1.530.144	1.602.074	9k,55	Y compris une âme de rénfort de 8mm
					5	63	78	80	2.079.428	2.144.287	9,70	
2e »	2	10.718	31.547	21.132	1	8	18	31	667.049	785.058	8,49	id.
					4	45	55	68	1.522.248	1.751.379	8,69	
3e »	3	7.846	31.547	19.696	1	10	20	33	863.662	836.041	10,33	id.
					4	45	55	68	1.671.560	1.751.379	9,54	
4e »	4	8.616	31.547	20.081	1	9	19	32	807.255	814.171	9,92	id.
					4	45	55	68	1.631.511	1.751.379	9,32	
5e »	5	8.409	31.547	19.978	1	9	19	32	823.031	814.171	10,11	id.
					4	45	55	68	1.642.434	1.751.379	9,38	
6e »	6	8.465	31.547	20.006	1	9	19	32	819.190	814.171	10,06	id.
					4	45	55	68	1.639.187	1.751.379	9,36	
7e »	7	8.449	31.547	19.998	1	9	19	32	820.351	814.171	10,08	id.
					4	45	55	68	1.640.112	1.751.379	9,37	
8e »	8	8.455	31.545	20.000	1	9	19	32	819.888	814.171	10,07	id.
					4	45	55	68	1.640.112	1.751.379	9,37	

Il résulte également du tableau précédent et de l'épure correspondante que les semelles supplémentaires règnent sur les longueurs suivantes :

LONGUEURS DES SEMELLES SUPPLÉMENTAIRES

Vers le milieu des travées ci-après	Sur les appuis	1re	2e	3e	4e	5e
1re et 15e		$24^m,935$	$21^m,960$	$18^m,960$	$10^m,897$	»
	1re pile	17 ,530	10 ,4885	7 ,9375	7 ,9375	$3^m,550$
2e et 14e		5 ,640				
	2e et 13e	10 ,210	7 ,745	4 ,990	2 ,670	
3e et 13e		13 ,060				
	3e et 12e	10 ,210	7 ,745	4 ,990	2 ,670	
4e et 12e		11 ,950				
	4e et 11e	10 ,210	7 ,745	4 ,990	2 ,670	
5e et 11e		11 ,950				
	5e	14 ,875	7 ,745	4 ,990	2 ,670	
6e et 10e		11 ,950				
	6e	17 ,3875	7 ,745	4 ,990	2 ,670	
7e et 9e		11 ,950				
	7e	10 ,2095	7 ,745	6 ,440	5 ,425	
8e		11 ,950				
	8e	17 ,3875	7 ,745	4 ,990	2 ,670	
	9e	13 ,110	7 ,745	4 ,990	2 ,670	
	10e	10 ,210	7 ,745	4 ,990	2 ,670	
	14e	13 ,1925	10 ,4885	7 ,9375	7 ,9375	$3^m,550$

Les efforts tranchants qui constituent une fonction linéaire de la longueur et du poids par mètre courant, fonction dérivée de la fonction primitive des moments fléchissants ont été déterminés par les formules également bien connues :

Sur l'appui m :

$$T_m = p x_m ;$$

sur l'appui $m + 1$:

$$T_{m+1} = p (l - x_m),$$

x_m étant la valeur de l'abscisse correspondant au maximum des moments négatifs et, par conséquent, à la section où la dérivée de la courbe des moments est nulle.

On arrive ainsi au tableau ci-après:

NUMÉROS des travées	INDICATION des appuis	DÉTAIL DES CALCULS	EFFORTS tranchants par appui	TOTAUX pour chaque appui
1e	Culée ... 1e pile ..	$(pl = 12.300 \times 40 = 492.000)$ $px_m = 12.300 \times 15.773$ $pl - px_m = 492.000 - 194.008$	194.008^k 297.200	194.008
2e	1e — .. 2e — ..	$px_m = 12.300 \times 21.132$ $pl - px_m = 492.000 - 259.924$	259.924 232.076	557.916
3e	2e — .. 3e — ..	$px_m = 12.300 \times 19.696$ $pl - px_m = 492.000 - 242.261$	242.261 249.739	474.337
4e	3e — .. 4e — ..	$px_m = 12.300 \times 20.081$ $pl - px_m = 492.000 - 246.996$	246.996 245.004	496.735
5e	4e — .. 5e — ..	$px_m = 12.300 \times 19.978$ $pl - px_m = 492.000 - 245.729$	245.729 246.271	490.733
6e	5e — .. 6e — ..	$px_m = 12.300 \times 20.006$ $pl - px_m = 492.000 - 246.074$	246.074 245.926	492.345
7e	6e — .. 7e — ..	$px_m = 12.300 \times 19.998$ $pl - px_m = 492.000 - 245.975$	245.975 246.025	491.901
8e	7e — .. 8e — ..	$px_m = 12.300 \times 20.000$ $pl - px_m = 492.000 - 246.000$	246.000 246.000	492.025

C'est l'âme seule qui est considérée habituellement comme devant résister aux efforts tranchants.

On a fait ressortir la vérification de ce principe dans le cas du pont-canal également par une méthode graphique à la suite de l'épure donnant les moments fléchissants et résistants. Pour cela, on a d'abord tracé, sur un axe des abscisses correspondant au même axe que l'épure précédente, les droites représentant dans chaque travée les efforts tranchants avec leur valeur en grandeur et en signe, et ensuite leur valeur en grandeur absolue en traçant au-dessous de l'axe des abscisses une droite symétrique de la droite représentant les efforts tranchants positifs.

Ensuite on a porté, sur des ordonnées négatives, une hauteur proportionnelle à la résistance totale de l'âme (âme unique continue et renfort de l'âme au droit des piles), en prenant pour base une résistance élémentaire au cisaillement de 8 kilogrammes par millimètre carré.

On voit, par la comparaison des aires ainsi formées, que, sur aucun point, les efforts tranchants ne dépassent les résistances prévues d'après le coefficient de 8 kilogrammes et restent même souvent au dessous.

Il faut ensuite examiner la résistance à l'écrasement des panneaux sur les piles et sur les culées.

Au droit de ces piles, l'âme unique de 9 millimètres, qui règne d'une manière continue sur toute la longueur de la poutre, a été renforcée sur une longueur de 8^m,445 pour la première et la quinzième pile et de 5^m,470 pour toutes les autres piles, par une autre tôle de 8 millimètres, ce qui, sur ces diverses longueurs, porte l'épaisseur totale de l'âme à 17 millimètres. On y a ajouté trois montants verticaux, de manière à ce que l'ensemble de la section horizontale de chaque poutre maîtresse, au-dessus des appareils d'appui, présente les surfaces totales suivantes :

1° PILES.

Section courante.

$$
\begin{aligned}
&\text{Ame}\dots\dots\dots\dots && 1.400 \times 9 = 12.600^{mm2} && \left.\begin{aligned}\ \\ \ \end{aligned}\right\} \quad 23.800^{mm2}\\
&\text{Renfort de l'âme.} && 1.400 \times 8 = 11.200 &&\\
&\text{Couvre-joint inté-} && && \\
&\qquad\text{rieur}\dots\dots\dots && 390 \times 9 = 3.510 && \left.\begin{aligned}\ \\ \ \end{aligned}\right\} \quad 6.630\\
&\text{Couvre-joint exté-} && && \\
&\qquad\text{rieur}\dots\dots\dots && 390 \times 8 = 3.120 &&
\end{aligned}
$$

Montant central extérieur.

$$
\begin{aligned}
&\text{Ame}\dots\dots\dots\dots && 327{,}5 \times 8 = 2.620^{mm2} && \\
&\text{Semelle}\dots\dots\dots && 250 \times 9 = 2.250 && \\
&\text{Cornières } \frac{90 \times 70}{9} && 6 \times 151 \times 9 = 8.154 && \left.\begin{aligned}\ \\ \ \\ \ \\ \ \end{aligned}\right\} \quad 16.102\\
&\text{Cornières } \frac{90 \times 90}{9} && 2 \times 171 \times 9 = 3.078 &&
\end{aligned}
$$

Montants extrêmes extérieurs (2 semblables).

$$
\left.
\begin{array}{l}
\text{Ame}\dots\dots\dots\dots \quad 335,5 \times 8 = 2.684^{mm2} \\
\text{Semelle}\dots\dots\dots \quad 250 \times 9 = 2.250 \\
\text{Cornières } \dfrac{90 \times 70}{9} \quad 6 \times 151 \times 9 = 8.154 \\
\text{Cornières } \dfrac{90 \times 90}{9} \quad 2 \times 171 \times 9 = 3.078
\end{array}
\right\} \times 2 = 32.322
$$

Section à considérer............ 78.864^{mm2}

2° CULÉES.

Sur les culées, la section résistant à l'écrasement n'est que de......................... 30.176^{mm2}

On arrive ainsi au tableau suivant :

	CULÉES	1re PILE	2e PILE	3e PILE	4e PILE	5e PILE	6e PILE	7e PILE
Effort d'écrasement..........	194.008	557.916	474.337	496.735	490.733	492.345	491.901	492.025
Section résistante	30.176	78.864	78.864	78.864	78.864	78.864	78.864	78.864
Coefficient de travail par millimètre carré..............	6^k,43	7^k,07	6^k,01	6^k,31	6^k,22	6^k,24	6^k,24	6^k,24

Examinons maintenant les déformations de l'ossature sous l'action des forces qui agissent sur elle.

Si l'on admet, pour la déformation prévue de la poutre maîtresse, les théories simplifiées de M. Bresse, c'est-à-dire si l'on se contente d'une première approximation, comme du reste on le fait pour le calcul des moments fléchissants, en supposant la section de la poutre constante, on arrive à trouver, pour les flèches au milieu des diverses travées les valeurs suivantes qui ne varient plus, du reste, dès que le nombre des travées dépasse 12 pour croître indéfiniment (Voir BRESSE, t. II, p. 187).

$$f_1 = 2{,}4641 \times \frac{pl^4}{384EI} = 0{,}0327$$

$$f_2 = 0{,}6077 \times \frac{pl^4}{384EI} = 0{,}0168$$

$$f_3 = 1{,}1051 \times \frac{pl^4}{384EI} = 0{,}0286$$

$$f_4 = 0{,}9718 \times \frac{pl^4}{384EI} = 0{,}0259$$

$$f_5 = 1{,}0075 \times \frac{pl^4}{384EI} = 0{,}0268$$

$$f_6 = 0{,}9980 \times \frac{pl^4}{384EI} = 0{,}0266$$

$$f_7 = 1{,}0005 \times \frac{pl^4}{384EI} = 0{,}0266$$

$$f_8 = \frac{pl^4}{384EI} = 0{,}0266$$

Enfin le tableau ci-après résume la comparaison des flèches obtenues par le calcul et de celles observées de diverses manières pendant les épreuves du pont-canal :

NUMÉROS des travées	FLÈCHES calculées (méthode Bresse)	FLÈCHES OBSERVÉES						DIFFÉRENCES entre la col. 2 et la moyenne des colonnes 3 et 4
		par nivellement		sur les appareils à levier		sur les appareils hydrauliques		
		amont	aval	amont	aval	amont	aval	
1	2	3	4	5	6	7	8	9
1	32mm,7	22mm	24mm	18mm,4	»	26mm,1	26mm,83	9mm,7
2	16 ,8	7	9	9 ,2	»	11 ,85	12 ,32	8 ,8
3	28 ,6	12	12	»	»	17 ,41	15 ,23	16 ,6
4	25 ,9	11	14	12 ,5	15mm,1	15 ,95	16 ,44	13 ,4
5	26 ,8	17	12	15 ,8	12 ,6	18 ,61	19 ,1	12 ,3
6	26 ,6	15	15	»	»	15 ,23	16 ,92	11 ,6
7	26 ,6	14	12	»	»	18 ,85	14 ,5	13 ,6
8	26 ,6	15	14	»	»	16 ,44	12 ,81	12 ,1
9	26 ,6	17	14	»	»	15 ,71	14 ,02	11 ,1
10	26 ,6	15	13	»	»	16 ,92	16 ,44	12 ,6
11	26 ,8	14	15	13 ,1	12 ,5	16 ,44	15 ,95	12 ,3
12	25 ,9	14	13	13 ,8	13 ,4	15 ,47	14 ,5	12 ,4
13	28 ,6	15	17	»	»	14 ,99	16 ,2	12 ,6
14	16 ,8	14	12	»	»	»	12 ,09	3 ,8
15	32 ,7	25	24	»	»	25 ,25	23 ,21	8 ,2

On voit, par ce tableau, que les flèches observées sont de 1/3 environ moins fortes que les flèches calculées d'après le formulaire de M. Bresse, fait assez général d'ailleurs dans les grands ponts métalliques.

Les entretoises porteuses du fond de la bâche tout à fait analogues aux pièces de pont des poutres tubulaires avec passage à la partie inférieure de la poutre sont espacées d'axe en axe de 1^m,475 dans les première et quinzième travées, et de 1^m,450 dans toutes les autres travées, sauf au-dessus des plaques d'appui où les trois pièces de pont consécutives sont rapprochées à la distance de 1^m,150.

A chacune de ces entretoises correspond, à l'extérieur de la bâche, un montant vertical, en forme de double **T**, s'étendant de la semelle inférieure à la semelle supérieure de la poutre maîtresse et raidissant ainsi cette poutre maîtresse. De plus, c'est à ces montants verticaux que sont rattachées les consoles en encorbellement.

De sorte que le nombre des sections comprenant une entretoise porteuse, un montant vertical et une console en encorbellement de chaque côté de la bâche s'élève, pour les 15 travées, au nombre total de 421.

Nous terminerons cette analyse détaillée de la poutre en faisant connaître :

1° Qu'un longeron central et quatre cours de cornières doubles servent à raidir le fond de la bâche ;

2° Que trois cours de cornières également horizontales, placées à l'extérieur de l'âme des poutres-maîtresses au quart, à la moitié et aux trois quarts de la hauteur de cette âme, servent à compléter les dispositions prévues pour assurer le raidissement de cette âme et empêcher toute déformation sensible dans le sens horizontal transversal au canal des panneaux qui la composent (voir ci-dessous la coupe transversale de la bâche).

De toutes ces pièces accessoires, les seules pouvant donner lieu à un calcul précis sont :

1° Les entretoises porteuses ;

2° Les montants verticaux.

Les calculs relatifs à l'entretoise porteuse se résument de la manière suivante :

Les entretoises se relèvent vers leur jonction avec les poutres maîtresses auxquelles elles sont reliées par des rivures le long de l'âme sur une hauteur totale de 1ᵐ,85 ; la hauteur d'assemblage est, par suite, presque triple de la hauteur normale de l'entretoise (0ᵐ,723).

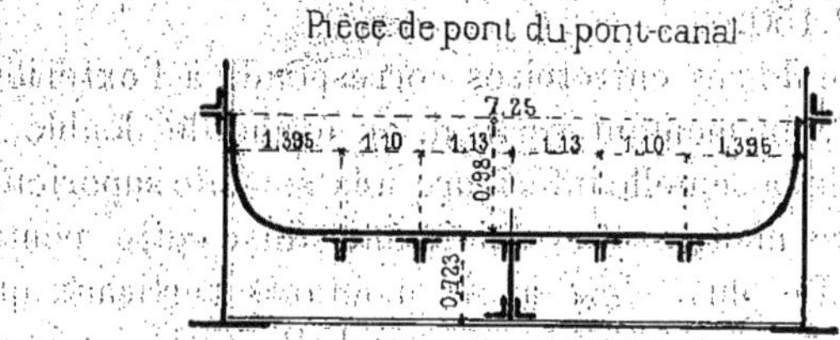

Fig. 2.

Dans ces conditions on peut supposer au moins un der ·encastrement des entretoises à leurs deux extrémités et, par suite, prendre pour les moments fléchissants :

1° Aux extrémités :

$$M = \frac{1}{6}\, p l^2$$

(au lieu de $\dfrac{1}{12}\, p l^2$ en cas d'encastrement complet);

2° Et au milieu de la portée, le moment maximum :

$$M = \frac{1}{12}\, p l^2$$

(au lieu de $\dfrac{1}{24}\, p l^2$ en cas d'encastrement complet).

D'autre part, la charge que supporte une entretoise dans les travées centrales est la suivante :

Poids propre de l'entretoise et de la bâche correspondante.. 1.799 kg.
Poids d'un panneau du longeron central............ 139
Poids des longerons intermédiaires................. 89
Poids de la charge liquide entre les deux demi-parties
s'étendant de chaque côté de l'entretoise, soit
pour 1^m,475 de pont-canal, à raison de 15.600 kg.
par mètre courant.................................... 23.010

$$\text{TOTAL} \dots\dots\dots\dots\dots\dots \quad 25.037 \text{ kg.}$$

La portée de l'entretoise qui a à supporter cette charge
est de 7^m,23 dans le sens transversal à l'axe du pont et,
par suite, le poids par mètre courant de portée de l'entretoise est :

$$\frac{25.037}{7,23} = 3.463 \text{ kilogrammes,}$$

et le moment fléchissant maximum au milieu de la portée :

$$\frac{3.463 \times \overline{7^m,23}^2}{12} = 15.085 \text{ kilogrammes.}$$

D'autre part, la section résistante est composée d'une
âme de 700×7 et de 4 cornières de $\dfrac{70 \times 70}{7}$ ayant
comme moment d'inertie :

$$I = \frac{0,147 \times \overline{0,700}^3 - 2\left(0,063 \times \overline{0,686}^3 + 0,007 \times \overline{0,56}^3\right)}{12} = 0,0006072.$$

On en tire :

$$\frac{2I}{h} = \frac{2 \times 0,0006072}{0,700} = 0,001735.$$

Le travail correspondant par millimètre carré se trouve
égal à :

$$T = \frac{M}{\left(\dfrac{2I}{h} \times 10^6\right)} = \frac{15.085}{0,001735 \times \overline{10}^6}.$$

D'où :

$$T = \frac{15.085}{1735} = 8^{kg},69,$$

chiffre inférieur à la limite de travail admise pour les aciers.

2° MONTANTS VERTICAUX.

Dans les calculs de résistance nous avons été conduit à considérer les montants verticaux placés entre les consoles extérieures d'une part, et l'âme des poutres de têtes d'autre part, comme encastrés à leur extrémité inférieure dans la section horizontale MN (voir croquis ci-dessous) et libres à leur extrémité supérieure.

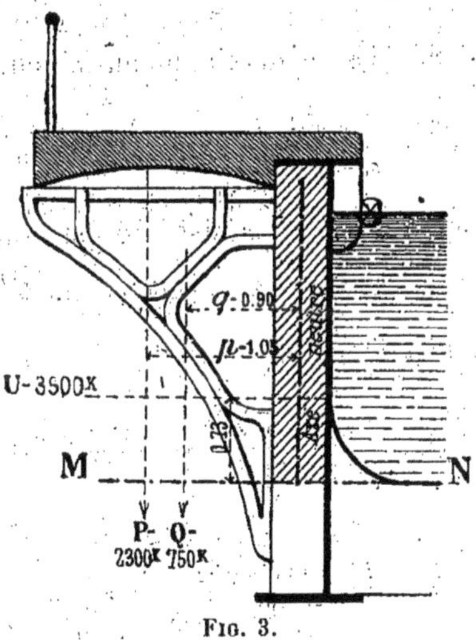

Fig. 3.

Ces montants sont soumis aux actions des forces verticales P et Q dues au poids du chemin de halage, de la surcharge et de toute l'ossature située à l'extérieur de l'âme des poutres maîtresses par rapport à la cuvette et à la force horizontale U due à la poussée de l'eau contenue dans la cuvette.

Dans ces conditions, ce moment d'encastrement est donné par la formule :

$$\mu = Pp + Qq + Uu.$$

Or on a :

$$P = 2.300 \qquad p = 1,05$$
$$Q = 750 \qquad q = 0,90$$
$$U = 3.500 \qquad u = 0,73$$

D'où :

$$\mu = 2.300 \times 1,05 + 750 \times 0,90 + 3.500 \times 0,73 = 5.645 \text{ kg.}$$

Or le moment résistant de ce montant est :

$$\frac{2RI}{h} = \frac{2 \times 10.000.000 \times 0,000135.084}{0,3445} = 7.820 \text{ kilogrammes.}$$

Donc le travail du métal dans sa résistance à une action de renversement sera :

$$\frac{5.645 \times 10}{7.820} = 7^{kg},22.$$

D'autre part, la somme des charges verticales appliquées à ce moment est :

$$P + Q = 2.300 + 750 = 3.050,$$

et sa section horizontale composée d'une âme et de quatre cornières présente une surface de 7.135 millimètres carrés, ce qui donne pour ce même montant, étant considéré comme pièce chargée debout, un travail de $0^{kg},43$ par millimètre carré.

Les rivures ont été prévues et exécutées d'après les règles expérimentales usuelles, étendues de la limite, 70 millimètres, qu'on rencontre dans les divers traités (Résal, Pillet) jusqu'à l'épaisseur de 95 millimètres, cette dernière épaisseur étant exceptionnelle et ne régnant que sur 3^m,55 au-dessus de la première et de la quatorzième piles.

On peut vérifier ce point par la comparaison des deux tableaux ci-après :

L'un qui résume les données expérimentales habituellement admises pour les rivures des ponts métalliques ;

L'autre qui indique les épaisseurs employées en fait dans les assemblages des diverses parties de l'ossature métallique.

I. — Données expérimentales des rivures des ponts métalliques.

ÉPAISSEURS TOTALES à river	DIAMÈTRE des rivets	ÉCARTEMENT d'axe en axe
16 à 20^{mm}	16^{mm}	90 à 100^{mm}
20 à 25	18	
25 à 35	20	100 à 120
35 à 50	22	
50 à 70	25	

II. — Données admises pour les rivures de l'ossature du pont-canal.

	ÉPAISSEUR totale maximum à river	DIAMÈTRE des rivets	NOMBRE de files	ESPACEMENT d'axe en axe des rivets
Assemblage des semelles entre elles.........	87^{mm}	22^{mm}	5	147^{mm},5 à 246^{mm}
— des semelles aux cornières.....	95	25	4	panneaux sur pile : 136 à 246^{mm}
— des cornières à l'âme..........	43	25	2	panneaux courants : 147^{mm},5 à 246^{mm}
— des diverses parties de l'âme entre elles............................ (Joints verticaux en découpe sur l'âme double. 6 files pour les deux joints, soit 3 files par joint.)	63	20	3	100 à 104^{mm}
Assemblage des entretoises aux poutres maîtresses........................	53	20	4	102 à 104^{mm}
Assemblage des montants aux poutres maîtresses........................	53	20	2	102 à 104
Assemblage des consoles aux montants.....	25	18	2	114^{mm}
Assemblage ou rivure n'intéressant que l'étanchéité,........................	36	16 et 20^{mm}	4	100^{mm}

De plus, on peut également vérifier que la rivure employée satisfait bien aux conditions habituellement imposées dans les calculs.

La rivure a pour effet :

1° De s'opposer au glissement longitudinal des semelles entre elles ou sur les cornières et de celles-ci sur l'âme, et, dans ce travail de résistance, les rivets travaillent au cisaillement et on a admis, pour leur résistance maximum au cisaillement, 8 kilogrammes, de même que pour la résistance de l'âme à l'effort tranchant ;

2° De provoquer un serrage des tôles entre elles donnant un frottement que l'on évalue (Résal, Flamant) à 15 kilogrammes par millimètre carré de section de rivet. Seulement on ne peut compter, comme limite de sécurité, que sur le tiers ou la moitié environ de ce chiffre et on arrive, dans les deux cas, à prendre comme base un travail de 8 kilogrammes par millimètre carré de rivet.

On sait d'ailleurs que, pour l'assemblage soit des semelles entre elles, soit des semelles aux cornières et des cornières à l'âme, l'effort longitudinal de glissement est donné par la formule :

$$\frac{T}{H},$$

T étant l'effort tranchant et H, la distance verticale entre les rangées de rivets, haut et bas.

Donc, si N est le nombre des rivets par mètre courant de rivure, σ la section en millimètres de chaque rivet supposé travaillant au moins en double section et si nous prenons la résistance par millimètre carré, $R = 8$, on aura la formule :

$$N2\sigma R = \frac{T}{H}.$$

Appliquons cette formule aux abords des points d'appui

où T est maximum et sensiblement égal à $\dfrac{pl}{2}$ et à l'assemblage qui fatigue le plus, celui des cornières à l'âme.

Prenons, par exemple, le panneau de $1^m,15$ sur la pile n° 1, où l'effort tranchant est maximum absolu.

On a donc par mètre courant de rivure :

$$\frac{T}{H} = \frac{297.992}{3.24} = 91.973 \text{ kilogrammes,}$$

et pour un panneau de $1^m,15$:

$$91.973 \times 1,15 = 105.769.$$

Or, sur ce panneau, la rivure est assurée par 16 rivets de 25 millimètres présentant chacun une section de 490 millimètres carrés, et, par suite, le travail de ces rivets est :

$$R = \frac{105.769}{2 \times 16 \times 490} = 6^{kg},75.$$

Il est également intéressant de se rendre compte du travail des rivets dans les assemblages destinés à assurer la continuité des panneaux verticaux formant l'âme des poutres maîtresses.

La section de cette âme qui a, comme on l'a vu plus haut, $3^m,40$ de hauteur et 9 millimètres d'épaisseur, est de :

$$3.400 \times 9 = 30.600 \text{ millimètres carrés.}$$

D'autre part, avec le double couvre-joint et en faisant travailler les rivets de 20 millimètres en double section, au nombre de 62 et d'une section de 314 millimètres carrés, nous aurons pour le travail de l'âme en section normale :

$$30.600 R_1 = 30.600 \times 8 = 2 \times 62 \times 314 \times R_2,$$

d'où pour le travail des rivets d'un couvre-joint par millimètre carré :

$$R_2 = \frac{30.600 \times 8}{2 \times 62 \times 314} = 6^{kg},28 = \frac{3}{4}\ R_1.$$

On peut donc conclure de cet ensemble de calculs que, pour chaque point et chaque assemblage de l'ossature métallique du pont-canal, les conditions de travail et de résistance, ainsi que les déformations ont été soigneusement étudiées soit à l'avance, soit *a posteriori*. Ces conditions de stabilité ont été ensuite, comme on l'a vu, vérifiées par l'expérience, et de ces calculs, comme des résultats de cette expérience, il résulte que l'ossature se trouve, sous le rapport de la stabilité, dans des conditions très favorables et donnant toute sécurité, sous la seule réserve que les aciers soient entretenus en bon état, condition facile à réaliser moyennant que la visite de toutes les parties de l'ossature soit aisée et la peinture entretenue en bon état.

Après l'examen et la vérification de la stabilité de toutes les parties de l'ossature qui concourent à la stabilité de l'ouvrage, nous n'avons plus que quelques mots à dire des tôles constituant le fond de la bâche et dont le seul rôle est d'assurer l'étanchéité de la cuvette.

Les panneaux qui forment ce fond de la bâche et, en outre, le raccord du fond avec les poutres maîtresses à mi-hauteur à peu près de ces dernières sont au nombre de deux par chaque intervalle compris entre ces deux entretoises consécutives : ces deux panneaux partant de chaque côté de la cuvette du raccord avec le milieu des poutres maîtresses se rejoignent dans l'axe du pont où se trouve aussi placé un joint longitudinal.

Les dimensions de ces panneaux sont :

1º Entre les poutres maîtresses et le joint longitudinal de l'axe du pont.. 4^m,295

(Sens de la longueur pour ces panneaux et longueur mesurée suivant la courbe du fond de la bâche.)

2° Entre deux entretoises consécutives :

En travée courante { pour les travées de rive .... 1^m,475

pour les travées ordinaires........ 1 ,450

Au-dessus des piles................................... 1 ,150

Près des abouts de la bâche .... 0 ,880

Tous les calculs précédents supposent essentiellement que l'on a pu prévenir tout voilement des âmes des poutres maîtresses.

C'est le résultat qui a été obtenu grâce à l'ensemble de précautions que nous venons de décrire (à l'intérieur de la bâche, relèvement des entretoises ; à l'extérieur de la bâche, montants verticaux et trois cours de cornières horizontales).

Grâce à ces précautions on a réussi complètement à empêcher tout gauchissement dans les poutres maîtresses.

De plus, les tendances au renversement intérieur ou extérieur se sont compensées, l'expérience est concluante sur ce point, et les grandes poutres de tête à âme pleine ont bien conservé leur verticalité.

Les aciers ont été fabriqués aux usines de Mont-Saint-Martin, près de Longwy.

On aurait pu craindre autrefois que le caractère un peu phosphoreux des minerais ne nuisît à la qualité de l'acier.

Mais les procédés de fabrication de l'acier au convertisseur basique assurent actuellement l'élimination parfaite du phosphore.

Les agents du service détachés pour suivre la fabrication et les essais ont toujours constaté, dans leurs nombreuses expériences, un métal répondant largement aux conditions de douceur et d'élasticité prévues par le devis.

Les aciers étaient fabriqués au convertisseur Bessemer par les procédés bien connus, puis coulés en lingots. Ce coulage avait lieu à un moment déterminé :

1° Par l'aspect du métal en fusion et de la grande cornue qui le contenait ;

2° Par des prélèvements d'échantillons donnant à la cassure, après refroidissement, des indications précises sur le grain du métal. Les lingots, après coulage, étaient réchauffés dans un four à réverbère, puis laminés.

Les usines de Longwy fournissent des aciers numérotés de 1 à 9 par ordre de dureté décroissante, depuis l'acier extra-dur jusqu'à l'acier extra-doux (fer presque pur, légèrement aciéreux n° 1). C'était le n° 7 de cette classification qui répondait aux conditions prescrites par le devis.

L'ajustage des tôles et des cornières et le montage de toutes les pièces pouvant s'assembler à l'atelier ont été opérés dans les ateliers des entrepreneurs, MM. Pillé et Daydé, à Creil.

Ces éléments de l'ossature métallique ont été ensuite transportés par eau, de Creil à Briare par bateaux de 30^m,50 chargés des aciers, des rivets à poser sur place et de l'outillage correspondant ; ces bateaux de l'ancien type, qui pouvaient seuls accéder à pied-d'œuvre, étaient chargés chacun de 140 à 150 tonnes environ.

On a assemblé sur place, dans le sens longitudinal, les tronçons des poutres maîtresses, puis les pièces de pont avec ces poutres maîtresses, et enfin on passait à la pose des tôles du fond de la bâche et à leur rivure.

Le raccord de la partie courbe de ce fond de la bâche avec les poutres maîtresses, n'a pu s'effectuer qu'au moyen d'une disposition spéciale comprenant l'emploi de rivets fraisés et de coins en acier régnant sur tout le développement longitudinal du raccord.

Le rivetage a été effectué avec la riveuse hydraulique pour tous les rivets accessibles à cet outillage, soit 50 0/0 environ.

On a assuré ainsi, sans le moindre choc, une pression de 81 kilogrammes par millimètre carré de section de la tête de rivet (section à la base de cette tête).

Le surplus des rivets a été posé à la main.

L'étanchéité obtenue a été parfaite.

Sur le fond de la bâche où le rivetage des tôles avait, comme principal objectif, l'étanchéité et non, comme dans le cas des semelles des poutres maîtresses, la résistance à la flexion, l'étanchéité des assemblages a été obtenue en disposant, au-dessus de chaque face, un double couvre-joint d'une largeur totale de 270 millimètres; sur chacune de ces faces du joint on trouvait donc, à partir de ce joint, une surface de couvre-joint de:

$$\frac{270}{2} = 135 \text{ millimètres,}$$

reliée aux tôles à assembler par deux lignes de rivets placées aux distances ci-après à partir du joint:

Première ligne, à $41^{mm},5$ du joint;

Deuxième ligne, à $63^{mm},5$ de la précédente, soit à 105 millimètres du joint;

Bord du couvre-joint situé à 30 millimètres de la ligne précédente, soit à 135 millimètres du joint;

Au joint du raccordement de la bâche et de l'âme verticale, l'étanchéité est assurée par deux lignes de rivets placées:

La première, à 32 millimètres du bord du joint:

La deuxième, à 83 millimètres de la précédente, soit à 115 millimètres du bord du joint.

Dans ce cas particulier, il n'y a pas à considérer, comme dans le précédent, une disposition symétrique de l'autre côté du joint.

On a construit sur une plate-forme ayant à peu près 100 mètres, située en arrière de la culée de rive droite, d'abord deux travées de 40 mètres, et on a lancé ensuite une des deux travées au moyen de 5 séries de 2 leviers placés latéralement à la bâche et reliés par une barre transversale. Cette barre était manœuvrée par une équipe de 30 hommes placés sur un échafaudage au-dessus de la poutre.

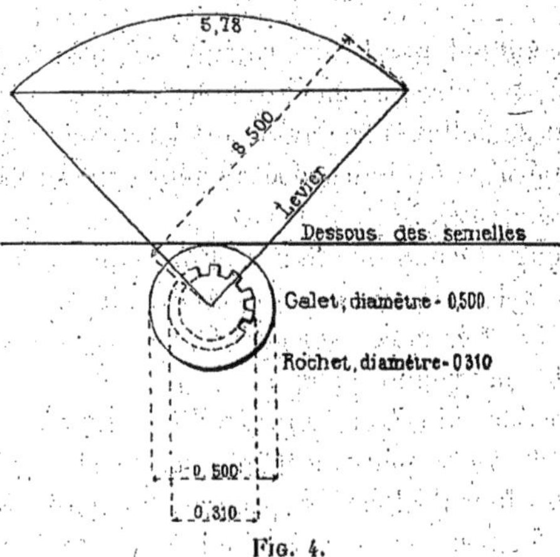

Fig. 4.

La longueur des deux bras de levier par rapport à l'axe de rotation était :

Rayon du rochet.................. $0^m,155$
Longueur du bras de levier........ $8 ,500$

soit un rapport de :

$$\frac{0^m,155}{8^m,500}, \qquad \text{soit } \frac{155}{8.500} = \frac{31}{1.700}.$$

La roue à rochet actionnait elle-même un galet de roulement de $0^m,50$ de diamètre.

Donc, pour une course du grand bras de levier de $5^m,78$, on obtenait, à chaque manœuvre élémentaire de l'équipe, un avancement de la roue à rochet de :

$$578 \times \frac{31}{1.700};$$

puis, par là même, un avancement du galet et, par suite, de la poutre, égal à :

$$578 \times \frac{31}{1.700} \times \frac{0,50}{0,31} = 0^{m},17.$$

L'avancement par heure variait, selon la perfection de l'appareil, les circonstances atmosphériques et les épaisseurs des semelles à racheter, de 4 à 6 mètres.

En général, une journée était plus que suffisante pour lancer une travée.

Le lançage terminé, il ne restait plus qu'une seule travée sur la plate-forme, et on en construisait une seconde en arrière. Une fois cette seconde travée terminée, on procédait à un nouveau lançage.

On procéda ainsi au lançage de 7 travées depuis la rive droite et on opéra de même sur la rive gauche d'où 8 travées furent lancées progressivement. Les deux tronçons de poutres furent réunis sur la pile n° 8 et la poutre continue, ainsi réalisée, fût ancrée sur cette pile.

La construction des chemins de halage n'a été effectuée qu'après le lançage et a été réalisée conformément aux dessins de détail de la *fig*. 4, pl. 16.

Au-dessus et de chaque côté des semelles supérieures des poutres maîtresses, on a disposé deux tôles verticales parallèles à l'âme de ces poutres maîtresses et passant par les bords de ces semelles supérieures.

Ces deux tôles verticales supportent des tôles cintrées de même largeur que les semelles supérieures, et celle des deux qui est située du côté intérieur de la bâche est percée d'ouvertures en gueule de four qui rendent accessible toute la surface supérieure des semelles, de telle sorte qu'on peut les examiner et, au besoin, les peindre (voir *fig*. 5 et 6, pl. 17).

Ces semelles supérieures des poutres maîtresses sont, en raison des actions de compression auxquelles elles

sont soumises, la partie la plus exposée et la plus importante de la construction au point de vue de la conservation en parfait état. C'est pourquoi leur examen pério-
dique, qui est si essentiel, a été assuré avec un soin
spécial.

Par-dessus les tôles cintrées on a disposé du béton
maigre, et au dessus une couche d'asphalte sablé qui
constitue une partie des chemins de halage.

De la sorte, le béton n'est pas en contact avec les
pièces métalliques essentielles à la résistance de l'ossature métallique.

Au-dessus des consoles en encorbellement on a disposé
une série de tôles embouties de 7 millimètres d'épaisseur assurant une surface entièrement couverte. Cette
surface est revêtue d'une couche de béton maigre surmonté d'une chape en asphalte.

De la sorte, toute la surface supérieure de l'ossature,
sans exception, aussi bien la partie située au-dessus des
consoles que celle située au-dessus des poutres maîtresses,
se trouve placée sous un revêtement général en asphalte.

Ce revêtement est seulement plus bas au-dessus des
consoles qu'au-dessus des poutres-maîtresses, et c'est sous
cet encaissement limité entre deux longerons que se
trouve disposée la chaussée en empierrement sur une largeur de 1^m,85. Le longeron extérieur supporte le garde-
corps.

Le chemin de halage, en profil en long, présente un
palier et, en profil en travers, une pente dirigée vers
l'extérieur du pont.

Tous les 6^m,65 une gargouille assure l'écoulement des
eaux.

Portes de garde. — Pour compléter ce qui a trait aux
parties métalliques du pont-canal, nous devons citer:

1° Les portes de garde établies dans chacune des deux

culées du pont-canal qui sont du type employé au canal latéral de 1886 à 1895 (ossature en fer et bordage en bois). Depuis 1895, on n'a plus employé que des portes entièrement métalliques.

Leur hauteur totale est de $3^m,30$, et chaque vantail comporte un poids de fer de $3.357^{kg},250$.

Ces portes font partie d'un projet d'ensemble comprenant la fourniture de toute une série de portes et de vannes de vidange.

La dépense correspondant aux quatre vantaux installés dans le pont-canal est de 7.386 fr. 80 ;

2° Les 8 vannes de vidange établies aux quatre angles des deux cuvettes métalliques, celle du grand pont-canal et celle du petit pont-canal de la seizième travée, sont revenues à 1.777 fr. 39.

Les travaux de l'ossature métallique ont été exécutés pendant les campagnes 1892, 1893 et 1894.

Le lançage de la première moitié de la poutre a été terminé le 11 février 1893, et le lançage de la deuxième moitié, le 13 juillet 1893.

L'achèvement de l'ossature métallique a eu lieu le 15 avril 1894.

Les entrepreneurs Daydé et Pillé ont demandé et obtenu que les travaux de charpente et de chaussée soient exécutés en régie. Ces travaux ont été exécutés en 1894.

Les portes de garde et de vannes de vidange ont été mises en place pendant cette même année.

Les quantités de dépenses du pont-canal, autres que celles de la substructure maçonnée, peuvent donc se résumer ainsi pour les 16 travées :

	OSSATURE MÉTALLIQUE	POIDS ou cubes	PRIX TOTAL	PRIX par mètre courant de pont-canal
Grand pont-canal de 15 travées sur la Loire	Aciers, laminés, tôles embouties et striées......	2.777.869ᵏ	1.044.513ᶠʳ,54	1.674,19
	Aciers coulés pour appuis, coins, etc.........	66.248	76.317 ,24	127,20
	Fers pour garde-corps, boulons, etc.........	66.480	45.589 ,15	75,99
	Fontes, bronze, plomb.............	78.868	24.374 ,18	40,63
	Caoutchouc.............	565	5.695 ,20	9,49
	Charpentes.............	48ᵐᵌ,291	5.215 ,43	8,69
	Asphaltes.............	»	24.896 ,42	41,49
	Chaussées.............	»	16.656 ,62	27,76
Petit pont-canal (16ᵉ travée) Passage de l'ancienne branche du canal latéral	Aciers laminés, tôles embouties et striées......	54.031ᵏ	19.593 ,24	1.749,39
	Aciers coulés pour appuis, coins, etc.........	812	935 ,88	83,56
	Fers pour garde-corps, boulons.............	5.847	8.366 ,26	746,98
	Fontes, plomb.............	2.432	760 ,46	67,90
	Charpentes.............	1ᵐᵌ,244	134 ,35	12,00
	Asphaltes.............	»	421 ,17	37,60
	Chaussées.............	»	281 ,77	25,16
Portes de garde.............			1.233.750ᶠʳ,91	
Vannes de vidange.............			7.631 ,53	
			1.645 ,67	
TOTAL.............			1.243.028ᶠʳ,11	

Un ouvrage aussi considérable et aussi nouveau par ses dimensions devait être appelé à subir des épreuves exceptionnellement nombreuses et importantes avant d'être livré au public.

Or les dérivations reliant le pont-canal avec les canaux existants n'ont pas été prêtes à recevoir l'eau aussitôt que cette cuvette en acier. Il était bon néanmoins que ce grand ouvrage d'art ne constituât pas une sujétion lors du remplissage du nouveau bief. Aussi les premières épreuves eurent-elles lieu en remplissant d'eau, par un moyen artificiel, la bâche préalablement fermée à ses deux extrémités.

Il a été procédé, dans ces conditions, à deux épreuves successives :

La première, du 2 au 22 novembre 1894 avec remplissage par tranches successives de 0ᵐ,20 s'ajoutant, chaque jour, et surcharge des trottoirs au moyen de sable à raison de 300 kilogrammes par mètre carré ;

La seconde, du 5 au 10 décembre 1894.

De plus, avant d'être livré à la circulation, ce pont-canal avait supporté les tenues d'eau suivantes, lorsqu'au cours de l'année 1896 on put organiser complètement le remplissage progressif du nouveau bief :

1° Du 1er juin 1896 au 12 juin 1896, tenue de 1 mètre .   11 jours
2° Du 13 juin au 10 juillet 1896, tenue de 1^m,00 à 1^m,80.   26   —
3° Du 11 juillet au 16 juillet 1896, tenue de 1^m,80.....   6   —
4° Du 12 septembre au 16 septembre 1896, tenue de 1^m,80.   5   —

Si à ces onze jours de tenue supérieure à 1^m,80 on ajoute les quinze jours pendant lesquels le pont-canal avait supporté, lors des épreuves de 1894, un mouillage au moins égal, on arrive à un total de vingt-six jours de tenue à 1^m,80 ou au dessus, avant que les premiers bateaux de commerce ne se soient engagés sur cet ouvrage.

A partir du jour de la mise en exploitation du pont-canal, cette tenue de 1^m,80 fut maintenue pendant soixante et un jours, du 16 septembre au 16 mai 1897, puis la tenue de 2 mètres, atteinte le 1er juin et celle de 2^m,20, du 1er juillet jusqu'au 18 juillet 1897.

Et, lorsque le mouillage définitif de 2^m,20 fut réalisé le 1er octobre 1897, il avait déjà été imposé au pont-canal :

Pendant 13 jours au cours des deux épreuves en 1894
—   18   —   en 1897

Soit, au total, 31 jours.

On voit donc quelles garanties ont été réalisées, soit pour l'ouverture à l'exploitation du pont-canal à 1^m,80, soit pour la circulation des bateaux avec le mouillage de 2^m,20.

Il n'est pas sans intérêt de rapprocher les poids, surcharge comprise, du pont-canal avec travées de 40 mètres de ceux des ponts de chemins de fer à deux voies avec les ouvertures usuelles de 75 mètres.

Considérons d'abord les poids par mètre courant : avec 4.982 kilogrammes d'acier, soit 5 tonnes en nombre rond, nous avons obtenu le maintien de :

$2^T,2$ de chaussées (un demi-mètre cube par mètre courant de trottoirs, soit un mètre cube par mètre courant de bâche) ;

$15^T,6$ d'eau à charge normale ; et, en outre, pendant deux jours pleins, une surcharge :

$$En\ eau,\ de\dots\dots\dots\dots\quad 0^T,4$$
$$Et\ sur\ les\ trottoirs,\ de\dots\quad 1\ ,2\ (4^{m2}\ à\ 300\ kilog.)$$
$$Soit\ au\ total\dots\dots\dots\quad \overline{1^T,6}$$

Chaque travée pesait donc, par mètre courant :

$$A\ charge\ normale :\ 5^T\ +\ 2^T,2\ +\ 15^T,6\ =\ 22^T,8$$
$$Avec\ surcharge :\ 22^T,8\ +\ 1^T,6\qquad =\ 24^T,4$$

et le pont n'est qu'à une seule voie de grands bateaux.

Or un pont de chemin de fer à deux voies avec travée de 75 mètres, chiffre courant, pèse :

	Tonnes.	
Métal	6	(Voir Croizette-Desnoyers, Cours de l'École des Ponts et Chaussées.)
Surcharge roulante : Autrefois 7 tonnes (Circulaire de 1877), et actuellement ...	10	(Poids moyen par mètre courant du train-type défini par la circulaire du 29 août 1891.)
	16 tonnes	

c'est-à-dire que le poids d'un pont de chemin de fer à deux voies avec ses surcharges roulantes n'atteint que la moitié du poids du pont-canal à une voie de bateaux pour les types antérieurs à 1891. Cette proportion de la moitié est portée aux 2/3 pour les types postérieurs à 1891. En dehors des moments où circulent les charges roulantes, le poids du pont de chemin de fer en question n'est que le quart environ du poids du canal mis en eau.

Considérons maintenant le poids par travée.

Avec 199 tonnes d'acier par travée nous avons fait supporter un poids de :

$$\begin{array}{ll} \text{En chaussée} \dots\dots\dots & 88 \text{ tonnes} \\ \text{En eau} \dots\dots\dots\dots & 624 \quad — \\ \hline \text{Soit au total} \dots\dots\dots & 712 \text{ tonnes} \end{array}$$

Chaque travée à charge normale pèse donc :

$$199^T + 712^T = 911 \text{ tonnes} ;$$

mais, en outre, la surcharge par travée s'est élevée :

$$\begin{array}{ll} \text{En sable, à} \dots\dots\dots\dots & 48 \text{ tonnes} \\ \text{En eau, à} \dots\dots\dots\dots & 16 \quad — \\ \hline \text{Total de la surcharge par travée.} & 64 \text{ tonnes} \end{array}$$

Chaque travée surchargée pesait donc :

$$911^T + 64^T = 975 \text{ tonnes},$$

soit 975.000 kilogrammes, et l'ensemble du pont en charge reposant sur ses appuis pèse, pour les 15 travées et les 600 mètres existant sur la Loire, 14.625 tonnes en nombres ronds.

Dans ces chiffres n'est pas comprise la seizième travée de $8^m,20$ seulement d'ouverture, établie pour le passage du nouveau canal sur l'ancienne branche du canal latéral dite « Branche des Combles ».

Le tableau suivant résume les charges et les surcharges par mètre courant :

	CHARGE normale	SURCHARGE d'épreuve	TOTAUX
Acier..........................	5^T	$1^{T,\!»}$	5^T
Chaussée......................	2 ,2	1^T,2	3 ,4
Eau	15 ,6	0 ,4	16
TOTAUX.................	22^T,8	1^T,6	24^T,4

Il peut être intéressant, en terminant, de comparer le nouveau pont-canal de Briare avec les trois autres grands ponts-canaux existant en France, ceux de Digoin, du Guétin situés dans notre service, primitivement construits pour le mouillage de 1^m,60, puis transformés pour le mouillage de 2^m,20, et celui d'Agen, sur le canal latéral à la Garonne, qui a un mouillage normal de 2^m,25.

	AGEN	DIGOIN	LE GUÉTIN	BRIARE
Dimensions des arches ou travées..	23 arches de 20^m d'ouverture	11 arches de 16^m d'ouverture	18 arches de 16^m d'ouverture	15 travées de 40^m d'ouverture
Ouverture totale libre.............	460 mètres	176 mètres	228 mètres	556 mètres
Distance entre culées.............	539^m,20	209	343^m,06	598
Longueur totale entre les extrémités des parapets..................	579 ,65	243,30	470 ,36 (y compris les 2 écluses accolées)	662,69
Largeur de la cuvette au niveau du halage.........................	8 ,28	6,118	6 ,03	7,25
Largeur des chemins de halage....	2 ,10	2,00	1 ,65	2,50
Largeur totale entre les parapets ou garde-corps.....................	12 ,48	10,118	9 ,33	11,50
Mouillage dans la cuvette.........	2 ,25	2,20	2 ,20	2,20
Section mouillée de la cuvette.....	17^{m}2,62	12^{m}2,89	13^{m}2,27	15^{m}2,60
Section mouillée d'un bateau......	10^{m}2,73	9^{m}2,00	9^{m}2,00	9^{m}2,00
	(bateau de 5^m,80 de largeur et de 1^m,85 d'enfoncem¹)	(bateau de 5^m,00 de largeur et de 1^m,80 d'enfoncem¹)	(bateau de 5^m,00 de largeur et de 1^m,80 d'enfoncem¹)	(bateau de 5^m,00 de largeur et de 1^m,80 d'enfoncem¹)
Rapport de la section mouillée d'un bateau défini plus haut et de la cuvette...................	$\dfrac{10^m2,73}{17^m2,62} = 0^m,61$	$\dfrac{9^m2,00}{12^m2,89} = 0^m,70$	$\dfrac{9^m2,00}{13^m2,27} = 0^m,68$	$\dfrac{9^m2,00}{15^m2,60} = 0^m,58$

CHAPITRE V.

ÉCLAIRAGE ÉLECTRIQUE.

Le pont-canal livre passage à une moyenne journalière de 27 à 30 bateaux circulant dans les deux sens. Le passage dans chaque sens est réparti par périodes de trois heures ainsi distribuées :

De 3 heures du matin à 6 heures, de Nevers vers Paris ;

De 6 heures du matin à 9 heures, de Paris vers Nevers ;

De 9 heures du matin à midi, de Nevers vers Paris ;

De midi à 3 heures du soir, de Paris vers Nevers ;

De 3 heures du soir à 6 heures, de Nevers vers Paris ;

De 6 heures du soir à 9 heures, de Paris vers Nevers.

L'expérience a prouvé que ce régime était satisfaisant à tous les points de vue et qu'il n'imposait aucun retard sérieux aux bateaux.

Mais, pour qu'il en soit ainsi en toute saison, il fallait que le pont-canal fût éclairé.

Le mode d'éclairage le mieux approprié à ce cas était l'éclairage électrique. En effet, d'une part, on disposait, entre le plan d'eau du nouveau bief et celui de l'ancienne branche du canal, d'une chute de $7^m,94$ et, par suite, d'une force motrice importante utilisable au moyen d'une machine hydraulique et, d'autre part, il s'agissait d'avoir à une grande hauteur au-dessus d'un fleuve très large, une lumière fixe non susceptible de vaciller et de s'éteindre sous l'action du vent.

L'éclairage au gaz semblait, du reste, plus onéreux si

on comparait, dans les deux cas, le total des charges annuelles correspondant :

1° A l'intérêt du capital de premier établissement ;

2° Aux frais annuels nécessaires pour la production de la lumière.

Enfin l'éclairage électrique avait l'avantage d'être indépendant de la Municipalité et entièrement dans la main de l'Administration.

L'important était que le débit nécessaire pour actionner les moteurs hydrauliques ne produisît pas dans la cuvette du pont-canal un courant de nature à nuire à la marche des bateaux.

Or, comme on le verra plus loin, l'éclairage électrique est assuré par deux turbines dont chacune, en pleine marche, débitera par seconde : 190 litres, soit ensemble 380 litres.

Le nouveau bief étant un bief de hauteur minimum sur le profil en long général de la voie navigable, on peut admettre que la moitié de ce débit, soit 190 litres, vient par le pont-canal. C'est sur la section rétrécie qu'il convient d'étudier les effets des courants d'eau.

La section mouillée dans la bâche étant de $15^{m2},60$, le courant correspondant aurait une vitesse de $0^m,012$ par seconde.

Or, au Guétin, d'après des études très consciencieuses de M. l'Ingénieur Renardier, la vitesse de marche des bateaux, dans une cuvette de $5^m,20$ de largeur seulement et de $1^m,60$ de mouillage est de $0^m,12$, pour des bateaux ayant un tirant d'eau de $1^m,35$, ou plutôt, en fait, de $1^m,40$.

Déjà, pour le même pont-canal du Guétin, M. Renardier avait trouvé que la vitesse pourrait, avec un mouillage de $2^m,20$ et des bateaux ayant $1^m,80$ de tirant d'eau, être portée à $0^m,28$.

Or, dans une bâche de 7 mètres de largeur entre

poutres maîtresses et ayant $2^m,20$ de mouillage, comme celle de Briare, la vitesse moyenne est certainement très supérieure à $0^m,12$ et probablement égale à $0^m,30$.

Donc un courant de $0^m,012$ ne saurait nuire à la marche des bateaux, et c'est bien, en effet, ce que l'expérience a confirmé.

Le système qui réalise, de la manière la plus complète, la condition si essentielle de l'éclairage est celui des lampes à incandescence du type courant de 16 bougies aussi multipliées que possible.

On en a établi une tous les 20 mètres de chaque côté du pont-canal, et sur les culées, à chacun des quatre angles extrêmes de l'ouvrage, on a établi des pilastres supportant, par l'intermédiaire de rostres, deux foyers de lampes, soit 4 lampes par pilastre.

Si on ajoute, pour le petit pont-canal sur le bief des Combles, deux lampes, on arrive, pour l'ouvrage proprement dit, aux chiffres suivants :

Aux pilastres d'angle 4×4.................... 16
Pour les 16 travées du pont-canal............ 64

TOTAL.................... 80

De plus, on a pu, grâce à l'énergie disponible, étendre cet éclairage :

1° Aux deux parties du bief où les bateaux stationnent en attendant le passage sur l'ouvrage, savoir :

Du côté qui comprend le nouveau port de Briare :

12 lampes réparties sur 470 mètres ;

Du côté opposé :

12 lampes réparties sur 259 mètres.

Il suit de là que l'éclairage électrique s'étend sur une longueur totale du nouveau bief de 1.391 mètres, où l'on rencontre 104 lampes.

A ce nombre on a pu encore ajouter :

Pour l'intérieur de chacun des bureaux et des bâtiments d'exploitation du pont-canal............... 13 lampes
Pour le bâtiment des machines................. 5

                    Soit................... 18 lampes

accessoires et, en tout, 122 lampes essentielles à l'exploitation.

Nous ne mentionnerons que pour mémoire une ligne
connexe reliant les bureaux des travaux neufs à l'usine
électrique, d'une longueur de 800 mètres et actionnant
9 autres lampes supplémentaires.

Mais, en se basant seulement sur le service normal,
on peut compter 122 lampes de 16 bougies qui absorbent
une énergie de 3 watts et demi par bougie, soit 56 watts
par foyer et, en tout, 6.832 watts.

Du tableau de distribution du courant partent deux
artères principales de distribution, aller et retour, pour
chacun des deux côtés du pont. Ces artères sont constituées par des câbles de 25 millimètres carrés de section et aboutissent à peu près au milieu du pont-canal.

De là, d'autres câbles ou fils conduisent le courant
principal jusqu'aux extrémités définies dans la description
précédente avec des sections décroissantes, jusqu'à aboutir à des fils de 3 ou 4 millimètres de diamètre.

Du courant principal part, vis-à-vis chacun des candélabres supportant les lampes, une dérivation qui suit
l'axe vertical du support et alimente la lampe correspondante.

Grâce à cette disposition et au système d'excitation
compound des dynamos, l'éclairage fonctionne à potentiel
constant et à intensité variable quand le nombre des
lampes allumées varie.

La dérivation pour les lampes disposées sur le pont-
canal au-dessus des candélabres a une longueur de

12 mètres environ et est constituée avec un fil de 1 millimètre de diamètre enveloppé de tresse.

Pour les lampes des maisons disposées dans des becs en encorbellements, la dérivation a 6 mètres de long environ, un fil nu de $0^m,002$ de diamètre, continué par un fil de $1^{mm},1$ de diamètre sous tresse.

Dans ces conditions, la perte de charge en ligne peut être évaluée environ à la proportion usuelle de 10 0/0, et l'énergie totale nécessaire aux bornes de la dynamo serait de 7.515 watts.

La puissance nécessaire sera donc en chevaux-vapeur :

$$\frac{7.515}{75 \times 9.808} = 10,2 \text{ chevaux}$$

sans tenir compte du rendement de la dynamo.

Si l'on admet pour ce rendement le coefficient usuel de $0^m,80$, la turbine qui fait mouvoir cette dynamo devrait avoir une puissance de :

$$10,2 \times \frac{100}{80} = 12,75 \text{ chevaux-vapeur.}$$

Or la différence de niveau entre les deux biefs du canal latéral qui se croisent au droit de la seizième travée du pont-canal ($137^m,50$ et $129^m,56$) étant de $7^m,94$, le débit théorique de la turbine en litres, par seconde, pour obtenir 12,75 chevaux-vapeur, sera donné par l'équation :

$$12,75 \times 75 = 7,94 \times Q,$$

dont les deux membres représentent le travail nécessaire évalué en kilogrammètres sur l'arbre de la turbine.

En admettant un rendement de $0^m,80$ pour la turbine, le débit nécessaire serait de :

$$Q = \frac{12,75 \times 75}{7,94 \times 0,80} = 150 \text{ litres.}$$

Ce débit est notablement inférieur au débit de 190 litres par turbine, qui a été reconnu admissible au point de vue des effets, sur la navigation, des courants d'eau dans la cuvette.

Ainsi, c'est par précaution et en vue d'une extension possible du réseau d'éclairage, extension réalisée d'ailleurs en partie par la ligne connexe des bureaux de travaux neufs, qu'on est allé, pour chaque turbine, jusqu'au débit de 190 litres par seconde avec la chute de $7^m,94$.

Avec ce débit, le type de dynamo que le service a choisi, et qui a été fourni par la maison Sautter et Harlé, peut assurer un régime maximum de 70 ampères sur 140 watts, soit 9.800 watts.

On voit donc qu'il reste un écart important de 2.285 watts entre la puissance électrique dont on dispose avec chaque dynamo, et la puissance électrique nécessaire pour assurer le service de l'éclairage tel que nous l'avons défini.

Au sujet du mécanisme, nous n'avons à noter, comme particularité, que l'emploi d'une turbine à grande vitesse actionnant directement l'induit en tambour et faisant de 580 à 660 tours par minute.

On réalise ainsi une économie de force motrice par la suppression des transmissions, et on assure une régularité de mouvement aussi grande que possible, qui se traduit par une régularité équivalente dans l'éclairage.

Bien qu'une seule des turbines et sa dynamo puissent suffire, comme on vient de le voir, pour assurer le service de l'éclairage, une seconde série de machines analogues (turbine et dynamo) a été disposée à titre de rechange.

Les pilastres d'angle sont établis de manière à ce qu'en circulant dans le sens de Paris, vers le sud, on rencontre, en arrivant au pont-canal :

1° Sur le pilastre de droite :

Les armes de Nevers et les inscriptions suivantes :

Saint-Satur
Givry | Nevers
Decize

2° Sur le pilastre de gauche :
Les armes de Roanne et les inscriptions suivantes :

Digoin
Roanne | Lyon
Châlon-sur-Saône

En parcourant le pont-canal en sens inverse, on rencontre :
1° Sur le pilastre de droite :
Les armes de Montargis et les inscriptions suivantes

Montargis
Nemours | Melun
Saint-Mammès

2° Sur le pilastre de gauche :
Les armes de Paris et les inscriptions suivantes :

Villeneuve-Saint-Georges
Corbeil | Paris
Port-à-l'Anglais.

Il était bien juste de donner un souvenir sur ce grand ouvrage aux villes du Centre qu'il rapproche commercialement de Paris, notamment Nevers, où les études ont été faites, et Roanne, grand port terminus d'une ligne navigable de 444 kilomètres depuis Paris, dont l'influence a tant contribué à obtenir l'amélioration des grandes lignes de navigation du Centre.

Le premier des résultats obtenus a été précisément la construction du pont-canal, c'est-à-dire la suppression de ce fâcheux obstacle du passage en Loire qui séparait, d'une manière regrettable, Roanne et tout le réseau navigable du centre de la partie de ce réseau située au nord de Briare.

Les frais d'installation de l'éclairage électrique peuvent se résumer ainsi :

1° *Bâtiments et conduites d'eau.*

Bâtiments des machines............................. 16.822^f,58
Conduites d'amenée des eaux, puisard des turbines et
   conduites d'évacuation des eaux................... 10.530 ,12
Pilastres, porte-lumière { Maçonnerie et bornes....... 14.520 ,00
{ Motifs d'ornementation en
          fonte.......................   9.752 ,00

2° *Machines et distribution d'électricité.*

Turbines et dynamos : chacune 5.100 francs ; pour
   les deux... 10.200 ,00
Tableau de distribution avec parafoudre...............   3.800 ,00
Candélabres isolés : l'un 131 francs (sur terre) et
   101 francs (sur le pont), et pour 17 (sur terre) et 64
   (sur le pont)......................................   8.691 ,00
Candélabres en applique au mur : l'un 45 francs, et
   pour 3...   135 ,00
Lanternes rondes des rostres : l'une 73^f,50, et pour 8.   588 ,00
Lampes de 16 bougies : l'une 1^f,035, et pour 250.....   258 ,75
Canalisation électrique...............................   7.300 ,00

                  TOTAL GÉNÉRAL............ 82.597^f,45

Les travaux de l'éclairage électrique ont été exécutés dans les années 1895 et 1896.

RÉCAPITULATION DES DÉPENSES RELATIVES AU PONT-CANAL.

Si l'on récapitule les dépenses relatives au pont-canal et si on les ramène à l'unité de longueur pour l'ensemble des 16 travées et de la longueur totale de l'ouvrage 662^m,69, on arrive aux résultats suivants :

	Dépenses totales.	par mètre courant de l'ouvrage.
Fondations	1.004.161ᶠ,92	1.515 fr.
Substructure maçonnée	419.073 ,79	632
Ossature métallique	1.191.494 ,93	1.797
Asphaltage et chaussée de halage	42.255 ,98	64
Portes de garde et vannes de vidange	9.277 ,20	14
TOTAL	2.666.263ᶠ,82	4.022 fr.
Éclairage électrique ; dépenses complémentaires :		
Usines, moteurs, éclairage du pont et de ses abords	30.972 ,75	47
Bâtiments d'exploitation et travaux aux abords de la culée droite (quarts de cône, portes de garde dans l'ancienne branche des Combles, etc.)	167.289 ,35	252
TOTAL GÉNÉRAL pour l'ouvrage et ses abords immédiats	2.864.525ᶠ,92	4.321 fr.

Ces travaux ont exigé 5 campagnes de 1890 à 1894 inclus. Comme on l'a vu, à la fin de 1894, le pont-canal de Briare était en état de recevoir son mouillage normal et l'a supporté, en effet, avec un plein succès lors des épreuves. Le problème des travées de 40 mètres pour canal de navigation intérieure à grande section normale, en usage sur tous les canaux des Pays-Bas et de l'Allemagne, et sur les principaux canaux français, s'est trouvé résolu et expérimenté dès ce moment, c'est-à-dire il y a trois ans et demi.

CHAPITRE VI.

DÉRIVATION DE RIVE DROITE.

La dérivation de rive droite comprend une longueur totale de 2.573 mètres ainsi répartie :

Construction de la cuvette rattachée aux bâtiments d'exploitation et aux travaux du pont-canal .... 43^m,00

Entreprise du 6° lot, depuis l'extrémité de la partie précédente du canal jusqu'au raccordement de l'axe du nouveau bief avec le canal de Briare à 204 mètres en amont de l'écluse de la Cognardière, dans le bief de ce nom... 2.530 ,00

TOTAL comme ci-dessus.................. 2.573^m,00

Sur cette dérivation on rencontre d'abord le nouveau port de Briare.

Ce port, qui a une superficie totale de 10.080 mètres carrés en eau, comprend un quai vertical de 311^m,50 de développement et une superficie de terre-pleins de 8.540 mètres carrés.

C'est du côté opposé au quai que se trouve l'usine élévatoire qui prend l'eau dans la Loire en amont du pont-canal pour la refouler jusqu'aux étangs du bief de partage du canal de Briare. Cette usine possède un petit port particulier qui communique avec le grand port public. Un pont tournant assure la continuité du halage au point de jonction du port de l'usine avec le grand port.

Au-delà du port de Briare, la dérivation devait éviter de se jeter ou à gauche, en pleine ville de Briare, ou à droite, au-delà du cimetière, dans un coteau qu'il eût fallu passer soit en très forte tranchée, soit en souterrain. On a donc passé entre la ville et le cimetière, en écornant les deux.

En ce point, la cuvette, pour réduire à tout prix l'assiette du canal sans nuire à ses conditions de navigabilité, est limitée sur environ 75 mètres de longueur par deux murs droits qui laissent entre eux une passe de 11 mètres, immédiatement après avoir franchi la route Nationale.

Il n'en a pas moins fallu déplacer 70 tombes, et en particulier des tombes militaires allemandes. L'intervention de la Municipalité de Briare en fonction à ce moment a évité au Service toutes les difficultés inhérentes à ces délicates opérations. De son côté, le Service a largement pris à sa charge tous les frais nécessaires pour que les familles intéressées n'aient aucun sujet de se plaindre. Notamment, toutes les concessions ont été remplacées aux frais de notre Service.

Au reste, c'était la seconde fois que le champ de repos de Briare était rescindé. Il l'avait été une première fois au XVIIIe siècle, lors de la construction de la route Nationale n° 7, qui avait recoupé le cimetière à l'ouest comme le nouveau canal vient de le recouper au nord. Nous avons retrouvé des traces de nombreuses sépultures dans les terrains dépendants de l'ancien cimetière, séparés de lui et désaffectés depuis la construction de la route. On a procédé aussi respectueusement pour ces sépultures auxquelles personne ne s'intéressait plus depuis un siècle que pour toutes les autres.

Au-dessous des deux parties du cimetière de Briare qui ont été atteintes par les excavations du nouveau canal, on a fait de curieuses et importantes découvertes de poteries romaines et autres vestiges de l'état de choses antérieur au Ve siècle.

C'est également en ce point que le nouveau bief passe sous la route Nationale n° 7 au moyen d'un pont métal-

lique pour deux voies de bateaux et deux voies charretières.

Plus loin, la déviation rencontre la ligne du Bourbonnais sous laquelle on a dû également construire un ouvrage
encore plus important pour le passage du nouveau canal
(deux voies de chemin de fer et deux voies de bateaux).

La ligne ferrée avait été déviée sur une longueur d'environ 300 mètres et l'assiette du chemin de fer abandonnée provisoirement pendant que les trains circulaient
sur la ligne déviée. Notre service a pu alors établir, conformément aux types usuels de la Compagnie P.-L.-M.
mis à notre disposition pour la circonstance, toute l'infrastructure d'un passage supérieur au canal ayant 20 mètres
d'ouverture, $8^m,40$ entre les poutres de tête et réservant
une passe marinière de 15 mètres.

Pour l'ensemble de ces travaux, notre Service a exécuté l'infrastructure, et la Compagnie P.-L.-M. la superstructure. Et même la Compagnie, n'ayant pas à proximité
une provision suffisante de pierres cassées, nous a demandé
de lui fournir et de mettre en place sur les voies de la
déviation provisoire le cube nécessaire au ballastage de
cette déviation.

Nous avions précisément en approvisionnement aux
abords les pierres cassées destinées aux déviations des
chemins. Ces pierres, après avoir été employées comme
ballast dans la déviation, nous ont été rendues une fois la
circulation rétablie suivant l'assiette normale de la ligne,
et elles ont pu être employées, à un faible déchet près,
à leur destination primitive.

C'est là une preuve de plus de l'identité des conditions
nécessaires pour le ballast en pierres cassées et pour les
matériaux destinés à l'empierrement des chaussées.

La circulation sur la déviation provisoire a commencé
le 21 mars 1892 et duré jusqu'au 15 décembre suivant,
date à laquelle elle a été établie sur l'ouvrage définitif.

En continuant du côté du canal de Briare, le nouveau canal passe sous deux autres ponts supérieurs ayant 21^m,57 et 21^m,30 de portée et assurant toujours une passe marinière pour deux voies de bateaux.

A la cuvette maçonnée établie sous l'un de ces ponts, celui de Bléneau, se trouve rattachée une porte de garde se busquant du côté du nouveau passage, de manière à ce qu'en cas d'accident survenu entre ce point et la Cognardière la vidange de la cuvette n'entraîne pas la mise à sec du nouveau port.

Comme entre cette porte de garde et les abords immédiats du pont-canal, abords d'ailleurs tout spécialement défendus, la nouvelle cuvette est en déblai, il s'en suit qu'aucun accident n'est à craindre, du fait d'une rupture de digue, pour les bateaux, qui peuvent ainsi stationner en toute sûreté jour et nuit dans le port.

Pour atteindre le canal de Briare qui se développe au pied des coteaux de la rive droite de la rivière la Trézée, le nouveau canal doit franchir un des bras de cette rivière au moyen d'un pont-canal.

Ce bras constitue l'émissaire évacuateur du trop-plein de la rivière, car une partie du débit de cette rivière est reçue dans le bief même de la Cognardière.

Le pont-canal comprend quatre arches de 2^m,40 séparées par des piles de 1 mètre d'épaisseur, ce qui correspond à 9^m,60 de débouché linéaire net et à 13^m,60 de distance entre les culées. Faute de hauteur, les piles ont été surmontées de demi-cylindres en fonte ancrés sur les piles et sur les culées formant voûte et supportant le radier de la cuvette maçonnée établie au-dessus de cet ouvrage d'art.

Pour assurer l'indépendance réciproque du nouveau canal et du canal de Briare, on a disposé, à la suite de cet ouvrage, deux paires de portes de garde se busquant en sens inverse.

Les portes qui se busquent contre le canal de Briare permettent au bief de la Cognardière de rester plein, même lorsque le nouveau canal est vide, éventualité qu'il fallait envisager à la suite d'accidents, surtout dans la première période d'exploitation. De plus, lorsqu'en cas de crue de la Trézée, le niveau du bief de la Cognardière dépasse la tenue réglementaire, ces mêmes portes mettent le nouveau bief à l'abri de cette crue, ce qui est important dans un bief qui comprend un grand pont-canal métallique calculé pour un mouillage maximum de $2^m,30$.

L'autre paire de portes permet au nouveau bief de rester en eau, alors même qu'on viderait le bief de la Cognardière ou qu'il y surviendrait quelque accident. Une maison éclusière a été construite à côté des ouvrages de la Trézée pour assurer la présence en permanence, à côté de ces importants ouvrages, d'un éclusier chargé de leur manœuvre.

Pour assurer autant que possible la fixité du plan d'eau du nouveau bief, même lors des afflux d'eau excessifs du canal de Briare et du bief de la Trézée canalisée dans le même lit, un déversoir ayant un développement de $21^m,60$ et arasé au niveau exact du plan d'eau, c'est-à-dire à $2^m,20$ au-dessus du plafond, a été construit à 250 mètres du pont-canal de la Trézée sur le nouveau bief.

Au-delà des deux paires de portes de garde commence immédiatement l'évasement des digues en vue d'assurer le raccordement de la nouvelle cuvette avec le bief de la Cognardière, dans un bassin permettant le virement complet des bateaux.

De plus, une passerelle supérieure permet aux haleurs et aux conducteurs d'animaux de passer au-dessus du nouveau bief en suivant le chemin de halage du canal de Briare. La continuité du halage n'est pas rétablie pour les chevaux en ce point, mais il faut considérer que toute la circulation de transit n'a pas à faire usage de cette passerelle. Dans le cas de transit le halage reste du même côté des deux canaux au point de leur jonction. La question ne se posait que pour les bateaux à destination de l'ancien port de Briare et de l'ancienne branche du canal, et encore seulement pour ceux de ces bateaux qui sont halés par des animaux. Il suffit, d'ailleurs, d'avertir les mariniers par une plaque indicatrice au passage supérieur précédent, en venant de Paris, qu'ils aient à assurer le halage de l'autre côté du canal de Briare.

La nouvelle dérivation et le bief du canal de Briare étaient destinés à recevoir le mouillage de $2^m,20$, mais, l'écluse de la Cognardière n'étant pas encore remaniée, le mouillage de $2^m,20$ ne donne qu'une hauteur de 2 mètres au-dessus du busc de cette écluse.

La tenue de $1^m,80$ au nouveau bief ne donne, par suite, que $1^m,60$ sur ce même busc amont.

Il y avait intérêt à assurer les deux tenues de $1^m,80$ sur le nouveau bief et de $1^m,60$ sur le busc de l'écluse de la Cognardière, lors de l'ouverture à l'exploitation du nouveau bief, afin que, dans la direction de l'ancienne branche du canal de Briare, les bateaux puissent toujours trouver un mouillage au moins équivalent à celui dont ils jouissaient précédemment dans la direction de l'ancien tracé du canal latéral.

De la sorte, on leur offrait le choix entre cet ancien tracé, maintenu dans les mêmes conditions, et le passage par le nouveau bief, tandis que, si l'on n'avait donné à ce nouveau bief que la tenue de $1^m,60$, ce qu'on pouvait être tenté de faire par mesure de prudence, attendu que cette tenue de $1^m,60$ n'était pas encore dépassée d'une manière continue sur le canal latéral en 1896, on n'avait plus alors que $1^m,40$ sur le busc de l'écluse de la Cognardière. Cela équivalait à peu près à fermer l'ancien tracé et à forcer le passage par le nouveau bief. D'où une responsabilité morale beaucoup plus considérable pour le service de la navigation dans le second cas que dans le premier.

Telles sont les considérations qui ont motivé l'ouverture du pont-canal à la circulation à la tenue de 1^m,80, tenue qui n'a, du reste, été maintenue que pendant la première année d'exploitation et qui a fait place, un an après, à la tenue définitive de 2^m,20.

Les terrains dans lesquels la dérivation a été construite étaient ou rocheux ou constitués de sables siliceux, mélangés de cailloux de silex, c'est-à-dire également mauvais au point de vue de l'étanchéité et de la stabilité sous l'action des eaux.

Tous les terrassements ont été exécutés par couches de 0^m,20 bien pilonnées ; mais cette précaution usuelle en matière de remblais de canaux neufs n'a pas suffi à leur assurer de suite au contact des eaux l'étanchéité et la stabililité nécessaires, surtout à raison de la hauteur de la cuvette au-dessus du sol naturel.

Ainsi, les cotes sur l'axe accusent, dans toute la traversée de la vallée de la Trézée, 2 mètres en moyenne au-dessous du plafond. Sur bien des points, la plate-forme des digues s'élève jusqu'à 5^m,60 de hauteur au-dessus de la cote du sol naturel au pied du talus du remblai.

Aussi, à la suite de divers essais infructueux de mise en eau, a-t-il fallu recourir à tout un système d'étanchement et de consolidation pour réaliser, sans trop de retard, le mouillage de 1^m,80 nécessaire pour l'ouverture du nouveau bief à la circulation et, plus tard, le mouillage de 2^m,20.

Sur certains points il a fallu disposer, sous le plafond de la cuvette, un bétonnage de 0^m,13 surmonté d'une chape de 0^m,02 et d'une couche de terre de 0^m,20, ce qui correspond à une fouille de 0^m,35 de profondeur totale.

Les talus ont été recouverts sur toute leur hauteur de perrés à mortier de 0^m,30 d'épaisseur.

Les cassures de ces pierres ont été suivies et réparées successivement jusqu'à ce que les tassements aient entièrement cessé et que la cuvette ait pris une stabilité complète.

Dans certains autres cas il a suffi de perreyer les talus d'après le système qui vient d'être décrit.

Ces revêtements intérieurs de la cuvette ont eu pour effet de ne plus laisser arriver aux digues en remblai et de ne plus laisser passer à travers ces digues qu'une faible quantité d'eau. Nous sommes arrivés à cette conclusion qu'au point de vue de l'étanchéité des perrés le rejointoiement des perrés au ciment, de préférence à la chaux hydraulique, était fort utile et donnait d'excellents résultats.

De plus, l'eau qui pouvait encore être entraînée à travers les digues a été drainée par des saignées remplies de pierres sèches et recueillie dans des fossés d'écoulement.

On a également augmenté la stabilité des digues en leur donnant plus de masse, en augmentant les dimensions de leur profil. Le principe admis a été de disposer une risberme de 3 mètres de largeur à l'extérieur de la digue et à un niveau de $0^{m},50$ plus élevé que le plafond du canal, de manière à ce qu'après tout tassement cette risberme fût au moins au niveau du plafond et, au-delà de cette plate-forme, du côté extérieur, on a continué le talus avec son inclinaison habituelle de 3 de base pour 2 de hauteur.

En fait, les déblais en excès provenant des fouilles de bétonnage, perrés et drains, ont permis d'augmenter ces dimensions.

L'expérience a démontré que ces dimensions combinées avec les revêtements intérieurs aussi étanches que possible et les drainages extérieurs assuraient la stabilité. Mais, pour des canaux ayant un grand relief sur certains points au-dessus du sol naturel, elles sont loin d'être exagérées.

On a objecté contre l'emploi des perrés à mortier comme revêtement de talus formés par des terres en remblai les inconvénients des tassements et de la dislocation. Mais on peut répondre qu'il convient :

1° De n'effectuer ces revêtements que sur des terrassements pilonnés pour couches de $0^m,20$ qui, de plus, ont passé deux hivers et où, par suite, le principal tassement est fait ;

2° D'exécuter la maçonnerie sur des talus dressés par recoupes dans les corps des remblais.

Même avec ces précautions on n'évitera pas quelques tassements ultérieurs et des fissures, mais cela sera encore préférable aux perrés à sec où chaque joint est une fissure.

Les perrés à sec à l'intérieur de la cuvette ne peuvent servir que pour protéger la surface des talus contre les dégradations superficielles ; ils n'ajoutent presque rien à la stabilité et rien à l'étanchéité des digues.

Nous pouvons même citer un cas où il y avait nécessité de recourir aux perrés à mortier, bien qu'on pût craindre de graves dislocations : c'était la digue nouvellement reconstruite dans le bassin de virement établi à la jonction de la Cognardière, entre le bief de ce nom et le bief neuf.

Il fallait que le canal de Briare fût remis en eau rapidement à pleine tenue, après le chômage, en appuyant les eaux contre la digue neuve. On avait effectué le revêtement du talus de cette digue, exécutée pendant le court délai du chômage, avec un perré à mortier que l'on savait devoir être disloqué et qui l'a été, en effet, mais bien moins d'ailleurs qu'on ne l'aurait cru. Or, si nous avions négligé de disposer ce revêtement à l'intérieur de la cuvette, les filtrations déjà considérables, que nous avons eu à drainer du côté extérieur de la digue nouvelle, mise en charge sans délai, eussent acquis bien plus d'importance et auraient pu compromettre l'existence même de la digue. On a d'ailleurs dû la renforcer par une risberme.

Au chômage suivant on a repris le perré ; on a complété les revêtements intérieurs par un bétonnage du plafond et, depuis ce moment, les digues neuves du bassin de virement n'ont plus donné aucune inquiétude.

La construction de la dérivation de rive droite, exécutée avant l'ouverture à la circulation du nouveau bief, peut se résumer ainsi comme quantités et comme dépenses.

I.	Dépenses partielles	Dépenses totales
Acquisitions de terrains....................	184.990ᶠ,57	
Dommages...............................	21.965 74	
		206.956ᶠ,31
II. — _Travaux._		
Entreprise du 6ᵉ lot :		
Terrassements de l'entreprise............	185.861 18	
Chaussées	16.202 64	
Ouvrages d'art :		
Maçonneries...........................	234.739 08	
Tabliers métalliques....................	121.089 46	
		557.892 36
Travaux d'étanchement et de consolidation des digues :		
Terrassements.........................	42.174 10	
Maçonneries...........................	73.543 69	
		115.717 79
Portes de garde de la Trézée............		14.374 32
TOTAL............................		894.940ᶠ,78

Le nombre de mètres cubes de terrassements par mètre courant de canal s'est élevé à 72 mètres cubes.

Les travaux de la porte de garde du passage de Bléneau, exécutés seulement au chômage 1897, se sont élevés à 38.000 francs.

Et il faut encore ajouter à ces dépenses les travaux d'étanchement exécutés même dans la partie de la cuvette située en déblai et les travaux de drainage de la ville de Briare.

La nouvelle déviation ayant été mise en service à la suite de l'été et de l'automne de 1896, exceptionnellement pluvieux, a été, en effet, accusée d'être la cause de la surélévation de la nappe souterraine des eaux dans la ville par un relèvement de cette nappe de $0^m,50$ en moyenne (de 3 mètres à $2^m,50$ au-dessous du sol naturel). D'où invasion des caves par l'eau de cette même hauteur moyenne de $0^m,50$, les extrêmes variant de 0 à $0^m,90$ dans les caves les plus profondes.

Il n'est cependant rien moins que prouvé que la nouvelle déviation fût la cause unique du mal.

Au mois de juillet, lors des premiers remplissages à grande tenue, quelques caves dans le voisinage immédiat du nouveau bief furent inondées, et quelques puits détériorés. Mais les filtrations s'arrêtèrent dans ce quartier assez rapidement, et il était indemne lors du remplissage définitif en septembre.

Le remplissage définitif à $1^m,80$ s'est terminé le 11 septembre 1896.

L'ouverture du bief à la circulation a eu lieu le 16 septembre, en vertu d'une décision du 12 septembre. Mais cette ouverture coïncidait avec une année exceptionnellement pluvieuse.

Ainsi, de juin 1895 à mars 1896, il est tombé une hauteur de pluie de 78 millimètres contre une moyenne de 40 millimètres pendant les années précédentes.

Vers le 29 octobre, c'est-à-dire cinquante-cinq jours après le remplissage à tenue définitive, l'eau apparut dans les caves, non pas près du nouveau bief, mais fort loin de ce bief, dans toute la partie basse de la ville et jusque dans le voisinage immédiat de l'ancien canal : le canal de Briare. La population, dont les intérêts locaux étaient favorables à la circulation par l'ancien tracé, ne demandait qu'à trouver des objections contre la mise en service du nouveau bief. On parla des inondations de Briare comme si les eaux s'étaient répandues sur le sol naturel, on souleva la question de salubrité, on déclara que toutes les fosses d'aisance étaient atteintes, que tous les puits étaient contaminés, qu'une épidémie était imminente à Briare. On en conclut qu'il fallait de suite vider entièrement le nouveau bief.

Ce n'était pourtant pas le moyen sûr et rapide d'améliorer la situation.

D'abord on pouvait se tromper sur les causes, et dans ce cas la vidange du nouveau bief n'aurait été d'aucune utilité.

Mais ce nouveau bief eût-il été la cause principale du mal qu'il eût encore fallu considérer que les eaux souterraines avaient mis cinquante-cinq jours pour traverser 3 ou 400 mètres de distance horizontale et apparaître dans les caves et qu'il faudrait un délai analogue avant que les dernières filtrations ayant pris ce chemin aient pu circuler depuis la cuvette nouvelle jusqu'aux caves atteintes. Et encore cela suppose-t-il que les eaux accumulées dans le fond des caves pussent s'écouler facilement. Or il n'en était rien, car la hauteur des eaux de la Loire mettait obstacle à toute évacuation rapide et facile de ces eaux. La pente manquait.

Dans ces conditions, la seule solution pratique pouvant amener un résultat décisif à aussi bref délai que possible, était un drainage rationnellement établi du sous-sol de la ville. Il fallait recueillir les eaux provenant des deux coteaux et du plafond de la vallée en amont de la Loire et les évacuer vers ce fleuve avec la moindre perte de charge et aussi complètement que le permettait la faible hauteur disponible pour assurer cet écoulement.

Pour se rendre compte de ces conditions rationnelles du drainage du sous-sol de Briare, il faut remarquer que, lors de la construction du canal de Briare au XVIIe siècle, sur le flanc droit de la vallée de la Trézée, on a rejeté la rivière dans les biefs de ce canal, biefs étagés au pied des coteaux de ce flanc droit.

Un dernier barrage mobile de 1^m,85 de chute situé près de l'embouchure du canal de Briare, dans la Loire, permet aux eaux de la rivière de se rendre également au fleuve en cas de crue sans passer par l'écluse d'entrée en Loire.

On a donc, lors de la construction du canal de Briare, détourné les eaux de leur écoulement naturel suivant le thalweg. Ce détournement devient absolument complet à partir d'un profil en travers de la vallée qui coïncide précisément avec la ligne du Bourbonnais.

A la suite des pluies exceptionnelles de l'année 1896, la nature a repris ses droits, et la nappe d'eau souterraine, plus fortement alimentée que jamais et ne trouvant qu'un écoulement difficile vers la Loire, en raison de la hauteur du fleuve, s'est relevée dans la ville de Briare, dans la région voisine du thalweg géographique, aussi bien d'un côté de ce thalweg que de l'autre et jusqu'à 30 mètres de l'ancien canal, tandis qu'en ce dernier point on était à 400 mètres environ du nouveau bief.

L'Administration, en présence de l'émotion populaire, a pris rapidement un parti énergique. Elle estima qu'il ne s'agissait pas de discuter d'où venaient les eaux et à qui incombaient les responsabilités, mais qu'il fallait les enlever de suite et à ses frais, qu'il fallait agir et non pas plaider.

Le drainage, exécuté en vertu de ce principe et d'après les bases que nous venons de rappeler, a consisté à rétablir, au moins souterrainement, un cours d'eau dans le thalweg, sauf à dévier son tracé un peu avant l'arrivée à la Loire pour faire passer le drain sous l'aqueduc du canal latéral à proximité du fleuve, vis-à-vis le plafond de la vallée secondaire.

Puis, à partir de l'hôtel de ville, à l'origine amont de ce drain principal, on a poussé deux branches : l'une du côté

du versant droit de la vallée de la Trézée, l'autre du côté
du versant gauche, pour recueillir les eaux provenant de
chacun de ces deux versants en amont de la ville et les
amener dans le drain principal.

Nous avons poussé le drain du versant droit jusque dans
le voisinage immédiat du canal de Briare et recueilli des
eaux qui provenaient incontestablement de ce canal ou
plutôt de la Trézée canalisée dans la cuvette de ce canal.

Ces eaux souterraines étaient évidemment appelées à
diminuer au printemps de 1897, après l'expiration de la
période pluvieuse, et c'est bien ce qui est arrivé, mais
dans une proportion inattendue et variable selon le versant de la vallée.

Les eaux ont fini par ne plus venir au mois de mai
dernier que du versant droit, c'est-à-dire du côté du canal
de Briare. Il a bien fallu que la population de Briare s'in-
clinât devant ces faits.

En dernier lieu, au chômage de 1897, on a exécuté des
travaux d'étanchement dans toute la partie de la dérivation
située à proximité de Briare, bien que cette partie du
canal fût complètement en déblai.

Grâce à ces travaux, il ne peut plus venir qu'une quantité d'eau insignifiante du canal neuf dans le sous-sol de
la ville, et le peu d'eau de cette provenance qui y arriverait serait facilement évacué par les drains.

Ce sont surtout les eaux souterraines propres à la vallée
de la Trézée qui s'écouleront à l'avenir par ces drains qui
ont été conçus et exécutés dans le but de les évacuer.

Deux autres incidents curieux, au sujet du rôle du bief
neuf sur la rive droite, méritent d'être cités.

Lors de deux crues exceptionnelles de la Trézée, les
eaux se sont surélevées à un niveau anormal, près
de 2^m,50 dans le bief de la Cognardière qui reçoit ces
eaux et constitue une sorte de rivière canalisée. En présence du danger de rupture des digues et de l'insuffisance

des moyens d'évacuation des eaux par les biefs inférieurs du canal de Briare, notre service a dirigé une notable partie des eaux du bief de la Cognardière dans le bief neuf au moyen de l'ouverture des vannes ménagées dans les portes de garde, et il a assuré l'évacuation rapide des eaux dans la Loire et dans l'ancienne branche du canal latéral par les six vannes de la culée droite du grand pont-canal, de manière à éviter toute surélévation anormale d'eau dans cet ouvrage.

Le courant ainsi créé dans la dérivation de rive droite pouvait être dangereux pour une cuvette neuve où tous les travaux de revêtements intérieurs n'étaient pas encore complètement exécutés.

Mais ce danger était moindre que le danger de rupture des digues du bief de la Cognardière sous une charge anormale. Le premier de ces deux dangers n'était qu'éventuel et on pouvait prévoir, par une surveillance active et minutieuse, quand il deviendrait pressant ; le second danger était, au contraire, imminent. Il y avait donc lieu de tenter l'opération. Cette opération a, d'ailleurs, parfaitement réussi.

On a pu ainsi détourner de Briare, au moyen du nouveau bief, une partie importante des crues de la Trézée qui auraient pu causer dans cette ville non plus de simples relèvements de la nappe souterraine, mais bien de véritables inondations.

Ce rôle bienfaisant du nouveau bief, par rapport à la ville de Briare, pourra encore se renouveler à l'avenir et il y a lieu de penser qu'il finira par être apprécié à sa véritable valeur.

Depuis lors, la situation est restée absolument satisfaisante.

Actuellement le Service du canal entretient et administre toute une série d'ouvrages d'assainissement du sous-sol de Briare, et le Service les remettra à la Commune quand une base d'entente aura pu être établie pour cette rétrocession.

On voit donc qu'au moment même de l'ouverture du nouveau bief à la circulation la surélévation de la nappe souterraine à Briare a failli, grâce à ce que la population était surexcitée, compromettre le succès de cette grande œuvre.

Cet inconvénient eût été d'autant plus grave que, si l'on eut vidé le nouveau bief sur les injonctions de la population, on n'aurait pu reprendre le remplissage sans soulever de nouvelles récriminations d'autant plus vives qu'on aurait paru en reconnaître le bien-fondé.

Au contraire, en maintenant le nouveau bief neuf et en abaissant le niveau de la nappe souterraine par le moyen le plus sûr et le plus rapide, l'Administration a prouvé tout l'intérêt qu'elle portait à la population de Briare, et elle a réussi pleinement à concilier l'intérêt général avec l'intérêt local.

Elle a fait un sacrifice d'argent sérieux, mais bien placé.

Le drainage du sous-sol de la Ville a exigé la construction d'un réseau de drains d'une longueur totale de 1958^m,80 placé à une profondeur moyenne de 3^m,50 au-dessous du sol. La dépense correspondante a été de .... 59.611^f,65

Les étanchements complémentaires exécutés dans la partie de la cuvette en déblai sont revenus à 56.582 73

Et la porte de garde du pont de Bléneau à........................ 38.000 00

Soit un ensemble de travaux de.... 154.194^f,38

exécutés postérieurement à la mise en exploitation du nouveau bief et en vue de conserver les résultats acquis.

Ces dépenses complémentaires, ajoutées aux frais de construction de 894.940 78

déjà donnés pour la dérivation de rive droite, portent la valeur de l'ensemble des travaux de cette dérivation à .... 1.049.135^f,16

Cette dépense relativement élevée s'explique par des difficultés de toute nature qui ont été rencontrées sur ce tronçon de canal.

DÉRIVATION DE RIVE GAUCHE ET DIGUE DE SAINT-FIRMIN.

Pour regagner le pont-canal depuis le bief de l'Étang, le nouveau canal qui se développe sur le flanc gauche de la vallée de la Loire et s'infléchit ensuite, pour traverser cette vallée, a un développement de 10 kilomètres.

De plus, on a vu que les 4 kilomètres du bief de l'Étang, surélevés de $0^m,41$ (de la cote 137,09 à la cote 137,50), ont été incorporés au bief du pont-canal.

Les travaux de ce bief sur la rive gauche ont été divisés en trois lots :

Premier lot : Transformation du bief de l'Étang, 4 kilomètres, non compris les ouvrages de raccordement entre le canal neuf et l'ancien ;

Deuxième lot : Depuis l'Étang jusqu'à Châtillon-sur-Loire, 5 kilomètres, y compris les ouvrages de raccordement de l'Étang ;

Troisième lot : De Châtillon-sur-Loire au pont-canal, 5 kilomètres.

A ce dernier lot ont été rattachés :

a. La construction de la digue de Saint-Firmin ;

b. L'élargissement de 400 à 600 mètres du lit mineur de la Loire.

De plus, il a fallu transformer deux ponts supérieurs dans ce premier lot.

Ces deux ponts, comme tous ceux du nouveau bief, ont été reconstruits pour deux voies de bateaux.

Étant donnés les prix des fers et les conditions pratiques de surcharges des passages supérieurs pour les voies de terre de toute catégorie, il n'y a pas de différence sensible entre les ponts pour une ou pour deux voies de bateaux.

Or la construction des passages supérieurs, à deux voies préconisée dans les Congrès de navigatiou, a été reconnue utile et avantageuse pour tous les canaux qui ont un grand transit, et c'est précisément le caractère que présente le canal latéral à la Loire.

En conservant à la cuvette et aux chemins de halage leur gabarit normal, sauf un léger raidissement des talus, on est conduit à une ouverture de 20 mètres ainsi répartie :

Deux chemins de halage de 2ᵐ,50 chacun.............		5ᵐ,00
Largeur entre les arêtes {	supérieure des talus.......	15 ,00
	de la cuvette...............	9 ,60

La largeur au plan d'eau se trouve être entre les perrés raidis égale à 14 mètres, et elle est en voie courante normale de 15 mètres.

Les travaux du premier lot ont été adjugés le 6 juin 1891 et exécutés au cours des années 1891 à 1895.

Ils sont évalués ainsi :

Terrassements........................	41.556ᶠ,41
Ouvrages d'art........................	73.741 ,80
Dommages........................	695 ,00
TOTAL	115.993ᶠ,21
Prix de revient par kilomètre.........	26.225ᶠ,00

Pour effectuer le raccordement entre l'ancien et le nouveau canal et créer un bassin analogue à celui de la Cognardière, il a fallu prendre les dispositions suivantes :

1° Allonger le pont-canal sur le ruisseau de l'Étang d'une longueur de 21ᵐ,36 vis-à-vis de la culée (côté Nevers) et de 15ᵐ,84 vis-à-vis de la culée (côté Briare) de ce pont-canal. Sa nouvelle tête a été disposée en biais pour s'adapter à l'assiette du nouveau canal qui se détache obliquement de l'ancien à côté de l'écluse de l'Étang.

Actuellement ce pont-canal, constitué par 4 arches de 2^m,50 d'ouverture, a une longueur totale de 45^m,91 mesurée suivant son axe. Le bassin d'évolution, qui se trouve en grande partie au-dessus de l'ouvrage d'art, présente une surface trapézoïdale mesurant 41^m,77 à la grande base et allant en se rétrécissant progressivement jusqu'à la largeur normale qui constitue la petite base et est située à une distance de 35 mètres de la grande base du trapèze;

2° Transporter la maison éclusière du côté gauche de l'ancien canal sur le côté droit;

3° Établir sur l'ancienne écluse de l'Étang un pont tournant pour assurer la continuité du halage en vue des bateaux se dirigeant sur la nouvelle branche;

D'autre part, le pont-tournant, quand il est ouvert, permet le passage des bateaux, assez rares d'ailleurs, à destination de l'ancienne branche;

4° Enfin, à l'origine du nouveau canal, on a disposé une paire de portes de garde, et on a eu à établir un passage supérieur.

Immédiatement après cet ensemble d'ouvrages importants, le nouveau canal traverse en remblai, à son débouché dans la vallée de la Loire, la petite vallée secondaire de l'Étang, et il a fallu exécuter à ce passage des revêtements intérieurs et des élargissements de remblais importants.

Puis la nouvelle cuvette étant resserrée entre le coteau très élevé et l'ancien canal, on a dû, pour restreindre l'emprise nécessaire, établir cette cuvette entre deux murs verticaux maçonnés laissant entre eux une largeur de 11^m,38 au plafond.

En se rapprochant de Châtillon, on doit noter que le tracé traversait l'emplacement de villas romaines déjà signalées dans un ouvrage sur les antiquités de l'Orléanais par l'un de nos prédécesseurs à Châteaudun, M. de Boisvillette. De plus, on connaissait l'existence à flanc de coteau d'un aqueduc de 0ᵐ,30 sur 0ᵐ,30, en béton, recouvert de tuiles courbes et long de 1.500 mètres, qui amenait les eaux de la petite vallée de l'Étang jusqu'à cette ville morte, dont le nom « Gannes » n'était plus porté que par le pont existant sur l'ancien canal.

L'exécution des terrassements fit disparaître entièrement l'aqueduc romain, mais nous fit tomber sur les thermes de la localité. Les ruines de la piscine et de son hypocauste se trouvèrent mises à jour par les terrassements nécessaires à l'exécution de la nouvelle cuvette et restèrent pendant toute l'année 1892 à la disposition des sociétés savantes qui ont été dûment prévenues. Ensuite, en novembre, il a fallu procéder à l'enlèvement de la piscine, mais l'hypocauste reste enfoui au-dessous des revêtements de la nouvelle cuvette et l'on voit encore l'origine du prolongement des aqueducs du côté du coteau, prolongement qui se dirige probablement vers un réservoir.

Un assez grand nombre d'antiquités, notamment des briques, des marbres, des monnaies, un stylet à main, furent trouvées et remises aux sociétés savantes par décision de l'Administration.

Enfin, sur les emprises du canal, on peut encore trouver les vestiges des fondations de divers bâtiments.

Au-delà du pont de Gannes, en se dirigeant vers l'aval, on a dû, pour asseoir le nouveau canal, recouper un coteau de craie marneuse mélangée de quelques minces couches d'argile. L'équilibre de ces terrains a donc été rompu, et on a dû effectuer d'importants travaux pour le drainage, la captation et l'écoulement des eaux du coteau. On a été conduit à établir encore dans cette traversée le canal entre deux murs verticaux distants de 11 mètres, faute de place, non plus pour le gabarit ordinaire, mais pour le gabarit exceptionnel comprenant, en outre de la cuvette, l'ensemble des ouvrages disposés au pied du coteau instable, afin de l'assainir et de le contrebuter.

L'autre mur vertical a eu pour but de donner plus de stabilité à la digue du côté opposé au coteau, au-dessus d'un sol dont l'équilibre laissait quelques doutes même pour les couches du sol naturel inférieures au nouveau canal et à une certaine distance du coteau.

Le nouveau canal et l'ancien qui le longe sont traversés dans cette région par deux chemins :

L'un, celui de Gannes, dont il vient d'être parlé ;

L'autre, à 1 kilomètre plus loin, franchissant aussi l'ancien canal au-dessus de l'écluse de la Folie.

A Gannes, les tympans de l'ancien pont sur la branche primitive du canal latéral ont été surélevés et on a pu racheter assez facilement le niveau ainsi exhaussé de cet ancien pont avec un ouvrage supérieur du nouveau type construit pour le passage de ce même chemin vicinal au-dessus du canal neuf.

A la Folie, la différence de niveau des deux canaux, ancien et nouveau, allant en s'accentuant, on avait prévu une déviation de la voie de terre, afin de regagner par un lacet et une déclivité admissible la différence de niveau entre l'ancien pont sur l'écluse à tympans plus ou moins surélevés et le pont supérieur sur le nouveau canal. Mais la Commission d'enquête parcellaire a émis l'avis que, si la déclivité de cette déviation était admissible, le lacet qu'elle présentait au passage de la nouvelle cuvette ne l'était pas, et, qu'en conséquence, les deux ouvrages d'art devraient être placés à la suite l'un de l'autre, la voie de terre étant conservée en ligne droite.

Afin d'éviter que le dossier des expropriations ne retournât à Paris et ne subît des retards anormaux, nous avons cru préférable de nous ranger à cet avis. Il en est résulté la nécessité d'établir sur la tête aval de l'écluse de la Folie de l'ancienne branche, uniquement pour desservir la voie de terre surélevée, non plus un simple surhaussement de tympans, mais un véritable viaduc à trois arches : une arche de 5^m,20 sur le sas et deux arches latérales de 5^m,20, le tout compris entre des murs en aile.

Cette sorte de viaduc présente une longueur totale de 18^m,76 entre l'intérieur des culées, et son couronnement est à 11^m,13 au-dessus du radier de l'écluse de la Folie.

Le tracé, après s'être développé encore pendant 2 kilomètres entre Gannes et les abords de Châtillon, sans autres difficultés spéciales que le passage du chemin de la Folie, aborde enfin la traversée des faubourgs de la ville de Châtillon-sur-Loire et de la vallée secondaire dans laquelle est établie cette ville, au point où cette vallée débouche dans la vallée de la Loire.

Cette traversée a présenté de sérieuses difficultés, exigé beaucoup de dépenses et de précautions. Il a fallu, en effet, pour éviter de se rejeter entièrement dans la vallée de la Loire, entamer fortement les coteaux des deux côtés de la vallée secondaire et, en ce point, détruire ou rescinder de nombreux immeubles. Il a fallu acquérir 51 immeubles, dont 32 maisons d'habitation sur la seule commune de Châtillon.

En outre, c'est là qu'il fallait établir le nouveau port de Châtillon à créer sur la nouvelle branche.

Ce port comprend :

Un bassin ayant 315 mètres de longueur sur 30 mètres de largeur moyenne ;

Et des terre-pleins ayant 313 mètres de longueur sur 30 mètres de largeur.

De plus, sur 183 mètres à l'aval de ce port, le canal a été exceptionnellement élargi pour trois voies de bateaux, afin de multiplier les gares et de permettre au besoin une extension facile des terre-pleins et des opérations d'embarquement et de débarquement sur les grands dépôts établis en ce point entre le nouveau canal et la ville.

En outre, dans la traversée de la vallée secondaire, on

a eu à établir un pont-canal de 8 mètres d'ouverture et de 5^m,73 de hauteur sous clef pour le passage du ruisseau de Châtillon.

La hauteur des piédroits est de 3^m,083, et la flèche de la voûte elliptique qui surmonte ces piédroits est de 2^m,647.

Le pont-canal de Châtillon-sur-Loire a été fondé sur une grande dalle de béton entourée d'une enceinte de pieux et de palplanches et présentant les épaisseurs suivantes :

1^m,60 sous les culées sur tout le pourtour de l'enceinte sur une largeur de 3^m,65 ;

Et 0^m,80 sous la maçonnerie d'appareil du radier.

Cette maçonnerie d'appareil ayant une épaisseur de 0^m,25, l'épaisseur totale du radier entre les deux culées de l'arche s'élève à 1^m,05.

Ce pont-canal présente, du côté de la Loire, une paire de portes de garde busquées contre les crues du fleuve. Elles permettent, quand elles sont ouvertes — ce qui constitue leur état normal — l'écoulement des eaux ordinaires de la rivière de Châtillon et même des crues de cette rivière, attendu que ces crues se produisent généralement en avance sur celles de la Loire ; puis, quand la crue du fleuve survient, la fermeture des portes met la ville à l'abri, mieux qu'elle ne l'a jamais été, des hautes eaux de la Loire.

Vers l'autre tête, située du côté de la ville, le pont-canal se termine par des murs en aile.

La longueur de l'ouvrage entre les deux têtes est de 37^m,86 ; sa longueur entre ses extrémités, y compris les maçonneries des portes de garde et du radier vis-à-vis les murs en aile, atteint 52^m,215 (dans le sens perpendiculaire à l'enceinte de pieux et palplanches).

Le plan d'eau du nouveau bief se trouve à 8^m,80 au-dessus du lit du ruisseau de Châtillon et à 3^m,12 au-dessus du sommet de l'intrados de l'arche.

Aux abords de ce pont-canal il a fallu disposer les remblais avec des profils donnant toute sécurité, surtout du côté de la ville, car une rupture se produisant vis-à-vis de Châtillon entraînerait une destruction partielle de cette localité et constituerait un accident épouvantable.

Nous avons, en conséquence, disposé, de chaque côté du pont-canal, sur le ruisseau, de véritables glacis du côté de la ville. Du côté de la Loire, le profil a été approprié à son rôle vis-à-vis du fleuve.

On a établi un grand perré, de manière à ne pas encombrer le lit du fleuve et cependant à assurer la résistance du talus du canal à l'action des eaux pendant les plus grandes crues de la Loire. Ce perré a aussi un autre but : celui d'augmenter la stabilité de la digue du canal dont le relief au-dessus du sol naturel n'est pas moins de $8^m,40$ vis-à-vis le thalweg de la vallée secondaire.

Dans toute cette partie en grand remblai, les largeurs en couronne des digues ont été d'ailleurs augmentées et portées :

A $9^m,90$ en amont de la gorge de Châtillon, mais en une section de canal déjà en fort remblai du côté de la grande vallée de la Loire ;

Et à $8^m,25$ vis-à-vis de la vallée secondaire.

Les figures, de la planche 23 donnent les profils en travers les plus intéressants de cette partie du nouveau bief.

La longueur des grands remblais de la dérivation de rive gauche à la traversée de la vallée de Châtillon et aux abords s'élève à 1.200 mètres.

Dans cette même traversée des abords de Châtillon, le rétablissement des communications n'a pas été moins difficile que la construction de la cuvette.

A chacune des deux extrémités de ces grandes tranchées exécutées de chaque côté de la vallée aux lieux dits « les Rabutelloires » et « les Hautes-Rives », il a fallu exécuter un passage supérieur dans des conditions difficiles de tracé.

On rencontre, dans chacune des tranchées avoisinant ces ponts, des cotes sur l'axe en déblai de 10 mètres au-dessus du plafond. On a dû, en outre, assurer le passage du chemin de grande communication reliant Châtillon-sur-Loire à la gare qui dessert cette localité et qui est située sur le plateau, de l'autre côté de la Loire.

Au point où le nouveau canal coupait cet important chemin, le canal était déjà en remblai.

Aussi, afin de restreindre l'importance des travaux et d'éviter de nuire aux immeubles voisins par de grands remblais, on avait proposé aux habitants un pont tournant.

Cette combinaison heurtait si violemment les idées de la population qu'il fallut y renoncer.

D'autre part, le passage par-dessous eût été à un niveau trop bas par rapport au fleuve.

Chaque année, il eût été submergé et impraticable pendant la saison des eaux abondantes.

Il ne restait donc plus d'autre combinaison réalisable, malgré ses inconvénients, que le passage par dessus, et c'est, en effet, cette combinaison qui a été réalisée. On a pu limiter les rampes aux abords :

1° A 0^m,0426 par mètre sur 108 mètres de longueur du côté de la Loire pour relier ce pont sur le nouveau canal au pont suspendu jeté sur le fleuve.

2° A 0^m,045 par mètre sur 156 mètres de longueur du côté de la ville.

C'est ce pont supérieur sur le chemin de Châtillon à la gare qui marque, à quelques mètres près, la limite entre le deuxième et le troisième lot. Il est compris dans le deuxième lot.

Pour réduire les conséquences d'une rupture de digues au cas où, malgré les précautions prises et relatées plus haut, un accident de ce genre viendrait à se produire vis-à-vis de Châtillon, on a disposé, à chacun des deux passages supérieurs des Rabutelloires et des Hautes-Rives, une paire de portes de garde, chaque paire étant busquée du côté extérieur de la section en remblai, de manière à ce que cette section pût se vider sans que les eaux du surplus du bief puissent s'écouler dans la section endommagée, et de là par la brèche, à condition qu'on puisse fermer ces portes à temps.

Ces portes ont été surveillées au début d'une manière constante ; elles le sont encore par les cantonniers installés à proximité.

Un système de fermeture automatique, proposé par M. l'Ingénieur Sigault, et qui, en principe, paraît ingénieux et pratique, n'a pas été admis par l'Administration par le motif qu'il n'avait pas encore été essayé, et que le Service ne pouvait répondre de son fonctionnement.

Mais nous reconnaissons qu'il ne s'agissait là que d'une précaution de plus. Dans la première période d'exploitation, la surveillance et le gardiennage des portes de garde s'imposaient dans tous les cas et dans toutes les combinaisons.

Les précautions prises pour isoler les grands remblais, situés à la traversée de la vallée secondaire de Châtillon, sont complétées par l'installation d'un déversoir de fond dans cette section et non loin des portes de garde des Rabutelloires.

L'évacuation des eaux se fait dans l'ancien port de Châtillon qui a les dimensions nécessaires pour les recevoir provisoirement et les diriger rapidement dans la Loire par l'ancienne écluse de descente dans le fleuve.

Après la grande tranchée des Hautes-Rives et le passage supérieur établi pour la route départementale nº 2 du Loiret, le canal se développe sur le flanc assez adouci des coteaux de rive gauche de la Loire sans présenter de particularité spéciale jusqu'à la traversée de la petite vallée secondaire du Pilon où le plafond se trouve en remblai maximum de $2^m,86$.

Il a fallu disposer à l'intérieur de la cuvette des étanchements dans les conditions déjà exprimées. Il est même à remarquer qu'à partir de ce point, pour diverses raisons, les revêtements intérieurs de la cuvette ont été prolongés d'une manière continue jusqu'au grand pont-canal. Ils règnent ainsi sans interruption sur $2^{km},107$.

On peut à ce propos établir ainsi leur prix de revient par mètre courant :

Perrés....................................		$33^f,70$
Et pour un autre perré semblable...........		$33 ,70$
Bétonnage du plafond (Fouille.........		$5 ,50$
dans les cas ordinaires (Bétonnage ...,..		$30 ,25$
TOTAL....................		$103^f,15$

Mais cette épaisseur de bétonnage a été augmentée sur les grands remblais, comme on le verra plus loin.

Enfin, en dehors des cassures, qui ont été réparées au fur et à mesure, il faut noter les tassements lents qui ont, dans les grands remblais, atteint près de la hauteur d'un rang de moellons ($0^m,30$). On a dû exhausser les deux perrés d'une file de moellons. Là où le tassement a été moindre, mais où l'arête des perrés s'est trouvée être à une cote sensiblement inférieure au plan d'eau, on a été conduit à bétonner la risberme de batillage et une partie du talus intérieur de la banquette de halage.

Très peu au-delà du passage de la vallée du Pilon, le canal mord plus avant dans le coteau, afin de laisser à sa droite, et malheureusement en contre-bas, la ferme et le château de la Mothe. Il a même fallu construire du côté extérieur de la digue, vis-à-vis le château, c'est-à-dire du côté de la Loire, un mur de soutènement vertical.

Dans cette traversée, les revêtements intérieurs n'ont

pas suffi, et il a fallu, en outre, exécuter, d'accord avec le propriétaire et sur son terrain, une ceinture complète de drains pour protéger les bâtiments d'habitation et d'exploitation de la ferme.

Il est vrai que toutes les eaux d'infiltration ne provenaient pas de la cuvette ; une partie provient du coteau, il existe d'ailleurs une source naturelle en ce point. Mais le régime de ces eaux ayant été bouleversé par la création du canal, il fallait prévenir les dommages imputables au nouveau régime, sous peine de s'exposer à des actions contentieuses.

L'exécution des terrassements a mis à jour des dépôts importants de laitiers de fonte, les uns lourds et très riches en métal, les autres plus légers, vitreux ou constitués par des écumes refroidies. Le terrain constitué par ces dépôts était éminemment perméable et avait besoin, plus que tout autre, d'être protégé contre le passage des eaux par les revêtements intérieurs de la cuvette. On a trouvé quelques monnaies romaines également sur ce point et des vestiges de murs qui semblent avoir également une origine romaine.

On se trouve là évidemment dans une station métallurgique de l'antiquité. Mais on sait que les installations métallurgiques primitives se réduisaient à peu près à un foyer adossé à des murs où se trouvaient parfois pratiquées des ouvertures.

Cette station métallurgique se trouve située entre la ville morte de Gannes, distante de $7^{km},200$ en amont, et le cimetière romain de Briare, à $2^{km},900$ en aval en suivant le tracé du nouveau canal.

A-t-elle quelque rapport avec ces deux derniers lieux d'habitation ? C'est probable, mais il est difficile de préciser les relations de ces trois centres.

C'est aussitôt après la traversée de la Mothe que la digue de Saint-Firmin se détache du coteau pour aller rejoindre la culée de rive gauche du pont-canal ; mais pendant que le nouveau canal suit un tracé tournant sa concavité vers l'amont de la Loire, la digue suit un tracé tournant sa concavité vers l'aval.

Comme la rupture des digues du canal neuf à l'intérieur de ce val aurait des conséquences plus particulièrement désastreuses en raison :

1° De la présence d'un centre habité, le village de Saint-Firmin ;

2° De la plus grande difficulté d'évacuation des eaux, on a disposé une paire de portes de garde au passage supérieur qui se trouve à proximité du château.

A 985 mètres en aval de ce pont, on arrive au pont supérieur suivant de Beauregard qui marque à peu près le point où le canal neuf quitte le coteau et se dirige vers le pont-canal en traversant la vallée de la Loire au moyen d'un grand remblai.

Entre la traversée de la Mothe et Beauregard, la cuvette est presque entièrement en déblai dans un terrain de rocher à grandes fissures et, par suite, très perméable.

On avait cru d'abord pouvoir se contenter d'un corroi sur le plafond. Mais ce corroi s'est fendu au-dessus des cavités rocheuses et n'a pas conservé son imperméabilité.

On s'est résigné à l'enlever, à le remplacer au contact immédiat du rocher par un bétonnage de $0^m,15$ d'épaisseur, puis on a rétabli ce corroi après l'avoir de nouveau trituré, sur le bétonnage, aux lieu et place de la couche ordinaire de terre végétale. Cette double précaution a complètement réussi.

Le canal neuf ne quitte pas les coteaux à Beauregard sans les avoir entamés profondément pour l'établissement de la cuvette et la déviation du chemin. Là encore on rencontre des cotes sur l'axe en déblai de 10 mètres au-dessus du plafond.

Malheureusement, le talus attaqué comporte des bancs argileux et il s'est mis en mouvement.

Ici l'assiette du canal était hors de cause.

Les mouvements ne se produisaient qu'au-dessus du niveau des chemins de halage. Mais il fallait les arrêter sous peine de voir les couches supérieures de terrain venir encombrer le chemin de contre-halage et même la cuvette.

Alors, au lieu d'opérer comme on était forcé de le faire aux abords de Gannes en drainant à outrance et en contrebutant le pied du coteau, on a pu et on a préféré laisser les glissements se produire et on a enlevé les terres au fur et à mesure de leur mise en mouvement, après avoir eu soin d'acheter tous les terrains jusqu'à l'arête supérieure du coteau.

Ce procédé n'est admissible que quand la hauteur du coteau est modérée et qu'un plateau y fait suite, car alors le mouvement n'a pas de chance de se propager très loin sur le plateau. Mais, s'il s'agissait d'une véritable montagne élevée, cette méthode expectative serait critiquée à bon droit.

Dans le cas actuel, on pouvait lui appliquer l'argument fourni par beaucoup d'Ingénieurs, rompus aux grands travaux, que l'effet des drainages n'est pas absolument certain et qu'on compromet souvent inutilement des sommes importantes, tandis que, quand on a acquis les terrains nécessaires, qu'il ne s'agit que d'un coteau d'une hauteur moyenne et que l'assiette même de la voie n'est pas en jeu, le système qui consiste dans l'enlèvement des terres est le mieux approprié.

Au surplus, on l'a complété en dernier lieu à Beauregard par quelques drainages plutôt superficiels et par un fossé maçonné établi au pied du talus recueillant et écoulant rapidement toutes les eaux.

Les grands remblais qui commencent à Beauregard règnent sur 845 mètres de long et sur cette longueur,

le nouveau canal présente au-dessous du plafond une cote
en remblai sur l'axe :

De 5^m,80 en moyenne ;

Et de 6^m,89 au maximum.

C'était là la partie la plus dangereuse et la plus difficile
à exécuter de la nouvelle cuvette.

On conçoit donc facilement qu'on ait encore pourvu de
portes de garde le pont de Beauregard et qu'on y ait
établi une maison spéciale de cantonnier pour assurer la
présence permanente sur ce point de l'agent chargé de la
manœuvre de ces portes.

Cette maison de Beauregard et celle de la Cognardière
sont les deux seuls bâtiments d'habitation spéciaux construits sur le nouveau bief, en outre des trois habitations
situées aux abords de la culée droite du pont-canal.

Mais il convient d'ajouter qu'aux abords des trois autres
portes de garde, non munies de bâtiments spéciaux, on a
disposé de petits locaux analogues aux postes d'octroi
des petites villes où peuvent se tenir en permanence les
agents chargés de la surveillance des portes pendant la
première période d'exploitation, et sur d'autres points
les agents chargés de cette surveillance ont pu être logés
à proximité dans des maisons partiellement atteintes par
les emprises et qui ont dû être expropriées.

On peut, au moyen des portes de garde de Beauregard, isoler entièrement ces grands remblais du reste du
canal et limiter le plus possible le cube d'eau évacué en
cas de rupture. Cela est d'autant plus essentiel que ces
grands remblais, en même temps qu'ils se rapprochent
du grand pont-canal, se rapprochent également des habitations du village de Saint-Firmin.

Dans cette partie, l'épaisseur du bétonnage au plafond
a été portée de 0^m,15 à 0^m,25, et, en cas de cassure, on
aurait remplacé la couche de terre végétale de 0^m,13
située au-dessus du bétonnage et de sa chape par un

bétonnage ayant cette épaisseur, plus la profondeur du tassement. Ce bétonnage aurait été disposé avec de petits cailloux et du mortier de ciment et serait apte, par conséquent, à résister à la gaffe.

Heureusement, il n'a pas été nécessaire de recourir à cette précaution complémentaire.

Ces grands remblais, exécutés par couches pilonnées de $0^m,20$ et ayant déjà trois hivers quand les revêtements intérieurs de la cuvette ont été exécutés, avaient pris leur tassement définitif, et on n'a observé que très peu de mouvements dans les maçonneries qui les ont recouverts à l'intérieur de la cuvette.

C'était surtout pour ces grands remblais qu'il fallait augmenter la masse des digues pour qu'on ne fût pas exposé, au cas où le revêtement intérieur viendrait à être fissuré, à ce que les remblais fussent délavés et à ce que les digues vinssent à s'effondrer.

On a commencé par les constituer — sauf un noyau en sable, dans leur partie inférieure centrale — avec des terrassements ordinaires de moyenne qualité, comprenant trois risbermes entre l'arête supérieure du talus et le sol naturel. Le noyau central en sable est d'ailleurs séparé du plafond de la cuvette par une épaisseur de terrassements ordinaires de $0^m,60$ surmontée par un bétonnage de $0^m,27$, y compris la chape et la couche de terre végétale supérieure de $0^m,13$, soit 1 mètre d'épaisseur totale, comprenant $0^m,40$ pour l'ensemble des revêtements intérieurs.

On a élargi le profil ainsi constitué au moyen des terrassements sableux provenant de l'élargissement du lit mineur de la Loire, terrassements perméables, il est vrai, mais très stables, quand ils ne sont pas soumis à l'action des eaux et quand leur surface exposée à l'air a été consolidée par la végétation.

On a ainsi porté les largeurs en couronne à 11 mètres

du côté du halage (qui est en même temps le côté des centres habités), et à 15 mètres du côté du contre-halage, c'est-à-dire à la cote où le tracé présentait sa convexité vers l'extérieur.

De plus, de ce côté on avait beaucoup plus de facilité, soit pour les acquisitions de terrains, soit pour les transports de terrassements.

On a créé ainsi une plate-forme qui pourra plus tard servir comme terre-plein de port, sinon à titre officiel, du moins à titre de tolérance.

Du côté du halage, on a adopté définitivement, pour le talus extérieur, à partir de l'arête supérieure de cette plateforme de 11 mètres :

1° Un talus à 3/2 sur une hauteur de $2^m,50$;

2° Une risberme de $1^m,50$;

3° Un talus à 7/4 sur une hauteur de $3^m,20$;

4° Une plate-forme de 3 mètres ;

5° Un glacis avec talus de 5/1 rachetant la hauteur de $3^m,10$ existant entre cette dernière plate forme et le sol naturel.

Avec ces dispositions, la demi-largeur d'emprise à partir de l'axe jusqu'à la rencontre du dernier talus avec le sol naturel n'est pas inférieure à 50 mètres.

Ce profil règne sur 340 mètres de longueur de canal entre les coteaux de rive gauche et un ponceau établi sous les grands remblais pour assurer l'écoulement des eaux propres du val de Saint-Firmin, ainsi qu'un passage pour piétons et bestiaux. Ce ponceau a $2^m,50$ d'ouverture et comprend :

1° Un passage pavé pour piétons, large de $0^m,80$;

2° Une cuvette pour le ruisseau ayant $1^m,70$ de largeur et $0^m,70$ de hauteur moyenne au-dessous de la plateforme du passage défini au paragraphe précédent.

La hauteur de l'intrados à la clef est de $2^m,30$ au-dessus de la plateforme pour piétons ;

3 mètres au-dessus du radier de la cuvette du ruisseau.

Au-delà de ce ponceau on a adopté, pour le talus extérieur, un profil à inclinaison décroissante ; on l'a renforcé par une rampe d'accès, et, dans la région où les remblais se rétrécissent pour aboutir à l'ouvrage qui permet le passage du nouveau bief au-dessus de la route départementale n° 2, on a racheté cette diminution de dimensions par la construction d'un perré.

La demi-largeur d'emprise (côté du halage), dans cette partie du canal, est de 38 mètres.

Du côté du contre-halage on avait moins de précautions à prendre en raison des dimensions exceptionnelles de la plateforme. On a épaulé le pied du remblai en disposant un chemin latéral exhaussé entre le coteau et le petit ponceau dont il vient d'être question.

Les demi-largeurs d'emprise correspondantes sont de 47^m,50 et de 44^m,60, et la largeur totale d'emprise pour ces grands remblais peut être fixée à 92^m,10, non compris les chemins latéraux.

Avant d'arriver au grand pont-canal, il a fallu traverser la route départementale n° 2, qui, après avoir passé au-dessus du nouveau bief aux Haütes-Rives à 4^{km},150 plus au sud, est appelée à passer au point considéré au-dessous de ce même bief.

On n'a pu assurer ce passage qu'au moyen d'un ouvrage exceptionnel, hardi, difficile à exécuter et coûteux.

Le pont-canal dit « pont-canal de Saint-Firmin » se compose, dans sa partie centrale longue de 10^m,70, mesurée suivant l'axe de la route, d'une seule arche de 7 mètres d'ouverture à voûte elliptique horizontale ayant 1^m,75 de flèche, surmontant des piédroits hauts de 3^m,075 entre les naissances et le sol de la route.

Cette voûte est raccordée avec les deux têtes de l'ouvrage par des voûtes obliques et évasées dont l'intrados constitue une portion de trompe, de manière à obtenir, dans le plan de tête, une ouverture de 8 mètres, une hauteur de piédroits de $4^m,825$ et une flèche de $2^m,25$, pour l'ellipse plane dans le plan de tête.

Des murs en retour font saillie sur le plan de tête de 2 mètres.

La longueur totale entre les têtes de la voûte s'établit ainsi :

Voûte oblique, côté sud	$7^m,242$
Voûte horizontale	$10\ ,700$
Voûte oblique, côté nord	$7\ ,200$
TOTAL	$25^m,142$

Les évasements ont pour effet de donner du dégagement et de la lumière à ce passage inférieur, qui, sans cette précaution, eût été, en raison de sa longueur, trop sombre, surtout pour une route départementale importante.

Cette arche est pourvue, à chacune de ses têtes, d'une paire de portes de garde busquées en sens inverse.

La porte busquée vers l'aval complète la fermeture du nouveau val de Saint-Firmin et empêche les eaux des grandes crues, dont le niveau peut s'élever jusqu'à $1^m,68$ au-dessus des naissances de la voûte à l'emplacement de l'ouvrage, de pénétrer par remous dans le val.

Ces portes doivent être utilisées normalement toutes les fois qu'une crue de la Loire atteindra le niveau de la route, c'est-à-dire plus de 3 mètres au-dessus de l'étiage, à Briare.

Les portes d'amont ne constituent qu'une précaution supplémentaire produisant son effet seulement dans le cas où la nouvelle digue de Saint-Firmin, qui ferme le val par l'amont, viendrait à céder.

Dans ce cas, en effet, les eaux d'amont, venant affluer avec une vitesse très forte vers l'ouvrage, produiraient l'ouverture des portes busquées vers l'aval et détermineraient ainsi, en amont et aux abords de l'ouvrage, des courants très violents, qui pourraient amener la destruction totale des habitations du bourg, situé à proximité.

C'est alors que les portes d'amont, en se fermant, rétabliraient la continuité de l'éperon formé par les grands remblais et empêcheraient les effets précédents de se produire.

Cette disposition a d'ailleurs été la conséquence des discussions analogues qui ont eu lieu pour la fermeture complète du val de Sermoise à Nevers. La même objection a été faite pour ce dernier val, à propos des courants produits en cas de rupture des digues d'amont.

Pour le val de Saint-Firmin, créé dans des conditions entièrement nouvelles, avec des ouvrages neufs et qui n'intéressaient que les voies administrées directement par l'État, la réponse à l'objection a consisté dans la construction d'une seconde paire de portes et est réalisée depuis 1893, c'est-à-dire trois ans après que la question s'est posée.

Pour le val de Sermoise, dont il s'agit seulement d'améliorer la situation et où plusieurs services différents se trouvent intéressés, la solution définitive, qui consistait à établir les portes de fermeture du val du côté d'aval, à les doubler et à les busquer en sens inverse, n'a pu être encore obtenue depuis la dernière grande crue de 1866.

Mais il faut espérer que, quelque jour, on prendra modèle pour Nevers sur le nouveau val de Saint-Firmin.

Ces deux portes de garde, établies sous le canal au pont-canal de Saint-Firmin, portent à quatre le nombre des paires de portes de garde hors cuvette. On a vu que les deux autres sont établies :

L'une sur l'ancienne branche du canal latéral ;

L'autre au pont de Châtillon-sur-Loire.

Si on rapproche de ce chiffre les dix paires de portes établies dans la cuvette, on voit que le nouveau bief a comporté en tout l'établissement de quatorze paires de portes de garde.

Le pont-canal de Saint-Firmin se trouve établi sur le plafond de la vallée de la Loire, naturellement accessible aux grandes crues et qui est protégé contre le flot d'amont seulement par la nouvelle digue de Saint-Firmin.

Il fallait donc des fondations aptes à résister dans toutes les éventualités possibles des crues de la Loire, et, par suite, il fallait s'établir sur un radier général en béton et maçonnerie ordinaire, dans une enceinte de pieux et palplanches, et augmenter l'épaisseur du massif sur son périmètre, notamment vis-à-vis l'ouverture ménagée pour la chaussée.

De plus, la dalle en béton a été appuyée sur des pilotis battus à l'intérieur de cette enceinte.

L'épaisseur de la fondation a été, au milieu de l'enceinte, de 1^m,10.

$$\text{Dans le parafouille}\begin{cases}\text{amont}\begin{cases}\text{béton}\dots\dots\dots\dots\dots\dots & 1^m,85 \\ \text{maçonnerie ordinaire}\dots & 3\ ,03\end{cases}4^m,88 \\ \text{aval, maçonnerie ordinaire}\dots\dots\dots\dots\dots\dots\ 4\ ,88\end{cases}$$

L'enceinte rectangulaire de pieux et palplanches mesurait :

Dans le sens perpendiculaire aux deux plans de tête du pont-canal, 30^m,50 ;

Dans le sens parallèle aux têtes et, par suite, parallèle à l'axe du canal, 32^m,20.

Cet ouvrage a été recouvert d'une chape en bitume ; puis, au dessus on a disposé les revêtements habituels de la cuvette au-dessus des grands remblais.

Au-dessus de cet ouvrage, comme au-dessous du pont-canal de Châtillon-sur-Loire, les tassements qui se sont produits à la longue dans la nouvelle cuvette ont été moindres que dans les remblais voisins, et il a fallu remédier à un certain nombre de cassures aux abords.

Le pont-canal de Saint-Firmin n'est distant de la culée du grand pont-canal que de 184 mètres.

Dans cette partie on a constitué, de chaque côté de la digue, deux plateformes de 19ᵐ,30 et 17ᵐ,20 de largeur, et sur les plateformes de droite, un bureau pour le gardien des portes du pont-canal.

Des rampes d'accès partant de la route départementale n° 2 et aboutissant à ces plateformes, vers la culée du grand pont-canal, viennent encore renforcer le massif des remblais, qui sont, en outre, bien entendu, protégés par les mêmes revêtements intérieurs déjà indiqués plus haut jusqu'aux maçonneries de la culée de rive gauche du pont-canal métallique.

Telle est la description sommaire des points principaux et des ouvrages les plus importants de la dérivation de rive gauche.

Le remplissage et l'alimentation d'essai du nouveau bief ont été très difficiles et laborieux, tant qu'il a fallu, avant tout, assurer la navigation suivant l'ancien tracé du canal latéral et n'emprunter aucune ressource au canal de Briare.

Le canal latéral n'ayant, en 1896, aucune prise d'eau sérieuse, depuis le Guétin jusqu'à Châtillon-sur-Loire, il a fallu envoyer, depuis le Guétin jusqu'à l'Étang, c'est-à-dire sur 75 kilomètres, 50, 70 et même jusqu'à 90.000 mètres cubes d'eau par jour et opérer la nuit, afin que les courants ainsi créés ne gênent pas la navigation.

On interdisait sur le canal latéral la circulation de nuit entre sept heures du soir et six heures du matin ; on ouvrait les vannes de toutes les portes à la même heure. On refermait les vannes une heure avant l'heure fixée pour la reprise de la navigation, afin de pouvoir arriver à régler complètement et avec exactitude les biefs.

L'alimentation est, au contraire, très facile depuis que le nouveau bief, qui est un bief de hauteur minimum, reçoit les éclusées des deux séries d'écluses qui y aboutissent chacune par une série descendante de chutes, et d'ailleurs après que l'influence des colmatages s'est fait sentir.

Le produit journalier des écluses est de 30.000 mètres cubes, et il n'a plus fallu, pendant les premiers jours de l'exploitation, avoir recours aux envois de nuit que jusqu'au 30 septembre 1896, date à laquelle ces envois ont pu cesser à peu près complètement.

La tenue du nouveau bief se règle exactement et facilement.

Les travaux de ce nouveau bief ont été complétés par l'établissement de la nouvelle digue de Saint-Firmin, qui part de la Mothe pour aboutir à la culée de rive gauche du pont-canal, suivant un tracé courbe, tournant sa convexité vers l'amont et comptant 1.381^m,45 de développement.

Cette digue coupe la route départementale n° 2, qui a été surélevée, de manière à se raccorder avec la plateforme de cet ouvrage.

Le niveau supérieur de la plateforme de la digue a été arasé à 8^m,50 au-dessus de l'étiage, soit 2^m,00 de revanche au-dessus des plus hautes crues connues.

La largeur de cette digue en plateforme varie de 8 mètres à 13 mètres. Ses talus sont à 3/2, et le talus du côté du fleuve a été recouvert d'un perré à mortier.

En outre, aux abords de la digue, du côté des nouvelles berges de la Loire, après l'extension du lit mineur, on a régularisé le plafond de la vallée du fleuve, plafond qui se trouve arasé au niveau de l'étiage.

On a limité ce plafond de la vallée formant terrasse, par rapport au fond du lit mineur, à une ligne à peu près droite partant de la culée de rive gauche et allant rejoindre en amont les perrés de l'ancienne levée longitudinale.

Le même alignement a été prolongé à l'aval du pont-canal métallique.

PROFILS EN TRAVERS DE LA DIGUE DE St-FIRMIN
1° En aval du Pont Canal

pt 874,90 (51m 20 du P. C.)

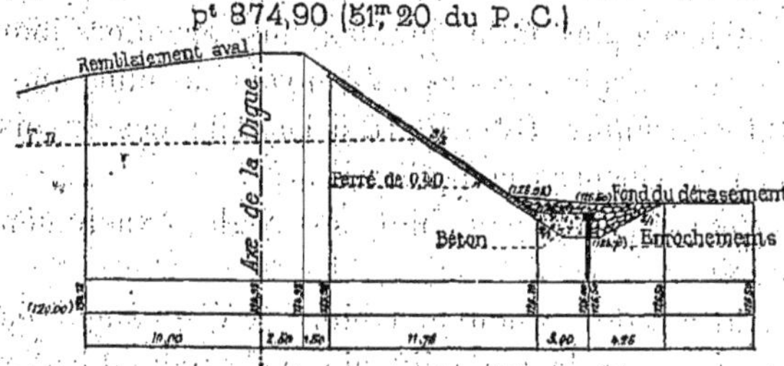

2° En amont du Pont Canal

pt 983,70 (57,60 du P. C.)

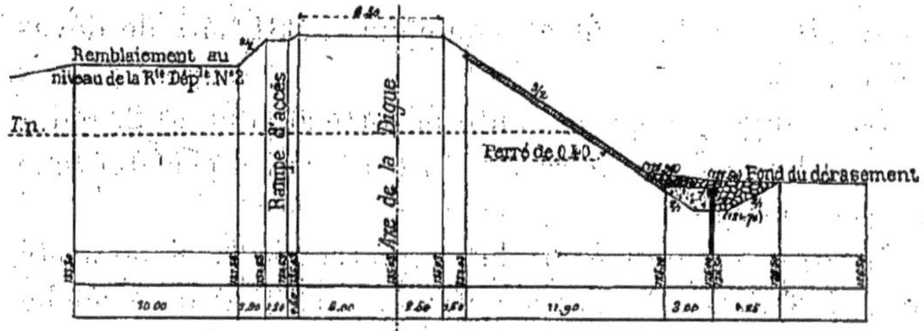

3° Entre la route départementale et le coteau

pt 2049,90

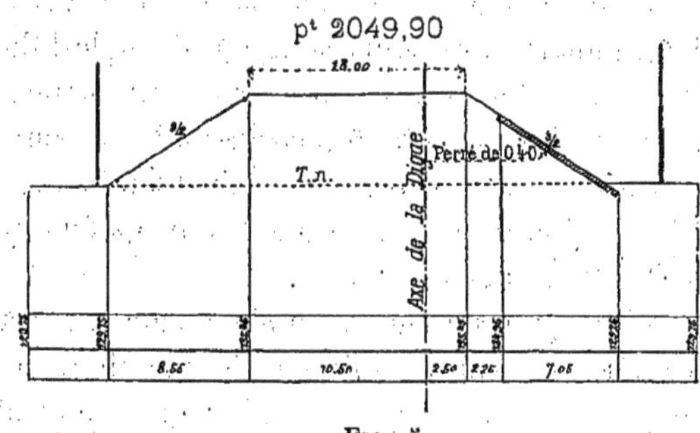

Fig. 5.

Le plan général (pl. 15) et les profils ci-dessus indiquent, d'ailleurs, l'ensemble de ces dispositions, qui assurent aux eaux ordinaires un écoulement constamment régulier dans le lit mineur agrandi jusqu'à 4 mètres au-dessus de l'étiage. Au-dessus de cette hauteur, les eaux de crues peuvent déborder sur un plafond uni et être ramenées progressivement vers le grand pont-canal par le tracé connexe de la nouvelle digue de Saint-Firmin.

Tous les remblais ainsi opérés n'absorbaient pas les déblais disponibles, par suite de l'élargissement du lit de la Loire sur $3^m,50$ de profondeur et 220 mètres de largeur maximum, vis-à-vis du pont-canal, cette largeur allant en mourant;

D'un côté, à $879^m,30$ à l'amont ;

Et, de l'autre, à $926^m,10$ à l'aval.

On a pu alors, avec le consentement et même à la demande des propriétaires, remblayer, avec les sables mêlés de dépôts de crues et de débris de coquilles calcaires, divers terrains aux abords.

D'abord toute la superficie comprise entre la route départementale n° 2, la nouvelle digue et le nouveau canal, terrains formant bas-fonds, a été relevée en moyenne de 3 mètres.

De l'autre côté du canal, on a également remblayé, dans des conditions analogues, une superficie de $4^{ha},40$.

Avant l'opération, un plan très exact des parcelles avait été levé ; après l'exécution des terrassements, on a rétabli, sur la nouvelle surface surélevée, le tracé des parcelles, et chacun rentra en possession de sa propriété. Ce qu'il y a de plus remarquable, c'est la fertilité de ces terrains d'apparence maigre et sableuse. Leurs produits ont dépassé tout ce qu'on pouvait espérer, et cette opération accessoire d'intérêt agricole méritait d'être citée.

Le cube total employé à la digue de Saint-Firmin a été de 146.000 mètres cubes, soit, par mètre courant de digues, 117 mètres cubes.

En outre, 208.000 mètres cubes ont été employés à des remblaiements agricoles, et enfin on a constitué un dépôt spécial avec les 64.000 mètres cubes qu'il a fallu encore extraire du lit de la Loire pour réaliser le programme donné.

En résumé, l'exécution de la dérivation de rive gauche a entraîné l'exécution de :

1.109.836 mètres cubes de terrassements pour la nouvelle cuvette, et de :

1.255.836 mètres cubes de terrassements, y compris la digue de Saint-Firmin.

Les dépenses correspondantes se résument ainsi :

	1er LOT	2e LOT	3e LOT		TOTAUX
			Canal proprement dit	Digue de Saint-Firmin et dérasement du lit mineur de la Loire	
I. — *Acquisitions de terrains*	»	333.020fr,51	315.860fr,42	60.546fr,75	710.027fr,68
Dommages	695fr »	12.458 ,93	3.664 ,57	2.600 ,90	19.419 ,40
II. — Travaux.					
Terrassements	29.001 ,56	648.813 ,54	426.141 ,54	654.184 ,89	1.758.141 ,53
Chaussées	12.554 ,85	18.789 ,18	28.770 ,90	1.619 ,04	61.733 ,97
Ouvrages d'art. { Maçonneries	32.808 ,05	348.254 ,89	404.155 ,56	209.596 ,84	994.816 ,24
Fers de tabliers métalliques	40.932 ,85	60.020 ,47	61.914 ,87	»	162.808 ,19
Travaux d'étanchement et de consolidation :					
Terrassements	»	90.392 ,62	79.227 ,00	»	169.619 ,62
Maçonneries	»	214.400 ,63	274.312 ,24	»	488.712 ,87
Portes de garde	»	15.825 ,45	40.361 ,15	»	56.186 ,60
TOTAUX	115.993fr,21	1.742.576fr,22	1.634.408fr,25	028.548fr,42	4.421.526fr,10

Récapitulons maintenant ces quantités avec celles de la dérivation de rive droite.

L'ensemble des 13 kilomètres de canal neuf a exigé

l'exécution d'un cube de terrassements de :

En dehors du lit de la Loire.................... 1.109.836^{m3},39
Dans le lit { Élargissement du lit mineur... 697.224 ,55
du fleuve : { Fondations du pont-canal..... 18.375 ,30
                                                        ————————
            Soit au total............... 1.825.436^{m3},24

Il résulte aussi de l'exposé précédent qu'en résumé le nouveau bief a exigé :

1° Un cube de maçonnerie (ouvrages d'art de toute nature et revêtements maçonnés pour étanchement)................................... 117.823^{m3},48

2° Un { 1° Pour le pont- { Fondations........ 487.620^{kg},00
poids {   canal :   { Ossature métallique
de fers: {   proprement dite. 3.076.647 ,00
       { 2° Pour les passages supérieurs........ 740.208 ,00
                                                        ————————
            Soit au total............... 4.304.475^{kg},00

Ce bief présente, en outre du grand pont-canal métallique :

4 ponts-canaux maçonnés (total des ouvertures cumulées : 25 mètres) ; 22 aqueducs sous cuvette ; 16 passages supérieurs pour deux voies de bateaux ; 14 portes de garde, dont 10 dans la cuvette et 4 hors de la cuvette, (motivée par le régime de la Loire).

L'ensemble des dépenses peut s'établir ainsi :

Acquisitions de terrains et dommages.		936.403ᶠ,30
Grand pont-canal : 622ᵐ,69 { Maçonneries	1.423.235 ,71	
Ossature métallique et accessoires	1.243.028 ,11	
Ouvrages aux abords de la culée de rive droite	167.289 ,35	
Éclairage électrique	30.972 ,75	2.864.525ᶠ,92
Dérivation de rive droite (2ᵏᵐ,5 de canal neuf)		842.178 ,85
Dérivation de rive gauche : { 1er lot. — 4ᵏᵐ,00 transformés sur place	115.298ᶠ,21	
Canal neuf (10 kilom.)	2.711.380 ,04	
Digue de St-Firmin et dérasement du lit mineur de la Loire	865.400 ,77	3.692.079 ,02
TOTAL GÉNÉRAL		8.335.187 ,18

Tel est le bilan de ces travaux si importants, sous le rapport des obstacles rencontrés, des difficultés vaincues, des dépenses effectuées et des résultats obtenus.

Il a fallu, en somme, huit millions et huit campagnes de travaux, depuis l'enquête d'utilité publique, pour jeter un canal à grande section au-dessus de la Loire, à 540 kilomètres en aval de la source et sans craindre l'atteinte des terribles crues de 6ᵐ,50 que ce fleuve présente en ce point.

C'est cette indépendance conquise par le réseau navigable, par rapport soit au manque d'eau, soit aux terribles crues du fleuve, qui constitue l'avantage capital réalisé par la suppression de la traversée de la Loire à niveau.

Il y avait là un obstacle souvent infranchissable, toujours long, difficile et dangereux, qui séparait les voies navigables du centre de celles du nord et de l'est de la France ainsi que de Paris.

Non seulement cet obstacle a disparu, mais encore sept

écluses ont été supprimées, la traversée est devenue en même temps plus facile, plus régulière et plus rapide.

La sécurité assurée à la batellerie du centre, l'outillage national complété et mis à la hauteur des progrès accomplis chez les nations voisines, la construction d'un grand ouvrage nouveau par ses dimensions comme par la nature du métal employé, l'usage de l'acier doux travaillant à la flexion définitivement consacré en France par des décisions officielles dans les constructions civiles, tels sont les résultats décisifs que huit années d'efforts et de sacrifices ont permis de réaliser.

Les premières études ont été dirigées de 1876 à 1886, sous la haute direction de MM. les Inspecteurs généraux Deslandes, de Boisanger, Vicart, Plocq, Jacquet, Malézieux et Bertin ; par M. Moreau, Ingénieur en chef, et MM. Poulet et Harel de la Noë, Ingénieurs ordinaires.

Pendant la seconde phase qui commence le 9 août 1886 avec l'ouverture de l'enquête d'utilité publique, les études définitives, la préparation des projets d'exécution et l'étude de l'emploi de l'acier ont été poursuivies sous la haute direction de MM. les Inspecteurs généraux Bertin, Gauckler et Edmond Henry, par M. Mazoyer, Ingénieur en chef, et MM. Caillez, Guillot, Sigault et Vicaire, Ingénieurs ordinaires.

MM. les Conducteurs subdivisionnaires ayant conduit les travaux sont :

1° Pour le pont-canal : M. Morin, assisté de MM. Blin et Texier, adjoints au service de cette subdivision ;

2° Pour la dérivation de rive droite : M. Allier ;

3° Pour la dérivation de rive gauche : MM. Rocher et Seigné, assistés de MM. Liban, Beaufils, Rouget, Gay et Judas, adjoints au service de cette subdivision.

MM. les Conducteurs attachés au service technique des études sont :

1° Au bureau de l'Ingénieur en chef : MM. Thierry et Guérin ;

2° Au bureau de l'Ingénieur ordinaire : MM. Biauzon et Salomon.

Les acquisitions de terrains ont été effectuées, sous la direction des Ingénieurs, par M. Intins, ancien chef de section des travaux de l'État.

Les entrepreneurs des divers lots ont été :

Pont-canal : Substructure maçonnée. — Société des Établissements Eiffel.
Ossature métallique. — MM. Daydé et Pillé.

Travaux autour de la culée de rive droite. — Société des Établissements Eiffel.

Dérivation de rive droite (6° lot). — M. Léonard.

Dérivation de rive gauche : 1er lot. — MM. Pangaud frères.
2e lot. — M. Pechverty.
3e lot. — M. Lhéritier.

Construction de portes de garde. — Société anonyme des Forges de Franche-Comté.

Éclairage électrique : Bâtiments. — M. Petit.
Installation électrique. — MM. Sautter et Harlé.

Nevers, le 1er mars 1898.

EXPÉRIENCES NOUVELLES
SUR L'ÉCOULEMENT EN DÉVERSOIR

(6° ARTICLE)

Par M. H. BAZIN, Inspecteur général des Ponts et Chaussées.

Nous allons maintenant considérer les déversoirs dans lesquels les parois d'amont et d'aval, au lieu d'être verticales, sont établies suivant un talus plus ou moins incliné. Les conditions de l'écoulement se trouvent par là grandement modifiées. L'inclinaison du talus d'amont tend à diminuer la contraction au passage du seuil et, par suite, à augmenter le débit; quant au talus d'aval, son influence n'est pas toujours constante et varie suivant l'inclinaison. S'il ne s'éloigne pas trop de la verticale, la nappe, adhérente à ce talus pour les faibles débits, s'en détache à partir d'une certaine charge, et l'on obtient alors des nappes noyées en dessous, analogues à celles que nous avons étudiées sur les barrages à poutrelles; si, au contraire, le talus est peu incliné sur l'horizontale, la nappe ne peut s'en détacher et y reste appliquée pour toutes les charges; mais le débit peut varier beaucoup suivant l'inclinaison de ce talus. D'un autre côté, l'influence de la largeur du seuil étant considérable, ainsi qu'on l'a vu pour les barrages à poutrelles, les déversoirs à seuil épais et à talus doivent présenter une grande variété de résultats, chaque type ayant pour ainsi dire son échelle spéciale de coefficients. Une semblable étude devrait donc, pour être complète, s'étendre à un nombre très considérable de cas particuliers. Sans les embrasser tous, les expériences, dont nous allons rendre compte, sont cependant assez nombreuses ; elles concernent des déversoirs avec talus d'amont et d'aval diversement inclinés, et dont la crête, d'abord établie à vive arête, a été ensuite portée à $0^m,10$, $0^m,20$ et même $0^m,40$ de largeur. Quelques séries complémentaires ont été exécutées en raccordant le seuil aux talus par des surfaces courbes ; on a expérimenté enfin sur quelques déversoirs à profil complètement courbe.

Nous partagerons ces nombreuses séries d'expériences en cinq groupes, savoir :

1° Déversoirs dont le parement d'aval est assez peu éloigné de la verticale pour permettre la formation de nappes détachées du corps du barrage ;

2° Déversoirs dont le parement d'amont est vertical ou presque vertical, le talus d'aval ayant, au contraire, une inclinaison assez faible sur l'horizontale pour que la nappe y reste toujours appliquée ;

3° Déversoirs présentant des deux côtés des talus peu inclinés (45° au plus) sur l'horizontale ;

4° Déversoirs à crêtes raccordées aux talus d'amont et d'aval par des surfaces courbes ;

5° Déversoirs à profil complètement courbe.

Nous indiquerons, comme nous l'avons fait pour les déversoirs inclinés en mince paroi, les pentes des talus par une fraction telle que 3/2, dans laquelle le numérateur représente la hauteur verticale correspondante à la largeur de base indiquée par le dénominateur. La fraction 3/2 désigne ainsi un talus de 3 de hauteur pour 2 de base, c'est-à-dire qu'elle est égale à la tangente de l'angle formé par le plan du talus avec le plan horizontal.

Premier groupe.

PAREMENT D'AVAL VERTICAL OU PRESQUE VERTICAL.

Ce groupe comprend onze séries (*).

(*) Le niveau du canal de Bourgogne ayant été, par suite de pénurie d'eau, temporairement abaissé, la hauteur du déversoir de comparaison a été réduite de $1^m,13$ à 1 mètre pour un certain nombre de séries, et le coefficient applicable à ce déversoir doit, dans les calculs qui leur correspondent, subir une petite correction. Si l'on désigne par M et M' ses valeurs pour les hauteurs $1^m,13$ et 1 mètre, par γ et γ' les rapports $\left(\dfrac{h}{h+1,13}\right)^2$ et $\left(\dfrac{h}{h+1,00}\right)^2$, on a (voir *Annales des Ponts et Chaussées*, octobre 1888) :

$$\frac{M'}{M} = \frac{1+K\gamma'}{1+K\gamma},$$

K étant un coefficient numérique inférieur à l'unité ; dans le cas particulier on peut faire $K = 0,7$ et, les quantités γ et γ' étant de petites fractions, poser simplement :

$$M' = M \,[1 + 0,7(\gamma'-\gamma)] ;$$

Cette formule donne pour le rapport $\dfrac{M'}{M}$ les valeurs ci-après, à l'aide desquelles a été déterminé le coefficient M' pour les séries où la hauteur du déversoir-type avait été réduite à 1 mètre.

CHARGES h	$\dfrac{M'}{M}$	CHARGES h	$\dfrac{M'}{M}$	CHARGES h	$\dfrac{M'}{M}$	CHARGES h	$\dfrac{M'}{M}$	CHARGES h	$\dfrac{M'}{M}$
0,05	1,0003	0,15	1,0023	0,25	1,0050	0,35	1,0079	0,45	1,0106
0,06	1,0005	0,16	1,0026	0,26	1,0053	0,36	1,0082	0,46	1,0109
0,07	1,0006	0,17	1,0028	0,27	1,0056	0,37	1,0085	0,47	1,0112
0,08	1,0008	0,18	1,0031	0,28	1,0059	0,38	1,0087	0,48	1,0114
0,09	1,0010	0,19	1,0033	0,29	1,0062	0,39	1,0090	0,49	1,0117
0,10	1,0012	0,20	1,0036	0,30	1,0065	0,40	1,0093	0,50	1,0119
0,11	1,0014	0,21	1,0039	0,31	1,0068	0,41	1,0096	»	»
0,12	1,0016	0,22	1,0042	0,32	1,0071	0,42	1,0098	»	»
0,13	1,0018	0,23	1,0045	0,33	1,0073	0,43	1,0101	»	»
0,14	1,0021	0,24	1,0047	0,34	1,0076	0,44	1,0104	»	»

Séries n⁰ˢ 125 à 135.

Déversoirs de 0ᵐ,50 de hauteur couronnés par une crête à arête vive et par des crêtes de 0ᵐ,10 et 0ᵐ,20 d'épaisseur.

(La flèche placée en tête des croquis indique le sens de l'écoulement. La position du tube des pressions est indiquée par un point.)

NUMÉROS des expé- riences	CHARGES OBSERVÉES		COEFFICIENT du déversoir soumis à l'étude m	RAPPORT $\frac{m}{m_2}$	NUMÉROS des expé- riences	CHARGES OBSERVÉES		COEFFICIENT du déversoir soumis à l'étude m	RAPPORT $\frac{m}{m_2}$
	au déversoir soumis à l'étude h	au déversoir de compa- raison H				au déversoir soumis à l'étude h	au déversoir de compa- raison H		

Série n° 125. — Crête à arête vive.

Juin 1894. — Température de l'eau : 19°.

Déversoir soumis à l'étude : hauteur 0ᵐ,502 ; largeur $l = 1ᵐ,9906$.
Déversoir de comparaison : hauteur 1ᵐ,000 ; largeur $L = 1ᵐ,9866$.

Rapport $\frac{L}{l} = 0,9980$

Série n° 126. — Crête à arête vive.

Juin 1894. — Température de l'eau : 20°,5.

Déversoir soumis à l'étude : hauteur 0ᵐ,502 ; largeur $l = 1ᵐ,9892$.
Déversoir de comparaison : hauteur 1ᵐ,000 ; largeur $L = 1ᵐ,9885$.

Rapport $\frac{L}{l} = 0,9996$

Nappes déprimées.   *Nappes déprimées.*

	millim.	millim.				millim.	millim.		
1	96,9	99,6	0,4516	1,036	1	89,9	99,0	0,5015	1,147
2	116,8	120,8	0,4530	1,041	2	109,8	121,6	0,5028	1,155
3	133,9	140,3	0,4604	1,058	3	126,0	139,8	0,5024	1,155
4	150,2	160,2	0,4715	1,082	4	142,6	160,9	0,5138	1,180
5	162,4	179,8	0,4978	1,140	5	158,6	180,7	0,5205	1,193

Nappes noyées en dessous.   *Nappes noyées en dessous.*

6	173,8	199,7	0,5258	1,202	6	173,0	200,4	0,5332	1,220
7	192,9	219,4	0,5178	1,181	7	191,6	219,9	0,5256	1,199
8	210,8	240,0	0,5187	1,179	8	208,6	238,8	0,5238	1,191
9	229,4	258,1	0,5100	1,155	9	225,7	258,6	0,5251	1,190
10	249,6	279,9	0,5082	1,146	10	245,3	280,6	0,5244	1,184
11	267,9	298,8	0,5047	1,133	11	262,4	299,5	0,5234	1,177
12	289,7	320,2	0,4986	1,114	12	280,6	320,0	0,5233	1,172
13	306,7	339,1	0,4996	1,112	13	299,1	339,4	0,5203	1,161
14	328,4	360,7	0,4954	1,098	14	317,2	360,8	0,5228	1,162
15	347,6	378,9	0,4905	1,082	15	337,1	380,4	0,5175	1,145
16	365,6	398,8	0,4919	1,081	16	355,1	401,4	0,5197	1,145
17	386,0	419,1	0,4892	1,070	17	372,7	419,4	0,5170	1,135
18	404,9	438,6	0,4883	1,064	18	391,7	441,2	0,5187	1,133
19	425,4	458,9	0,4863	1,055	19	412,1	460,9	0,5142	1,119

NUMÉROS des expé-riences	CHARGES OBSERVÉES		COEFFICIENT du déversoir soumis à l'étude m	RAPPORT $\frac{m}{m_2}$
	au déversoir soumis à l'étude h	au déversoir de compa-raison H		

Série n° 127. — Crête à arête vive.

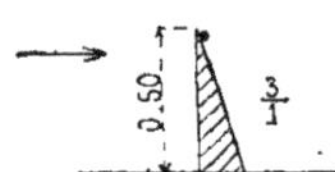

Juin 1894. — Température de l'eau : 18°.

Déversoir soumis à l'étude : hauteur 0ᵐ,502 ; largeur $l = 1^m,9900$.
Déversoir de comparaison : hauteur 1ᵐ,000 ; largeur L = 1ᵐ,9857.
$\left.\right\}$ Rapport $\frac{L}{l} = 0,9978$

Nappes déprimées.

	millim.	millim.		
1	98,8	98,7	0,4326	0,992
2	118,6	120,0	0,4384	1,008
3	137,1	139,8	0,4419	1,015
4	155,3	159,5	0,4454	1,021
5	171,2	180,0	0,4606	1,054
6	185,7	198,8	0,4728	1,079
7	199,2	219,4	0,4933	1,123

La nappe est adhérente au plan incliné d'aval depuis les très faibles charges jusqu'à celle de 0ᵐ,10 environ, où elle crève et prend la forme déprimée ; elle se transforme de nouveau à la charge $h = 0^m,204$ en une nappe noyée en dessous, visiblement allongée, dont le pied est éloigné du plan incliné.

Nappes noyées en dessous.

8	212,7	238,6	0,5072	1,152
9	233,7	259,1	0,4989	1,129
10	253,4	278,7	0,4935	1,112
11	273,3	298,7	0,4895	1,098
12	292,9	319,4	0,4885	1,091
13	315,0	339,7	0,4812	1,070
14	333,2	359,6	0,4823	1,068
15	355,7	378,0	0,4720	1,040
16	374,4	398,8	0,4746	1,041
17	393,9	418,2	0,4729	1,033
18	414,6	439,4	0,4726	1,027
19	434,3	459,0	0,4715	1,021

La nappe noyée en dessous conserve la même forme jusqu'aux plus fortes charges. Quand on abaisse le débit, elle se transforme en nappe adhérente qui crève aussitôt à $h = 0^m,200$. La nappe déprimée ainsi produite reste déprimée jusqu'aux très petites charges.

Les expériences nᵒˢ 13 et 15 ont été influencées par la retenue d'aval, dont le ressaut baignait le pied de la nappe.

Série n° 128. — Crête à arête vive.

Juin 1894. — Température de l'eau : 18°,5.

Déversoir soumis à l'étude : hauteur 0ᵐ,502 ; largeur $l = 1^m,9900$.
Déversoir de comparaison : hauteur 1ᵐ,000 ; largeur L = 1ᵐ,9860.
$\left.\right\}$ Rapport $\frac{L}{l} = 0,9980$

Nappes adhérentes.

	millim.	millim.		
1	89,9	99,1	0,5015	1,147
2	107,7	120,6	0,5104	1,173
3	124,1	139,0	0,5090	1,170
4	141,7	159,4	0,5107	1,173
5	160,3	179,6	0,5068	1,161
6	176,9	200,7	0,5159	1,179
7	191,1	217,5	0,5183	1,182
8	211,1	240,1	0,5179	1,177
9	224,7	256,9	0,5156	1,169
10	245,7	279,0	0,5178	1,168
11	257,1	290,1	0,5133	1,155

La nappe adhérente existant aux petites charges se maintient jusqu'à la transformation en nappe noyée en dessous, qui s'opère à $h = 0^m,268$. — Si on part d'une nappe déprimée, elle se transforme en nappe adhérente à $h = 0^m,185$. — Entre $h = 0^m,185$ et $h = 0^m,268$, la nappe adhérente est tout à fait stable : crevée, elle se reforme. C'est bien une nappe adhérente, analogue à celle des déversoirs à faces verticales ; les plis sont seulement moins accusés.

Nappes noyées en dessous.

12	271,5	297,3	0,4909	1,101
13	282,0	310,5	0,4955	1,109
14	295,0	320,1	0,4849	1,082
15	311,9	337,4	0,4834	1,075
16	334,2	360,4	0,4820	1,067
17	355,5	380,1	0,4766	1,050
18	375,1	400,2	0,4758	1,044
19	394,8	418,8	0,4725	1,032
20	414,7	439,9	0,4733	1,029
21	436,2	459,7	0,4696	1,016

La nappe noyée en dessous se maintient avec son pied nettement détaché de la face aval du déversoir jusqu'aux plus grandes charges. — En diminuant le débit, elle se transforme, à $h = 0^m,261$, en une nappe adhérente qui peut subsister jusqu'aux plus faibles charges.

NUMÉROS des expériences	CHARGES OBSERVÉES au déversoir soumis à l'étude h	au déversoir de comparaison H	COEFFICIENT du déversoir soumis à l'étude m	RAPPORT $\frac{m}{m_2}$

Série n° 129. — Crête de 0ᵐ,10 d'épaisseur.

Juillet 1894. — Température de l'eau : 22°.

Déversoir soumis à l'étude : hauteur 0ᵐ,505 ; largeur $l = 1^m,9940$.

Déversoir de comparaison : hauteur 1ᵐ,000 ; largeur $L = 1^m,9878$.   Rapport $\frac{L}{l} = 0,9969$

Nappes déprimées.

N°	millim. h	millim. H	m	$\frac{m}{m_2}$
1	104,6	100,3	0,4064	0,933
2	121,8	120,3	0,4225	0,971
3	139,0	140,2	0,4343	0,997
4	155,9	160,4	0,4463	1,023
5	172,3	180,5	0,4577	1,047

Nappes noyées en dessous attachées au seuil.

N°	h	H	m	$\frac{m}{m_2}$
6	186,6	199,7	0,4722	1,078
7	202,7	218,7	0,4778	1,087
8	221,3	240,7	0,4838	1,097
9	236,0	260,5	0,4952	1,120
10	253,2	280,4	0,4982	1,122
11	270,1	300,7	0,5029	1,129
12	287,5	321,9	0,5079	1,135
13	303,2	340,8	0,5116	1,140
14	319,4	360,5	0,5155	1,145
15	336,0	380,4	0,5187	1,148
16	354,8	400,6	0,5174	1,140
17	369,7	420,3	0,5236	1,150
18	386,0	439,8	0,5263	1,151
19	404,6	461,2	0,5276	1,149

Série n° 130. — Crête de 0ᵐ,10 d'épaisseur.

Juillet 1894. — Température de l'eau : 22°.

Déversoir soumis à l'étude : hauteur 0ᵐ,505 ; largeur $l = 1^m,9953$.

Déversoir de comparaison : hauteur 1ᵐ,000 ; largeur $L = 1^m,9888$.   Rapport $\frac{L}{l} = 0,9967$

Nappes déprimées ou adhérentes instables.

N°	h	H	m	$\frac{m}{m_2}$
1	83,7	70,5	0,4037	0,921
2	102,7	99,7	0,4138	0,950
3	120,8	119,1	0,4213	0,969
4	138,0	139,1	0,4339	0,997
5	155,5	159,9	0,4458	1,022

6	millim. 172,3	millim. 179,7	0,4546	1,040

Nappes noyées en dessous attachées au seuil.

N°	h	H	m	$\frac{m}{m_2}$
7	188,5	200,1	0,4663	1,064
8	204,8	218,4	0,4694	1,068
9	221,9	239,1	0,4769	1,081
10	239,6	259,1	0,4801	1,085
11	255,4	279,1	0,4882	1,099
12	274,1	299,7	0,4893	1,097
13	291,5	320,9	0,4949	1,106
14	308,3	340,0	0,4970	1,106
15	326,0	360,0	0,4988	1,106
16	342,4	378,9	0,5011	1,107
17	361,9	401,1	0,5031	1,107
18	378,2	419,8	0,5051	1,107
19	396,2	440,6	0,5074	1,108
20	409,1	456,3	0,5105	1,111
21	428,8	479,5	0,5134	1,112

Série n° 131. — Crête de 0ᵐ,10 d'épaisseur.

Juillet 1894. — Température de l'eau : 22°.

Déversoir soumis à l'étude : hauteur 0ᵐ,505 ; largeur $l = 1^m,9940$.

Déversoir de comparaison : hauteur 1ᵐ,000 ; largeur $L = 1^m,9878$.   Rapport $\frac{L}{l} = 0,9969$

Nappe déprimée.

N°	h	H	m	$\frac{m}{m_2}$
1	105,9	100,3	0,3989	0,916

Nappes adhérentes.

N°	h	H	m	$\frac{m}{m_2}$
2	102,5	99,5	0,4140	0,950
3	120,4	120,3	0,4298	0,988
4	137,3	138,1	0,4326	0,994
5	153,7	159,7	0,4443	1,019
6	172,2	181,3	0,4611	1,055
7	185,9	199,0	0,4755	1,085
8	203,3	219,1	0,4770	1,086
9	219,7	240,4	0,4882	1,108

Nappes noyées en dessous attachées au seuil.

N°	h	H	m	$\frac{m}{m_2}$
10	235,9	259,9	0,4937	1,116
11	254,8	280,9	0,4948	1,114
12	271,3	300,8	0,4957	1,121
13	287,6	320,8	0,5048	1,129

NUMÉROS des expériences	CHARGES OBSERVÉES		COEFFICIENT du déversoir soumis à l'étude m	RAPPORT $\dfrac{m}{m_2}$
	au déversoir soumis à l'étude h	au déversoir de comparaison H		
	millim.	millim.		
14	304,2	340,8	0,5090	1,134
15	319,0	358,8	0,5128	1,139
16	334,9	378,5	0,5172	1,145
17	354,0	399,3	0,5167	1,139
18	370,0	420,1	0,5226	1,148
19	385,5	438,5	0,5249	1,149
20	406,3	461,1	0,5242	1,142
21	425,2	481,5	0,5234	1,135

Série n° 132. — Crête de 0ᵐ,10 d'épaisseur.

Juillet 1894. — Température de l'eau : 22°.

Déversoir soumis à l'étude : hauteur 0ᵐ,505 ; largeur $l = 1^m,9940$.
Déversoir de comparaison : hauteur 1ᵐ,000 ; largeur $L = 1^m,9878$. $\quad\dfrac{L}{l} = 0,9969$ (Rapport)

Nappes adhérentes.

1	102,8	99,6	0,4128	0,948
2	121,4	120,4	0,4251	0,977
3	138,2	139,4	0,4344	0,998
4	155,4	160,5	0,4488	1,029
5	171,8	180,8	0,4609	1,054
6	188,9	200,5	0,4663	1,064
7	202,8	219,1	0,4788	1,090
8	219,4	239,9	0,4876	1,106
9	237,6	261,2	0,4921	1,112
10	251,9	280,7	0,5029	1,133
11	266,5	299,8	0,5108	1,147
12	282,4	320,4	0,5180	1,160
13	297,1	330,2	0,5237	1,169

Nappes noyées en dessous attachées au seuil.

14	319,3	359,5	0,5136	1,141
15	335,3	379,0	0,5174	1,145
16	355,3	401,3	0,5177	1,141
17	369,8	419,8	0,5225	1,147
18	387,4	440,0	0,5238	1,146
19	405,0	460,7	0,5260	1,146

Série n° 133. — Crête de 0ᵐ,10 d'épaisseur.

Juillet 1894. — Température de l'eau : 21°.

Déversoir soumis à l'étude : hauteur 0ᵐ,505 ; largeur $l = 1^m,9940$.
Déversoir de comparaison : hauteur 1ᵐ,000 ; largeur $L = 1^m,9882$. $\quad\dfrac{L}{l} = 0,9971$ (Rapport)

Nappes déprimées.

	millim.	millim.		
1	106,6	98,5	0,3846	0,883
2	124,5	119,1	0,4028	0,926

Nappes adhérentes.

3	121,9	118,5	0,4127	0,949
4	139,2	138,7	0,4266	0,980
5	154,5	158,5	0,4445	1,019
6	172,3	179,5	0,4540	1,038
7	185,9	198,1	0,4692	1,071
8	203,1	219,0	0,4775	1,087
9	215,7	237,3	0,4922	1,117
10	233,9	259,1	0,4979	1,126
11	248,9	279.2	0,5079	1,145

Nappes noyées en dessous attachées au seuil.

12	265,4	299,1	0,5122	1,151
13	283,0	319,9	0,5151	1,153
14	298,5	339,5	0,5208	1,162
15	315,1	358,8	0,5224	1,161
16	333,8	380,6	0,5243	1,160

Nappes noyées en dessous détachées du seuil.

17	367,6	399,6	0,4889	1,074
18	391,3	419,4	0,4794	1,048
19	389,2	419,9	0,4842	1,059
20	410,4	439,3	0,4793	1,043
21	431,4	460,5	0,4783	1,036

NUMÉROS des expé- riences	CHARGES OBSERVÉES		COEFFICIENT au déversoir soumis à l'étude m	RAPPORT $\dfrac{m}{m_2}$
	au déversoir soumis à l'étude h	au déversoir de compa- raison H		

Série n° 134. — Crête de 0ᵐ,10 d'épaisseur.

Juillet 1894. — Température de l'eau : 20°,5.

Déversoir soumis à l'étude : hauteur 0ᵐ,505 ; largeur l = 1ᵐ,9937.
Déversoir de comparaison : hauteur 1ᵐ,000 ; largeur L = 1ᵐ,9867.
$\dfrac{L}{l} = 0,9965$ Rapport

Nappes adhérentes.

	millim.	millim.		
1	106,8	99,3	0,3880	0,891
2	123,6	119,5	0,4090	0,940
3	139,7	138,4	0,4228	0,971
4	156,4	158,9	0,4378	1,003
5	173,0	179,6	0,4515	1,033
6	187,6	198,3	0,4633	1,057
7	202,3	217,5	0,4751	1,081
8	217,7	237,8	0,4867	1,105
9	234,0	259,0	0,4970	1,124
10	248,8	278,5	0,5061	1,141
11	264,1	300,2	0,5186	1,165
12	277,4	318,9	0,5280	1,183
13	293,9	339,8	0,5334	1,191
14	308,2	358,1	0,5380	1,198
15	323,3	377,4	0,5427	1,204
16	340,9	399,2	0,5463	1,207

Les dernières nappes adhérentes deviennent proba- blement noyées en dessous sans se détacher du seuil.

Nappes noyées en dessous détachées du seuil.

17	382,2	419,0	0,4957	1,085
18	408,0	437,6	0,4804	1,046
19	430,1	458,2	0,4764	1,032
20	454,1	479,6	0,4712	1,016

Série n° 135. — Crête de 0ᵐ,20 d'épaisseur.

Juin 1894. — Température de l'eau : 21°,5.

Déversoir soumis à l'étude : hauteur 0ᵐ,503 ; largeur l = 1ᵐ,9916.
Déversoir de comparaison : hauteur 1ᵐ,000 ; largeur L = 1ᵐ,9882.
$\dfrac{L}{l} = 0,9983$ Rapport

Nappes déprimées.

	millim.	millim.		
1	68,6	61,2	0,3727	0,844
2	89,1	81,8	0,3839	0,878
3	107,8	100,7	0,3912	0,899
4	128,4	121,8	0,3981	0,915
5	146,6	141,5	0,4071	0,934
6	165,2	161,2	0,4127	0,945
7	182,1	181,2	0,4243	0,969

Nappes noyées en dessous.

8	200,7	200,5	0,4264	0,971
9	217,0	219,6	0,4347	0,987
10	236,0	240,5	0,4394	0,994
11	253,3	259,7	0,4439	1,000
12	272,2	281,2	0,4496	1,009
13	286,7	299,4	0,4575	1,023
14	308,3	323,5	0,4614	1,027
15	321,1	338,7	0,4657	1,034
16	341,5	361,8	0,4695	1,037
17	358,5	381,8	0,4740	1,043
18	375,2	400,2	0,4757	1,043
19	389,0	419,2	0,4839	1,058
20	410,3	440,7	0,4824	1,050
21	430,5	463,2	0,4847	1,050

Les résultats de ces expériences diffèrent notablement les uns des autres, suivant l'inclinaison des talus et aussi suivant la largeur de la crête. Les valeurs de $\dfrac{m}{m'}$, obtenues sur les déversoirs à vive arête, doivent être comparées

	CRÊTE A VIVE ARÊTE					CRÊTE DE 0m,10 DE LARGEUR							CRÊTE DE 0m,20 DE LARGEUR	
Nos des séries d'expériences..........	125	126	127	128	36 et 54	129	130	131	132	133	134	99 et 108	135	96 et 105
Inclinaison du talus (d'amont..	3/1	1/2	Vertical	Vertical	Dévers. vertical en mince paroi	1/1	1/2	1/1	1/1	Vertical	Vertical	Dév. à poutrelles de 0m,10 d'épais'	1/2	Dév. à poutrelles de 0m,20 d'épais'
(d'aval...	Vertical	Vertical	3/1	3/2		Vertical	Vertical	3/1	3/2	3/1	3/2		Vertical	
	Nappes déprimées	Nappes déprimées	Nappes déprimées	Nappes adhérentes	Nappes déprimées	Nappes déprimées	Nappes déprimées	Nappes déprimées	Nappes adhérentes	Nappes déprimées	Nappes adhérentes	Nappes déprimées	Nappes déprimées	Nappes déprimées
Charges 0,10....	1,035	1,145	0,995	1,165	1,035	0,925	0,945	0,910 Nappes adhérentes	0,940	0,870 Nappes adhérentes	0,875	0,880	0,890	0,780
0,15....	1,080 Nappes noyées en dessous	1,185 Nappes noyées en dessous	1,020	1,170	»	1,015 Nappes noyées en dessous	1,015 Nappes noyées en dessous	1,015	1,020	1,005	0,990	» Nappes noyées en dessous	0,940 Nappes noyées en dessous	0,835 Nappes noyées en dessous
0,20....	1,180	1,195	1,125 Nappes noyées en dessous	1,180	» Nappes noyées en dessous	1,085	1,065	1,085 Nappes noyées en dessous	1,085	1,085	1,075	1,070	0,970	0,910
0,25....	1,145	1,180	1,115	1,160 Nappes noyées en dessous	1,130	1,120	1,095	1,115	1,130	1,145 Nappes noyées en dessous	1,145	1,130	1,000	0,960
0,30....	1,110	1,100	1,085	1,080 (a)	1,090	1,140	1,105	1,130	1,170 Nappes noyées en dessous	1,160	1,195	1,160	1,025	0,995
0,35....	1,080	1,145	1,045	1,055	1,060	1,145	1,105	1,140	1,140	1,165 (b)	1,210 Nappes noyées en dessous (c)	» (d)	1,040	1,030
0,40....	1,065	1,130	1,030	1,030	1,040	1,150	1,110	1,145	1,145	1,050	1,060	1,045	1,055	1,060

(a) Le changement de forme de la nappe a lieu vers la charge 0m,27.
(b) La nappe noyée se détache du seuil vers la charge 0m,35.
(c) La nappe adhérente se transforme en nappe noyée détachée du seuil vers la charge 0m,35.
(d) La nappe noyée se détache du seuil vers la charge 0m,335.

à celles qui correspondent aux nappes noyées en mince paroi ; de même, il convient de rapprocher les valeurs obtenues sur les déversoirs à crêtes de $0^m,10$ et $0^m,20$ de celles que nous ont fournies les déversoirs à poutrelles de même largeur. Le tableau ci-dessus (p. 159) résume, pour les divers cas, les valeurs de $\dfrac{m}{m'}$ correspondantes aux charges $0^m,10$, $0^m,15$, …, $0^m,40$ et $0^m,45$. Ces valeurs ont été obtenues en régularisant par une construction graphique les données immédiates de l'observation ; à cet effet, on a figuré chaque expérience par un point ayant pour abscisse la charge h, et pour ordonnée le coefficient $\dfrac{m}{m'}$, et l'on a déterminé, à l'aide de ces points, une courbe moyenne ; c'est sur cette courbe, tracée à grande échelle, qu'ont été mesurées les ordonnées correspondant aux abscisses en nombre rond $0^m,10$, $0^m,15$, etc.

Toutes les séries se terminent par des nappes noyées en dessous ; mais elles débutent, soit par des nappes déprimées, soit par des nappes adhérentes, dont la nature est indiquée dans la colonne correspondante du tableau.

Si l'on considère d'abord les déversoirs à vive arête, on voit que l'apparition de la nappe noyée en dessous est précédée de nappes déprimées, enfermant de l'air entre elles et le corps du barrage, sauf pour la pente aval 3/2 qui permet la production d'une nappe adhérente ; une fois que la nappe noyée est établie, son coefficient ne diffère pas beaucoup de celui de la nappe en mince paroi, quand le parement d'amont est vertical ; il augmente lorsque ce parement prend les inclinaisons 3/1 et 3/2.

Sur les déversoirs à crête de $0^m,10$, des nappes adhérentes apparaissent lorsque le parement d'aval est incliné à 3/1 ou 3/2. Un élément de plus intervient, en outre, pour modifier le coefficient $\dfrac{m}{m'}$; c'est l'adhérence au seuil. Au

moment où cette adhérence disparaît, le coefficient diminue brusquement de 10 0/0. C'est ce qui a lieu pour les
deux séries n°s 133 et 134, où le parement d'amont était
vertical ; la charge n'a pas atteint dans les autres une
valeur assez grande pour produire le détachement de la
nappe, et le coefficient reste, dans les dernières expériences, supérieur à la valeur qu'il aurait sur le déversoir à poutrelles, où la nappe se trouverait déjà détachée
pour la même charge.

Quant au déversoir à crête de 0^m,20, il n'a été fait
qu'une seule série d'expériences, l'aval étant vertical et
l'amont incliné à 1/2 ; par suite de l'augmentation de largeur de la crête, la forme noyée n'apparaît que plus tard,
et avec un coefficient notablement moindre. Il est clair
que des expériences plus nombreuses auraient conduit à
des résultats tout aussi variés que sur la crête de 0^m,10.
Mais, sans aller plus loin, il ressort de l'ensemble de ces
faits que, sur un déversoir dont l'aval est à peu près vertical, la nappe noyée apparaît toujours lorsque l'on atteint
une charge assez élevée ; cette charge limite varie avec
les inclinaisons de l'amont et de l'aval ; il en est de même
de celle qui correspond au détachement de la nappe,
lequel influe aussi sur la valeur du coefficient. Chaque
type de déversoir exigerait donc une étude spéciale, et,
en présence d'une telle complexité, il faut renoncer à
établir des formules générales.

Deuxième groupe.

PAREMENT D'AMONT VERTICAL OU PRESQUE VERTICAL.

Considérons maintenant le cas où c'est, au contraire,
l'amont qui est à peu près vertical, l'aval étant réglé suivant un talus plus doux.

Séries nᵒˢ 136 à 160.

Déversoirs de 0ᵐ,75, 0ᵐ,50 et 0ᵐ,35 de hauteur, couronnés par une crête à arête vive et par des crêtes de 0ᵐ,10, 0ᵐ,20 et 0ᵐ,40 d'épaisseur.

(La flèche placée en tête des croquis indique le sens de l'écoulement. La position du tube des pressions est indiquée par un point.)

NUMÉROS des expériences	CHARGES OBSERVÉES		COEFFICIENT du déversoir soumis à l'étude m	RAPPORT $\frac{m}{m_1}$	NUMÉROS des expériences	CHARGES OBSERVÉES		COEFFICIENT du déversoir soumis à l'étude m	RAPPORT $\frac{m}{m_1}$
	au déversoir soumis à l'étude h	au déversoir de comparaison H				au déversoir soumis à l'étude h	au déversoir de comparaison H		

Série nᵒ 136. — Crête à arête vive. — Déversoir de 0ᵐ,75 de hauteur.

Avril 1894. — Température de l'eau : 13°,5.

Déversoir soumis à l'étude : hauteur 0ᵐ,753 ; largeur $l = 1^m,9870$.
Déversoir de comparaison : hauteur 1ᵐ,135 ; largeur $L = 1^m,9854$. Rapport $\frac{L}{l} = 0,9992$

Série nᵒ 137. — Crête à arête vive. — Déversoir de 0ᵐ,75 de hauteur.

Mai 1894. — Température de l'eau : 17°,5.

Déversoir soumis à l'étude : hauteur 0ᵐ,754 ; largeur $l = 1^m,9882$.
Déversoir de comparaison : hauteur 1ᵐ,135 ; largeur $L = 1^m,9857$. Rapport $\frac{L}{l} = 0,9987$

	millim.	millim.				millim.	millim.		
1	56,0	59,6	0,4865	1,091	1	82,0	81,5	0,4324	0,988
2	74,7	79,7	0,4815	1,096	2	101,3	101,0	0,4310	0,992
3	92,9	99,5	0,4803	1,102	3	119,0	120,0	0,4359	1,007
4	111,6	120,2	0,4814	1,111	4	138,6	139,4	0,4323	1,001
5	129,5	140,2	0,4831	1,118	5	156,5	159,6	0,4400	1,010
6	147,6	159,9	0,4820	1,117	6	176,5	179,6	0,4377	1,013
7	165,5	180,1	0,4842	1,122	7	194,4	198,1	0,4378	1,012
8	182,3	198,9	0,4854	1,123	8	213,4	219,4	0,4434	1,024
9	200,8	219,8	0,4874	1,126	9	233,3	240,0	0,4437	1,022
10	217,5	238,5	0,4886	1,127	10	250,9	258,2	0,4441	1,021
11	236,8	260,1	0,4900	1,128	11	270,5	278,4	0,4445	1,020
12	253,2	279,8	0,4948	1,137	12	288,6	299,9	0,4513	1,033
13	270,5	298,5	0,4941	1,134	13	308,7	318,9	0,4476	1,022
14	290,4	321,2	0,4962	1,136	14	328,9	341,0	0,4505	1,026
15	307,9	339,8	0,4950	1,131	15	348,2	360,0	0,4490	1,020
16	325,6	360,5	0,4979	1,135	16	366,2	379,9	0,4517	1,024
17	342,3	378,6	0,4975	1,132	17	384,5	398,7	0,4520	1,022
18	359,8	398,8	0,4997	1,134	18	403,1	410,1	0,4543	1,025
19	379,3	419,8	0,4993	1,130					
20	396,0	438,6	0,5005	1,130					
21	414,9	460,3	0,5023	1,132					

Série n° 138. — Crête à arête vive. — Déversoir de 0m,50 de hauteur.

Juin 1894. — Température de l'eau : 17°.

Déversoir soumis à l'étude : hauteur 0m,502 ; largeur l = 1m,9910.
Déversoir de comparaison : hauteur 1m,000 ; largeur L = 1m,9867.
Rapport $\frac{L}{l} = 0{,}9978$

NUMÉROS des expériences	CHARGES OBSERVÉES		COEFFICIENT du déversoir soumis à l'étude	RAPPORT
	au déversoir soumis à l'étude h	au déversoir de comparaison H	m	$\frac{m}{m_2}$
	millim.	millim.		
1	59,2	59,4	0,4450	1,000
2	80,5	80,4	0,4357	0,993
3	99,8	100,0	0,4344	0,997
4	119,3	120,2	0,4356	1,002
5	136,9	139,8	0,4429	1,017
6	155,8	161,7	0,4524	1,037
7	174,1	180,5	0,4511	1,032
8	191,0	201,4	0,4622	1,054
9	209,0	218,6	0,4565	1,038
10	227,1	238,6	0,4597	1,042
11	246,1	258,9	0,4611	1,040
12	266,2	280,9	0,4637	1,042
13	282,7	298,3	0,4643	1,039
14	302,3	320,5	0,4683	1,044
15	318,7	340,4	0,4743	1,054
16	338,7	359,6	0,4707	1,041
17	358,6	380,6	0,4716	1,038
18	376,0	400,5	0,4746	1,041
19	393,0	418,9	0,4758	1,039
20	413,2	439,9	0,4758	1,035
21	435,8	464,6	0,4778	1,034

Série n° 139. — Crête à arête vive. — Déversoir de 0m,50 de hauteur.

Juin 1894. — Température de l'eau : 17°,5.

Déversoir soumis à l'étude : hauteur 0m,502 ; largeur l = 1m,9909.
Déversoir de comparaison : hauteur 1m,000 ; largeur L = 1m,9886.
Rapport $\frac{L}{l} = 0{,}9988$

NUMÉROS des expériences	CHARGES OBSERVÉES		COEFFICIENT du déversoir soumis à l'étude	RAPPORT
	au déversoir soumis à l'étude h	au déversoir de comparaison H	m	$\frac{m}{m_2}$
	millim.	millim.		
1	58,0	59,1	0,4561	1,024
2	77,2	79,7	0,4585	1,043
3	95,2	99,6	0,4641	1,064
4	114,3	118,8	0,4570	1,050
5	132,4	139,6	0,4651	1,069
6	152,4	160,8	0,4643	1,065
7	168,6	179,7	0,4706	1,077
8	187,6	199,7	0,4693	1,071
9	203,3	218,6	0,4764	1,084
10	223,7	239,2	0,4725	1,071
11	243,5	260,5	0,4734	1,069
12	259,9	280,0	0,4789	1,077
13	279,0	301,1	0,4808	1,077
14	295,5	319,2	0,4821	1,076
15	312,0	339,6	0,4883	1,086
16	333,0	360,7	0,4856	1,075
17	351,0	380,4	0,4868	1,073
18	369,2	401,9	0,4909	1,078
19	383,6	418,3	0,4927	1,079
20	404,5	439,1	0,4904	1,068
21	425,0	460,4	0,4898	1,062

Série n° 140. — Crête à arête vive. — Déversoir de 0m,50 de hauteur.

Juin 1894. — Température de l'eau : 17°,5.

Déversoir soumis à l'étude : hauteur 0m,502 ; largeur l = 1m,9908.
Déversoir de comparaison : hauteur 1m,000 ; largeur L = 1m,9863.
Rapport $\frac{L}{l} = 0{,}9977$

NUMÉROS des expériences	CHARGES OBSERVÉES		COEFFICIENT du déversoir soumis à l'étude	RAPPORT
	au déversoir soumis à l'étude h	au déversoir de comparaison H	m	$\frac{m}{m_2}$
1	58,5	60,9	0,4696	1,055
2	76,8	80,3	0,4666	1,061
3	93,9	98,8	0,4677	1,072
4	113,2	118,6	0,4620	1,062
5	132,7	141,0	0,4699	1,080
6	148,7	157,5	0,4666	1,071
7	169,0	181,3	0,4747	1,087
8	184,2	198,1	0,4761	1,087
9	202,4	218,4	0,4783	1,089
10	219,3	236,9	0,4792	1,087
11	239,5	260,3	0,4842	1,094
12	255,2	277,2	0,4843	1,091
13	276,2	301,6	0,4889	1,096
14	293,0	318,5	0,4861	1,086
15	311,9	341,4	0,4920	1,094
16	329,2	359,3	0,4905	1,087
17	348,3	382,0	0,4951	1,093
18	364,3	398,1	0,4930	1,084
19	382,3	418,5	0,4951	1,084
20	401,2	440,2	0,4978	1,085
21	419,2	460,8	0,5000	1,086

NUMÉROS des expériences	CHARGES OBSERVÉES		COEFFICIENT du déversoir soumis à l'étude _m_	RAPPORT $\frac{m}{m_1}$
	au déversoir soumis à l'étude _h_	au déversoir de comparaison H		

Série n° 141. — Crête à arête vive. — Déversoir de 0ᵐ,75 de hauteur.

Avril et mai 1894. — Température de l'eau : 13°,5.

Déversoir soumis à l'étude : hauteur 0ᵐ,753 ; largeur $l = 1^m,9872$.

Déversoir de comparaison : hauteur 1ᵐ,135 ; largeur $L = 1^m,9852$.

Rapport $\frac{L}{l} = 0,9990$

N°	_h_ (millim.)	H (millim.)	_m_	Rapport
1	65,5	58,8	0,3771	0,853
2	85,8	78,9	0,3854	0,882
3	108,2	99,7	0,3831	0,884
4	129,7	119,1	0,3790	0,877
5	149,3	138,6	0,3836	0,889
6	171,2	159,6	0,3846	0,891
7	190,4	181,1	0,3957	0,915
8	211,0	198,4	0,3882	0,896
9	231,2	218,2	0,3901	0,899
10	250,8	238,0	0,3933	0,904
11	271,0	258,3	0,3960	0,908
12	291,6	278,6	0,3977	0,910
13	313,8	299,7	0,3978	0,908
14	339,3	322,6	0,3955	0,900
15	355,2	339,9	0,3996	0,907
16	377,2	360,2	0,3987	0,903
17	395,8	379,5	0,4016	0,907
18	417,4	399,9	0,4016	0,905
19	436,5	420,1	0,4047	0,909
20	446,2	429,5	0,4051	0,909

Série n° 142. — Crête à arête vive. — Déversoir de 0ᵐ,75 de hauteur.

Mai 1896. — Température de l'eau : 16°,5.

Déversoir soumis à l'étude : hauteur 0ᵐ,753 ; largeur $l = 1^m,9882$.

Déversoir de comparaison : hauteur 1ᵐ,135 ; largeur $L = 1^m,9857$;

Rapport $\frac{L}{l} = 0,9987$

N°	_h_	H	_m_	Rapport
1	91,4	79,4	0,3537	0,811

NUMÉROS des expériences	CHARGES OBSERVÉES		COEFFICIENT du déversoir soumis à l'étude _m_	RAPPORT $\frac{m}{m_{1\ ou\ 2}}$
	au déversoir soumis à l'étude _h_	au déversoir de comparaison H		
2	112,6 (millim.)	100,0 (millim.)	0,3624	0,837
3	136,3	120,6	0,3582	0,829
4	155,3	137,3	0,3565	0,826
5	180,2	160,6	0,3594	0,832
6	203,0	180,4	0,3572	0,825
7	221,7	199,7	0,3639	0,839
8	242,5	219,4	0,3660	0,842
9	263,0	238,0	0,3661	0,840
10	285,5	259,2	0,3681	0,843
11	307,1	278,5	0,3677	0,840
12	329,0	300,0	0,3710	0,845
13	350,6	319,9	0,3716	0,844
14	372,8	340,5	0,3726	0,844
15	391,8	358,4	0,3738	0,845
16	415,3	380,0	0,3742	0,843
17	436,2	399,5	0,3752	0,843

Série n° 143. — Crête de 0ᵐ,10 d'épaisseur. — Déversoir de 0ᵐ,50 de hauteur.

Juillet 1894. — Température de l'eau : 20°.

Déversoir soumis à l'étude : hauteur 0ᵐ,505 ; largeur $l = 1^m,9933$.

Déversoir de comparaison : hauteur 1ᵐ,000 ; largeur $L = 1^m,9887$.

Rapport $\frac{L}{l} = 1,9977$

Nappes adhérentes attachées au seuil.

N°	_h_	H	_m_	Rapport
1	107,4	99,9	0,3886	0,893
2	126,6	120,2	0,3985	0,916
3	140,9	140,0	0,4250	0,976
4	156,7	159,3	0,4386	1,006
5	173,1	179,6	0,4515	1,033
6	188,9	198,8	0,4608	1,051
7	205,6	219,4	0,4704	1,070
8	221,0	239,1	0,4803	1,089
9	235,1	258,9	0,4938	1,117
10	250,3	279,9	0,5059	1,140
11	266,4	300,6	0,5135	1,154
12	280,7	319,5	0,5208	1,166
13	296,5	340,3	0,5283	1,179
14	311,5	358,9	0,5321	1,184
15	326,9	380,2	0,5404	1,198
16	343,2	400,2	0,5435	1,201
17	357,6	419,3	0,5489	1,208
18	374,1	439,4	0,5514	1,210

NUMÉROS des expériences	CHARGES OBSERVÉES		COEFFICIENT du déversoir soumis à l'étude m	RAPPORT $\dfrac{m}{m_2}$
	au déversoir soumis à l'étude h	au déversoir de comparaison H		

Nappes adhérentes détachées du seuil.

	millim.	millim.		
19	405,8	460,8	0,5250	1,143
20	417,4	472,7	0,5229	1,136

La transformation, manifestée par la variation du coefficient et de la pression, s'opère sans changement d'aspect. Les deux dernières expériences ont été classées sous le nom de nappes adhérentes détachées du seuil ; mais il est possible que toute la nappe se détache au même moment de la face aval du déversoir, auquel cas on aurait alors une nappe noyée en dessous détachée du seuil.

Série n° 144. — Crête de 0ᵐ,10 d'épaisseur. — Déversoir de 0ᵐ,50 d'épaisseur.

Juillet 1894. — Température de l'eau : 20°.

Déversoir soumis à l'étude : hauteur 0ᵐ,505 ; largeur $l = 1^m,9943$.
Déversoir de comparaison : hauteur 1ᵐ,000 ; largeur $L = 1^m,9882$.
Rapport $\dfrac{L}{l} = 0,9969$

1	109,0	100,1	0,3808	0,875
2	127,8	120,8	0,3954	0,909
3	145,0	140,3	0,4081	0,937
4	162,7	160,9	0,4205	0,963
5	180,5	180,1	0,4255	0,972
6	197,7	201,0	0,4372	0,996
7	213,5	219,1	0,4433	1,007
8	230,8	240,3	0,4531	1,026
9	247,0	259,1	0,4588	1,035
10	263,8	280,2	0,4679	1,052
11	280,3	298,9	0,4714	1,056
12	298,2	320,6	0,4777	1,066
13	315,1	338,3	0,4774	1,061
14	336,7	360,3	0,4759	1,053
15	355,1	380,0	0,4766	1,051
16	375,4	401,4	0,4769	1,046
17	392,3	419,9	0,4784	1,045
18	412,0	440,4	0,4782	1,040
19	430,3	461,2	0,4811	1,043

Série n° 145. — Crête de 0ᵐ,10 d'épaisseur. — Déversoir de 0ᵐ,50 de hauteur.

Juillet 1894. — Température de l'eau : 20°.

Déversoir soumis à l'étude : hauteur 0ᵐ,505 ; largeur $l = 1^m,9937$;
Déversoir de comparaison : hauteur 1ᵐ,000 ; largeur $L = 1^m,9867$.
Rapport $\dfrac{L}{l} = 0,9965$

	millim.	millim.		
1	109,6	99,9	0,3765	0,865
2	129,4	120,6	0,3870	0,889
3	147,0	139,7	0,3971	0,911
4	165,9	160,3	0,4059	0,929
5	182,6	180,0	0,4177	0,954
6	200,5	199,1	0,4218	0,960
7	219,6	219,6	0,4262	0,967
8	238,2	240,4	0,4322	0,977
9	254,9	258,5	0,4358	0,981
10	275,1	280,9	0,4409	0,989
11	293,5	299,4	0,4409	0,985
12	314,7	321,6	0,4425	0,984
13	331,3	340,0	0,4461	0,988
14	351,5	361,1	0,4474	0,986
15	369,0	380,4	0,4505	0,989
16	388,6	400,0	0,4502	0,984
17	406,7	419,0	0,4515	0,983
18	425,8	439,6	0,4538	0,984
19	447,5	461,8	0,4544	0,981

Série n° 146. — Crête de 0ᵐ,10 d'épaisseur. — Déversoir de 0ᵐ,50 de hauteur.

Juillet 1894. — Température de l'eau : 20°.

Déversoir soumis à l'étude : hauteur 0ᵐ,505 ; largeur $l = 1^m,9935$.
Déversoir de comparaison : hauteur 1ᵐ,000 ; largeur $L = 1^m,9892$.
Rapport $\dfrac{L}{l} = 0,9978$

1	111,8	99,4	0,3632	0,835
2	133,4	120,5	0,3698	0,850
3	150,0	139,2	0,3837	0,880
4	171,9	158,9	0,3804	0,870

NUMÉROS des expériences	CHARGES OBSERVÉES au déversoir soumis à l'étude h	au déversoir de comparaison H	COEFFICIENT du déversoir soumis à l'étude m	RAPPORT $\dfrac{m}{m_{1\,ou\,2}}$
	millim.	millim.		
5	189,6	179,1	0,3923	0,895
6	211,8	198,9	0,3885	0,883
7	228,6	218,5	0,3987	0,903
8	249,1	238,1	0,3988	0,899
9	269,6	258,9	0,4021	0,903
10	290,1	278,5	0,4024	0,899
11	308,7	298,8	0,4080	0,908
12	331,0	319,7	0,4072	0,902
13	348,1	338,5	0,4119	0,909
14	370,0	359,7	0,4124	0,906
15	387,9	378,5	0,4153	0,908
16	409,8	400,4	0,4169	0,907
17	428,5	419,6	0,4190	0,908
18	449,2	440,8	0,4211	0,909
19	467,3	459,6	0,4233	0,910

Série n° 147. — Crête de 0ᵐ,20 d'épaisseur. — Déversoir de 0ᵐ,75 de hauteur.

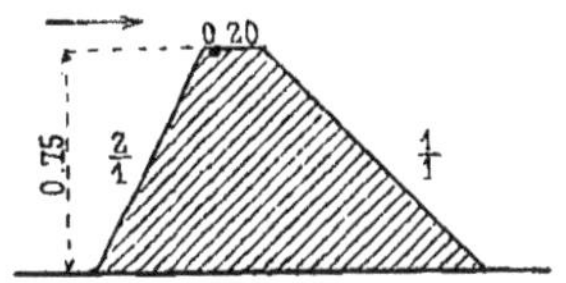

Octobre 1892. — Température de l'eau : 12°.

Déversoir soumis à l'étude : hauteur 0ᵐ,748 ; largeur $l = 1ᵐ,9925$.
Déversoir de comparaison : hauteur 1ᵐ,135 ; largeur $L = 1ᵐ,9865$. $\left\{ \dfrac{L}{l} = 0,9970 \right.$ Rapport

1	70,6	59,6	0,3429	0,779
2	93,6	81,7	0,3552	0,815
3	113,8	100,1	0,3566	0,823
4	133,7	121,0	0,3698	0,856
5	153,5	140,8	0,3759	0,871
6	173,6	163,8	0,3907	0,905
7	192,9	185,1	0,3999	0,925
8	207,6	200,9	0,4045	0,934
9	223,8	221,1	0,4170	0,961
10	243,2	242,9	0,4238	0,975
11	257,7	259,8	0,4299	0,987
12	274,1	280,9	0,4409	1,011
13	290,4	299,4	0,4453	1,019
14	309,4	322,7	0,4535	1,036
15	324,1	340,1	0,4580	1,044
16	340,0	360,4	0,4653	1,059
17	355,5	380,3	0,4723	1,072
18	371,2	399,7	0,4775	1,082
19	385,8	416,8	0,4803	1,086
20	406,0	441,3	0,4854	1,095
21	424,9	468,1	0,4962	1,117

NUMÉROS des expériences	CHARGES OBSERVÉES au déversoir soumis à l'étude h	au déversoir de comparaison H	COEFFICIENT du déversoir soumis à l'étude m	RAPPORT $\dfrac{m}{m_{1\,ou\,3}}$

Série n° 148. — Crête de 0ᵐ,20 d'épaisseur. — Déversoir de 0ᵐ,35 de hauteur.

Octobre 1893. — Température de l'eau : 12°.

Déversoir soumis à l'étude : hauteur 0ᵐ,354 ; largeur $l = 1ᵐ,9030$.
Déversoir de comparaison : hauteur 1ᵐ,135 ; largeur $L = 1ᵐ,9860$. $\left\{ \dfrac{L}{l} = 0,9965 \right.$ Rapport

	millim.	millim.		
1	92,8	78,7	0,3405	0,776
2	114,1	99,6	0,3524	0,802
3	134,1	120,2	0,3645	0,827
4	152,2	140,0	0,3873	0,875
5	171,0	160,8	0,3987	0,896
6	188,5	181,1	0,4006	0,895
7	205,2	199,2	0,4063	0,903
8	219,5	217,2	0,4178	0,925
9	237,1	238,9	0,4292	0,944
10	253,7	259,8	0,4399	0,963
11	267,9	278,8	0,4510	0,983
12	286,2	301,3	0,4592	0,995
13	302,3	322,1	0,4679	1,008
14	317,6	342,5	0,4770	1,023
15	333,6	363,8	0,4855	1,035
16	348,7	382,6	0,4904	1,041
17	364,8	403,2	0,4964	1,047
18	376,1	417,4	0,4998	1,051
19	392,1	436,8	0,5034	1,053
20	411,0	458,7	0,5055	1,050

Série n° 149. — Crête de 0ᵐ,20 d'épaisseur. — Déversoir de 0ᵐ,75 de hauteur.

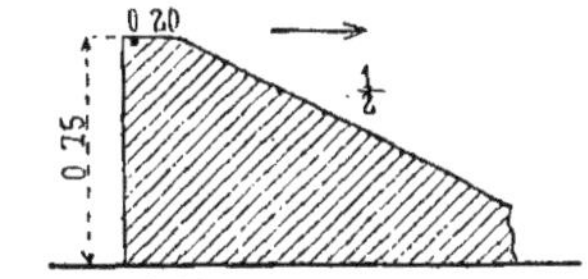

Novembre 1893. — Température de l'eau : 7°.

Déversoir soumis à l'étude : hauteur 0ᵐ,751 ; largeur $l = 1ᵐ,9865$.
Déversoir de comparaison : hauteur 1ᵐ,135 ; largeur $L = 1ᵐ,9845$. $\left\{ \dfrac{L}{l} = 0,9990 \right.$ Rapport

1	75,4	60,2	0,3158	0,719
2	96,8	78,9	0,3217	0,739
3	118,9	99,6	0,3322	0,768

| NUMÉROS des expériences | CHARGES OBSERVÉES | | COEFFICIENT du déversoir | RAPPORT |
	au déversoir soumis à l'étude h	au déversoir de comparaison H	soumis à l'étude m	$\dfrac{m}{m_1}$
	millim.	millim.		
4	138,8	118,8	0,3410	0,790
5	159,0	139,2	0,3513	0,814
6	178,6	159,5	0,3607	0,835
7	199,1	181,3	0,3705	0,856
8	214,8	197,0	0,3740	0,863
9	233,7	218,3	0,3841	0,885
10	249,8	237,6	0,3946	0,907
11	269,2	259,6	0,4030	0,925
12	287,2	280,9	0,4119	0,943
13	304,5	301,2	0,4193	0,958
14	320,4	318,7	0,4231	0,965
15	336,5	338,6	0,4308	0,981
16	355,6	360,0	0,4353	0,988
17	368,8	375,7	0,4396	0,997
18	390,5	400,5	0,4447	1,005
19	405,5	418,3	0,4492	1,013
20	422,2	437,5	0,4527	1,019
21	440,9	460,0	0,4580	1,029

Série n° 150. — Crête de $0^m,20$ d'épaisseur. — Déversoir de $0^m,75$ de hauteur.

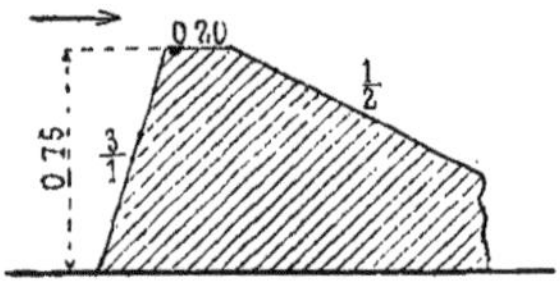

Novembre 1893. — Température de l'eau : $6°,5$.

Déversoir soumis à l'étude : hauteur $0^m,751$; largeur $l = 1^m,9865$.
Déversoir de comparaison : hauteur $1^m,135$; largeur $L = 1^m,9850$.
$\dfrac{L}{l} = 0,9992$ (Rapport)

1	75,5	60,2	0,3153	0,718
2	98,4	81,6	0,3297	0,758
3	115,6	99,6	0,3466	0,800
4	140,1	122,4	0,3515	0,814
5	156,0	139,6	0,3631	0,841
6	178,6	162,0	0,3692	0,855
7	194,2	180,8	0,3832	0,886
8	212,9	200,5	0,3892	0,898
9	229,1	218,6	0,3967	0,914
10	248,2	240,7	0,4063	0,934
11	265,3	259,9	0,4127	0,947
12	283,1	280,6	0,4203	0,963
13	299,3	299,2	0,4261	0,974
14	317,9	321,0	0,4328	0,987
15	334,0	339,8	0,4381	0,997
16	351,3	360,3	0,4439	1,008
17	370,7	381,6	0,4468	1,013
18	383,9	398,5	0,4529	1,025

Série n° 151. — Crête de $0^m,20$ d'épaisseur. — Déversoir de $0^m,75$ de hauteur.

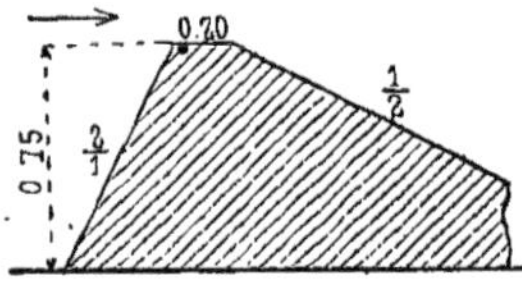

Juillet et août 1892. — Température de l'eau : $24°$.

Déversoir soumis à l'étude : hauteur $0^m,754$; largeur $l = 1^m,9962$.
Déversoir de comparaison : hauteur $1^m,135$; largeur $L = 1^m,9865$.
$\dfrac{L}{l} = 0,9951$ (Rapport)

1	61,3	50,9	0,3373	0,761
2	73,3	63,2	0,3508	0,798
3	93,6	80,6	0,3476	0,798
4	119,1	104,0	0,3473	0,803
5	135,7	121,7	0,3641	0,843
6	156,7	141,9	0,3679	0,852
7	163,8	149,6	0,3720	0,862
8	174,7	162,2	0,3807	0,881
9	195,9	183,8	0,3859	0,892
10	211,8	203,4	0,3990	0,921
11	230,7	223,7	0,4047	0,932
12	244,0	239,5	0,4120	0,948
13	251,8	247,5	0,4131	0,949
14	264,4	262,4	0,4191	0,962
15	280,9	280,2	0,4226	0,968
16	297,2	300,3	0,4311	0,986
17	313,6	319,7	0,4373	0,998
18	332,5	339,9	0,4395	1,001
19	339,0	349,8	0,4459	1,015
20	347,8	360,4	0,4493	1,021
21	368,7	382,3	0,4499	1,020
22	380,8	397,4	0,4546	1,029
23	400,7	420,3	0,4587	1,035
24	412,2	434,7	0,4620	1,044
25	431,8	457,6	0,4660	1,050

Série n° 152. — Crête de 0ᵐ,20 d'épaisseur. — Déversoir de 0ᵐ,35 de hauteur.

Septembre 1892. — Température de l'eau : 17°.

Déversoir soumis à l'étude : hauteur 0ᵐ,359 ; largeur $l = 1^m,9950$.
Déversoir de comparaison : hauteur 1ᵐ,135 ; largeur $L = 1^m,9880$.
Rapport $\dfrac{L}{l} = 0,9965$.

NUMÉROS des expériences	CHARGES OBSERVÉES au déversoir soumis à l'étude h (millim.)	au déversoir de comparaison H (millim.)	COEFFICIENT du déversoir soumis à l'étude m	RAPPORT $\dfrac{m}{m_1}$
1	71,4	60,5	0,3443	0,779
2	92,5	81,2	0,3581	0,816
3	114,3	101,6	0,3620	0,824
4	134,5	122,0	0,3709	0,841
5	152,4	141,5	0,3826	0,864
6	170,0	159,6	0,3885	0,873
7	191,8	184,1	0,3999	0,893
8	207,2	202,7	0,4108	0,912
9	223,7	221,3	0,4176	0,923
10	239,7	240,5	0,4266	0,937
11	255,7	258,4	0,4312	0,943
12	273,0	280,2	0,4418	0,961
13	289,7	299,4	0,4467	0,966
14	305,5	320,2	0,4564	0,982
15	320,8	338,1	0,4607	0,987
16	336,2	359,0	0,4703	1,002
17	353,9	380,0	0,4746	1,005
18	367,9	398,1	0,4808	1,013
19	383,7	418,1	0,4863	1,020
20	385,3	419,4	0,4856	1,018
21	404,4	444,8	0,4941	1,029
22	420,4	465,1	0,4989	1,034

Série n° 153. — Crête de 0ᵐ,20 d'épaisseur. — Déversoir de 0ᵐ,75 de hauteur.

Décembre 1893 et janvier 1894. — Température de l'eau : 6°.

Déversoir soumis à l'étude : hauteur 0ᵐ,751 ; largeur $l = 1^m,9858$.
Déversoir de comparaison : hauteur 1ᵐ,135 ; largeur $L = 1^m,9848$.
Rapport $\dfrac{L}{l} = 0,9995$.

NUMÉROS des expériences	CHARGES OBSERVÉES au déversoir soumis à l'étude h (millim.)	au déversoir de comparaison H (millim.)	COEFFICIENT du déversoir soumis à l'étude m	RAPPORT $\dfrac{m}{m_1}$
1	72,5	60,9	0,3408	0,775
2	91,8	78,5	0,3458	0,793
3	113,8	98,2	0,3476	0,803
4	113,9	99,4	0,3534	0,816
5	134,4	119,5	0,3613	0,836
6	154,1	138,3	0,3649	0,845
7	175,9	161,1	0,3747	0,868
8	194,4	180,8	0,3827	0,885
9	212,3	199,0	0,3866	0,892
10	213,8	200,3	0,3863	0,892
11	231,8	219,8	0,3930	0,905
12	232,5	220,8	0,3940	0,908
13	248,4	238,2	0,3996	0,919
14	268,1	259,6	0,4057	0,931
15	285,7	278,8	0,4107	0,940
16	302,8	298,4	0,4171	0,953
17	305,2	300,2	0,4159	0,950
18	321,6	320,1	0,4237	0,966
19	336,1	335,2	0,4253	0,968
20	356,8	359,2	0,4318	0,980
21	374,0	377,6	0,4341	0,983
22	393,2	399,0	0,4379	0,989
23	393,0	399,6	0,4392	0,992
24	410,7	418,3	0,4408	0,994
25	428,0	439,1	0,4463	1,004
26	437,9	449,3	0,4466	1,003

Série n° 154. — Crête de 0ᵐ,20 d'épaisseur. — Déversoir de 0ᵐ,75 de hauteur.

Février 1894. — Température de l'eau : 7°,5.

Déversoir soumis à l'étude : hauteur 0ᵐ,751 ; largeur $l = 1^m,9860$.
Déversoir de comparaison : hauteur 1ᵐ,135 ; largeur $L = 1^m,9840$.
Rapport $\dfrac{L}{l} = 0,9990$.

NUMÉROS des expériences	CHARGES OBSERVÉES au déversoir soumis à l'étude h (millim.)	au déversoir de comparaison H (millim.)	COEFFICIENT du déversoir soumis à l'étude m	RAPPORT $\dfrac{m}{m_1}$
1	72,2	60,2	0,3370	0,766
2	93,8	79,7	0,3421	0,786
3	113,9	99,2	0,3521	0,813
4	136,5	120,1	0,3554	0,823
5	155,2	140,1	0,3677	0,852
6	176,2	160,1	0,3701	0,857
7	195,9	181,0	0,3787	0,876
8	215,3	200,5	0,3826	0,883
9	232,1	220,9	0,3950	0,910
10	250,8	240,2	0,3987	0,917
11	271,0	259,8	0,3995	0,916
12	288,5	278,7	0,4043	0,926

NUMÉROS des expériences	CHARGES OBSERVÉES au déversoir soumis à l'étude h	au déversoir de comparaison H	COEFFICIENT du déversoir soumis à l'étude m	RAPPORT $\frac{m}{m_{1 \text{ ou } 2}}$
	millim.	millim.		
13	308,3	300,2	0,4095	0,935
14	327,9	320,6	0,4123	0,939
15	346,0	341,5	0,4186	0,952
16	364,5	360,6	0,4204	0,954
17	381,2	379,3	0,4245	0,961
18	399,3	399,3	0,4282	0,967
19	417,8	418,5	0,4298	0,968
20	436,1	438,9	0,4334	0,974

Série n° 155. — Crête de $0^m,20$ d'épaisseur. — Déversoir de $0^m,50$ de hauteur.

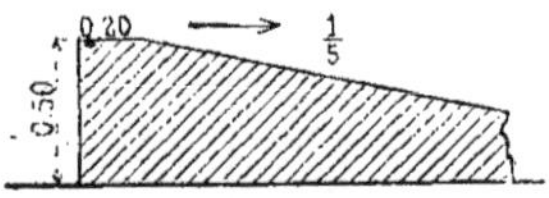

Juin 1894. — Température de l'eau : 22°.

Déversoir soumis à l'étude : hauteur $0^m,503$; largeur $l = 1^m,9916$.
Déversoir de comparaison : hauteur $1^m,000$; largeur $L = 1^m,9882$.
Rapport $\frac{L}{l} = 0,9983$

1	73,6	61,3	0,3360	0,763
2	97,0	80,9	0,3425	0,785
3	118,9	101,3	0,3407	0,783
4	141,0	120,3	0,3397	0,780
5	160,7	141,7	0,3555	0,815
6	180,1	160,7	0,3609	0,825
7	201,1	180,9	0,3647	0,830
8	221,1	201,8	0,3724	0,845
9	239,5	220,4	0,3770	0,852
10	258,0	239,9	0,3829	0,862
11	277,9	260,3	0,3877	0,869
12	296,4	280,3	0,3937	0,879
13	315,6	299,8	0,3969	0,882
14	337,2	322,7	0,4019	0,890
15	353,5	340,2	0,4058	0,894
16	373,7	361,4	0,4094	0,898
17	394,4	382,2	0,4114	0,898
18	412,4	401,6	0,4150	0,903
19	430,1	420,6	0,4183	0,906
20	449,4	441,4	0,4219	0,910
21	470,0	461,9	0,4231	0,909

Série n° 156. — Crête de $0^m,20$ d'épaisseur. — Déversoir de $0^m,75$ de hauteur.

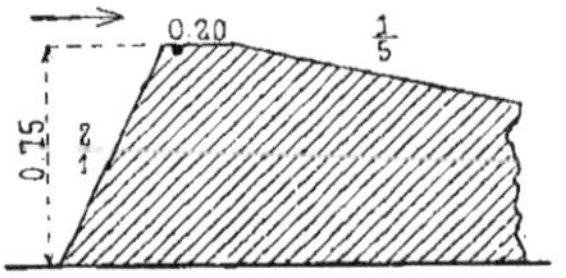

Janvier et février 1894. — Température de l'eau : 5°,5.

Déversoir soumis à l'étude : hauteur $0^m,751$; largeur $l = 1^m,9859$
Déversoir de comparaison : hauteur $1^m,135$; largeur $L = 1^m,9849$.
Rapport $\frac{L}{l} = 0,9995$

NUMÉROS des expériences	CHARGES OBSERVÉES au déversoir soumis à l'étude h	au déversoir de comparaison H	COEFFICIENT du déversoir soumis à l'étude m	RAPPORT $\frac{m}{m_1}$
	millim.	millim.		
1	74,9	63,4	0,3441	0,783
2	94,9	81,7	0,3488	0,801
3	116,6	102,0	0,3544	0,819
4	136,1	121,0	0,3611	0,836
5	155,0	138,5	0,3624	0,840
6	175,7	158,8	0,3675	0,851
7	194,6	178,8	0,3758	0,869
8	214,4	199,4	0,3821	0,882
9	232,9	218,2	0,3860	0,889
10	254,2	239,7	0,3897	0,895
11	270,8	257,9	0,3958	0,908
12	291,5	281,1	0,4035	0,923
13	310,4	298,5	0,4021	0,918
14	327,3	319,7	0,4119	0,938
15	347,2	338,3	0,4108	0,934
16	366,9	358,3	0,4126	0,936
17	386,4	379,3	0,4161	0,941
18	408,7	402,9	0,4194	0,946
19	425,0	418,8	0,4195	0,944
20	444,2	439,5	0,4227	0,949

Série n° 157. — Crête de $0^m,40$ d'épaisseur. — Déversoir de $0^m,75$ de hauteur.

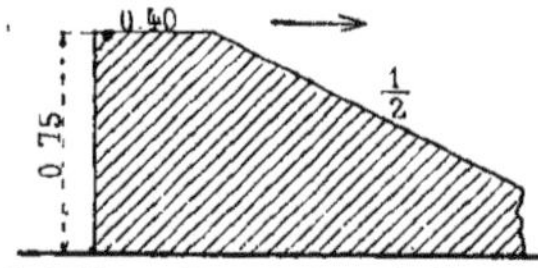

Avril 1894. — Température de l'eau : 12°,5.

Déversoir soumis à l'étude : hauteur $0^m,751$; largeur $l = 1^m,9873$.
Déversoir de comparaison : hauteur $1^m,135$; largeur $L = 1^m,9860$.
Rapport $\frac{L}{l} = 0,9993$

1	73,5	60,2	0,3282	0,746
2	97,8	80,1	0,3238	0,745

NUMÉROS des expériences	CHARGES OBSERVÉES au déversoir soumis à l'étude h	CHARGES OBSERVÉES au déversoir de comparaison H	COEFFICIENT du déversoir soumis à l'étude m	RAPPORT $\frac{m}{m_1}$
	millim.	millim.		
3	120,4	100,0	0,3280	0,758
4	145,0	121,4	0,3299	0,764
5	166,9	139,8	0,3288	0,762
6	190,2	160,6	0,3317	0,767
7	212,2	181,4	0,3371	0,778
8	233,3	200,9	0,3403	0,784
9	252,2	220,1	0,3470	0,798
10	272,6	239,2	0,3498	0,802
11	291,7	259,6	0,3574	0,818
12	314,1	280,3	0,3591	0,820
13	333,5	301,0	0,3655	0,832
14	352,6	320,6	0,3698	0,840
15	370,8	340,9	0,3765	0,853
16	389,3	360,0	0,3801	0,859
17	407,6	380,3	0,3855	0,869
18	425,0	398,1	0,3883	0,874
19	444,0	421,0	0,3959	0,889
20	449,4	428,1	0,3989	0,895

NUMÉROS des expériences	CHARGES OBSERVÉES au déversoir soumis à l'étude h	CHARGES OBSERVÉES au déversoir de comparaison H	COEFFICIENT du déversoir soumis à l'étude m	RAPPORT $\frac{m}{m_1}$
	millim.	millim.		
17	395,4	379,7	0,4025	0,909
18	415,0	400,9	0,4066	0,916
19	430,4	418,5	0,4112	0,925
20	444,3	433,9	0,4142	0,930

Série n° 159. — Crête de 0^m,40 d'épaisseur. — Déversoir de 0^m,75 de hauteur.

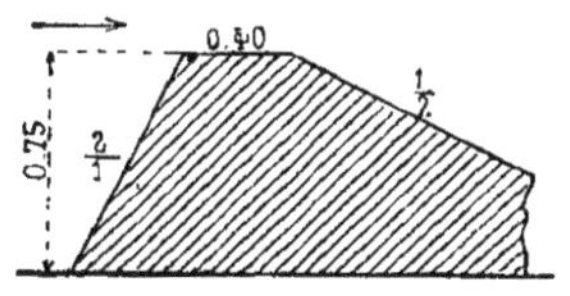

Février et mars 1894. — Température de l'eau : 7°.

Déversoir soumis à l'étude : hauteur 0^m,751 ; largeur $l = 1^m,9845$.
Déversoir de comparaison : hauteur 1^m,135 ; largeur $L = 1^m,9845$. $\frac{L}{l} = 1,0000$ Rapport

1	71,4	59,0	0,3333	0,757
2	92,7	79,4	0,3424	0,786
3	115,7	100,6	0,3515	0,812
4	117,9	102,4	0,3507	0,810
5	139,4	121,3	0,3498	0,810
6	157,5	140,6	0,3620	0,839
7	160,3	141,1	0,3544	0,821
8	182,6	160,3	0,3519	0,814
9	202,4	179,7	0,3571	0,825
10	204,4	179,8	0,3527	0,815
11	224,3	200,1	0,3591	0,828
12	243,1	219,8	0,3662	0,842
13	262,8	240,5	0,3727	0,856
14	267,1	241,7	0,3665	0,841
15	285,1	257,4	0,3654	0,837
16	303,0	278,2	0,3751	0,857
17	325,8	300,4	0,3777	0,861
18	343,4	321,6	0,3869	0,880
19	349,1	322,9	0,3798	0,863
20	365,6	340,4	0,3839	0,871
21	384,7	360,4	0,3878	0,877
22	402,6	380,6	0,3935	0,888
23	406,0	381,9	0,3906	0,881
24	423,7	398,7	0,3912	0,880
25	440,8	419,1	0,3978	0,894
26	444,1	422,1	0,3977	0,893

Série n° 158. — Crête de 0^m,40 d'épaisseur. — Déversoir de 0^m,75 de hauteur.

Avril 1894. — Température de l'eau : 11°,5.

Déversoir soumis à l'étude : hauteur 0^m,751 ; largeur $l = 1^m,9873$.
Déversoir de comparaison : hauteur 1^m,135 ; largeur $L = 1^m,9860$. $\frac{L}{l} = 0,9993$ Rapport

1	71,5	60,9	0,3479	0,790
2	95,0	80,2	0,3389	0,779
3	116,9	100,7	0,3463	0,800
4	139,5	121,0	0,3479	0,806
5	161,8	141,3	0,3499	0,811
6	183,1	161,0	0,3524	0,816
7	204,9	181,6	0,3550	0,822
8	223,5	200,0	0,3606	0,831
9	243,8	219,4	0,3633	0,836
10	262,2	238,1	0,3682	0,845
11	283,8	260,5	0,3744	0,858
12	300,1	278,0	0,3790	0,869
13	321,8	301,5	0,3866	0,881
14	343,2	322,6	0,3889	0,884
15	358,9	339,2	0,3923	0,890
16	379,0	361,6	0,3983	0,902

NUMÉROS des expé-riences	CHARGES OBSERVÉES		COEFFICIENT du déversoir soumis à l'étude m	RAPPORT $\dfrac{m}{m_1}$	NUMÉROS des expé-riences	CHARGES OBSERVÉES		COEFFICIENT au déversoir soumis à l'étude m	RAPPORT $\dfrac{m}{m_1}$
	au déversoir soumis à l'étude h	au déversoir de compa-raison H				au déversoir soumis à l'étude h	au déversoir de compa-raison H		

Série n° 160. — Crête de 0ᵐ,40 d'épaisseur. — Déversoir de 0ᵐ,75 de hauteur.

Mars 1894. — Température de l'eau : 11°,5.

Déversoir soumis à l'étude : hauteur 0ᵐ,751 ; largeur $l = 1^m,9873$.　Déversoir de comparaison : hauteur 1ᵐ,135 ; largeur $L = 1^m,9863$.　Rapport $\dfrac{L}{l} = 0,9905$.

	millim.	millim.				millim.	millim.		
1	137,7	120,0	0,3505	0,812	9	304,3	278,5	0,3731	0,853
2	159,1	139,2	0,3512	0,814	10	327,5	301,8	0,3772	0,859
3	181,0	159,6	0,3541	0,820	11	344,5	318,0	0,3784	0,860
4	202,7	180,6	0,3589	0,829	12	363,8	337,6	0,3818	0,866
5	224,3	200,4	0,3598	0,830	13	382,5	356,3	0,3842	0,869
6	243,6	219,0	0,3629	0,835	14	404,3	378,0	0,3868	0,873
7	263,2	237,2	0,3641	0,836	15	423,5	399,1	0,3919	0,882
8	283,7	258,4	0,3701	0,848	16	444,4	419,8	0,3937	0,884

Il convient de résumer les nombreux résultats de ces 25 séries en indiquant, comme on l'a fait pour les séries n°ˢ 125 à 135, les valeurs de $\dfrac{m}{m'}$ qui correspondent aux charges 0ᵐ,10, 0ᵐ,15, 0ᵐ,20, etc.

	DÉVERSOIRS A VIVE ARÊTE							DÉVERSOIRS A CRÊTE de 0m,10			
N°s des séries d'expériences	136	137	138	139	140	141	142	143	144	145	146
Inclinaison du talus d'amont	Vertical	Vertical	Vertical	3/1	2/1	Vertical	Vertical	Vertical	Vertical	Vertical	Vertical
Inclinaison du talus d'aval	1/1	1/2	1/2	1/2	1/2	1/5	1/10	1/1	1/2	1/3	1/5
Hauteurs des déversoirs	0,75	0,75	0,50	0,50	0,50	0,75	0,75	0,50	0,50	0,50	0,50
Charges 0,10	1,105	0,990	0,995	1,050	1,065	0,880	0,820	0,885	0,865	0,850	0,825
0,15	1,120	1,010	1,030	1,065	1,080	0,800	0,825	0,905	0,945	0,915	0,870
0,20	1,125	1,015	1,040	1,070	1,090	0,900	0,830	1,005	0,995	0,900	0,890
0,25	1,130	1,020	1,040	1,075	1,090	0,905	0,840	1,140	1,040	0,980	0,900
0,30	1,130	1,020	1,045	1,075	1,090	0,910	0,840	1,180	1,060	0,985	0,905
0,35	1,130	1,020	1,040	1,075	1,090	0,905	0,845	1,205	1,050	0,985	0,905
0,40	1,130	1,025	1,035	1,070	1,085	0,905	0,845	1,145	1,040	0,985	0,905

Sur les déversoirs à vive arête et à parement d'amont vertical, les rapports $\frac{m}{m'}$ sont à peu près constants pour chaque série, leurs valeurs moyennes étant 1,13, 1,03, 0,90, et 0,84, suivant que la pente d'aval est de 1/1, 1/2, 1/5, 1/10. En inclinant le parement d'amont à 3/1 et à 2/1, il se produit, comme nous l'avons déjà fait voir, une augmentation de quelques centièmes.

Si l'on passe ensuite aux déversoirs à crêtes de 0m,10, 0m,20 et 0m,40 de largeur, on constate que les coefficients vont en croissant avec la charge ; la série n° 143 accuse seule, dans ses dernières valeurs, une diminution brusque provenant du détachement de la nappe. Il faut, en effet, pour que la nappe quitte le seuil, une charge d'autant plus grande que la crête est plus large et le talus d'aval plus doux. Cette limite n'a généralement pas été atteinte, et les nappes sont restées attachées au seuil, sauf pour la

	DÉVERSOIRS A CRÊTE DE 0m,20										DÉVERSOIRS A CRÊTE de 0m,40			
N°s des séries d'expériences	147	148	149	150	151	152	153	154	155	156	157	158	159	160
Inclinaison du talus d'amont	2/1	2/1	Vertical	3/1	2/1	2/1	2/1	2/1	Vertical	2/1	Vertical	2/1	2/1	2/1
Inclinaison du talus d'aval	1/1	1/1	1/2	1/2	1/2	1/2	1/3	1/4	1/5	1/5	1/2	1/2	1/4	1/6
Hauteurs des déversoirs	0,75	0,35	0,75	0,75	0,75	0,35	0,75	0,75	0,50	0,75	0,75	0,75	0,75	0,75
Charges 0,10	0,820	0,785	0,745	0,760	0,800	0,820	0,795	0,795	0,785	0,805	0,750	0,785	0,795	0,790
0,15	0,870	0,800	0,805	0,830	0,850	0,860	0,840	0,845	0,800	0,840	0,760	0,810	0,825	0,810
0,20	0,930	0,900	0,855	0,890	0,900	0,905	0,800	0,880	0,870	0,870	0,770	0,820	0,825	0,830
0,25	0,980	0,960	0,905	0,935	0,950	0,940	0,920	0,915	0,860	0,890	0,795	0,840	0,850	0,835
0,30	1,025	1,010	0,950	0,975	0,990	0,980	0,950	0,930	0,880	0,920	0,820	0,870	0,855	0,850
0,35	1,070	1,040	0,985	1,005	1,020	1,000	0,975	0,950	0,890	0,935	0,840	0,890	0,865	0,860
0,40	1,090	1,050	1,010	1,030	1,035	1,025	0,990	0,965	0,900	0,940	0,865	0,910	0,880	0,870

série n° 143 (talus d'aval à 1/1), où le détachement du seuil se traduit par un abaissement subit du coefficient qui descend de 1,21 à 1,14 ; la série suivante n° 144 (talus d'aval à 1/2) indique encore une faible tendance à la diminution de $\frac{m}{m'}$, tendance qui disparaît lorsque l'inclinaison de l'aval n'est plus que de 1/3 et 1/4.

Si on laisse de côté les résultats relatifs aux petites charges inférieures à 0m,10, qui présentent quelques irrégularités, les augmentations du coefficient $\frac{m}{m'}$, constatées dans chaque série, depuis la charge 0m,10 jusqu'à la plus forte charge expérimentée, se résument ainsi qu'il suit, en rappelant, pour servir de comparaison, quelques résultats concernant le déversoir à crête de 0m,10, séries n°s 133 et 134, et les déversoirs à seuil horizontal de 0m,40 et 2 mètres de largeur (séries n°s 113 et 115).

AUGMENTATION DU COEFFICIENT $\dfrac{m}{m'}$ A PARTIR DE LA CHARGE $0^m,10$.

	VERTICAL	INCLINAISONS DU TALUS D'AVAL							
		3/1	3/2	1/1	1/2	1/3	1/4	1/5	1/6
Déversoir à crête de $0^m,10$. — Amont vertical (*)	»	0,88 à 1,16 (série nº 133)	0,89 à 1,21 (série nº 134)	0,89 à 1,21 (série nº 143)	0,88 à 1,08 (série nº 144)	0,86 à 0,98 (série nº 145)	»	0,83 à 0,90 (série nº 146)	«
Déversoir à crête de $0^m,20$. — Amont vertical	»	»	»	»	0,75 à 1,03 (série nº 149)	»	»	0,78 à 0,91 (série nº 155)	»
Déversoir à crête de $0^m,20$. — talus d'amont à 2/1	»	»	»	0,82 à 1,12 (série nº 147)	0,80 à 1,05 (série nº 151)	0,86 à 1,00 (série nº 153)	0,80 à 0,97 (série nº 154)	0,80 à 0,95 (série nº 156)	»
Déversoir à crête de $0^m,40$. — Talus d'amont vertical	0,76 à 0,88 (série nº 113)	»	»	»	0,75 à 0,90 (série nº 157)	»	»	»	»
Déversoir à crête de $0^m,40$. — Talus d'amont à 2/1	»	»	»	»	0,79 à 0,93 (série nº 158)	»	0,80 à 0,89 (série nº 159)	»	0,80 à 0,88 (série nº 160)
Déversoir de $2^m,00$ de largeur. — Amont et aval verticaux	0,70 à 0,76 (série nº 115)	»	»	»	»	»	«	»	»

(*) Les valeurs extrêmes indiquées pour les séries nºˢ 133, 134, 143 et 144 correspondent au moment où la nappe est sur le point de se détacher du seuil ; on a vu que $\dfrac{m}{m'}$ s'abaisse brusquement dès que la nappe est détachée.

La comparaison de ces chiffres montre : 1° que, pour une même largeur de crête, $\frac{m}{m'}$ va en diminuant lorsque l'inclinaison du talus d'aval sur l'horizontale se réduit peu à peu à partir de 45° ; 2° que, toutes choses égales d'ailleurs, c'est-à-dire pour les mêmes pentes d'amont et d'aval, $\frac{m}{m'}$ diminue quand on augmente la largeur de la crête.

Troisième groupe.

TALUS D'AMONT ET D'AVAL A PENTES DOUCES,
NE DÉPASSANT PAS 45°.

Les déversoirs que l'on rencontre dans la pratique n'ont pas, le plus souvent, leurs parements d'amont et d'aval presque verticaux, comme ceux que nous venons de considérer, mais des talus inclinés à 45° au plus sur l'horizontale. Ce genre de dispositif a fait l'objet des séries d'expériences ci-après, dans lesquelles on a réalisé, pour trois largeurs de crêtes, les combinaisons des deux pentes 1/1 et 1/2 d'amont avec les trois pentes 1/1, 1/2 et 1/5 d'aval.

Séries nᵒˢ 161 à 181.

Déversoirs de 0ᵐ,75 et de 0ᵐ,50 de hauteur, couronnés par une crête à arête vive et par des crêtes de 0ᵐ,10 et 0ᵐ,20 d'épaisseur.

(La flèche placée en tête des croquis indique le sens de l'écoulement. — La position du tube des pressions est indiquée par un point.)

Série nᵒ 161. — Crête à arête vive. — Déversoir de 0ᵐ,50 de hauteur.

Novembre 1895. — Température de l'eau: 9°,5.

Déversoir soumis à l'étude: hauteur 0ᵐ,504; largeur $l = 1^m,9943$.
Déversoir de comparaison: hauteur 1ᵐ,000; Largeur $L = 1^m,9871$.   Rapport $\frac{L}{l} = 0,9964$

NUMÉROS des expériences	CHARGES OBSERVÉES au déversoir soumis à l'étude h (millim.)	au déversoir de comparaison H (millim.)	COEFFICIENT du déversoir soumis à l'étude m	RAPPORT $\frac{m}{m_2}$
1	90,7	104,9	0,5373	1,230
2	107,9	125,0	0,5357	1,231
3	126,0	145,4	0,5308	1,220
4	144,1	165,8	0,5272	1,210
5	161,5	185,7	0,5259	1,205
6	177,2	204,8	0,5297	1,211
7	195,0	225,2	0,5289	1,205
8	211,3	244,7	0,5314	1,207
9	228,0	265,4	0,5331	1,207
10	245,2	285,6	0,5374	1,213
11	263,3	306,4	0,5373	1,208
12	280,3	326,4	0,5385	1,206
13	292,7	341,4	0,5405	1,207
14	302,7	350,9	0,5359	1,194
15	310,7	360,7	0,5374	1,196
16	322,0	372,0	0,5340	1,185
17	330,3	380,6	0,5323	1,179
18	341,1	390,8	0,5282	1,167
19	353,0	399,8	0,5196	1,145
20	361,9	409,3	0,5188	1,141
21	373,5	419,5	0,5139	1,127
22	385,2	430,3	0,5102	1.116

NUMÉROS des expériences	CHARGES OBSERVÉES au déversoir soumis à l'étude h (millim.)	au déversoir de comparaison H (millim.)	COEFFICIENT du déversoir soumis à l'étude m	RAPPORT $\frac{m}{m_2}$
23	393,2	439,9	0,5118	1,118
24	404,3	450,2	0,5087	1,109
25	414,6	461,3	0,5086	1,106

Série nᵒ 162. — Crête à arête vive. — Déversoir de 0ᵐ,50 de hauteur.

Novembre et décembre 1895. — Température de l'eau: 7°.

Déversoir soumis à l'étude: hauteur 0ᵐ,504; largeur $l = 1^m,9950$.
Déversoir de comparaison: hauteur 1ᵐ,000; largeur $L = 1^m,9870$.   Rapport $\frac{L}{l} = 0,9960$

NUMÉROS des expériences	CHARGES OBSERVÉES au déversoir soumis à l'étude h (millim.)	au déversoir de comparaison H (millim.)	COEFFICIENT du déversoir soumis à l'étude m	RAPPORT $\frac{m}{m_2}$
1	92,1	105,1	0,5262	1,205
2	109,8	125,6	0,5254	1,207
3	126,0	144,5	0,5257	1,209
4	143,9	164,7	0,5228	1,200
5	161,3	185,2	0,5246	1,202
6	178,7	205,4	0,5250	1,200
7	196,6	225,5	0,5233	1,192
8	212,5	243,5	0,5228	1,188
9	230,2	264,4	0,5253	1,189
10	247,2	284,7	0,5280	1,191
11	264,1	305,0	0,5310	1,193
12	281,5	324,7	0,5306	1,188
13	299,4	344,9	0,5305	1,183
14	316,3	363,9	0,5301	1,178
15	335,3	384,6	0,5287	1,170
16	354,7	404,1	0,5241	1,155
17	376,6	425,6	0,5187	1,137
18	395,4	445,0	0,5164	1,128
19	411,5	461,0	0,5137	1,117

Série n° 163. — Crête à arête vive. — Déversoir de 0^m,50 de hauteur.

Juin 1894. — Température de l'eau : 16°,5.

Déversoir soumis à l'étude : hauteur 0^m,502 ; largeur $l = 1^m,9918$.
Déversoir de comparaison : hauteur 1^m,000 ; largeur $L = 1^m,9886$.

Rapport $\dfrac{L}{l} = 0,9984$

NUMÉROS des expériences	CHARGES OBSERVÉES au déversoir soumis à l'étude h (millim.)	au déversoir de comparaison H (millim.)	COEFFICIENT du déversoir soumis à l'étude m	RAPPORT $\dfrac{m}{m_2}$
1	56,1	58,7	0,4746	1,063
2	74,5	79,1	0,4781	1,086
3	92,6	98,9	0,4786	1,096
4	111,4	119,3	0,4775	1,097
5	128,9	138,4	0,4779	1,098
6	148,2	159,0	0,4759	1,092
7	163,6	177,1	0,4816	1,102
8	180,9	198,7	0,4917	1,123
9	199,0	217,5	0,4880	1,111
10	214,1	237,6	0,4993	1,134
11	234,6	259,2	0,4966	1,123
12	252,1	280,2	0,5017	1,130
13	269,2	298,5	0,5006	1,124
14	289,3	321,0	0,5038	1,126
15	304,3	339,3	0,5062	1,128
16	321,9	358,5	0,5060	1,123
17	339,7	377,6	0,5052	1,117
18	357,2	397,6	0,5071	1,117
19	375,6	417,9	0,5076	1,113
20	391,9	438,5	0,5129	1,121
21	408,3	460,4	0,5199	1,132

Série n° 164. — Crête à arête vive. — Déversoir de 0^m,50 de hauteur.

Mai et juin 1894. — Température de l'eau : 15°,5.

Déversoir soumis à l'étude : hauteur 0^m,502 ; largeur $l = 1^m,9914$.
Déversoir de comparaison : hauteur 1^m,000 ; largeur $L = 1^m,9874$.

Rapport $\dfrac{L}{l} = 0,9980$

NUMÉROS des expériences	CHARGES OBSERVÉES au déversoir soumis à l'étude h (millim.)	au déversoir de comparaison H (millim.)	COEFFICIENT du déversoir soumis à l'étude m	RAPPORT $\dfrac{m}{m_2}$
1	74,7	79,7	0,4811	1,093
2	92,9	100,3	0,4861	1,113
3	111,8	120,5	0,4821	1,108
4	129,6	140,9	0,4867	1,119
5	147,2	159,5	0,4828	1,108
6	164,7	178,6	0,4826	1,105
7	180,5	198,2	0,4913	1,122
8	198,7	218,3	0,4915	1,119
9	214,6	236,8	0,4948	1,124
10	233,7	259,1	0,4990	1,129
11	249,2	277,2	0,5021	1,132
12	267,7	298,5	0,5046	1,133
13	286,4	320,1	0,5070	1,134
14	302,8	339,9	0,5111	1,139
15	320,6	358,7	0,5093	1,130
16	340,1	382,2	0,5136	1,135
17	354,5	398,8	0,5151	1,135
18	371,8	418,9	0,5172	1,135
19	389,3	440,0	0,5205	1,138
20	405,6	458,6	0,5217	1,136

Série n° 165. — Crête à arête vive. — Déversoir de 0^m,50 de hauteur.

Novembre 1895. — Température de l'eau : 7°,5.

Déversoir soumis à l'étude : hauteur 0^m,504 ; largeur $l = 1^m,9946$.
Déversoir de comparaison : hauteur 1^m,000 ; largeur $L = 1^m,9883$.

Rapport $\dfrac{L}{l} = 0,9968$

NUMÉROS des expériences	CHARGES OBSERVÉES au déversoir soumis à l'étude h	au déversoir de comparaison H	COEFFICIENT du déversoir soumis à l'étude m	RAPPORT $\dfrac{m}{m_2}$
1	102,8	104,6	0,4435	1,018
2	122,2	125,0	0,4447	1,023
3	141,6	145,1	0,4443	1,020
4	161,2	165,2	0,4433	1,016
5	180,9	185,0	0,4413	1,008
6	199,9	204,8	0,4422	1,007
7	219,6	225,0	0,4422	1,003
8	238,9	245,1	0,4433	1,002
9	257,1	264,7	0,4461	1,004
10	275,8	285,6	0,4506	1,010
11	295,5	306,7	0,4528	1,011
12	313,9	325,7	0,4531	1,007
13	332,6	345,1	0,4538	1,005
14	351,8	365,5	0,4553	1,004
15	371,1	385,7	0,4563	1,002
16	390,0	406,1	0,4584	1,002
17	408,9	425,2	0,4583	0,998
18	427,4	445,1	0,4601	0,997
19	441,5	462,4	0,4648	1,004

NUMÉROS des expériences	CHARGES OBSERVÉES		COEFFICIENT du déversoir soumis à l'étude m	RAPPORT $\dfrac{m}{m_2}$
	au déversoir soumis à l'étude h	au déversoir de comparaison H		

Série n° 166. — Crête à arête vive. — Déversoir de 0ᵐ,50 de hauteur.

Novembre 1895. — Température de l'eau : 7°.

Déversoir soumis à l'étude : hauteur 0ᵐ,504 ; largeur $l = 1^m,9952$.
Déversoir de comparaison : hauteur 1ᵐ,000 ; largeur $L = 1^m,9867$.
Rapport $\dfrac{L}{l} = 0,9957$

N°	h (millim.)	H (millim.)	m	$\dfrac{m}{m_2}$
1	100,6	104,4	0,4563	1,047
2	120,0	124,7	0,4548	1,046
3	139,0	144,5	0,4536	1,042
4	158,2	164,8	0,4538	1,040
5	175,7	184,3	0,4579	1,047
6	194,6	204,2	0,4579	1,044
7	213,2	223,0	0,4583	1,041
8	232,2	244,2	0,4596	1,040
9	250,4	264,3	0,4625	1,043
10	268,5	284,7	0,4663	1,047
11	288,8	306,5	0,4677	1,045
12	307,5	326,3	0,4681	1,042
13	325,2	345,6	0,4699	1,042
14	343,8	365,8	0,4714	1,041
15	362.0	385,2	0,4723	1,039
16	380,4	404,9	0,4731	1,037
17	398,8	424,8	0,4746	1,035
18	418,2	445.1	0,4748	1,032

Série n° 167. — Crête de 0ᵐ,10 d'épaisseur. — Déversoir de 0ᵐ,50 de hauteur.

Juillet 1894. — Température de l'eau : 22°,5.

Déversoir soumis à l'étude : hauteur 0ᵐ,505 ; largeur $l = 1^m,9940$.
Déversoir de comparaison : hauteur 1ᵐ,000 ; largeur $L = 1^m,9878$.
Rapport $\dfrac{L}{l} = 0,9969$

N°	h	H	m	$\dfrac{m}{m_2}$
1	104,0	100,1	0,4087	0,938
2	121,3	120,4	0,4256	0,979
3	138,3	140,0	0,4367	1,003
4	155,3	161,7	0,4541	1,041
5	172,7	180,9	0,4577	1,047
6	188,0	200,0	0,4679	1,068
7	204,7	220,1	0,4753	1,081
8	221,2	240,1	0,4823	1,094
9	238,1	261,6	0,4917	1,111
10	252,7	279,6	0,4975	1,121
11	270,0	301,3	0,5046	1,133
12	283,7	319,7	0,5127	1,147
13	301,0	341,0	0.5176	1,154
14	318,3	361,9	0,5213	1,158
15	330,7	379,5	0,5293	1,172
16	348,4	400,7	0,5319	1,174
17	363,8	419,5	0,5349	1,176
18	379,8	440,0	0,5396	1,182
19	397,5	461,8	0,5431	1,185
20	413,0	479,8	0,5437	1.182

Série n° 168. — Crête de 0ᵐ,10 d'épaisseur. — Déversoir de 0ᵐ,50 de hauteur.

Juillet 1894. — Température de l'eau : 22°,5.

Déversoir soumis à l'étude : hauteur 0ᵐ,505 ; largeur $l = 1^m,9954$.
Déversoir de comparaison : hauteur 1ᵐ,000 ; largeur $L = 1^m,9882$.
Rapport $\dfrac{L}{l} = 0,9964$

N°	h	H	m	$\dfrac{m}{m_2}$
1	101,0	98,7	0,4137	0,950
2	119,5	119,2	0,4286	0,986
3	135,6	138,7	0,4435	1,019
4	153,5	159,0	0,4505	1,033
5	170,9	179,5	0,4592	1,051
6	188,8	200,0	0,4648	1,060
7	204,1	218,9	0,4733	1,077
8	223,3	239,7	0,4740	1,075
9	240,2	259,8	0,4801	1,085
10	256,0	279,6	0,4877	1,098
11	273,9	300,4	0,4915	1,102
12	291,0	320,4	0,4949	1,106
13	307,5	340,5	0,4999	1,113
14	322,9	360,0	0,5058	1,122
15	340,5	380,3	0,5080	1,123
16	356,2	399,6	0,5122	1,128
17	372,0	420,5	0,5180	1,139
18	388,7	438,4	0,5180	1,132
19	408,1	461,1	0,5205	1,133
20	422,5	479,8	0,5252	1,140

Série n° 169. — Crête de 0ᵐ,10 d'épaisseur. — Déversoir de 0ᵐ,50 de hauteur.

Juillet 1894. — Température de l'eau : 23°.

Déversoir soumis à l'étude : hauteur 0ᵐ,505 ; largeur $l = 1^m,9950$.
Déversoir de comparaison : hauteur 1ᵐ,000 ; largeur $L = 1^m,9882$. Rapport $\dfrac{L}{l} = 0,9966$

NUMÉROS des expé-riences	CHARGES OBSERVÉES au déversoir soumis à l'étude h	au déversoir de compa-raison H	COEFFICIENT du déversoir soumis à l'étude m	RAPPORT $\dfrac{m}{m_2}$
	millim.	millim.		
1	103,9	98,8	0,4013	0,921
2	123,0	119,4	0,4115	0,946
3	140,2	139,8	0,4268	0,980
4	157,6	159,2	0,4340	0,995
5	174,9	179,3	0,4430	1,013
6	191,6	199,5	0,4530	1,033
7	208,8	219,1	0,4582	1,042
8	224,2	238,2	0,4669	1,058
9	242,0	259,2	0,4731	1,068
10	258,3	279,3	0,4805	1,081
11	276,1	299,9	0,4845	1,086
12	291,4	319,7	0,4923	1,100
13	308,3	339,6	0,4961	1,104
14	324,6	360,2	0,5023	1,114
15	341,1	379,2	0,5045	1,115
16	357,8	400,7	0,5109	1,125
17	373,2	419,0	0,5137	1,127
18	388,8	439,6	0,5201	1,137
19	406,3	459,8	0,5218	1,137

Série n° 170. — Crête de 0ᵐ,10 d'épaisseur. — Déversoir de 0ᵐ,50 de hauteur.

Novembre 1895. — Température de l'eau : 9°.

Déversoir soumis à l'étude : hauteur 0ᵐ,504 ; largeur $l = 1^m,9943$.
Déversoir de comparaison : hauteur 1ᵐ,000 ; largeur $L = 1^m,9913$. Rapport $\dfrac{L}{l} = 0,9985$

NUMÉROS des expé-riences	CHARGES OBSERVÉES au déversoir soumis à l'étude h	au déversoir de compa-raison H	COEFFICIENT du déversoir soumis à l'étude m	RAPPORT $\dfrac{m}{m_2}$
1	107,0	104,6	0,4184	0,961
2	125,5	125,4	0,4300	0,989
3	142,8	144,4	0,4364	1,002
4	161,4	165,1	0,4488	1,014

Série n° 171. — Crête de 0ᵐ,10 d'épaisseur. — Déversoir de 0ᵐ,50 de hauteur.

Juillet 1894. — Température de l'eau : 23°.

Déversoir soumis à l'étude : hauteur 0ᵐ,505 ; largeur $l = 1^m,9948$.
Déversoir de comparaison : hauteur 1ᵐ,000 ; largeur $L = 1^m,9878$. Rapport $\dfrac{L}{l} = 0,9965$

NUMÉROS des expé-riences	CHARGES OBSERVÉES au déversoir soumis à l'étude h	au déversoir de compa-raison H	COEFFICIENT du déversoir soumis à l'étude m	RAPPORT $\dfrac{m}{m_2}$
	millim.	millim.		
5	178,6	184,5	0,4488	1,026
6	195,7	204,9	0,4576	1,043
7	213,7	225,6	0,4632	1,052
8	229,7	244,4	0,4689	1,062
9	247,5	265,5	0,4753	1,072
10	265,7	286,5	0,4796	1,078
11	282,5	305,5	0,4824	1,080
12	299,2	326,5	0,4895	1,092
13	307,6	336,9	0,4928	1,097
14	323,1	354,6	0,4948	1,098
15	340,0	374,7	0,4987	1,102
16	357,9	396,0	0,5027	1,107
1	105,3	99,1	0,3950	0,907
2	124,4	120,2	0,4086	0,939
3	142,6	140,2	0,4178	0,959
4	160,3	159,6	0,4246	0,973
5	179,2	179,9	0,4292	0,981
6	196,6	201,0	0,4407	1,004
7	214,4	219,4	0,4412	1,002
8	230,7	239,3	0,4504	1,019
9	248,8	259,6	0,4549	1,026
10	265,5	280,2	0,4633	1,041
11	282,6	299,0	0,4657	1,043
12	300,8	320,5	0,4712	1,051
13	317,2	339,2	0,4745	1,053
14	334,8	361,1	0,4813	1,065
15	351,6	380,3	0,4842	1,067
16	368,8	401,2	0,4891	1,074
17	385,6	420,7	0,4921	1,077
18	405,1	443,1	0,4949	1,078

NUMÉROS des expériences	CHARGES OBSERVÉES au déversoir soumis à l'étude h	au déversoir de comparaison H	COEFFICIENT du déversoir soumis à l'étude m	RAPPORT $\dfrac{m}{m_2}$

Série n° 172. — Crête de 0ᵐ,10 d'épaisseur. — Déversoir de 0ᵐ,50 de hauteur.

Juillet 1894. — Température de l'eau : 23°.

Déversoir soumis à l'étude : hauteur 0ᵐ,505 ; largeur l = 1ᵐ,9940.
Déversoir de comparaison : hauteur 1ᵐ,000 ; largeur L = 1ᵐ,9893.
Rapport $\dfrac{L}{l}$ = 0,9976

N°	h (millim.)	H (millim.)	m	$\dfrac{m}{m_2}$
1	108,6	100,8	0,3872	0,890
2	127,8	122,2	0,4025	0,925
3	147,1	141,3	0,4039	0,927
4	164,4	160,9	0,4143	0,949
5	183,8	181,0	0,4175	0,953
6	201,5	200,1	0,4223	0,961
7	220,2	219,8	0,4255	0,965
8	237,6	240,0	0,4333	0,979
9	255,7	259,5	0,4368	0,983
10	276,3	282,1	0,4414	0,989
11	293,5	300,4	0,4436	0,991
12	312,9	321,2	0,4460	0,992
13	331,2	340,7	0,4482	0,993
14	351,4	362,0	0,4499	0,992
15	367,4	381,4	0,4558	1,002
16	386,3	402,2	0,4586	1,003
17	403,9	421,4	0,4607	1,004
18	420,0	441,6	0,4670	1,014
19	441,9	462,4	0,4645	1,004

Série n° 173. — Crête de 0ᵐ,10 d'épaisseur. — Déversoir de 0ᵐ,50 de hauteur.

Juillet 1894 — Température de l'eau : 22°.

Déversoir soumis à l'étude : hauteur 0ᵐ,505 ; largeur l = 1ᵐ,9958.
Déversoir de comparaison : hauteur 1ᵐ,000 ; largeur L = 1ᵐ,9883.
Rapport $\dfrac{L}{l}$ = 0,9962

N°	h	H	m	$\dfrac{m}{m_2}$
1	105,6	99,6	0,3962	0,910
2	125,0	119,7	0,4030	0,927

Série n° 174. — Crête de 0ᵐ,20 d'épaisseur. — Déversoir de 0ᵐ,50 de hauteur.

N°	h (millim.)	H (millim.)	m	$\dfrac{m}{m_2}$
3	143,8	141,0	0,4159	0,955
4	162,2	159,2	0,4155	0,952
5	181,4	180,2	0,4223	0,965
6	200,4	199,5	0,4233	0,964
7	217,8	219,8	0,4319	0,980
8	234,5	238,2	0,4363	0,987
9	254,6	259,8	0,4398	0,990
10	272,7	279,7	0,4438	0,996
11	292,9	300,6	0,4447	0,993
12	311,3	320,8	0,4480	0,997
13	327,5	339,7	0,4532	1,004
14	346,9	360,7	0,4555	1,005
15	364,8	379,9	0,4572	1,005
16	384,1	401,7	0,4610	1,009
17	400,8	419,3	0,4619	1,007
18	419,2	440,1	0,4652	1,010
19	422,7	443,1	0,4642	1,007

Novembre 1895. — Température de l'eau : 11°,5.

Déversoir soumis à l'étude : hauteur 0ᵐ,504 ; largeur l = 1ᵐ,9945.
Déversoir de comparaison : hauteur 1ᵐ,000 ; largeur L = 1ᵐ,9895.
Rapport $\dfrac{L}{l}$ = 0,9975

N°	h	H	m	$\dfrac{m}{m_2}$
1	112,5	104,2	0,3856	0,886
2	131,9	124,4	0,3940	0,905
3	151,3	144,4	0,3998	0,917
4	169,6	164,7	0,4092	0,936
5	187,5	184,6	0,4171	0,952
6	204,8	204,1	0,4245	0,966
7	223,0	224,8	0,4318	0,979
8	238,9	244,5	0,4419	0,999
9	256,3	265,9	0,4517	1,017
10	271,6	285,1	0,4602	1,033
11	288,7	305,1	0,4656	1,041
12	305,1	325,2	0,4721	1,052
13	322,1	344,8	0,4758	1,056
14	338,5	364,9	0,4815	1,065
15	356,0	386,4	0,4875	1,074
16	372,0	406,1	0,4924	1,081
17	386,7	425,8	0,4996	1,093
18	404,3	446,1	0,5021	1,094
19	418,1	462,2	0,5044	1,096

NUMÉROS des expériences	CHARGES OBSERVÉES au déversoir soumis à l'étude h	au déversoir de comparaison H	COEFFICIENT du déversoir soumis à l'étude m	RAPPORT $\dfrac{m}{m_{1\,ou\,2}}$

Série n° 175. — Crête de 0^m,20 d'épaisseur. — Déversoir de 0^m,50 de hauteur.

Novembre 1895. — Température de l'eau : 10°,5.

Déversoir soumis à l'étude : hauteur 0^m,504 ; largeur $l = 1^m,9948$.
Déversoir de comparaison : hauteur 1^m,000 ; largeur $L = 1^m,9905$. $\left\{\dfrac{L}{l} = 0,9978\right.$ Rapport

N°	millim. h	millim. H	m	Rapport
1	109,9	103,4	0,3950	0,908
2	128,5	123,6	0,4061	0,933
3	148,7	143,2	0,4054	0,930
4	167,5	163,3	0,4119	0,943
5	185,4	183,9	0,4220	0,963
6	203,4	203,8	0,4281	0,974
7	221,5	223,9	0,4337	0,984
8	238,6	243,3	0,4396	0,993
9	255,4	263,6	0,4482	1,009
10	272,7	284,2	0,4554	1,022
11	289,5	303,8	0,4607	1,029
12	307,0	323,9	0,4649	1,035
13	323,7	344,1	0,4710	1,045
14	342,5	365,6	0,4747	1,049
15	357,9	383,9	0,4790	1,055
16	375,0	403,1	0,4811	1,055
17	392,5	423,4	0,4845	1,058
18	410,8	444,0	0,4869	1,059
19	423,5	450,7	0,4908	1,065

Série n° 176. — Crête de 0^m,20 d'épaisseur. — Déversoir de 0^m,75 de hauteur.

Décembre 1893. — Température de l'eau : 5°,5.

Déversoir soumis à l'étude : hauteur 0^m,751 ; largeur $l = 1^m,9868$.
Déversoir de comparaison : hauteur 1^m,135 ; largeur $L = 1^m,9848$. $\left\{\dfrac{L}{l} = 0,9990\right.$ Rapport

N°	h	H	m	Rapport
1	72,5	61,3	0,3439	0,782
2	90,4	76,6	0,3413	0,783
3	111,3	99,0	0,3636	0,839
4	132,6	119,5	0,3684	0,853
5	150,7	138,9	0,3795	0,879
6	172,4	161,3	0,3867	0,896
7	188,5	179,0	0,3977	0,920
8	208,0	200,2	0,4021	0,929
9	223,6	218,3	0,4104	0,946
10	243,0	240,0	0,4175	0,960
11	262,5	262,3	0,4251	0,976
12	277,6	279,2	0,4296	0,985
13	297,0	302,3	0,4376	1,001
14	313,0	320,0	0,4409	1,006
15	331,9	341,2	0,4449	1,013
16	347,4	360,6	0,4518	1,027
17	364,8	380,0	0,4547	1,031
18	380,7	398,5	0,4586	1,038
19	397,2	419,5	0,4652	1,051
20	413,3	437,6	0,4676	1,054
21	433,0	461,4	0,4727	1,063

Série n° 177. — Crête de 0^m,20 d'épaisseur. — Déversoir de 0^m,50 de hauteur.

Novembre 1895. — Température de l'eau : 12°.

Déversoir soumis à l'étude : hauteur 0^m,504 ; largeur $l = 1^m,9946$.
Déversoir de comparaison : hauteur 1^m,000 ; largeur $L = 1^m,9890$. $\left\{\dfrac{L}{l} = 0,9972\right.$ Rapport

N°	h	H	m	Rapport
1	111,9	103,8	0,3863	0,888
2	132,0	125,2	0,3972	0,913
3	151,7	144,7	0,3993	0,916
4	169,9	163,9	0,4050	0,927
5	188,2	184,0	0,4127	0,942
6	207,3	204,5	0,4180	0,950
7	225,3	224,5	0,4242	0,961
8	242,2	243,8	0,4309	0,973
9	259,3	264,0	0,4380	0,987
10	276,4	285,1	0,4482	1,005
11	294,2	306,8	0,4562	1,019
12	310,6	326,4	0,4621	1,028
13	328,5	346,7	0,4658	1,032
14	344,5	366,3	0,4716	1,041
15	361,0	385,4	0,4753	1,046
16	379,0	405,7	0,4779	1,047

NUMÉROS des expériences	CHARGES OBSERVÉES		COEFFICIENT du déversoir soumis à l'étude m	RAPPORT $\dfrac{m}{m_{1\text{ ou }2}}$
	au déversoir soumis à l'étude h	au déversoir de comparaison H		
	millim.	millim.		
17	395,0	425,9	0,4840	1,057
18	410,4	443,6	0,4867	1,059
19	422,5	459,8	0,4924	1,069

Série n° 178. — Crête de 0^m,20 d'épaisseur. — Déversoir de 0^m,75 de hauteur.

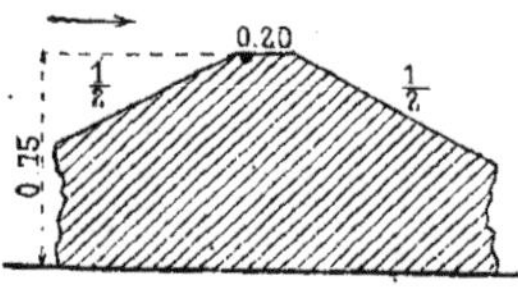

Novembre 1893. — Température de l'eau : 6°.

Déversoir soumis à l'étude : hauteur 0^m,751 ; largeur $l = 1^m,9865$.
Déversoir de comparaison : hauteur 1^m,135 ; largeur $L = 1^m,9845$. $\left.\begin{array}{c}\end{array}\right\}$ Rapport $\dfrac{L}{l} = 0,9990$

1	68,0	58,3	0,3522	0,798
2	91,2	81,3	0,3673	0,843
3	111,9	100,5	0,3686	0,851
4	131,6	121,9	0,3837	0,888
5	149,9	140,9	0,3907	0,905
6	169,6	161,8	0,3981	0,922
7	187,1	180,4	0,4038	0,934
8	203,8	198,5	0,4093	0,945
9	223,5	219,7	0,4147	0,956
10	240,8	238,4	0,4190	0,964
11	258,3	258,9	0,4271	0,981
12	276,4	278,8	0,4315	0,989
13	294,6	300,0	0,4379	1,002
14	313,4	319,9	0,4398	1,004
15	330,3	340,4	0,4467	1,018
16	348,1	360,0	0,4493	1,021
17	364,7	379,5	0,4540	1,030
18	383,8	400,7	0,4567	1,033
19	400,4	419,7	0,4600	1,038
20	416,5	438,3	0,4633	1,044
21	434,2	458,9	0,4670	1,050

NUMÉROS des expériences	CHARGES OBSERVÉES		COEFFICIENT du déversoir soumis à l'étude m	RAPPORT $\dfrac{m}{m_2}$
	au déversoir soumis à l'étude h	au déversoir de comparaison H		

Série n° 179. — Crête de 0^m,20 d'épaisseur. — Déversoir de 0^m,50 de hauteur.

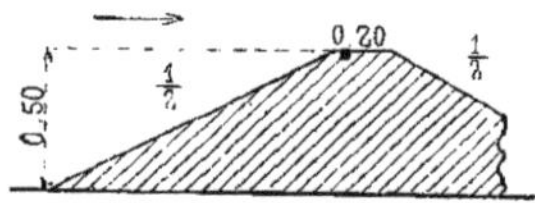

Novembre 1895. — Température de l'eau : 10°,5.

Déversoir soumis à l'étude : hauteur 0^m,504 ; largeur $l = 1^m,9946$.
Déversoir de comparaison : hauteur 1^m,000 ; largeur $L = 1^m,9905$. $\left.\begin{array}{c}\end{array}\right\}$ Rapport $\dfrac{L}{l} = 0,9979$

	millim.	millim.		
1	111,1	104,2	0,3930	0,903
2	131,6	125,3	0,3997	0,919
3	149,4	143,9	0,4054	0,930
4	170,1	165,1	0,4091	0,936
5	187,3	184,6	0,4180	0,954
6	205,6	204,8	0,4244	0,965
7	223,1	223,4	0,4277	0,970
8	241,0	243,3	0,4331	0,978
9	259,5	264,5	0,4399	0,989
10	276,9	285,4	0,4480	1,004
11	295,1	306,4	0,4536	1,013
12	312,0	326,2	0,4588	1,020
13	328,7	345,9	0,4641	1,028
14	345,9	364,5	0,4656	1,028
15	362,9	384,5	0,4703	1,034
16	380,2	404,6	0,4740	1,039
17	395,9	424,1	0,4796	1,047
18	413,7	445,3	0,4840	1,052
19	427,7	462,7	0,4884	1,059

Série n° 180. — Crête de 0^m,20 d'épaisseur. — Déversoir de 0^m,50 de hauteur.

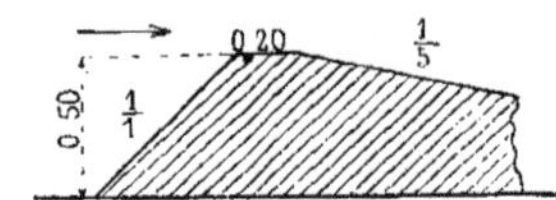

Novembre 1895. — Température de l'eau : 10°,5.

Déversoir soumis à l'étude : hauteur 0^m,504 ; largeur $l = 1^m,9947$.
Déversoir de comparaison : hauteur 1^m,000 ; largeur $L = 1^m,9870$. $\left.\begin{array}{c}\end{array}\right\}$ Rapport $\dfrac{L}{l} = 0,9961$

1	113,8	104,8	0,3816	0,877
2	133,9	125,1	0,3879	0,891

| NUMÉROS des expé- riences | CHARGES OBSERVÉES | | COEFFICIENT du déversoir soumis à l'étude | RAPPORT |
	au déversoir soumis à l'étude h	au déversoir de compa- raison H	m	$\dfrac{m}{m_2}$
	millim.	millim.		
3	155,0	146,3	0,3925	0,900
4	175,4	167,1	0,3970	0,908
5	194,0	186,1	0,4007	0,913
6	211,7	205,3	0,4069	0,925
7	231,6	225,9	0,4104	0,929
8	251,0	246,6	0,4151	0,936
9	268,8	265,4	0,4188	0,940
10	287,7	286,2	0,4240	0,948
11	307,3	308,3	0.4301	0,958
12	324,6	327,1	0,4334	0,961
13	343,2	347,0	0,4363	0,964
14	361,6	366,4	0,4383	0,964
15	379,4	386,3	0,4423	0,969
16	397,1	405,4	0,4447	0,971
17	416,9	426,4	0,4468	0,971
18	436,3	447,3	0,4492	0,972
19	447,8	462,1	0,4542	0,980

Série n° 181. — Crête de 0^m,20 d'épaisseur. — Déversoir de 0^m,50 de hauteur.

Juin 1894. — Température de l'eau : 21°,5.

Déversoir soumis à l'étude : hauteur 0^m,503 ; largeur $l = 1^m,9916$.
Déversoir de comparaison : hauteur 1^m,000 ; largeur $L = 1^m,9882$.
Rapport $\dfrac{L}{l} = 0,9983$

| 1 | 67,0 | 60,4 | 0,3789 | 0,857 |

| NUMÉROS des expé- riences | CHARGES OBSERVÉES | | COEFFICIENT du déversoir soumis à l'étude | RAPPORT |
	au déversoir soumis à l'étude h	au déversoir de compa- raison H	m	$\dfrac{m}{m_2}$
	millim.	soumis		
2	88,6	81,6	0,3858	0,882
3	108,6	100,6	0,3863	0,887
4	129,1	120,8	0,3900	0,896
5	148,2	141,2	0,3993	0,916
6	169,0	160,7	0,3970	0,909
7	189,6	182,3	0,4030	0,919
8	206,5	200,7	0,4092	0,931
9	226,7	220,8	0,4105	0,930
10	243,2	238,7	0,4153	0,938
11	262,7	260,0	0,4210	0,946
12	280,5	279,9	0,4267	0,955
13	299,5	300,6	0,4311	0,961
14	318,4	321,0	0,4345	0,965
15	338,9	343,8	0,4394	0,971
16	353,6	359,5	0,4413	0,972
17	374,6	382,3	0,4447	0,975
18	389,8	399,7	0,4484	0,980
19	409,3	421,3	0,4518	0,983
20	427,7	440,8	0,4534	0,983
21	446,3	462,3	0,4578	0,988

Les tableaux suivants résument, sous une forme succincte, la marche générale des valeurs de $\dfrac{m}{m'}$ dans les diverses séries. Chaque case des trois tableaux correspond à une des six combinaisons des inclinaisons 1/1 et 1/2 du talus d'amont avec les inclinaisons 1/1. 1/2 et 1/5 du talus d'aval. Les quatre nombres inscrits dans chaque case sont les valeurs approchées à 0,005 près du coefficient $\frac{m}{m'}$, pour les charges $0^m,10$, $0^m,20$, $0^m,30$ et $0^m,40$. Afin de n'avoir que des résultats absolument comparables, on n'a pas fait figurer dans ces tableaux la série n° 171 (talus d'aval à 1/3) et les séries n°ˢ 176 et 178, exécutées sur un déversoir de $0^m,75$ de hauteur.

DÉVERSOIR DE $0^m,50$ DE HAUTEUR. — CRÊTE A VIVE ARÊTE.

Inclinaison du talus d'amont		INCLINAISON DU TALUS D'AVAL		
		1/1	1/2	1/5
1/1		Série n° 161	Série n° 163	Série n° 165
		1,230	1,095	1,015
		1,205	1,110	1,005
		1,200	1,125	1,005
		1,110	1,125	1,000
1/2		Série n° 162	Série n° 164	Série n° 166
		1,205	1,110	1,045
		1,190	1,120	1,040
		1,180	1,135	1,040
		1,125	1,135	1,035

DÉVERSOIR DE $0^m,50$ DE HAUTEUR. — CRÊTE DE $0^m,10$ DE LARGEUR.

Inclinaison du talus d'amont		INCLINAISON DU TALUS D'AVAL		
		1/1	1/2	1/5
1/1		Série n° 167	Série n° 169	Série n° 172
		0,930	0,915	0,875
		1,080	1,040	0,960
		1,150	1,100	0,990
		1,180	1,135	1,005
1/2		Série n° 168	Série n° 170	Série n° 173
		0,950	0,950	0,905
		1,070	1,045	0,965
		1,110	1,090	0,995
		1,130	1,115	1,010

DÉVERSOIR DE 0^m,50 DE HAUTEUR. — CRÊTE DE 0^m,20 DE LARGEUR.

		INCLINAISON DU TALUS D'AVAL		
		1/1	1/2	1/5
Inclinaison du talus d'amont	1/1...............	Série n° 174 0,875 0,960 1,050 1,095	Série n° 177 0,875 0,950 1,020 1,055	Série n° 180 0,865 0,915 0,955 0,970
	1/2...............	Série n° 175 0,895 0,970 1,030 1,060	Série n° 179 0,895 0,960 1,015 1,030	Série n° 181 0,885 0,925 0,960 0,980

Les valeurs de $\dfrac{m}{m'}$ vont, comme toujours, en décroissant lorsque l'on augmente la largeur de la crête ; quant
à l'influence des diverses inclinaisons des deux talus, on
reconnaît aisément que celle du talus d'aval est de beaucoup la plus importante ; dans la plupart des cas, $\dfrac{m}{m'}$ croît
avec la charge; mais, si l'on veut se rendre plus complètement compte de la marche de ce coefficient, il faut considérer en particulier le cas des déversoirs à vive arête,
qui se distingue nettement de celui des déversoirs à crête
large.

Déversoirs à vive arête.

Pente aval 1/1. — Le coefficient, décroissant quand la
charge h augmente, est sensiblement le même pour les
deux pentes 1/1 et 1/2 de l'amont ; supérieur à 1,20,
pour les plus faibles charges, il s'abaisse à 1,11 ou
1,12 pour les plus élevées, mais cette décroissance n'est
pas uniforme ; très lente jusqu'à la charge $h = 0^m,30$,
elle se prononce brusquement au delà, sans doute par
suite du détachement de la nappe.

Pente aval 1/2. — Au lieu de décroître quand la

charge augmente, $\dfrac{m}{m'}$, croît un peu avec elle, de 1,10 à 1,13, sa valeur restant à peu près la même pour les deux pentes d'amont 1/1 et 1/2.

Pente aval 1/5. — Coefficient presque indépendant de h, décroissant de 1,015 à 1,00 pour la pente amont 1/1, et de 1,045 à 1,035 pour la pente amont 1/2.

Déversoirs à crêtes de 0ᵐ,10 et 0ᵐ,20.

Le coefficient croît toujours avec la charge ; mais les limites entre lesquelles s'opère cette variation diffèrent dans chaque cas.

INCLINAISON DU TALUS		CRÊTE DE 0ᵐ,10	CRÊTE DE 0ᵐ,20
amont	aval	$\dfrac{m}{m'}$ va en croissant	$\dfrac{m}{m'}$ va en croissant
$\dfrac{1}{1}$ $\dfrac{1}{2}$	$\dfrac{1}{1}$ $\dfrac{1}{1}$	De 0,930 à 1,180 De 0,950 à 1,130	De 0,875 à 1,005 De 0,895 à 1,060
$\dfrac{1}{1}$ $\dfrac{1}{2}$	$\dfrac{1}{2}$ $\dfrac{1}{2}$	De 0,915 à 1,135 De 0,950 à 1,115	De 0,875 à 1,055 De 0,895 à 1,050
$\dfrac{1}{1}$ $\dfrac{1}{2}$	$\dfrac{1}{5}$ $\dfrac{1}{5}$	De 0,875 à 1,005 De 0,905 à 1,010	De 0,865 à 0,970 De 0,885 à 0,980

S'il était possible d'augmenter indéfiniment la charge, et en même temps la hauteur du déversoir, les conditions de l'écoulement se rapprocheraient progressivement de celles d'un déversoir à vive arête, la largeur de la crête devenant de plus en plus négligeable devant les dimensions générales du barrage. Les séries de coefficients relatives aux crêtes d'une certaine largeur ne sauraient

donc être étendues fort au-delà des limites expérimentales
entre lesquelles elles ont été obtenues ; si elles pouvaient
être suffisamment prolongées, elles devraient converger
vers celles qui correspondent au déversoir à vive arête,
dans lequel on n'a plus à considérer que l'inclinaison des
talus d'amont et d'aval. Celle de l'amont, en déterminant
la direction des filets liquides qui constituent la face inférieure de la nappe, modifie la contraction à l'entrée, et
par suite le débit ; celle de l'aval, à son tour, agit en
modifiant les pressions sous la nappe.

Lorsque la largeur de la crête n'est plus négligeable,
l'inclinaison de l'aval détermine, en outre, la limite de
charge à partir de laquelle la nappe se détache du
seuil, ce qui change brusquement les conditions de l'écoulement ; cette limite dépend aussi, dans une certaine
mesure, de la vitesse d'arrivée, ou, ce qui revient au
même, du rapport de la charge h à la hauteur p du déversoir. Une formule complète devrait donc comprendre,
outre les pentes des deux talus, les deux rapports $\dfrac{h}{c}$ et $\dfrac{h}{p}$,
c'est-à-dire qu'elle ne peut qu'être excessivement com-
pliquée.

Quatrième groupe.

TALUS RACCORDÉS PAR UNE SURFACE COURBE
AVEC LE COURONNEMENT DU BARRAGE.

Dans le but de rechercher dans quelle limite un arrondissement du couronnement des déversoirs à talus peut
influer sur leur débit, nous avons expérimenté sur sept
types de barrages, en donnant au talus d'amont l'inclinaison presque verticale 5/1 et au talus d'aval les pentes 1/3
et 1/5. L'arête amont a été arrondie suivant un quart de
cercle de 0ᵐ,05, 0ᵐ,10 ou 0ᵐ,20 de rayon.

Séries n°ˢ 182 à 188.

Déversoirs de 0ᵐ,50 de hauteur, couronnés par une crête dont les arêtes sont arrondies.

(La flèche placée en tête des croquis indique le sens de l'écoulement. — La position du tube des pressions est indiquée par un point.)

NUMÉROS des expériences	CHARGES OBSERVÉES		COEFFICIENT du déversoir soumis à l'étude m	RAPPORT $\dfrac{m}{m_2}$
	au déversoir soumis à l'étude h	au déversoir de comparaison H		

Série n° 182. — Type n° 1.

10 juillet 1894. — Température de l'eau : 24°.

Déversoir soumis à l'étude : hauteur 0ᵐ,505 ; largeur l = 1ᵐ,9950.
Déversoir de comparaison : hauteur 1ᵐ,000 ; largeur L = 1ᵐ,9890.   Rapport $\dfrac{L}{l}$ = 0,9970

	millim.	millim.		
1	85,6	79,8	0,3927	0,897
2	123,1	117,4	0,4012	0,922
3	160,6	157,4	0,4150	0,951
4	195,6	196,9	0,4309	0,982
5	232,0	238,6	0,4448	1,007
6	264,4	277,0	0,4584	1,030
7	301,4	318,4	0,4654	1,038
8	332,8	355,7	0,4749	1,051
9	369,0	397,5	0,4821	1,059
10	402,6	435,7	0,4870	1,061
11	431,0	471,5	0,4966	1,076

Série n° 183. — Type n° 2.

11 juillet 1894. — Température de l'eau : 22°.

Déversoir soumis à l'étude : hauteur 0ᵐ,505 ; largeur l = 1ᵐ,9950.
Déversoir de comparaison : hauteur 1ᵐ,000 ; largeur L = 1ᵐ,9895.   Rapport $\dfrac{L}{l}$ = 0,9972

1	83,0	79,9	0,4121	0,940
2	121,9	120,7	0,4240	0,975

(suite de la Série n° 183)

	millim.	millim.		
3	159,3	160,0	0,4305	0,986
4	195,1	199,0	0,4395	1,002
5	230,8	237,9	0,4465	1,011
6	266,4	279,9	0,4605	1,034
7	298,3	318,6	0,4732	1,056
8	334,6	359,2	0,4783	1,058
9	368,0	401,1	0,4908	1,078
10	403,8	442,1	0,4960	1,081

Série n° 184. — Type n° 3.

7 juillet 1894. — Température de l'eau : 25°.

Déversoir soumis à l'étude : hauteur 0ᵐ,504 ; largeur l = 1ᵐ,9945.
Déversoir de comparaison : hauteur 1ᵐ,000 ; largeur L = 1ᵐ,9908.   Rapport $\dfrac{L}{l}$ = 0,9981

1	86,3	79,1	0,3833	0,876
2	127,0	120,1	0,3963	0,911
3	165,6	159,7	0,4054	0,928
4	204,9	199,8	0,4112	0,935
5	239,7	238,7	0,4243	0,959
6	275,5	278,8	0,4357	0,977
7	314,9	320,5	0,4406	0,979
8	350,2	359,6	0,4478	0,988
9	386,1	399,2	0,4539	0,993
10	422,5	439,6	0,4599	0,998
11	448,2	466,7	0,4661	1,006

NUMÉROS des expériences	CHARGES OBSERVÉES au déversoir soumis à l'étude h	CHARGES OBSERVÉES au déversoir de comparaison H	COEFFICIENT du déversoir soumis à l'étude m	RAPPORT $\dfrac{m}{m_2}$

Série n° 185. — Type n° 4.

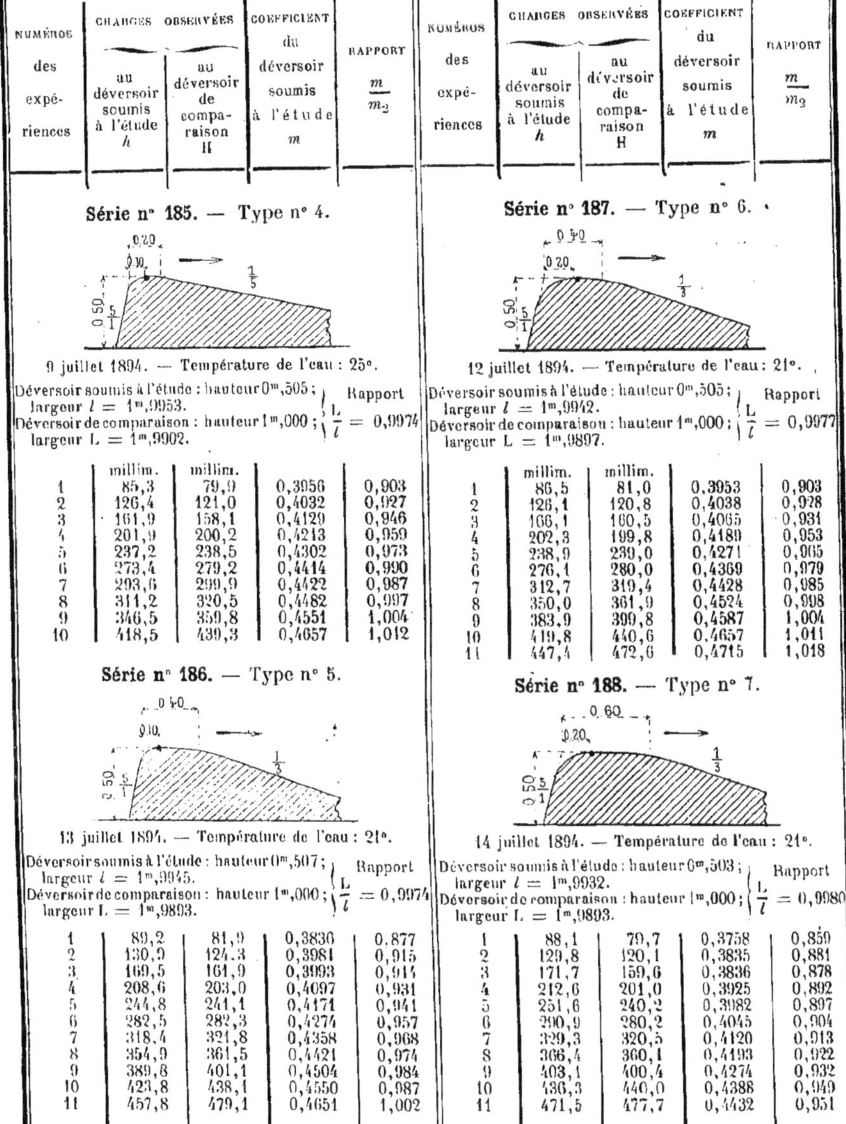

9 juillet 1894. — Température de l'eau : 25°.

Déversoir soumis à l'étude : hauteur $0^m,505$; largeur $l = 1^m,9953$.
Déversoir de comparaison : hauteur $1^m,000$; largeur $L = 1^m,9902$.
Rapport $\dfrac{L}{l} = 0,9974$

	millim.	millim.		
1	85,3	79,9	0,3956	0,903
2	126,4	121,0	0,4032	0,927
3	161,9	158,1	0,4129	0,946
4	201,9	200,2	0,4213	0,959
5	237,2	238,5	0,4302	0,973
6	273,4	279,2	0,4414	0,990
7	293,6	299,9	0,4422	0,987
8	311,2	320,5	0,4482	0,997
9	346,5	359,8	0,4551	1,004
10	418,5	439,3	0,4657	1,012

Série n° 186. — Type n° 5.

13 juillet 1894. — Température de l'eau : 21°.

Déversoir soumis à l'étude : hauteur $0^m,507$; largeur $l = 1^m,9945$.
Déversoir de comparaison : hauteur $1^m,000$; largeur $L = 1^m,9893$.
Rapport $\dfrac{L}{l} = 0,9974$

	millim.	millim.		
1	89,2	81,9	0,3836	0.877
2	130,9	124,3	0,3981	0,915
3	169,5	161,9	0,3993	0,914
4	208,6	203,0	0,4097	0,931
5	244,8	241,1	0,4171	0,941
6	282,5	282,3	0,4274	0,957
7	318,4	321,8	0,4358	0,968
8	354,9	361,5	0,4421	0,974
9	389,8	401,1	0,4504	0,984
10	423,8	438,1	0,4550	0,987
11	457,8	479,1	0,4651	1,002

Série n° 187. — Type n° 6.

12 juillet 1894. — Température de l'eau : 21°.

Déversoir soumis à l'étude : hauteur $0^m,505$; largeur $l = 1^m,9942$.
Déversoir de comparaison : hauteur $1^m,000$; largeur $L = 1^m,9897$.
Rapport $\dfrac{L}{l} = 0,9977$

	millim.	millim.		
1	86,5	81,0	0,3953	0,903
2	126,1	120,8	0,4038	0,928
3	166,1	160,5	0,4065	0,931
4	202,3	199,8	0,4189	0,953
5	238,9	239,0	0,4271	0,965
6	276,1	280,0	0,4369	0,979
7	312,7	319,4	0,4428	0,985
8	350,0	361,9	0,4524	0,998
9	383,9	399,8	0,4587	1,004
10	419,8	440,6	0,4657	1,011
11	447,4	472,6	0,4715	1,018

Série n° 188. — Type n° 7.

14 juillet 1894. — Température de l'eau : 21°.

Déversoir soumis à l'étude : hauteur $0^m,503$; largeur $l = 1^m,9932$.
Déversoir de comparaison : hauteur $1^m,000$; largeur $L = 1^m,9893$.
Rapport $\dfrac{L}{l} = 0,9980$

	millim.	millim.		
1	88,1	79,7	0,3758	0,859
2	129,8	120,1	0,3835	0,881
3	171,7	159,6	0,3836	0,878
4	212,6	201,0	0,3925	0,892
5	251,6	240,2	0,3982	0,897
6	290,9	280,2	0,4045	0,904
7	329,3	320,5	0,4120	0,913
8	366,4	360,1	0,4193	0,922
9	403,1	400,4	0,4274	0,932
10	436,3	440,0	0,4388	0,949
11	471,5	477,7	0,4432	0,951

Réunissons dans un même tableau toutes les valeurs de $\frac{m}{m'}$, fournies par ces sept séries, pour les charges $0^m,10$, $0^m,20$, $0^m,30$ et $0^m,40$, en mettant en regard celles que nous avons obtenues précédemment pour les mêmes pentes du talus d'aval sur les déversoirs à crêtes de $0^m,10$ et $0^m,20$ (séries n°° 145, 146, 153, 155 et 156).

| CHARGES | TALUS D'AVAL A 1/3 | | | | | | | TALUS D'AVAL A 1/5 | | | | |
| | Crêtes raccordées par un arc de cercle | | | | | CRÊTES NON RACCORDÉES | | Crêtes raccordées par un arc de cercle | | Crêtes non raccordées | | |
	Type n° 1 Arr. 0,05 Série n° 182	Type n° 2 Arr. 0,10 Série n° 183	Type n° 5 Arr. 0,10 Série n° 186	Type n° 6 Arr. 0,20 Série n° 187	Type n° 7 Arr. 0,20 Série n° 188	Crête 0,10 Am. vertical Série n° 145	Crête 0,20 Am. à 2/1 Série n° 153	Type n° 3 Arr. 0,05 Série n° 184	Type n° 4 Arr. 0,10 Série n° 185	Crête 0,10 Am. vertical Série n° 146	Crête 0,20 Am. vertical Série n° 155	Crête 0,20 Am. à 2/1 Série n° 156
0,10	0,910	0,955	0,800	0,910	0,870	0,850	0,795	0,890	0,910	0,825	0,785	0,805
0,20	0,985	1,005	0,925	0,950	0,885	0,960	0,890	0,935	0,960	0,890	0,830	0,870
0,30	1,040	1,055	0,960	0,985	0,905	0,985	0,950	0,975	0,990	0,905	0,880	0,920
0,40	1,060	1,080	0,985	1,005	0,930	0.980	0,990	0,995	1,010	0,905	0,000	0,940

Les types n°° 1 et 2 ne diffèrent que par le rayon de l'arrondissement d'amont, $0^m,05$ pour le premier, $0^m,10$ pour le second ; l'arrondissement de $0^m,10$ est un peu plus favorable à l'écoulement, sans que la différence soit bien importante ; mais les valeurs de $\frac{m}{m'}$, surpassent notablement celles qui avaient été obtenues sur des déversoirs à crête de $0^m,10$ et $0^m,20$ sans raccordement avec les talus (séries n°° 145 et 153).

Les types n°° 3 et 4 sont semblables aux types n°° 1 et 2, sauf en ce qui concerne l'inclinaison de l'aval, réduite de 1/3 à 1/5 ; ils conduisent également à deux séries de valeurs de m, peu différentes l'une de l'autre ; elles sont sensible ment inférieures à celles des types n°s 1 et 2, mais supérieures à celles des déversoirs à crêtes de $0^m,10$ et $0^m,20$ sans raccordement (séries n°s 145, 155 et 156).

Dans les types n°s 5 et 6, différant seulement par le rayon de l'arrondissement, $0^m,10$ et $0^m,20$, la crête est plus large que celle des précédents ; aussi la valeur de m s'abaisse-t-elle, redevenant à peu près la même que celle qui correspondait aux types n°s 3 et 4.

La largeur de la crête est encore augmentée dans le type n° 7, la longueur de la partie rectiligne entre l'origine des deux raccordements courbes atteignant $0^m,20$; cette modification a pour conséquence une diminution sensible de m.

On voit, par cette comparaison sommaire, combien les moindres modifications apportées au dispositif de la partie supérieure du barrage peuvent faire varier le débit.

Cinquième groupe.

DÉVERSOIRS A PROFIL COMPLÈTEMENT COURBE.

Nous allons, pour terminer, faire connaître les résultats obtenus en donnant au corps du barrage un profil complètement courbe ; le coefficient m atteint alors des valeurs exceptionnellement élevées.

Séries n° 189 à 194.

Déversoirs de 0m,50 de hauteur, dont la section est formée de deux arcs de cercles qui, se raccordant au sommet, sont prolongés en amont et en aval par une droite ou par une courbe.

(La flèche placée en tête des croquis indique le sens de l'écoulement. — La position du tube des pressions est indiquée par un point.)

NUMÉROS des expé- riences	CHARGES OBSERVÉES		COEFFICIENT du déversoir soumis à l'étude m	RAPPORT $\dfrac{m}{m_2}$	NUMÉROS des expé- riences	CHARGES OBSERVÉES		COEFFICIENT du déversoir soumis à l'étude m	RAPPORT $\dfrac{m}{m_2}$
	au déversoir soumis à l'étude h	au déversoir de compa- raison H				au déversoir soumis à l'étude h	au déversoir de compa- raison H		

Série 189. — Type n° 1.

Juillet 1894. — Température de l'eau : 22°.

Déversoir soumis à l'étude : hauteur 0m,504 ; largeur $l = 1^m,9945$.
Déversoir de comparaison : hauteur : 1m,000 ; largeur L = 1m,9898.
Rapport $\dfrac{L}{l} = 0,9976$

Nappes adhérentes.

	millim.	millim.		
1	75,7	78,4	0,4605	1,047
2	91,4	98,3	0,4834	1,106
3	108,4	119,2	0,4967	1,141
4	123,8	138,7	0,5090	1,170
5	139,5	158,8	0,5198	1,194
6	155,9	180,7	0,5331	1,222
7	170,0	198,6	0,5389	1,233
8	185,1	219,7	0,5517	1,259
9	199,8	238,4	0,5563	1,267
10	215,2	258,8	0,5635	1,280

Nappes noyées en dessous.

11	215,3	258,6	0.5624	1,277
12	230,7	278,2	0,5604	1,282
13	247,4	299,5	0,5706	1,287
14	263,7	318,7	0,5698	1,281
15	281,5	339,0	0,5677	1,271
16	298,4	359,2	0,5681	1,267
17	317,9	380,6	0,5644	1,254
18	334,6	398,6	0,5612	1,242
19	351,0	418,6	0,5629	1,241
20	374,1	441,3	0,5550	1,218
21	388,5	459,0	0,5572	1,218

Série n° 190. — Type n° 2.

Juillet 1894. — Température de l'eau : 22°.

Déversoir soumis à l'étude : hauteur 0m,504 ; largeur $l = 1^m,9942$.
Déversoir de comparaison : hauteur 1m,000 ; largeur L = 1m,9895.
Rapport $\dfrac{L}{l} = 0,9976$

Nappes adhérentes.

	millim.	millim.		
1	77,1	80,2	0,4631	1,053
2	93,0	102,1	0,4977	1,140
3	109,2	121,6	0,5060	1,163
4	124,5	142,1	0,5231	1,203
5	139,2	161,2	0,5332	1,225
6	153,3	179,8	0,5427	1,244
7	168,7	200,9	0,5546	1,269
8	182,7	220,0	0,5638	1,288
9	196,4	239,6	0,5751	1,310
10	212,0	260,4	0,5846	1,321

Nappes noyées en dessous.

11	213,4	260,1	0,5762	1,309
12	227,6	280,2	0,5843	1,323
13	243,9	300,1	0,5846	1,320
14	261,1	321,5	0,5860	1,318
15	278,6	340,1	0,5794	1,298
16	296,1	361,8	0,5812	1,297
17	314,5	380,8	0,5740	1,276
18	333,6	400,5	0,5677	1,257
19	356,0	421,0	0,5559	1,224

NUMÉROS des expériences	CHARGES OBSERVÉES		COEFFICIENT du déversoir soumis à l'étude m	RAPPORT $\dfrac{m}{m_2}$
	au déversoir soumis à l'étude h	au déversoir de comparaison H		

Série n° 191. — Type n° 3.

Juin 1894. — Température de l'eau : 22°.

Déversoir soumis à l'étude : hauteur $0^m,504$; largeur $l = 1^m,9938$.
Déversoir de comparaison : hauteur $1^m,000$; largeur $L = 1^m,9882$.
Rapport $\dfrac{L}{l} = 0,9972$

N°	h (millim.)	H (millim.)	m	$\dfrac{m}{m_2}$
1	93,4	101,4	0,4895	1,121
2	108,8	120,4	0,5011	1,151
3	125,0	140,5	0,5111	1,175
4	138,8	158,6	0,5226	1,200
5	156,4	180,8	0,5307	1,217
6	172,3	200,1	0,5339	1,221
7	186,6	219,5	0,5441	1,242
8	203,8	241,0	0,5486	1,248
9	216,7	259,5	0,5597	1,271
10	233,1	278,9	0,5597	1,266
11	247,7	299,3	0,5687	1,283
12	263,5	319,3	0,5719	1,285
13	281,0	340,3	0,5723	1,281
14	298,5	360,8	0,5714	1,275
15	316,2	380,5	0,5686	1,264
16	335,6	401,1	0,5637	1,247
17	353,1	420,7	0,5619	1,239
18	371,4	440,4	0,5590	1,227
19	390,0	460,3	0,5561	1,216

Série n° 192. — Type n° 4.

Juillet 1894. — Température de l'eau : 24°.

Déversoir soumis à l'étude : hauteur $0^m,505$; largeur $l = 1^m,9947$.
Déversoir de comparaison : hauteur $1^m,000$; largeur $L = 1^m,9887$.
Rapport $\dfrac{L}{l} = 0,9970$

N°	h (millim.)	H (millim.)	m	$\dfrac{m}{m_2}$
1	78,8	80,6	0,4511	1,027
2	95,5	99,1	0,4576	1,049
3	112,4	120,0	0,4748	1,091
4	129,6	139,7	0,4799	1,103
5	146,1	160,1	0,4905	1,126
6	162,3	180,0	0,4986	1,142
7	177,9	200,1	0,5088	1,163
8	193,5	219,1	0,5138	1,171
9	208,1	239,2	0,5256	1,195
10	224,5	259,5	0,5307	1,203
11	239,2	279,4	0,5396	1,219
12	255,3	300,3	0,5462	1,230
13	271,6	320,9	0,5504	1,235
14	285,4	339,9	0,5580	1,248
15	299,5	359,7	0,5659	1,262
16	315,8	380,0	0,5684	1,263
17	330,2	400,8	0,5768	1,278
18	344,2	418,7	0,5794	1,280
19	358,8	438,6	0,5848	1,287
20	373,8	459,8	0,5916	1,298

Série n° 193. — Type n° 5.

Juillet 1894. — Température de l'eau : 25°.

Déversoir soumis à l'étude : hauteur $0^m,505$; largeur $l = 1^m,9945$.
Déversoir soumis à l'étude : hauteur $1^m,000$; largeur $L = 1^m,9880$.
Rapport $\dfrac{L}{l} = 0,9967$

N°	h (millim.)	H (millim.)	m	$\dfrac{m}{m_2}$
1	79,4	79,3	0,4354	0,992
2	96,9	90,4	0,4496	1,031
3	114,1	119,9	0,4635	1,065
4	130,8	139,4	0,4716	1,084
5	145,9	159,6	0,4891	1,123
6	163,0	179,3	0,4924	1,128
7	178,6	199,9	0,5049	1,154
8	193,5	218,3	0,5108	1,164
9	208,7	239,4	0,5238	1,191
10	224,5	259,1	0,5293	1,200
11	238,0	278,8	0,5418	1,225
12	255,1	300,8	0,5480	1,234
13	270,1	321,3	0,5559	1,248
14	284,3	340,6	0,5628	1,259
15	298,7	358,2	0,5644	1,259
16	315,5	380,9	0,5710	1,269
17	333,3	400,3	0,5675	1,256
18	350,0	419,3	0,5663	1,249

NUMÉROS des expériences	CHARGES OBSERVÉES		COEFFICIENT du déversoir soumis à l'étude m	RAPPORT $\dfrac{m}{m_2}$
	au déversoir soumis à l'étude h	au déversoir de comparaison H		
	millim.	millim.		
19	366,2	439,8	0,5695	1,252
20	386,1	461,5	0,5665	1,239

Série n° 194. — Type n° 6.

Juillet 1894. — Température de l'eau : 23°.

Déversoir soumis à l'étude : hauteur 0^m,505 ; largeur l = 1^m,9037.
Déversoir de comparaison : hauteur 1^m,000 ; largeur L = 1^m,9890.
Rapport $\dfrac{L}{l} = 0,9976$

1	75,6	75,9	0,4402	1,000

NUMÉROS des expériences	CHARGES OBSERVÉES		COEFFICIENT du déversoir soumis à l'étude m	RAPPORT $\dfrac{m}{m_2}$
	au déversoir soumis à l'étude h	au déversoir de comparaison H		
	millim.	millim.		
2	91,1	93,8	0,4534	1,038
3	109,2	115,6	0,4696	1,079
4	125,7	135,1	0,4784	1,100
5	142,9	155,5	0,4860	1,116
6	158,4	175,7	0,4991	1,144
7	174,4	195,3	0,5059	1,157
8	189,3	214,8	0,5157	1,176
9	204,7	233,6	0,5202	1,183
10	220,5	254,6	0,5298	1,202
11	234,8	273,3	0,5371	1,215
12	251,4	296,0	0,5471	1,233
13	267,6	316,2	0,5510	1,237
14	282,0	335,7	0,5577	1,248
15	297,6	354,7	0,5595	1,248
16	315,9	376,0	0,5593	1,243
17	333,5	396,1	0,5585	1,236
18	348,4	415,2	0,5621	1,240
19	365,2	434,6	0,5619	1,235
20	384,3	457,2	0,5629	1,232

Les valeurs de $\dfrac{m}{m'}$, pour ces six séries peuvent se résumer dans le tableau suivant :

CHARGES	TYPE N° 1 Série n° 189	TYPE N° 2 Série n° 190	TYPE N° 3 Série n° 191	TYPE N° 4 Série n° 192	TYPE N° 5 Série n° 193	TYPE N° 6 Série n° 194
	Nappes adhérentes	Nappes adhérentes				
0,10	1,125	1,150	1,135	1,060	1,040	1,060
0,15	1,210	1,240	1,210	1,130	1,125	1,130
0,20	1,270	1,310	1,245	1,180	1,175	1,180
	Nappes noyées en dessous	Nappes noyées en dessous				
0,25	1,280	1,320	1,285	1,225	1,230	1,230
0,30	1,265	1,290	1,275	1,260	1,260	1,245
0,35	1,240	1,235	1,240	1,285	1,250	1,240

Les types n°s 1 et 2, présentant un parement d'aval vertical, comportent la formation de nappes noyées en dessous ; le coefficient qui leur correspond est beaucoup plus élevé que celui des nappes analogues en mince paroi.

Quant aux types n°s 3 et 4, leurs crêtes ne diffèrent que par les rayons des courbes : 0^m,05 et 0^m,08 pour le type n° 3, 0^m,10 et 0^m,12 pour le type n° 4 ; la crête de ce dernier est ainsi plus large, et le coefficient m est, par suite, notablement moindre jusqu'à la charge 0^m,30 ; mais il n'en est plus de même au delà ; la forme concave du parement aval du type n° 3 tendant à produire le détachement de la nappe, le coefficient de ce type diminue et devient inférieur à celui du n° 4, qui continue à croître pour les charges plus élevées.

Les types n°s 5 et 6 fournissent, malgré la différence de leurs profils, des coefficients presque identiques.

Profil des nappes.

Le rapport $\dfrac{e}{h}$ de l'épaisseur e de la lame d'eau sur l'arête amont du seuil à la charge totale h varie dans des limites très étendues sur les déversoirs à talus. Trois causes principales interviennent pour le modifier :

1° La largeur de la crête, ou mieux le rapport $\dfrac{h}{c}$. On a vu que, sur les déversoirs à poutrelles, la valeur de $\dfrac{e}{h}$, très élevée pour les faibles charges, diminue à mesure que h augmente, en se rapprochant progressivement de celle qui convient aux nappes en mince paroi. Cette influence doit naturellement se retrouver sur les déversoirs à talus dont la crête a une certaine largeur ;

2° L'inclinaison du talus d'aval ; lorsqu'il est peu incliné sur l'horizontale, il exerce une influence analogue à un élargissement de la crête et a de même pour effet une augmentation du rapport $\frac{e}{h}$;

3° L'inclinaison du talus d'amont : l'effet de cette inclinaison, qui modifie la contraction de la veine liquide au passage du seuil, tend au contraire à diminuer $\frac{e}{h}$.

On doit ainsi s'attendre à trouver pour ce rapport des valeurs très diverses, suivant l'importance relative des trois causes que nous venons de signaler.

De nombreux profils ont été relevés sur la plupart des déversoirs soumis à l'expérimentation (*) ; ils correspondent, à de très rares exceptions près, à quatre débits constants obtenus en réglant à $0^m,10$, $0^m,20$, $0^m,30$ et $0^m,40$ la charge du barrage type ; les charges correspondantes à ces quatre débits ne sont pas les mêmes sur tous les déversoirs ; elles sont cependant assez comparables pour mettre en évidence les variations du rapport $\frac{e}{h}$, qui ne se modifie pas très rapidement pour une différence de charge de quelques centimètres.

Comparons d'abord les valeurs obtenues sur les déversoirs à vive arête.

1° AMONT VERTICAL.

INCLINAISON DU TALUS D'AVAL				
3/2	1/1	1/2	1/5	1/10
Voir série n° 128	Voir série n° 136	Voir série n° 137	Voir série n° 141	Voir série n° 142
0,780	0,795	0,824	0,845	0,851
0,796	0,808	0,827	0,863	0,869
0,816	0,799	0,838	0,859	0,876
0,844	0,825	0,841	0,852	0,873

(*) Voir Pl. 24, les croquis d'un certain nombre de ces profils.

2° TALUS D'AVAL A 1/2.

INCLINAISON DU TALUS D'AMONT			
Vertical	2/1	1/1	1/2
Voir série n° 137	Voir série n° 140	Voir série n° 163	Voir série n° 164
0,824	0,794	0,750	0,690
0,827	0,811	0,773	0,707
0,838	0,818	0,784	0,730
0,841	0,818	0,793	0,742

Le premier de ces deux tableaux montre que $\frac{e}{h}$ va en croissant à mesure que l'on réduit la pente du talus d'aval ; le contraire a lieu, et $\frac{e}{h}$ va en diminuant, quand on réduit celle du talus d'amont. Dans les deux cas ce rapport croît avec la charge. Passons maintenant aux déversoirs à crête de $0^m,10$ de largeur.

INCLINAISON du talus d'amont	INCLINAISON DU TALUS D'AVAL			
	3/2	1/1	1/2	1/5
Vertical	Voir série n° 134 0,824 0,814 0,821 0,798	Voir série n° 143 0,861 0,831 0,843 0,814	Voir série n° 144 0,880 0,852 0,839 0,845	Voir série n° 146 0,900 0,867 0,873 0,868
1/1	Voir série n° 132 0,822 0,802 0,790 0,797	Voir série n° 167 0,841 0,808 0,800 0,784	Voir série n° 169 0,825 0,808 0,808 0,807	Voir série n° 172 0,866 0,842 0,843 0,847
1/2		Voir série n° 168 0,802 0,779 0,755 0,751		Voir série n° 173 0,809 0,811 0,794 0,802

L'influence de la pente des talus est analogue à celle que

nous venons de constater sur les déversoirs à vive arête ; mais, dans chaque série en particulier, les valeurs de $\frac{e}{h}$, au lieu de croître avec la charge, comme dans le cas de la vive arête, vont au contraire en décroissant comme sur les déversoirs à poutrelles, accusant ainsi l'influence de la largeur de la crête. Il en est de même sur les déversoirs à crête de $0^m,20$, ainsi que le montre le tableau ci-après.

INCLINAISON du talus d'amont	INCLINAISON DU TALUS D'AVAL			
	1/1	1/2	1/3	1/5
Vertical		Voir série nᵒ 149 0,890 0,874 0,852 0,838		Voir série nᵒ 155 0,876 0,891 0,877 0,871
2/1	Voir série nᵒ 147 0,869 0,861 0,832 0,814	Voir série nᵒ 151 0,889 0,867 0,843 0,835	Voir série nᵒ 153 0,867 0,858 0,849 0,849	Voir série nᵒ 156 0,872 0,866 0,849 0,856
1/1		Voir série nᵒ 176 0,839 0,836 0,817 0,811		
1/2		Voir série nᵒ 178 0,833 0,793 0,784 0,774		Voir série nᵒ 181 0,835 0,821 0,820 0,825

Enfin, sur la crête de $0^m,40$, la pente d'amont restant constante et égale à $2/1$, et les pentes d'aval ayant été successivement réglées à $1/2$, $1/4$ et $1/6$, la valeur de $\frac{e}{h}$ est restée presque invariable et comprise entre 0,87 et 0,88.

Les déversoirs dans lesquels les talus sont raccordés par

des arcs de cercle à la crête horizontale, et surtout les déversoirs à profil complètement courbe, conduisent à de faibles valeurs de $\frac{e}{h}$; mais les épaisseurs e, mesurées au-dessus du point le plus élevé du profil (point de contact avec la tangente horizontale) ne sont pas comparables à celles des déversoirs où le seuil est nettement délimité par une arête.

Expériences avec retenue d'aval.

Il ne nous reste plus, pour terminer ce qui concerne les déversoirs à talus, qu'à faire connaître quelques expériences exécutées avec une retenue d'aval. Elles forment onze séries :

Trois séries sur les déversoirs à vive arête;

Sept séries sur les déversoirs avec crête de $0^m,20$ de largeur ;

Une série sur un déversoir avec crête de $0^m,40$ de largeur.

Séries nᵒˢ 195 à 197.

NAPPES NOYÉES EN DESSOUS AVEC RETENUE D'AVAL.

Déversoirs de 0ᵐ,75 de hauteur, couronnés par une crête à arête vive.

(La flèche placée en tête des croquis indique le sens de l'écoulement. — La position du tube des pressions est indiquée par un point.)

Les nappes ondulées sont indiquées par un astérisque *.

Série nᵒ 195.

Avril 1894. — Température de l'eau : 13°.

Déversoir soumis à l'étude : hauteur 0ᵐ,753 ; largeur $l = 1^m,9870$.
Déversoir de comparaison : hauteur 1ᵐ,135 ; largeur $L = 1^m,9854$.

Rapport $\dfrac{L}{l} = 0,9992$

Charge amont : 0ᵐ,10.

NUMÉROS des expériences	CHARGES OBSERVÉES au déversoir soumis à l'étude h (millim.)	au déversoir de comparaison H (millim.)	HAUTEUR de la retenue d'aval h_1 (millim.)	COEFFICIENT du déversoir soumis à l'étude m	RAPPORT $\dfrac{m}{m_1}$
1	94,6	101,1	— 59,8	0,4785	1,099
2	97,1	99,3	+ 2,2	0,4482	1,030
3	102,6	100,1	+ 31,6	0,4163	0,959
4	*116,6	101,0	+ 60,3	0,3492	0,807
5	*127,6	100,9	+ 90,3	0,3046	0,705

Charge amont : 0ᵐ,15

NUMÉROS	h	H	h_1	m	$\dfrac{m}{m_1}$
1	138,1	149,2	— 120,8	0,4808	1,113
2	140,7	150,3	— 59,0	0,4726	1,094
3	141,8	149,0	— 1,4	0,4612	1,068
4	148,8	149,6	+ 30,6	0,4315	1,000
5	155,3	151,7	+ 60,2	0,4131	0,957
6	*162,4	150,8	+ 60,7	0,3830	0,887
7	*169,3	152,4	+ 90,6	0,3655	0,846
8	*180,9	149,5	+ 122,5	0,3216	0,744

Charge amont : 0ᵐ,20.

NUMÉROS	h	H	h_1	m	$\dfrac{m}{m_1}$
1	184,2	199,5	— 180,5	0,4800	1,111
2	182,6	198,9	— 119,1	0,4842	1,121

(suite)

NUMÉROS des expériences	CHARGES OBSERVÉES au déversoir soumis à l'étude h (millim.)	au déversoir de comparaison H (millim.)	HAUTEUR de la retenue d'aval h_1 (millim.)	COEFFICIENT du déversoir soumis à l'étude m	RAPPORT $\dfrac{m}{m_1}$
3	185,6	199,5	— 60,9	0,4746	1,098
4	189,0	199,5	+ 1,8	0,4619	1,068
5	193,4	201,4	+ 30,6	0,4526	1,047
6	198,3	199,2	+ 61,9	0,4288	0,991
7	205,4	199,5	+ 89,5	0,4077	0,942
8	*214,0	201,3	+ 90,7	0,3886	0,897
9	*223,0	200,0	+ 122,5	0,3617	0,834
10	*245,6	200,0	+ 180,1	0,3130	0,719

Charge amont : 0ᵐ,25.

NUMÉROS	h	H	h_1	m	$\dfrac{m}{m_1}$
1	226,5	249,7	— 241,8	0,4917	1,133
2	228,6	249,0	— 119,5	0,4837	1,115
3	227,4	248,9	— 59,6	0,4873	1,123
4	231,1	247,7	— 0,9	0,4722	1,088
5	241,6	248,6	+ 60,4	0,4442	1,022
6	*257,2	248,5	+ 90,1	0,4041	0,928
7	*263,0	248,0	+ 119,5	0,3897	0,895
8	*283,3	248,2	+ 181,7	0,3489	0,799
9	*312,0	249,4	+ 241,8	0,3041	0,694

Charge amont : 0ᵐ,30.

NUMÉROS	h	H	h_1	m	$\dfrac{m}{m_1}$
1	269,7	297,8	— 240,2	0,4946	1,135
2	270,1	296,7	— 117,4	0,4906	1,125
3	274,5	301,4	— 60,9	0,4905	1,125
4	276,6	298,7	+ 0,9	0,4783	1,097
5	286,6	300,1	+ 63,2	0,4567	1,046
6	309,7	299,2	+ 122,2	0,4048	0,924
7	*311,3	299,5	+ 122,2	0,4022	0,918
8	*325,9	298,4	+ 182,8	0,3734	0,851
9	*348,8	299,4	+ 242,4	0,3390	0,770
10	*378,3	300,6	+ 300,6	0,3019	0,683

Charge amont : 0ᵐ,35.

NUMÉROS	h	H	h_1	m	$\dfrac{m}{m_1}$
1	317,7	349,8	— 177,3	0,4935	1,126
2	317,4	349,9	— 118,5	0,4944	1,128
3	320,4	352,5	— 59,9	0,4931	1,125
4	322,3	350,7	— 0,1	0,4848	1,105

NUMÉROS des expériences	CHARGES OBSERVÉES au déversoir soumis à l'étude h	au déversoir de comparaison H	HAUTEUR de la retenue d'aval h_1	COEFFICIENT du déversoir soumis à l'étude m	RAPPORT $\dfrac{m}{m_1}$
	millim.	millim.	millim.		
5	333,7	351,3	+ 63,4	0,4614	1,051
6	356,9	350,3	+ 123,5	0,4154	0,943
7	*369,4	348,8	+ 180,5	0,3919	0,888
8	370,9	349,3	+ 182,3	0,3904	0,885
9	*390,4	352,4	+ 241,7	0,3664	0,828
10	*412,9	350,2	+ 300,6	0,3336	0,752

Charge amont : 0ᵐ,40.

N°	h	H	h_1	m	$\dfrac{m}{m_1}$
1	362,4	401,5	— 120,6	0,4994	1,133
2	362,6	399,8	— 59,4	0,4958	1,125
3	373,6	400,5	+ 1,3	0,4753	1,077
4	378,5	400,3	+ 59,9	0,4658	1,055
5	399,0	398,5	+ 119,5	0,4274	0,965
6	414,0	400,2	+ 181,9	0,4070	0,917
7	*430,4	400,7	+ 241,1	0,3847	0,865

Charge amont : 0ᵐ,45.

N°	h	H	h_1	m	$\dfrac{m}{m_1}$
1	407,4	449,0	— 58,6	0,4970	1,121
2	410,0	449,2	+ 1,3	0,4926	1,111
3	429,2	449,2	+ 62,2	0,4599	1,034
4	441,7	446,9	+ 118,3	0,4371	0,982

Série nᵒ 196.

0,75 ½

Mai 1894. — Température de l'eau : 18°.

Déversoir soumis à l'étude : hauteur 0ᵐ,754 ; largeur l = 1ᵐ,9882.
Déversoir de comparaison : hauteur 1ᵐ,135 ; largeur L = 1ᵐ,9857.

Rapport $\dfrac{L}{l} = 0,9087$

Charge amont : 0ᵐ,10.

N°	h	H	h_1	m	$\dfrac{m}{m_1}$
1	99,8	99,5	— 60,7	0,4312	0,992
2	99,9	99,2	— 1,7	0,4286	0,986
3	104,3	99,4	+ 30,0	0,4030	0,928
4	109,6	98,7	+ 57,7	0,3702	0,854
5	123,9	100,6	+ 88,8	0,3167	0,732
6	*142,8	98,6	+ 119,2	0,2486	0,576

Charge amont : 0ᵐ,15.

N°	h	H	h_1	m	$\dfrac{m}{m_1}$
1	147,6	148,5	— 60,9	0,4319	1,001
2	147,9	149,6	— 2,0	0,4353	1,009
3	150,9	149,7	+ 29,7	0,4227	0,980
4	154,7	149,9	+ 57,8	0,4081	0,946
5	162,3	148,7	+ 89,1	0,3753	0,870
6	173,6	149,6	+ 119,4	0,3423	0,793
7	*194,4	148,5	+ 150,4	0,2857	0,661

Charge amont : 0ᵐ,20.

N°	h	H	h	m	$\dfrac{m}{m_1}$
1	196,6	199,9	+ 0,4	0,4364	1,009
2	199,8	198,1	+ 59,1	0,4202	0,971
3	202,4	199,4	+ 63,0	0,4162	0,962
4	207,4	199,1	+ 90,4	0,4004	0,925
5	213,3	199,1	+ 120,4	0,3838	0,886
6	226,4	200,9	+ 150,1	0,3558	0,820
7	244,4	199,3	+ 179,2	0,3138	0,722
8	*263,8	200,3	+ 209,7	0,2816	0,646

Charge amont : 0ᵐ,25.

N°	h	H	h	m	$\dfrac{m}{m_1}$
1	245,0	249,5	— 0,1	0,4371	1,005
2	247,2	249,6	+ 60,0	0,4316	0,992
3	251,3	249,8	+ 87,8	0,4215	0,969
4	256,2	249,1	+ 117,4	0,4078	0,937
5	265,9	249,4	+ 149,8	0,3863	0,887
6	275,1	249,6	+ 179,8	0,3676	0,843
7	*299,5	249,8	+ 211,5	0,3240	0,741
8	*313,5	249,5	+ 238,0	0,3020	0,689

Charge amont : 0ᵐ,30.

N°	h	H	h	m	$\dfrac{m}{m_1}$
1	293,3	300,3	+ 60,5	0,4414	1,010
2	300,5	299,3	+ 119,4	0,4235	0,968
3	306,4	299,9	+ 150,4	0,4126	0,943
4	313,8	299,0	+ 178,6	0,3963	0,905
5	324,8	299,9	+ 210,5	0,3789	0,864
6	*349,4	299,6	+ 239,3	0,3383	0,769
7	*364,7	299,8	+ 270,0	0,3175	0,720
8	*377,8	298,9	+ 299,7	0,2998	0,679

Charge amont : 0ᵐ,35.

N°	h	H	h	m	$\dfrac{m}{m_1}$
1	341,0	351,1	+ 59,2	0,4460	1,015
2	344,9	350,5	+ 117,5	0,4374	0,995
3	349,6	348,4	+ 149,2	0,4248	0,965
4	355,7	349,2	+ 181,0	0,4153	0,943
5	365,7	349,3	+ 212,4	0,3986	0,904
6	375,1	350,2	+ 240,7	0,3851	0,872
7	390,5	350,5	+ 272,0	0,3631	0,821
8	*413,6	349,9	+ 298,9	0,3322	0,749
9	*431,0	351,5	+ 332,1	0,3144	0,707

Charge amont : 0ᵐ,40.

N°	h	H	h	m	$\dfrac{m}{m_1}$
1	390,5	400,3	+ 118,6	0,4443	1,004
2	399,5	399,7	+ 179,8	0,4284	0,967

NUMÉROS des expériences	CHARGES OBSERVÉES au déversoir soumis à l'étude h	au déversoir de comparaison H	HAUTEUR de la retenue d'aval h_1	COEFFICIENT du déversoir soumis à l'étude m	RAPPORT $\dfrac{m}{m_1}$
	millim.	millim.	millim.		
3	405,6	398,3	+ 208,0	0,4165	0,940
4	413,9	399,9	+ 238,7	0,4065	0,916
5	423,9	400,3	+ 268,4	0,3928	0,884
6	437,0	400,6	+ 298,0	0,3757	0,844

Série n° 197.

Avril et mars 1894. — Température de l'eau: 13°.

Déversoir soumis à l'étude : hauteur 0^m753 ; largeur $l = 1^m,9872$.
Déversoir de comparaison : hauteur $1^m,135$; largeur $L = 1^m,9852$.
Rapport $\dfrac{L}{l} = 0,9990$

Charge amont: $0^m,10$.

1	108,3	99,1	+ 59,4	0,3793	0,875
2	117,0	99,0	+ 90,0	0,3373	0,779
3	*138,5	99,3	+ 121,0	0,2630	0,609
4	*181,3	99,6	+ 150,8	0,2102	0,487

Charge amont: $0^m,15$.

1	160,6	149,9	+ 89,5	0,3850	0,894
2	168,4	150,6	+ 121,0	0,3620	0,838
3	181,2	149,6	+ 150,4	0,3210	0,743
4	*205,7	149,8	+ 181,0	0,2655	0,613
5	*227,9	149,2	+ 210,9	0,2268	0,523

Charge amont: $0^m,20$.

1	212,5	199,6	+ 122,7	0,3876	0,895
2	216,9	199,5	+ 150,8	0,3756	0,867

NUMÉROS des expériences	CHARGES OBSERVÉES au déversoir soumis à l'étude h	au déversoir de comparaison H	HAUTEUR de la retenue d'aval h_1	COEFFICIENT du déversoir soumis à l'étude m	RAPPORT $\dfrac{m}{m_1}$
	millim.	millim.	millim.		
3	228,6	198,9	+ 179,4	0,3413	0,787
4	241,5	199,0	+ 211,8	0,3185	0,733
5	*272,2	199,1	+ 242,3	0,2663	0,611
6	*595,3	199,8	+ 270,2	0,2369	0,542

Charge amont: $0^m,25$.

1	262,7	248,7	+ 150,5	0,3919	0,900
2	267,0	247,9	+ 181,8	0,3807	0,874
3	277,3	247,8	+ 211,2	0,3594	0,824
4	291,6	247,0	+ 241,2	0,3317	0,759
5	310,2	249,4	+ 270,5	0,3067	0,700
6	*319,1	246,9	+ 302,9	0,2639	0,600
7	*363,2	248,6	+ 332,6	0,2409	0,545

Charge amont: $0^m,30$.

1	316,2	300,4	+ 182,8	0,3946	0,900
2	317,5	247,9	+ 210,3	0,3874	0,884
3	328,1	300,8	+ 241,5	0,3741	0,852
4	339,0	298,0	+ 269,7	0,3513	0,799
5	356,9	299,6	+ 301,4	0,3278	0,744
6	*381,1	299,3	+ 330,1	0,2967	0,671
7	*403,3	300,7	+ 358,6	0,2744	0,619

Charge amont: $0^m,35$.

1	370,9	350,4	+ 241,6	0,3921	0,889
2	375,5	347,3	+ 268,9	0,3798	0,860
3	389,6	349,1	+ 303,4	0,3622	0,819
4	404,4	349,0	+ 332,1	0,3424	0,773
5	418,4	349,2	+ 350,7	0,3256	0,733
6	*445,7	349,2	+ 390,0	0,2962	0,665

Charge amont: $0^m,40$.

1	418,9	397,4	+ 268,9	0,3956	0,891
2	428,0	399,5	+ 300,2	0,3861	0,869
3	435,8	397,9	+ 329,6	0,3735	0,840
4	451,8	399,7	+ 360,5	0,3563	0,799

Séries n°s 198 à 204.

NAPPES NOYÉES EN DESSOUS AVEC RETENUE D'AVAL.

Déversoirs de 0m,75 et 0m,35 de hauteur, couronnés par une crête de 0m,20 d'épaisseur.

(La flèche placée en tête des croquis indique le sens de l'écoulement. — La position du tube des pressions est indiquée par un point.)

Les nappes ondulées sont désignées par un astérisque *.

Série n° 198. — Déversoir de 0m,75 de hauteur.

Octobre 1892. — Température de l'eau : 12°.

Déversoir soumis à l'étude : hauteur 0m,748 ; largeur l = 1m,9925.
Déversoir de comparaison : hauteur 1m,135 ; largeur L = 1m,9865.
Rapport $\frac{\text{L}}{l}$ = 0,9970

Numéros des expériences	Charges observées au déversoir soumis à l'étude h	Charges observées au déversoir de comparaison H	Hauteur de la retenue d'aval h_1	Coefficient du déversoir soumis à l'étude m	Rapport $\frac{m}{m_1}$

Charge amont : 0m,10.

Numéros des expériences	h (millim.)	H (millim.)	h_1 (millim.)	m	$\frac{m}{m_1}$
1	112,7	99,8	+ 30,2	0,3602	0,831
2	*115,5	101,3	+ 44,0	0,3549	0,820
3	115,4	102,2	+ 44,9	0,3600	0,831
4	*114,5	100,0	+ 60,1	0,3529	0,815
5	*116,4	99,2	+ 89,9	0,3402	0,786
6	*131,7	99,9	+ 120,0	0,2856	0,661
7	*158,7	99,8	+ 150,0	0,2156	0,500

Charge amont : 0m,15.

Numéros des expériences	h	H	h_1	m	$\frac{m}{m_1}$
1	*165,1	151,6	+ 60,0	0,3757	0,870
2	163,3	151,2	+ 60,3	0,3804	0,881
3	164,3	150,9	+ 72,9	0,3758	0,871
4	*169,2	152,4	+ 88,0	0,3650	0,845
5	*170,4	150,9	+ 122,6	0,3559	0,824
6	*179,5	151,3	+ 150,1	0,3305	0,765
7	*201,5	150,0	+ 180,3	0,2743	0,634

Charge amont : 0m,20.

Numéros des expériences	h	H	h_1	m	$\frac{m}{m_1}$
1	208,1	200,1	+ 60,4	0,4007	0,925
2	*216,8	201,3	+ 120,2	0,3802	0,877
3	210,8	200,2	+ 121,0	0,3033	0,908
4	212,8	200,0	+ 133,6	0,3872	0,894
5	*220,3	201,5	+ 155,0	0,3717	0,857
6	*226,3	200,6	+ 179,3	0,3546	0,817
7	*245,5	199,6	+ 209.2	0,3115	0,716
8	*272,8	200,4	+ 240,6	0,2675	0,614
9	*296,6	201,1	+ 270,5	0,2372	0,543

Charge amont : 0m,25.

Numéros des expériences	h (millim.)	H (millim.)	h_1 (millim.)	m	$\frac{m}{m_1}$
1	251,7	251,1	+ 91,3	0,4231	0,972
2	253,3	249,9	+ 120,4	0,4161	0,956
3	*260,4	251,0	+ 148,8	0,4018	0,923
4	255,9	249,5	+ 149,9	0,4088	0,939
5	*263,3	251,4	+ 165,2	0,3962	0,910
6	257,7	250,7	+ 165,7	0,4074	0,936
7	*264,6	249,5	+ 180,0	0,3888	0,892
8	261,6	250,6	+ 180,3	0,3982	0,915
9	*270,9	249,6	+ 209,5	0,3756	0,862
10	*293,0	250,0	+ 240,5	0,3331	0,762
11	*315,5	251,1	+ 268,1	0,3015	0,688
12	*339,7	250,8	+ 302,9	0,2694	0,613

Charge amont : 0m,30.

Numéros des expériences	h	H	h_1	m	$\frac{m}{m_1}$
1	291,0	299,1	+ 91,5	0,4432	1,014
2	291,0	297,7	+ 120,3	0,4401	1,007
3	293,4	298,7	+ 149,2	0,4369	1,000
4	296,9	300,7	+ 180,5	0,4335	0,992
5	*303,2	299,4	+ 182,0	0,4174	0,954
6	300,3	300,9	+ 193,6	0,4266	0,975
7	*308,1	300,8	+ 211,0	0,4103	0,937
8	*316,6	300,3	+ 240,5	0,3929	0,896
9	*341,0	301,5	+ 269,4	0,3536	0,804
10	*364,6	300,3	+ 299,5	0,3179	0,721
11	*363,4	300,2	+ 301,0	0,3193	0,724
12	*383,4	301,7	+ 330,0	0,2969	0,672

Charge amont : 0m,35.

Numéros des expériences	h	H	h_1	m	$\frac{m}{m_1}$
1	332,6	350,0	+ 121,1	0,4601	1,048
2	332,5	348,6	+ 151,4	0,4576	1,042
3	336,7	350,3	+ 180,8	0,4523	1,030

NUMÉROS des expériences	CHARGES OBSERVÉES au déversoir soumis à l'étude h	au déversoir de comparaison H	HAUTEUR de la retenue d'aval h_1	COEFFICIENT du déversoir soumis à l'étude m	RAPPORT $\frac{m}{m_1 \text{ ou } 3}$

N°	h (millim.)	H (millim.)	h_1 (millim.)	m	rapport
4	339,6	349,9	+ 210,2	0,4458	1,014
5	*346,3	348,7	+ 210,6	0,4307	0,979
6	344,7	349,7	+ 226,6	0,4355	0,990
7	*351,8	350,1	+ 240,3	0,4231	0,961
8	*362,1	350,4	+ 269,3	0,4057	0,920
9	*390,9	350,0	+ 298,7	0,3612	0,816
10	*412,7	349,3	+ 331,1	0,3378	0,761
11	*429,9	350,0	+ 360,4	0,3131	0,704

Charge amont : 0ᵐ,40.

N°	h	H	h_1	m	rapport
1	373,5	400,1	+ 150,7	0,4738	1,073
2	374,0	399,3	+ 180,6	0,4714	1,068
3	377,5	400,2	+ 210,0	0,4664	1,056
4	*386,2	399,8	+ 225,4	0,4501	1,018
5	380,1	400,4	+ 225,5	0,4620	1,046
6	*390,6	400,3	+ 239,2	0,4433	1,002
7	383,6	399,5	+ 239,5	0,4541	1,027
8	*392,8	399,5	+ 254,5	0,4383	0,990
9	393,8	401,4	+ 256,2	0,4397	0,993
10	*398,2	400,7	+ 270,9	0,4314	0,974
11	*418,6	400,6	+ 299,7	0,4001	0,901
12	*440,5	399,1	+ 330,0	0,3685	0,828

Charge amont : 0ᵐ,45.

N°	h	H	h_1	m	rapport
1	415,6	449,2	+ 181,2	0,4816	1,085
2	419,1	448,4	+ 239,1	0,4744	1,068
3	*434,1	450,4	+ 270,3	0,4529	1,018
4	432,0	450,2	+ 270,4	0,4560	1,025

Série n° 199. — Déversoir de 0ᵐ,35 de hauteur.

Mai et octobre 1893. — Température de l'eau : { En mai : 17°. En octobre : 12°.

Déversoir soumis à l'étude : hauteur 0ᵐ,354 ; largeur l = 1ᵐ,9930.
Déversoir de comparaison : hauteur 1ᵐ,135 ; largeur L = 1ᵐ,9860. } Rapport $\frac{L}{l}$ = 0,9965

Charge amont : 0ᵐ,10.

N°	h	H	h_1	m	rapport
1	114,3	99,6	— 57,9	0,3546	0,800
2	114,9	101,0	+ 0,3	0,3560	0,810
3	*115,1	99,5	+ 54,3	0,3474	0,791
4	*115,6	99,4	+ 84,0	0,3446	0,784
5	*127,6	100,8	+ 114,6	0,3033	0,689
6	*149,1	97,9	+ 140,3	0,2300	0,520
7	*177,0	101,2	+ 171,0	0,1868	0,419

Right half

Charge amont : 0ᵐ,15.

N°	h (millim.)	H (millim.)	h_1 (millim.)	m	rapport
1	163,1	152,4	+ 0,5	0,3355	0,868
2	162,8	150,1	+ 54,0	0,3779	0,851
3	163,7	151,5	+ 83,2	0,3800	0,855
4	*168,9	152,6	+ 111,6	0,3655	0,824
5	*172,1	149,4	+ 140,5	0,3453	0,775
6	*189,7	151,0	+ 172,0	0,3031	0,677
7	*212,1	150,5	+ 197,9	0,2552	0,566

Charge amont : 0ᵐ,20.

N°	h	H	h_1	m	rapport
1	204,4	199,7	+ 0,6	0,4101	0,912
2	206,1	200,0	+ 53,7	0,4060	0,902
3	205,2	199,9	+ 83,4	0,4084	0,908
4	209,9	200,0	+ 113,5	0,3950	0,877
5	*212,2	198,5	+ 142,0	0,3842	0,852
6	*221,1	199,9	+ 172,0	0,3651	0,807
7	*228,0	200,1	+ 196,3	0,3491	0,770
8	*251,4	200,4	+ 227,0	0,3023	0,662
9	*275,1	199,7	+ 255,4	0,2627	0,571
10	*301,6	201,2	+ 284,2	0,2314	0,499

Charge amont : 0ᵐ,25.

N°	h	H	h_1	m	rapport
1	245,4	250,2	+ 28,9	0,4370	0,959
2	243,6	247,4	+ 82,9	0,4314	0,954
3	246,6	247,2	+ 111,8	0,4259	0,934
4	252,0	250,3	+ 141,5	0,4202	0,920
5	254,4	251,1	+ 153,9	0,4162	0,910
6	255,9	250,2	+ 158,4	0,4103	0,897
7	*258,7	250,1	+ 173,0	0,4035	0,882
8	*260,8	248,6	+ 207,6	0,3949	0,862
9	*268,3	248,0	+ 224,3	0,3771	0,821
10	*288,6	249,0	+ 255,1	0,3401	0,736
11	*310,2	247,2	+ 281,2	0,3019	0,649
12	*333,4	248,1	+ 308,8	0,2725	0,581

Charge amont : 0ᵐ,30.

N°	h	H	h_1	m	rapport
1	284,0	299,7	+ 85,0	0,4608	0,999
2	286,8	300,4	+ 111,8	0,4557	0,987
3	287,9	298,8	+ 141,8	0,4495	0,973
4	292,8	298,8	+ 169,7	0,4382	0,947
5	297,7	299,1	+ 196,9	0,4281	0,924
6	*302,6	297,9	+ 225,4	0,4153	0,895
7	*310,7	298,5	+ 255,0	0,4003	0,860
8	*320,8	298,4	+ 284,1	0,3659	0,781
9	*349,2	297,9	+ 309,5	0,3350	0,711
10	*371,8	298,4	+ 337,7	0,3057	0,644
11	*398,0	298,3	+ 369,4	0,2758	0,576

Charge amont : 0ᵐ,35.

N°	h	H	h_1	m	rapport
1	324,4	350,7	+ 112,7	0,4789	1,024
2	326,1	349,7	+ 140,6	0,4731	1,011
3	330,6	353,4	+ 157,8	0,4710	1,005
4	329,0	349,7	+ 169,1	0,4668	0,997

Numéros des expériences	Charges observées — au déversoir soumis à l'étude h	Charges observées — au déversoir de comparaison H	Hauteur de la retenue d'aval h_1	Coefficient du déversoir soumis à l'étude m	Rapport $\frac{m}{m_1}$
	millim.	millim.	millim.		
5	334,9	350,4	+ 199,1	0,4559	0,972
6	338,7	350,3	+ 224,0	0,4480	0,954
7	345,8	350,5	+ 254,8	0,4347	0,923
8	*351,4	350,9	+ 280,6	0,4351	0,922
9	*365,9	348,2	+ 309,2	0,3955	0,834
10	*388,1	349,2	+ 337,6	0,3636	0,761
11	*414,6	350,8	+ 368,4	0,3316	0,688

Charge amont : 0ᵐ,40.

Numéros	h	H	h_1	m	$\frac{m}{m_1}$
1	362,5	399,1	+ 140,6	0,4934	1,042
2	368,4	401,8	+ 171,8	0,4865	1,026
3	369,7	398,0	+ 197,4	0,4770	1,005
4	372,6	394,3	+ 228,3	0,4648	0,978
5	381,8	400,8	+ 256,5	0,4594	0,964
6	387,6	401,3	+ 284,6	0,4499	0,942
7	391,7	401,1	+ 308,8	0,4426	0,926
8	*408,9	402,5	+ 338,9	0,4172	0,868
9	*432,8	399,8	+ 367,6	0,3792	0,783

Charge amont : 0ᵐ,45.

Numéros	h	H	h_1	m	$\frac{m}{m_1}$
1	405,5	447,7	+ 199,6	0,4970	1,035
2	411,3	450,5	+ 224,3	0,4911	1,021
3	413,0	449,2	+ 255,1	0,4859	1,009
4	418,5	449,3	+ 270,3	0,4765	0,988
5	423,4	449,0	+ 310,7	0,4679	0,960
6	432,3	449,7	+ 339,6	0,4545	0,938
7	449,0	450,0	+ 367,2	0,4298	0,882
8	*466,8	448,6	+ 393,7	0,4036	0,824

Série n° 200. — Déversoir de 0ᵐ,75 de hauteur.

Juillet et août 1892. — Température de l'eau : 23°.

Déversoir soumis à l'étude : hauteur 0ᵐ,754 ; largeur $l = 1^m,9971$.

Déversoir de comparaison : hauteur 1ᵐ,135 ; largeur $L = 1,9875$.

Rapport $\frac{L}{l} = 0,9952$

Les valeurs des largeurs l et L ci-dessus ne s'appliquent pas à la première expérience des charges amont 0ᵐ,10, 0ᵐ,15, 0ᵐ,20, 0ᵐ,25, 0ᵐ,30, 0ᵐ,35. — Pour ces six expériences, les valeurs des largeurs sont les suivantes : $l = 1^m,9958$, $L = 1^m,9898$, et le rapport $\frac{L}{l} = 0,9970$.

Charge amont : 0ᵐ,10.

Numéros	h	H	h_1	m	$\frac{m}{m_1}$
1	177,7	101,9	+ 28,2	0,3480	0,804

Numéros des expériences	Charges observées — au déversoir soumis à l'étude h	Charges observées — au déversoir de comparaison H	Hauteur de la retenue d'aval h_1	Coefficient du déversoir soumis à l'étude m	Rapport $\frac{m}{m_1}$
	millim.	millim.	millim.		
2	116,5	100,6	+ 57,7	0,3461	0,800
3	118,0	101,8	+ 71,3	0,3456	0,799
4	*116,6	100,4	+ 71,6	0,3448	0,796
5	118,0	100,3	+ 85,9	0,3382	0,781
6	*119,3	99,3	+ 89,0	0,3278	0,757
7	*123,3	101,1	+ 100,9	0,3202	0,741
8	*133,4	101,2	+ 119,0	0,2850	0,660
9	*158,1	99,2	+ 150,4	0,2146	0,497
10	*187,8	100,8	+ 179,9	0,1696	0,393

Charge amont : 0ᵐ,15.

Numéros	h	H	h_1	m	$\frac{m}{m_1}$
1	167,7	153,1	+ 28,0	0,3724	0,862
2	165,7	151,5	+ 57,8	0,3726	0,863
3	165,7	150,8	+ 77,6	0,3701	0,857
4	165,5	150,0	+ 88,5	0,3679	0,852
5	169,5	151,3	+ 117,1	0,3595	0,833
6	*171,0	153,1	+ 118,1	0,3610	0,836
7	172,9	150,8	+ 132,7	0,3473	0,804
8	*173,3	150,4	+ 133,4	0,3447	0,798
9	173,4	151,7	+ 139,2	0,3489	0,808
10	*170,5	151,3	+ 149,5	0,3299	0,764
11	177,9	151,0	+ 150,7	0,3333	0,772
12	183,3	152,3	+ 162,5	0,3229	0,747
13	*203,1	151,4	+ 178,8	0,2743	0,634
14	*228,2	151,0	+ 208,1	0,2294	0,529
15	*255,7	149,6	+ 239,9	0,1908	0,438

Charge amont : 0ᵐ,20.

Numéros	h	H	h_1	m	$\frac{m}{m_1}$
1	213,3	201,6	+ 57,7	0,3904	0,901
2	214,2	202,6	+ 86,9	0,3901	0,900
3	214,5	201,6	+ 117,5	0,3865	0,892
4	217,9	201,1	+ 148,7	0,3760	0,868
5	*220,0	202,9	+ 164,2	0,3756	0,866
6	221,7	200,4	+ 172,4	0,3645	0,841
7	223,3	199,8	+ 179,7	0,3590	0,828
8	*223,7	200,9	+ 179,7	0,3610	0,832
9	228,8	200,7	+ 193,4	0,3485	0,803
10	*231,4	200,5	+ 193,8	0,3421	0,788
11	*244,7	200,4	+ 209,4	0,3144	0,723
12	*272,3	199,6	+ 240,6	0,2662	0,611
13	*295,9	199,7	+ 270,1	0,2351	0,538
14	*320,1	200,2	+ 298,1	0,1799	0,410

Charge amont : 0ᵐ,25.

Numéros	h	H	h_1	m	$\frac{m}{m_1}$
1	256,0	250,2	+ 57,1	0,4102	0,942
2	255,1	250,0	+ 89,5	0,4112	0,945
3	255,0	248,6	+ 118,7	0,4080	0,937
4	256,9	248,6	+ 149,5	0,4035	0,927
5	259,5	248,7	+ 179,3	0,3977	0,913
6	265,0	247,6	+ 209,2	0,3818	0,876
7	268,2	249,7	+ 209,0		
8	270,6	249,1	+ 222,8	0,3744	0,859
9	*275,3	249,9	+ 225,6	0,3665	0,840
10	*289,0	251,1	+ 239,9	0,3433	0,786
11	276,7	249,5	+ 240,2	0,3629	0,832

NUMÉROS des expériences	CHARGES OBSERVÉES au déversoir soumis à l'étude h	au déversoir de comparaison H	HAUTEUR de la retenue d'aval h_1	COEFFICIENT du déversoir soumis à l'étude m	RAPPORT $\frac{m}{m_1}$
	millim.	millim.	millim.		
12	283,8	249,4	+ 250,3	0,3492	0,800
13	*305,6	248,2	+ 256,8	0,3103	0,709
14	*314,8	246,9	+ 268,9	0,2944	0,672
15	*339,9	248,7	+ 298,6	0,2653	0,604
16	*365,6	250,1	+ 332,5	0,2398	0,544
17	*388,3	249,9	+ 360,8	0,2188	0,495

Charge amont : 0m,30.

Nº	h	H	h_1	m	$\frac{m}{m_1}$
1	298,2	299,4	+ 88,4	0,4279	0,979
2	298,2	298,5	+ 117,9	0,4252	0,972
3	299,6	299,5	+ 150,3	0,4244	0,970
4	301,1	298,9	+ 179,0	0,4199	0,960
5	303,9	298,1	+ 209,0	0,4124	0,942
6	308,7	297,8	+ 239,4	0,4023	0,919
7	314,3	299,4	+ 251,8	0,3947	0,901
8	*317,2	298,2	+ 256,6	0,3870	0,883
9	318,1	296,9	+ 268,4	0,3828	0,873
10	*329,6	299,2	+ 268,7	0,3672	0,836
11	325,3	298,5	+ 281,8	0,3732	0,851
12	*348,8	298,3	+ 284,2	0,3358	0,763
13	*363,6	297,6	+ 299,7	0,3144	0,713
14	*376,7	296,1	+ 319,4	0,2959	0,670
15	*384,9	299,4	+ 328,4	0,2913	0,659
16	*408,2	298,5	+ 358,8	0,2655	0,599

Charge amont : 0m,35.

Nº	h	H	h_1	m	$\frac{m}{m_1}$
1	341,4	349,9	+ 90,0	0,4422	1,006
2	340,5	349,9	+ 118,6	0,4432	1,008
3	341,1	349,3	+ 150,1	0,4408	1,003
4	342,9	349,9	+ 179,8	0,4385	0,997
5	342,3	347,7	+ 210,1	0,4356	0,991
6	348,6	350,3	+ 238,2	0,4286	0,974
7	353,0	347,7	+ 269,2	0,4159	0,945
8	357,5	348,4	+ 282,8	0,4093	0,920
9	*376,3	347,5	+ 299,8	0,3769	0,853
10	362,3	347,3	+ 299,9	0,3992	0,906
11	*392,7	345,9	+ 314,8	0,3516	0,794
12	368,5	345,7	+ 316,5	0,3865	0,876
13	378,1	349,9	+ 325,3	0,3787	0,857
14	*407,6	349,4	+ 327,7	0,3377	0,762
15	*429,8	349,9	+ 360,1	0,3125	0,703

Charge amont : 0m,40.

Nº	h	H	h_1	m	$\frac{m}{m_1}$
1	380,9	396,4	+ 120,1	0,4528	1,025
2	380,9	395,2	+ 148,7	0,4507	1,020
3	382,0	395,7	+ 180,0	0,4496	1,017
4	382,7	396,7	+ 208,0	0,4501	1,018
5	385,1	395,6	+ 239,7	0,4440	1,004
6	388,3	395,3	+ 270,8	0,4380	0,990
7	395,9	395,7	+ 299,1	0,4261	0,962
8	404,1	395,4	+ 329,2	0,4128	0,934
9	*420,2	395,4	+ 330,4	0,3892	0,876
10	*439,7	395,4	+ 345,2	0,3636	0,817
11	412,7	396,2	+ 346,2	0,4011	0,904
12	426,5	397,9	+ 358,0	0,3844	0,865

Série n° 201. — Déversoir de 0m,35 de hauteur.

Septembre 1892. — Température de l'eau : 17°,5.

Déversoir soumis à l'étude : hauteur 0m,359 ; largeur l = 1m,9950.
Déversoir de comparaison : hauteur 1m,135 ; largeur L = 1m,9880. } $\frac{L}{l} = 0,9965$ Rapport

Charge amont : 0m,10.

NUMÉROS des expériences	au déversoir soumis à l'étude h	au déversoir de comparaison H	HAUTEUR de la retenue d'aval h_1	COEFFICIENT du déversoir soumis à l'étude m	RAPPORT $\frac{m}{m_3}$
	millim.	millim.	millim.		
1	112,5	99,6	+ 43,1	0,3600	0,820
2	115,2	101,4	+ 54,2	0,3566	0,812
3	118,8	104,5	+ 70,4	0,3560	0,810
4	*118,3	103,5	+ 71,2	0,3532	0,804
5	*117,4	101,3	+ 84,2	0,3462	0,788
6	*118,7	99,1	+ 100,1	0,3297	0,750
7	*125,8	100,5	+ 111,3	0,3085	0,701
8	*149,5	104,5	+ 141,1	0,2522	0,570
9	*161,6	100,5	+ 154,9	0,2119	0,477

Charge amont : 0m,15.

Nº	h	H	h_1	m	$\frac{m}{m_3}$
1	163,0	151,3	+ 55,1	0,3817	0,859
2	166,9	155,1	+ 70,5	0,3822	0,860
3	164,9	152,6	+ 84,4	0,3799	0,855
4	164,4	150,7	+ 99,4	0,3747	0,843
5	166,3	153,0	+ 111,0	0,3765	0,847
6	168,1	152,6	+ 127,2	0,3691	0,830
7	*166,6	149,9	+ 128,4	0,3644	0,820
8	*170,1	149,7	+ 140,8	0,3525	0,792
9	*178,1	152,6	+ 156,0	0,3384	0,759
10	*189,7	153,1	+ 172,0	0,3094	0,691
11	*216,1	152,4	+ 200,2	0,2527	0,560
12	*241,2	150,9	+ 229,6	0,2112	0,464

Charge amont : 0m,20.

Nº	h	H	h_1	m	$\frac{m}{m_3}$
1	209,4	202,9	+ 70,1	0,4051	0,899
2	211,0	203,9	+ 83,5	0,4034	0,895
3	208,5	199,9	+ 97,8	0,3987	0,885
4	208,0	201,1	+ 111,2	0,4037	0,897
5	211,0	201,5	+ 140,7	0,3964	0,880
6	211,5	198,3	+ 157,5	0,3856	0,855
7	217,1	199,6	+ 171,2	0,3744	0,829
8	*215,7	199,3	+ 171,9	0,3772	0,836
9	221,2	201,3	+ 186,2	0,3687	0,815
10	*222,4	202,6	+ 186,6	0,3692	0,816
11	*230,1	201,5	+ 201,7	0,3480	0,767
12	*239,1	201,4	+ 213,2	0,3283	0,722
13	*253,5	202,8	+ 228,0	0,3081	0,674
14	*278,5	202,5	+ 258,7	0,2632	0,571
15	*302,3	202,2	+ 286,2	0,2324	0,501

Each half of the table has the same columns:

| NUMÉROS des expériences | CHARGES OBSERVÉES au déversoir soumis à l'étude h | CHARGES OBSERVÉES au déversoir de comparaison H | HAUTEUR de la retenue d'aval h_1 | COEFFICIENT du déversoir soumis à l'étude m | RAPPORT $\dfrac{m}{m_3}$ |

Charge amont : 0m,25.

№	h (millim.)	H (millim.)	h_1 (millim.)	m	$\dfrac{m}{m_3}$
1	248,7	249,4	+ 83,2	0,4262	0,934
2	249,7	249,9	+ 99,6	0,4249	0,931
3	249,0	249,8	+ 111,8	0,4265	0,935
4	248,6	247,7	+ 142,9	0,4221	0,925
5	255,7	251,9	+ 170,9	0,4150	0,908
6	258,2	249,0	+ 200,1	0,4041	0,883
7	260,7	249,1	+ 214,7	0,3964	0,866
8	*260,3	247,0	+ 216,6	0,3923	0,857
9	*266,5	250,9	+ 227,7	0,3877	0,845
10	265,1	247,0	+ 227,8	0,3816	0,832
11	*277,3	252,8	+ 241,1	0,3694	0,802
12	*289,5	249,5	+ 256,5	0,3395	0,735
13	*317,2	250,2	+ 287,1	0,2973	0,637
14	*328,4	248,9	+ 300,0	0,2800	0,598
15	*388,5	249,5	+ 312,8	0,2686	0,572
16	*362,5	247,6	+ 342,9	0,2396	0,506

Charge amont : 0m,30.

№	h	H	h_1	m	$\dfrac{m}{m_3}$
1	289,6	298,9	+ 98,9	0,4457	0,964
2	288,8	298,3	+ 113,0	0,4463	0,966
3	291,0	301,4	+ 140,2	0,4481	0,969
4	290,4	297,7	+ 154,7	0,4412	0,954
5	290,9	299,5	+ 170,5	0,4442	0,961
6	294,0	300,0	+ 202,0	0,4382	0,947
7	291,6	297,0	+ 227,3	0,4269	0,922
8	301,2	299,3	+ 241,7		
9	302,9	301,7	+ 242,0	0,4219	0,909
10	302,0	300,5	+ 241,3		
11	305,3	297,8	+ 255,7	0,4095	0,881
12	*306,8	299,6	+ 258,6	0,4102	0,883
13	*315,5	300,7	+ 269,2	0,3955	0,848
14	311,9	301,8	+ 270,6	0,4046	0,869
15	*328,2	300,9	+ 283,8	0,3739	0,799
16	*327,7	301,2	+ 284,2		
17	*341,5	290,6	+ 299,5	0,3335	0,709
18	*355,9	298,7	+ 314,1	0,3269	0,692
19	*377,0	299,9	+ 339,3	0,3016	0,634
20	*402,3	299,6	+ 371,8	0,2732	0,569

Charge amont : 0m,35.

№	h	H	h_1	m	$\dfrac{m}{m_3}$
1	328,9	349,2	+ 142,3	0,4661	0,996
2	330,8	348,3	+ 171,1	0,4602	0,982
3	330,7	349,3	+ 200,5	0,4624	0,987
4	333,1	347,6	+ 230,1	0,4541	0,968
5	337,8	349,0	+ 255,0	0,4474	0,953
6	343,0	351,5	+ 269,5	0,4419	0,939
7	344,1	348,1	+ 285,2	0,4334	0,921
8	353,0	351,6	+ 301,9	0,4234	0,897
9	*354,9	351,1	+ 302,4	0,4192	0,888
10	*367,3	349,4	+ 313,8	0,3953	0,833
11	*379,1	350,0	+ 326,4	0,3789	0,796
12	*394,0	348,6	+ 340,8	0,3546	0,741
13	*418,7	349,3	+ 372,3	0,3246	0,673

Charge amont : 0m,40.

№	h (millim.)	H (millim.)	h_1 (millim.)	m	$\dfrac{m}{m_{1\,ou\,3}}$
1	367,0	396,3	+ 172,5	0,4791	1,010
2	369,4	398,2	+ 199,8	0,4781	1,007
3	372,5	400,2	+ 225,0	0,4757	1,001
4	372,0	396,0	+ 256,4	0,4690	0,987
5	375,9	397,0	+ 286,0	0,4634	0,975
6	379,1	394,4	+ 301,0	0,4531	0,952
7	384,2	398,0	+ 315,5	0,4503	0,944
8	390,6	398,0	+ 328,2	0,4393	0,919
9	*405,2	397,3	+ 341,3	0,4146	0,863
10	*419,5	397,2	+ 356,7	0,3934	0,816
11	*435,3	394,5	+ 372,2	0,3684	0,760
12	*444,5	395,8	+ 385,4	0,3588	0,738
13	*458,2	397,8	+ 400,8	0,3455	0,707

Charge amont : 0m,45.

№	h	H	h_1	m	$\dfrac{m}{m_{1\,ou\,3}}$
1	406,4	445,2	+ 200,3	0,4911	1,022
2	406,9	445,4	+ 225,9	0,4905	1,021
3	407,2	444,9	+ 256,5	0,4892	1,018
4	409,3	444,4	+ 284,2	0,4846	1,008
5	417,5	448,1	+ 313,6	0,4763	0,988
6	424,9	447,3	+ 341,1	0,4626	0,957
7	428,2	445,6	+ 357,1	0,4546	0,940
8	436,5	445,7	+ 369,4	0,4419	0,911
9	*455,7	446,4	+ 385,1	0,4153	0,851
10	*469,7	445,9	+ 400,3	0,3961	0,808

Série n° 202. — Déversoir de 0m,75 de hauteur.

0.20 — 1/3 — 2/1 — 0.75

Décembre 1893 et janvier 1894. — Température de l'eau : 4°,5.

Déversoir soumis à l'étude : hauteur 0m,751 ; largeur l = 1m,9858.
Déversoir de comparaison : hauteur 1m,135 ; largeur L. = 1,9948. $\left.\right\}$ Rapport $\dfrac{L}{l} = 0,9995$

Charge amont : 0m,10.

№	h	H	h_1	m	$\dfrac{m}{m_{1\,ou\,3}}$
1	115,7	100,8	+ 58,7	0,3523	0,814
2	116,6	100,0	+ 88,3	0,3442	0,795
3	124,4	103,4	+ 105,0	0,3280	0,759
4	*130,4	100,8	+ 119,9	0,2945	0,682
5	*143,8	102,4	+ 134,1	0,2602	0,603
6	*156,3	100,3	+ 148,5	0,2227	0,516

NUMÉROS des expériences	CHARGES OBSERVÉES — au déversoir soumis à l'étude h	CHARGES OBSERVÉES — au déversoir de comparaison H	HAUTEUR de la retenue d'aval h_1	COEFFICIENT du déversoir soumis à l'étude m	RAPPORT $\dfrac{m}{m_1}$

Charge amont: 0ᵐ,15.

N°	millim.	millim.	millim.		
1	167,0	150,8	+ 88,2	0,3674	0,851
2	168,2	150,2	+ 118,7	0,3614	0,837
3	173,8	150,4	+ 148,5	0,3447	0,798
4	185,8	153,4	+ 166,7	0,3211	0,743
5	*197,0	153,8	+ 181,0	0,2952	0,682
6	*208,6	154,4	+ 194,4	0,2725	0,629
7	*222,5	152,2	+ 209,4	0,2422	0,559

Charge amont: 0ᵐ,20.

N°					
1	214,3	199,9	+ 87,4	0,3838	0,886
2	214,8	200,2	+ 118,3	0,3833	0,885
3	215,7	199,6	+ 146,1	0,3792	0,875
4	224,8	202,6	+ 179,2	0,3644	0,840
5	230,4	200,1	+ 205,2	0,3448	0,794
6	*253,7	203,0	+ 228,3	0,3048	0,700
7	*262,6	201,6	+ 242,1	0,2865	0,658
8	*281,2	202,8	+ 256,5	0,2609	0,598
9	*288,2	201,9	+ 268,7	0,2498	0,572

Charge amont: 0ᵐ,25.

N°					
1	260,8	251,2	− 57,9	0,4024	0,924
2	259,9	250,1	+ 1,8	0,4018	0,923
3	259,9	251,0	+ 61,1	0,4040	0,928
4	260,5	250,6	+ 120,2	0,4017	0,922
5	261,8	251,4	+ 148,1	0,4006	0,920
6	265,2	252,0	+ 182,5	0,3943	0,905
7	269,4	251,0	+ 208,9	0,3828	0,878
8	277,2	251,5	+ 240,4	0,3679	0,843
9	*298,2	250,0	+ 264,9	0,3268	0,747
10	*331,5	251,2	+ 299,5	0,2808	0,640
11	*358,7	253,5	+ 332,8	0,2529	0,574

Charge amont: 0ᵐ,30.

N°					
1	305,2	301,0	+ 80,1	0,4176	0,954
2	305,5	300,5	+ 118,3	0,4159	0,950
3	305,4	300,0	+ 145,2	0,4151	0,948
4	308,7	302,7	+ 178,0	0,4141	0,946
5	308,1	299,5	+ 204,5	0,4086	0,933
6	312,8	301,5	+ 240,0	0,4035	0,921
7	321,8	302,0	+ 267,3	0,3877	0,884
8	332,5	302,1	+ 294,8	0,3693	0,841
9	338,0	301,4	+ 301,0	0,3590	0,847
10	*365,3	301,9	+ 324,4	0,3203	0,726
11	*391,2	302,3	+ 360,0	0,2897	0,655
12	*418,9	302,5	+ 386,8	0,2617	0,589

Charge amont: 0ᵐ,35.

N°					
1	351,4	350,5	+ 149,7	0,4256	0,967
2	350,9	350,8	+ 179,5	0,4271	0,970
3	352,2	350,9	+ 209,2	0,4249	0,965
4	356,9	354,1	+ 238,6	0,4224	0,959
5	360,3	350,9	+ 273,2	0,4107	0,932
6	365,9	351,8	+ 297,3	0,4028	0,913

(suite, seconde colonne)

N°	millim.	millim.	millim.		
7	380,1	351,2	+ 332,2	0,3795	0,859
8	*402,9	352,9	+ 356,0	0,3504	0,791
9	*443,1	352,7	+ 391,9	0,3035	0,681

Charge amont: 0ᵐ,40.

N°					
1	394,9	401,5	+ 179,6	0,4392	0,992
2	394,9	400,7	+ 209,6	0,4379	0,989
3	397,1	401,6	+ 238,9	0,4357	0,984
4	399,6	401,2	+ 269,5	0,4310	0,973
5	404,2	402,4	+ 297,8	0,4255	0,960
6	409,0	400,8	+ 330,2	0,4156	0,937
7	422,3	403,2	+ 359,6	0,3998	0,900
8	439,6	401,4	+ 390,0	0,3738	0,840

Série n° 203. — Déversoir de 0ᵐ,75 de hauteur

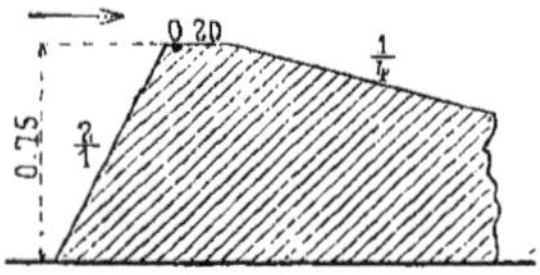

Février 1894. — Température de l'eau: 8°.

Déversoir soumis à l'étude : hauteur 0ᵐ,751 ; largeur $l = 1^m,9860$.
Déversoir de comparaison : hauteur 1ᵐ,135 ; largeur $L = 1^m,9840$.

Rapport $\dfrac{L}{l} = 0,9990$

Charge amont: 0ᵐ,10.

N°					
1	115,6	100,4	+ 56,8	0,3505	0,809
2	115,8	99,8	+ 86,8	0,3465	0,801
3	*119,0	100,4	+ 101,4	0,3356	0,776
4	*127,0	99,7	+ 117,2	0,3013	0,697
5	*138,4	99,9	+ 131,6	0,2656	0,615
6	*152,8	99,5	+ 147,7	0,2277	0,528

Charge amont: 0ᵐ,15.

N°					
1	166,3	150,8	+ 88,6	0,3695	0,856
2	165,8	149,4	+ 118,3	0,3661	0,848
3	169,4	149,2	+ 148,0	0,3539	0,820
4	176,7	150,1	+ 162,4	0,3351	0,776
5	*188,8	148,7	+ 178,0	0,2992	0,692
6	*203,5	149,1	+ 192,2	0,2685	0,620
7	*217,6	150,0	+ 208,5	0,2449	0,565

Charge amont: 0ᵐ,20.

N°					
1	215,4	199,8	+ 88,1	0,3804	0,878
2	218,2	201,6	+ 115,6	0,3781	0,872
3	214,8	200,1	+ 118,9	0,3829	0,884
4	217,4	200,4	+ 149,7	0,3768	0,869
5	218,5	200,2	+ 179,0	0,3734	0,862

Charge amont: 0ᵐ,25. (suite)

NUMÉROS des expériences	CHARGES OBSERVÉES au déversoir soumis à l'étude h	au déversoir de comparaison H	HAUTEUR de la retenue d'aval h_1	COEFFICIENT du déversoir soumis à l'étude m	RAPPORT $\dfrac{m}{m_1}$
	millim.	millim.	millim.		
6	229,5	200,7	+ 208,5	0,3482	0,802
7	*243,2	199,0	+ 222,2	0,3152	0,725
8	*254,7	200,5	+ 237,5	0,2974	0,683
9	*269,6	201,1	+ 253,2	0,2743	0,629
10	*283,4	199,9	+ 270,0	0,2523	0,578

Charge amont: 0ᵐ,25.

1	261,1	250,4	+ 89,3	0,3996	0,918
2	262,3	251,1	+ 119,8	0,3985	0,915
3	259,7	248,7	+ 149,2	0,3987	0,915
4	265,4	251,7	+ 179,9	0,3930	0,902
5	266,3	250,0	+ 208,2	0,3870	0,888
6	273,9	251,6	+ 239,3	0,3746	0,859
7	*289,2	249,8	+ 268,6	0,3416	0,782
8	*319,7	251,5	+ 299,0	0,2969	0,677
9	*349,6	249,7	+ 328,7	0,2568	0,584

Charge amont: 0ᵐ,30.

1	309,5	301,2	+ 147,1	0,4092	0,934
2	309,2	300,1	+ 180,5	0,4075	0,931
3	310,5	299,8	+ 207,3	0,4043	0,923
4	312,7	299,8	+ 237,8	0,4001	0,913
5	318,5	299,5	+ 267,5	0,3886	0,886
6	330,7	300,4	+ 299,5	0,3690	0,841
7	*355,7	300,1	+ 326,6	0,3306	0,751
8	*391,5	300,4	+ 360,2	0,2864	0,647
9	*416,0	300,2	+ 388,1	0,2612	0,588

Charge amont: 0ᵐ,35.

1	356,5	350,9	+ 176,1	0,4170	0,947
2	353,1	347,7	+ 210,1	0,4173	0,948
3	359,4	351,0	+ 236,0	0,4137	0,939
4	359,8	350,6	+ 268,6	0,4108	0,932
5	364,5	350,7	+ 297,7	0,4030	0,914
6	372,4	349,8	+ 326,7	0,3888	0,881
7	392,6	350,5	+ 358,7	0,3603	0,814
8	*405,8	350,5	+ 387,1	0,3428	0,773

Charge amont: 0ᵐ,40.

1	402,7	401,1	+ 208,0	0,4256	0,961
2	403,0	400,5	+ 239,1	0,4242	0,957
3	404,2	400,5	+ 268,1	0,4223	0,953
4	407,7	401,4	+ 298,8	0,4182	0,943
5	410,9	401,4	+ 325,6	0,4134	0,932
6	421,3	401,9	+ 360,0	0,3990	0,898
7	433,2	400,5	+ 389,5	0,3806	0,856

Série n° 204. — Déversoir de 0ᵐ,75 de hauteur.

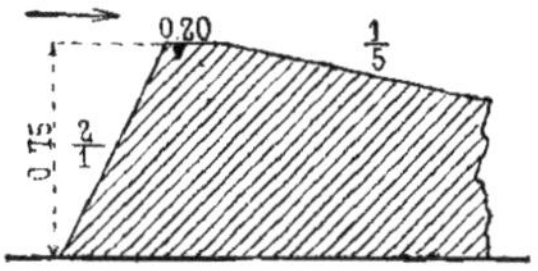

Janvier et février 1894. — Température de l'eau: 6°.

Déversoir soumis à l'étude: hauteur 0ᵐ,751; largeur $l = 1^m,9859$.
Déversoir de comparaison: hauteur 1ᵐ,135; largeur $L = 1^m,9849$.
Rapport $\dfrac{L}{l} = 0,9995$

Charge amont: 0ᵐ,10.

NUMÉROS des expériences	CHARGES OBSERVÉES au déversoir soumis à l'étude h	au déversoir de comparaison H	HAUTEUR de la retenue d'aval h_1	COEFFICIENT du déversoir soumis à l'étude m	RAPPORT $\dfrac{m}{m_1}$
	millim.	millim.	millim.		
1	116,9	100,6	+ 56,7	0,3459	0,799
2	116,5	100,2	+ 89,7	0,3457	0,799
3	*118,7	100,6	+ 103,1	0,3380	0,781
4	*131,2	100,3	+ 118,5	0,2897	0,670
5	*137,3	100,6	+ 132,6	0,2718	0,629
6	*155,4	100,0	+ 150,3	0,2237	0,518

Charge amont: 0ᵐ,15.

1	166,1	148,5	+ 87,7	0,3620	0,839
2	169,2	151,0	+ 120,0	0,3609	0,836
3	169,4	149,1	+ 148,5	0,3537	0,819
4	*177,6	149,6	+ 163,1	0,3310	0,766
5	*178,9	151,2	+ 164,2	0,3326	0,770
6	*189,6	148,4	+ 179,3	0,2966	0,686
7	*200,7	149,9	+ 192,5	0,2764	0,639
8	*219,4	148,3	+ 207,9	0,2380	0,549

Charge amont: 0ᵐ,20.

1	217,8	200,9	+ 150,7	0,3774	0,871
2	220,3	200,3	+ 178,7	0,3693	0,852
3	232,9	200,8	+ 204,7	0,3410	0,786
4	*239,7	201,7	+ 223,7	0,3288	0,757
5	*254,1	200,8	+ 236,1	0,2992	0,687
6	*268,2	202,0	+ 752,9	0,2785	0,639
7	*283,1	205,9	+ 271,4	0,2642	0,605

Charge amont: 0ᵐ,25.

1	265,7	251,9	+ 90,6	0,3930	0,902
2	265,5	250,6	+ 116,5	0,3903	0,896
3	269,1	253,9	+ 149,9	0,3901	0,895
4	266,8	250,5	+ 176,3	0,3873	0,889
5	272,4	254,7	+ 211,0	0,3848	0,883
6	274,4	250,4	+ 237,2	0,3711	0,851
7	*293,2	253,5	+ 271,5	0,3422	0,783
8	*317,3	250,6	+ 295,7	0,2988	0,682
9	*349,0	253,7	+ 330,9	0,2638	0,600

NUMÉROS des expériences	CHARGES OBSERVÉES au déversoir soumis à l'étude h	au déversoir de comparaison H	HAUTEUR de la retenue d'aval h_1	COEFFICIENT du déversoir soumis à l'étude m	RAPPORT $\dfrac{m}{m_1}$
	Charge amont: $0^m,30$.				
	millim.	millim.	millim.		
1	312,6	300.7	+ 178,5	0,4022	0,918
2	312,3	299,9	+ 209,6	0,4012	0,916
3	312,4	298,4	+ 239,6	0,3981	0,909
4	319,5	299,3	+ 269,4	0,3866	0,882
5	326,1	298,3	+ 298,2	0,3731	0,850
6	353,0	299,6	+ 328,3	0,3334	0,757
7	*384,1	299,8	+ 357,3	0,2940	0,665
8	*411,7	299,6	+ 387,9	0,2647	0,597
	Charge amont: $0^m,35$.				
1	358,0	349,9	+ 180,0	0,4129	0,937
2	360,6	349,7	+ 209,0	0,4080	0,926
3	360,2	350,5	+ 239,1	0,4101	0,931

NUMÉROS des expériences	CHARGES OBSERVÉES au déversoir soumis à l'étude h	au déversoir de comparaison H	HAUTEUR de la retenue d'aval h_1	COEFFICIENT du déversoir soumis à l'étude m	RAPPORT $\dfrac{m}{m_1}$
	millim.	millim.	millim.		
4	362,0	348,8	+ 268,1	0,4041	0,917
5	369,1	351,5	+ 300,7	0,3971	0,900
6	373,9	350,6	+ 326,8	0,3880	0,879
7	389,0	349,1	+ 359,7	0,3632	0,821
8	*420,5	349,9	+ 386,9	0,3243	0,730
	Charge amont: $0^m,40$.				
1	405,2	399,3	+ 210,1	0,4190	0,945
2	408,1	400,4	+ 238,7	0,4163	0,939
3	407,6	400,1	+ 270,3	0,4166	0,940
4	410,6	400,0	+ 297,6	0,4119	0,920
5	412,3	398,1	+ 328,7	0,4065	0,916
6	420,8	400,2	+ 358,2	0,3973	0,895
7	433,1	.399,2	+ 388,9	0,3791	0,852

Série n° 205.

NAPPES NOYÉES EN DESSOUS AVEC RETENUE D'AVAL.

Déversoir de 0ᵐ,75 de hauteur, couronné par une crête de 0ᵐ,40 d'épaisseur.

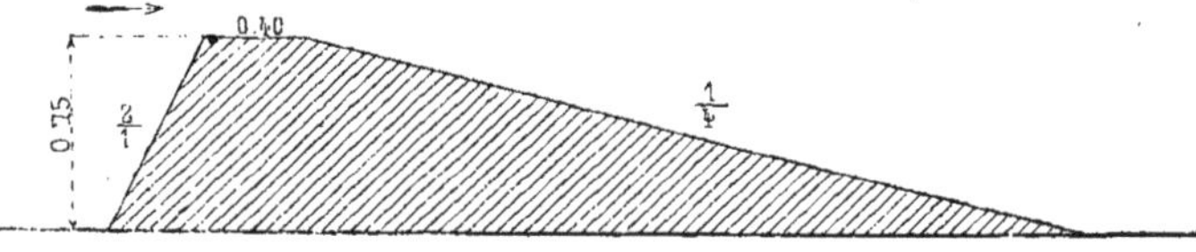

(La flèche placée en tête du croquis indique le sens de l'écoulement. — La position du tube des pressions est indiquée par un point.)

Les nappes ondulées sont désignées par un astérisque *.

Février et mars 1894. — Température moyenne de l'eau : 7°.

Déversoir soumis à l'étude : hauteur 0ᵐ,751 ; largeur $l = 1^m,9845$ } Rapport $\dfrac{L}{l} = 1^m,000.$
Déversoir de comparaison : hauteur 1ᵐ,135 ; largeur $L = 1^m,9845$

Première moitié :

NUMÉROS des expériences	CHARGES OBSERVÉES au déversoir soumis à l'étude h	CHARGES OBSERVÉES au déversoir de comparaison H	HAUTEUR de la retenue d'aval h_1	COEFFICIENT du déversoir soumis à l'étude m	RAPPORT $\dfrac{m}{m_1}$
	Charge amont : 0ᵐ,10.				
	millim.	millim.	millim.		
1	*117,3	100,5	+ 93,0	0,3438	0,794
2	*119,6	101,1	+ 108,0	0,3368	0,779
3	*127,4	99,9	+ 119,5	0,3010	0,696
4	*140,9	99,7	+ 134,6	0,2581	0,598
5	*156,1	100,2	+ 149,7	0,2230	0,517
	Charge amont : 0ᵐ,15.				
1	170,9	149,5	+ 117,5	0,3505	0,812
2	*173,6	150,1	+ 149,7	0,3444	0,797
3	*180,8	150,1	+ 164,0	0,3240	0,750
4	*189,8	151,2	+ 180,7	0,3045	0,704
5	*205,9	150,1	+ 195,8	0,2662	0,615
6	*215,9	150,0	+ 209,9	0,2503	0,578
	Charge amont : 0ᵐ,20.				
1	228,4	199,6	+ 179,9	0,3482	0,802
2	228,3	201,4	+ 194,8	0,3531	0,814
3	*234,1	198,8	+ 210,8	0,3335	0,768
4	*242,1	200,8	+ 225,8	0,3220	0,741
5	*254,4	200,4	+ 239,6	0,2980	0,685
6	*267,2	201,4	+ 255,7	0,2789	0,640
7	*280,9	200,4	+ 270,4	0,2568	0,588
	Charge amont : 0ᵐ,25.				
1	274,2	248,8	+ 120,0	0,3681	0,844
2	274,3	249,5	+ 151,5	0,3695	0,847
3	275,8	248,8	+ 179,5	0,3649	0,837

Seconde moitié :

NUMÉROS des expériences	CHARGES OBSERVÉES au déversoir soumis à l'étude h	CHARGES OBSERVÉES au déversoir de comparaison H	HAUTEUR de la retenue d'aval h_1	COEFFICIENT du déversoir soumis à l'étude m	RAPPORT $\dfrac{m}{m_1}$
	millim.	millim.	millim.		
4	276,8	250,6	+ 209,8	0,3669	0,841
5	280,9	248,5	+ 240,2	0,3544	0,812
6	291,6	249,7	+ 269,1	0,3375	0,772
7	*313,8	248,3	+ 300,5	0,2997	0,684
8	*345,2	249,6	+ 330,7	0,2619	0,595
9	*373,6	248,4	+ 360,6	0,2309	0,523
	Charge amont : 0ᵐ,30.				
1	327,6	300,7	+ 211,5	0,3752	0,855
2	327,6	299,7	+ 238,2	0,3733	0,851
3	332,4	301,3	+ 270,1	0,3681	0,838
4	337,1	300,0	+ 297,4	0,3581	0,815
5	353,3	301,0	+ 329,3	0,3355	0,762
6	*380,1	300,4	+ 359,1	0,2997	0,678
7	*409,9	301,0	+ 392,1	0,2684	0,605
	Charge amont : 0ᵐ,35.				
1	377,3	349,6	+ 270,0	0,3813	0,863
2	381,9	351,0	+ 299,0	0,3767	0,852
3	383,7	348,3	+ 329,3	0,3697	0,836
4	394,0	349,3	+ 359,3	0,3568	0,806
5	*414,7	348,7	+ 389,4	0,3292	0,742
	Charge amont : 0ᵐ,40.				
1	426,2	399,6	+ 300,3	0,3891	0,876
2	430,6	399,5	+ 331,5	0,3830	0,861
3	434,6	399,9	+ 360,3	0,3783	0,850
4	441,6	399,9	+ 389,9	0,3694	0,830

Nous avons déjà montré, en discutant les expériences analogues sur les déversoirs à poutrelles, que la largeur de la crête modifie complètement l'effet de la retenue. Tandis que, sur les déversoirs en mince paroi, l'influence du niveau d'aval se manifeste bien avant qu'il n'atteigne la crête, il faut, sur les déversoirs à crête large, qu'il dépasse le seuil, et cela d'autant plus que le seuil lui-même est plus large. Pour mettre ce fait en évidence, il suffira de résumer les résultats qui précèdent, en rapprochant les charges correspondant à un même débit pour les différents niveaux de l'aval (*). Commençons par les séries n°s 195, 196, 197 ; les déversoirs, tous trois à vive arête et à parement d'amont vertical, ne différaient que par les inclinaisons du talus d'aval, qui ont été successivement réglées à 1/1, 1/2 et 1/5.

(*) Les charges sur le barrage-type ne pouvant être exactement de $0^m,10$, $0^m,15$, $0^m,20$... en nombre rond, et le niveau d'aval ne pouvant de même se régler rigoureusement à $0^m,06$, $0^m,09$, $0^m,12$, ..., au-dessus ou au-dessous du seuil, les charges qui figurent dans les tableaux des séries ont dû, pour être tout à fait comparables, subir de légères corrections dont il est facile de se rendre compte; ces corrections n'ont pas, d'ailleurs, bien grande importance pour l'interprétation des résultats.

CHARGES EN MILLIMÈTRES OBSERVÉES SUR LES DÉVERSOIRS A VIVE ARÊTE ET A TALUS
(Séries n°s 195, 196 et 197).

CHARGES sur le déversoir type d'amont	Ressaut éloigné	POSITION DU NIVEAU D'AVAL PAR RAPPORT AU SEUIL DU DÉVERSOIR							
		$-0^m,06$	0	$+0^m,06$	$+0^m,12$	$+0^m,18$	$+0^m,24$	$+0^m,30$	$+0^m,36$
Talus d'aval à 1/1 (Série n° 195)									
0,15	139	140	144	157	180	»	»	»	»
0,20	183	186	189	199	220	247	»	»	»
0,25	228	229	233	246	265	287	312	»	»
0,30	272	274	277	286	305	329	353	377	»
0,35	317	318	323	334	351	371	392	412	»
0,40	361	364	370	382	397	413	429	448	»
Talus d'aval à 1/2 (Série n° 196)									
0,15	148	»	149	156	175	»	»	»	»
0,20	196	»	197	203	214	243	»	»	»
0,25	243	»	245	248	257	280	315	»	»
0,30	289	»	»	294	301	316	346	381	»
0,35	338	»	»	340	346	356	375	411	»
0,40	386	»	»	»	391	400	416	438	»
Talus d'aval à 1/5 (Série n° 197)									
0,15	161	»	»	»	168	204	»	»	»
0,20	212	»	»	»	213	227	271	»	»
0,25	203	»	»	»	»	270	293	328	»
0,30	314	»	»	»	»	315	327	358	404
0,35	366	»	»	»	»	»	371	390	423
0,40	417	»	»	»	»	»	»	428	452

La deuxième colonne du tableau, déduite des séries n°s 136, 137 et 141, fait connaître les charges correspondant au même débit, dans le cas où l'influence d'aval n'ayant pas lieu, le ressaut s'éloigne du pied de la nappe ; c'est en comparant ces charges, prises comme point de départ, que l'on peut se rendre compte de l'influence progressive du relèvement de l'aval.

Quand le talus d'aval est incliné à 1/1 (série n° 195), le relèvement du niveau d'aval commence à se transmettre à l'amont, dès que ce niveau est à quelques centimètres au-dessous de la crête du déversoir. Si l'on incline le talus d'aval à 1/2 (série n° 196), l'effet de la retenue n'apparaît sur le plan d'eau d'amont qu'à partir du moment où cette retenue dépasse la crête ; il est peu important au début. Mais, si l'on abaisse l'inclinaison du talus d'aval à 1/5 (série n° 197), cette faible inclinaison produit le même effet qu'une crête large, c'est-à-dire que l'exhaussement du plan d'eau d'aval se transmet beaucoup plus difficilement à l'amont ; il faut, pour qu'il devienne sensible, que la hauteur de la retenue au-dessus de la crête du déversoir atteigne la moitié environ de la charge.

Comparons de même les déversoirs à crête de $0^m,20$ de largeur (séries n° 198 à 204). Pour plus de simplicité, et afin de n'avoir que des résultats parfaitement comparables, nous laisserons de côté les séries n°^{s} 199 et 201, exécutées sur des déversoirs de $0^m,35$ de hauteur, leurs résultats ne différant d'ailleurs pas beaucoup de ceux des séries n°^{s} 198 et 200. Nous n'aurons donc à rapprocher que cinq séries, dans lesquelles les déversoirs ont eu même largeur en crête ($0^m,20$), même hauteur ($0^m,75$), même pente d'amont (2/1), et ne différaient que par l'inclinaison du talus d'aval qui a été successivement réglé à 1/1, 1/2, 1/3, 1/4 et 1/5. L'indication des charges correspondant au ressaut éloigné a été empruntée aux séries n°^{s} 147, 151, 153, 154 et 156.

CHARGES EN MILLIMÈTRES OBSERVÉES SUR LES DÉVERSOIRS A CRÊTE DE $0^m,20$ ET A TALUS

(Séries nos 198, 200, 202, 203 et 204).

CHARGES sur le déversoir type d'amont	HAUTEUR DE LA RETENUE D'AVAL AU-DESSUS DU SEUIL						
	Ressaut éloigné	$0^m,06$	$0^m,12$	$0^m,18$	$0^m,24$	$0^m,30$	$0^m,36$
Talus d'aval à 1/1 (Série n° 198).							
0,15	161	162	169	199	»	»	»
0,20	208	209	211	227	271	»	»
0,25	249	»	253	263	294	336	»
0,30	291	»	293	299	321	362	»
0,35	332	»	»	337	352	388	»
0,40	371	»	»	375	386	418	»
Talus d'aval à 1/2 (Série n° 200).							
0,15	164	165	169	197	257	»	»
0,20	209	210	212	228	271	324	»
0,25	254	255	256	261	286	340	392
0,30	297	»	299	301	314	359	415
0,35	339	»	341	342	350	371	432
0,40	388	»	384	386	389	401	444
Talus d'aval à 1/3 (Série n° 202).							
0,15	165	166	168	190	»	»	»
0,20	213	215	215	223	259	»	»
0,25	259	»	261	282	278	329	»
0,30	305	»	»	306	312	338	389
0,35	349	»	»	350	353	365	403
0,40	393	»	»	»	395	402	419
Talus d'aval à 1/4 (Série n° 203).							
0,15	165	»	167	190	»	»	»
0,20	215	»	216	220	257	»	»
0,25	261	»	»	263	274	318	»
0,30	308	»	»	309	313	382	389
0,35	354	»	»	355	357	365	391
0,40	400	»	»	»	402	406	419
Talus d'aval à 1/5 (Série n° 204).							
0,15	167	»	168	192	»	»	»
0,20	215	»	221	254	»	»	»
0,25	263	»	264	286	276	316	»
0,30	312	»	»	314	332	385	»
0,35	359	»	»	»	360	367	393
0,40	406	»	»	»	407	410	422

Malgré quelques anomalies, on voit que l'influence de l'aval est à peine sensible tant que la hauteur h_1 de la retenue au-dessus de la crête du barrage est inférieure à la moitié de la charge h.

Si l'on considère enfin la série n° 205 dans laquelle la largeur de la crête avait été portée à $0^m,40$, cette influence diminue encore et ne devient appréciable que lorsque la hauteur de la retenue atteint les deux tiers de la charge.

Rapport $\dfrac{e}{h}$. — Le rapport $\dfrac{e}{h}$ est peu variable dans les onze séries d'expériences que nous venons de discuter, sauf toutefois sur les déversoirs à vive arête qu'il convient de considérer à part.

Lorsque la pente du talus d'aval est 1/1 ou 1/2 (séries n°ˢ 195 et 196), la valeur de $\dfrac{e}{h}$ est environ 0,80, tant que le niveau d'aval est un peu au-dessous de la crête; dès qu'il l'a dépassée, $\dfrac{e}{h}$ augmente progressivement jusqu'à 0,85 ou 0,86, la nappe conservant la forme noyée en dessous; lorsqu'elle a pris la forme ondulée, il s'élève à 0,87 ou 0,88. En passant à la série n° 197 (pente du talus d'aval 1/5), il augmente de 2 ou 3 centièmes.

Dans les autres séries $\dfrac{c}{h}$ diffère peu de 0,85 ou 0,86 pour les nappes noyées en dessous, et atteint 0,90 ou 0,91 pour les nappes ondulées. On voit que le changement de forme a pour effet d'augmenter de 4 ou 5 centièmes la valeur du rapport $\dfrac{e}{h}$.

Pressions sous les nappes.

La pression sous les nappes a été mesurée pour tous les types de déversoirs, en suivant les procédés déjà indiqués dans les fascicules précédents. Le point choisi pour la détermination de ces pressions était toujours placé immédiatement en aval de l'arête d'amont. Sur les déversoirs à crête arrondie, la pression a été mesurée au point de raccordement de la courbe d'amont avec la crête horizontale, ainsi que l'indique le croquis ci-dessous.

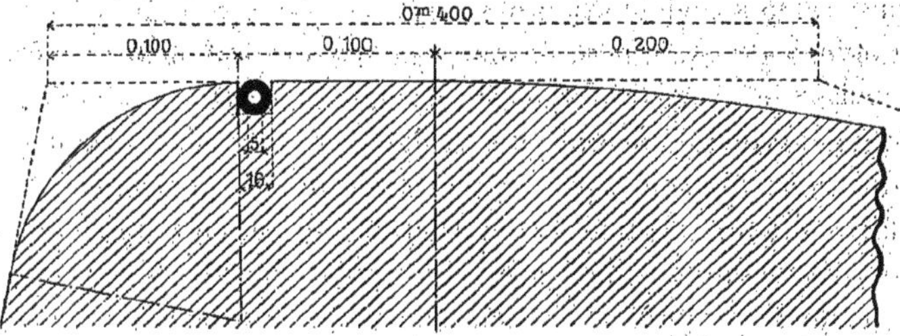

En discutant les expériences sur les déversoirs en mince paroi, nous avions été conduits à poser, entre le rapport $\dfrac{P_0}{h}$ de la pression P_0 à la charge h, et celui des coefficients m et m', les équations :

Nappes à ressaut éloigné :
$$\frac{m}{m'} = 1,01 - 0,245 \frac{P_0}{h}\left(1 + \frac{1}{5}\frac{P_0}{h}\right)$$

Nappes influencées par l'aval :

$\dfrac{P_0}{h}$ négatif
$$\frac{m}{m'} = 1 - 0,235 \frac{P_0}{h}\left(1 + \frac{1}{7}\frac{P_0}{h}\right)$$

$\dfrac{P_0}{h}$ positif et $< 0,6$
$$\frac{m}{m'} = 1 - 0,235 \frac{P_0}{h}\left(1 + \frac{P_0}{h}\right)$$

$\dfrac{P_0}{h}$ positif et $> 0,6$
$$\frac{m}{m'} = \left(1 + 0,04 \frac{h_1}{p}\right)\sqrt[3]{1 - \frac{P_0}{h}}.$$

Ces relations restent-elles applicables sur les déversoirs

à talus ? Pour nous en assurer, introduisons dans les formules précédentes les valeurs de $\dfrac{P_0}{h}$, dont on trouvera le détail dans l'appendice, et comparons les valeurs de $\dfrac{m}{m'}$ ainsi déduites avec celles que nous a fournies l'expérience. Cette comparaison conduit au résultat suivant :

Quand le talus d'amont est vertical, les formules sont applicables et donnent bien les valeurs du coefficient $\dfrac{m}{m'}$ (*) ; si on l'incline peu à peu à 3/1, 2/1, 1/1, les valeurs calculées deviennent un peu trop faibles et doivent être augmentées de quelques centièmes, l'écart croissant à mesure que le parement d'amont s'incline davantage. Ce désaccord s'explique facilement : la pente du talus d'amont, par la direction qu'elle imprime aux filets fluides, modifie la contraction au passage du seuil ; or cet élément, à peu près invariable sur les déversoirs en mince paroi, est implicitement compris dans les coefficients des formules, qui doivent nécessairement conduire à des valeurs un peu trop faibles.

Si l'on adoucit encore la pente de l'amont, en l'abaissant à 1/2, les formules fournissent des valeurs de plus en plus faibles, surtout si le talus d'aval est également peu incliné sur l'horizontale ; mais il faut remarquer alors que la mesure des pressions ne se fait plus dans des conditions parfaitement comparables ; l'orifice de l'instrument ne se trouve plus, comme sur un déversoir à parement vertical, dans une eau morte qui tourbillonne sans vitesse de translation, immédiatement en aval de l'arête du seuil. L'adoucissement de la pente amont a pour effet d'entraîner cette eau morte, qui participe alors plus ou

---

(*) Sauf une petite différence de 1 0/0 en moins, qui est peut-être due à quelque particularité des procédés d'expérimentation.

moins au mouvement de la nappe, et les indications de l'instrument se trouvent modifiées. Aussi les formules cessent-elles complètement d'être applicables, quand on passe aux barrages à crêtes arrondies, dans lesquels l'eau morte sous la nappe disparaît presque entièrement.

Nous terminerons ici le compte rendu de nos expériences sur l'écoulement en déversoir. Ces recherches ayant pris beaucoup plus de développement que nous ne l'avions d'abord supposé, leurs résultats sont disséminés dans les six articles insérés aux *Annales* de 1888, 1890, 1891, 1894, 1896 et 1898. Il convient de les grouper dans un résumé d'ensemble ; c'est ce que nous allons essayer de faire sous une forme aussi réduite que possible, en laissant de côté les détails secondaires et les considérations accessoires qui ne présenteraient qu'un intérêt purement théorique.

RÉSUMÉ GÉNÉRAL DES EXPÉRIENCES.

Classification des diverses espèces de nappes. — Lorsque l'eau s'écoule par un orifice avec charge sur le sommet, on sait que le débit Q varie suivant le dispositif de cet orifice, le coefficient m de la formule $Q = m\omega \sqrt{2gh}$ devant être déterminé pour chaque cas particulier ; ce coefficient ne varie toutefois que dans des limites relativement restreintes. Les conditions sont plus complexes sur un déversoir ; l'influence du dispositif (largeur de la crête, pente des talus d'amont et d'aval, etc.), subsiste toujours, mais d'autres causes interviennent pour faire varier dans des limites beaucoup plus étendues le coefficient de la formule classique $Q = mlh \sqrt{2gh}$.

La nappe déversante, différant en cela de la veine issue d'un orifice avec charge sur le sommet, peut prendre

plusieurs formes parfaitement distinctes ; ces formes constituent en réalité autant de cas spéciaux, qu'il est nécessaire d'étudier séparément, et l'on peut, en les confon-
dant, s'exposer à des erreurs importantes. Il faut donc,
avant tout, classer ces différentes formes, et faire connaître leurs caractères distinctifs.

Nappes libres. — Le cas le plus simple et le mieux
défini, est celui d'un déversoir en mince paroi, sans contraction latérale, dans lequel la nappe tombe librement
dans l'air, sa surface inférieure restant toujours soumise
à la pression atmosphérique. On supprime la contraction
latérale en donnant au déversoir la largeur du canal d'amenée, que nous supposons à parois verticales ; immédiatement au-dessous de la crête, ces parois doivent être disposées de manière à permettre le libre accès de l'air sous
la nappe, qui représente une simple tranche d'une nappe
de largeur illimitée. Le phénomène ainsi défini est parfaitement constant ; ces nappes libres, indépendantes de
toute influence d'aval, se prêtent à une détermination précise du coefficient m.

Nappes déprimées et nappes noyées en dessous. —
Lorsque les parois du canal de fuite, en aval du déversoir,
ne sont pas disposées de manière à maintenir le libre
accès de l'air sous la nappe, le phénomène se complique,
et la forme de la nappe, remarquablement constante dans
le cas de la nappe libre, se modifie cette fois suivant
le débit.

Tant que la charge ne dépasse pas une certaine limite,
la nappe reste détachée du barrage, enfermant au-dessous d'elle un volume d'air, dont la pression est inférieure
à celle de l'atmosphère ; aussi voit-on l'eau s'élever sous
la nappe à un niveau supérieur à celui de l'aval. On a
ainsi une sorte de nappe libre, modifiée et *déprimée* par
l'excès de la pression extérieure. Son débit, sur un déversoir en mince paroi, est, à égalité de charge, un peu supé-

rieur à celui de la véritable nappe libre ; l'écart va en augmentant à mesure que le volume d'air emprisonné diminue. Les nappes déprimées ne sont pas très stables ; des rentrées d'air accidentelles se produisent de temps en temps et font varier à la fois la pression intérieure et le débit.

Dès que l'air a tout à fait disparu, la nappe prend une forme mieux définie, dite noyée en dessous. La partie vive de la veine, où s'opère le débit, recouvre une petite masse d'eau animée de mouvements confus, qui ne participe pas au mouvement de translation de la veine proprement dite.

La nappe noyée en dessous peut être indépendante du niveau d'aval, ou bien, au contraire, être influencée par ce niveau, dont toute modification réagit alors sur l'écoulement en amont du déversoir. Le premier cas se produit quand la chute est suivie d'un rapide se terminant par un ressaut brusque, au-delà duquel l'écoulement se règle suivant les conditions du canal de fuite ; la position de ce ressaut est sans influence sur le déversoir, pourvu qu'il ne vienne pas recouvrir le pied de la nappe.

Dans le second cas, c'est-à-dire quand le pied de la nappe est plus ou moins recouvert, on ne saurait faire abstraction de la hauteur du niveau d'aval ; car il peut se faire qu'il modifie le débit, bien que n'atteignant pas la crête du déversoir.

Nappes ondulées. — Lorsqu'on élève le niveau d'aval au-dessus de la crête du déversoir, la nappe noyée conserve sa forme tant que la chute de l'amont à l'aval ne descend pas au-dessous d'une certaine limite. Son profil caractéristique subsiste, en partie caché par son immersion dans le bief d'aval ; mais, quand on diminue progressivement la chute, il vient un moment où la nappe se reporte subitement à la surface, en affectant un profil ondulé. Ce changement, bien que très apparent, n'a cependant pas une influence bien importante sur la valeur du coefficient de débit.

Nappes adhérentes. — Les formes de nappes que nous venons de passer en revue sont celles que l'on rencontre le plus ordinairement ; il en existe toutefois une autre qui apparaît avec certains dispositifs. La nappe, au lieu de recouvrir, comme dans la forme noyée en dessous, une petite masse d'eau tourbillonnant sans mouvement de translation, s'applique étroitement contre le barrage, auquel elle devient adhérente. Elle présente alors, dans certains cas, des particularités intéressantes. A cette forme remarquable correspond souvent une augmentation considérable du coefficient de débit.

L'ensemble des phénomènes est donc fort complexe, et l'on ne saurait le plus souvent déterminer avec exactitude le débit d'un déversoir sans avoir préalablement reconnu sous quelle forme particulière de nappe s'opère l'écoulement. Prenant pour exemple un déversoir de $0^m,75$ de hauteur en mince paroi, nous avons constaté que, pour une même charge de $0^m,20$, la nappe peut affecter quatre formes bien distinctes, auxquelles correspondent des valeurs différentes du coefficient de la formule $Q = mlh\sqrt{2gh}$:

VALEURS
du coefficient m.

1° Nappe libre, dont la face inférieure reste constamment soumise à la pression atmosphérique.. 0,433

2° Nappe déprimée, renfermant un certain volume d'air, dont la pression est inférieure à celle de l'atmosphère.......... 0,460

3° Nappe noyée en dessous, ne renfermant plus d'air, et maintenue par le plan d'eau d'aval réglé à $0^m,125$ au-dessous de la crête du déversoir.................... 0,497

4° Nappe adhérente, complètement appliquée contre la face aval du barrage, le ressaut étant éloigné du pied de la nappe qui reste complètement découvert............ 0,554

On voit à quelles erreurs on peut être exposé, si l'on ne tient pas compte de la nature des nappes, qui constituent en réalité des modes d'écoulements différents.

Déversoirs en mince paroi. — *Nappes libres.* — Lorsque la nappe qui s'écoule sur un déversoir en mince paroi reste en libre communication avec l'atmosphère sur sa face inférieure, le seul élément qui modifie la valeur du coefficient m est la vitesse u dans le canal d'amenée, et, pour en tenir compte, on remplace ordinairement, dans la formule, h par $h + \alpha \dfrac{u^2}{2g}$, α étant un coefficient assez mal déterminé; elle devient alors, en représentant par μ le coefficient m modifié (*),

$$Q = \mu l \left(h + \alpha \frac{u^2}{2g} \right) \sqrt{2g \left(h + \alpha \frac{u^2}{2g} \right)} = \mu l h \sqrt{2gh} \left(1 + \alpha \frac{u^2}{2gh} \right)^{\frac{3}{2}},$$

ou approximativement, en remarquant que $\dfrac{u^2}{2gh}$ est une fraction dépassant rarement quelques centimètres,

$$(1) \qquad Q = \mu l h \sqrt{2gh} \left(1 + \frac{3}{2} \alpha \frac{u^2}{2gh} \right).$$

Cette expression n'est pas d'un usage commode, puisque la vitesse u dépend elle-même du débit cherché; mais, si l'on désigne par p la hauteur du déversoir au-dessus du fond du canal, la section mouillée de ce canal est $l\,(h + p)$, et l'on a :

$$\frac{u^2}{2g} = \frac{Q^2}{2g l^2 (h + p)^2},$$

ou simplement, en remplaçant Q par sa valeur $m l h \sqrt{2gh}$,

$$\frac{u^2}{2gh} = m^2 \left(\frac{h}{h + p} \right)^2.$$

(*) Voir *Ann. des P. et Ch.*, 1888, 2ᵉ semestre, p. 417 et suiv.

Faisant pour abréger $\frac{3}{2}\,\alpha m^2 = \mathrm{K}$, l'expression ci-dessus prend la forme plus pratique :

$$(2) \qquad Q = \mu \left[1 + \mathrm{K}\left(\frac{h}{h+p}\right)^2 \right] lh\sqrt{2gh}.$$

Nous avons déterminé les coefficients α, K et μ par des expériences comparatives sur cinq déversoirs de hauteurs différentes (*).

α et K ne sont pas tout à fait constants ; mais on peut faire, en moyenne, $\alpha = \frac{5}{3}$; $\mathrm{K} = 0{,}55$. Quant à μ, sa valeur, qui répond au cas limite d'une vitesse d'arrivée nulle, ne saurait être obtenue directement, puisqu'il est impossible de supprimer complètement cette vitesse ; son influence se réduisait toutefois à peu de chose sur le déversoir le plus élevé. Le coefficient μ décroît lentement quand la charge augmente :

Charges h........	$0^m,05$	$0^m,10$	$0^m,20$	$0^m,30$	$0^m,40$	$0^m,50$
Coefficients μ correspondants....	0,448	0,432	0,421	0,417	0,414	0,412

Lorsque h est supérieur à $0^m,10$, ces valeurs sont assez exactement représentées par la formule

$$(3) \qquad \mu = 0{,}405 + \frac{0{,}003}{h}.$$

En adoptant pour K la valeur 0,55, la formule (2) devient :

$$(4) \qquad m = \mu \left[1 + 0{,}55\left(\frac{h}{h+p}\right)^2 \right].$$

On peut, dans bien des cas, pour les charges comprises entre $0^m,10$ et $0^m,30$, se contenter de donner à μ la

____

(*) Voir *Ann. des P. et Ch.*, 1888, 2ᵉ semestre, séries nᵒˢ 1 à 10, p. 405, 408, 410, 420 et suiv.

valeur constante 0,425, en faisant simplement $K = \frac{1}{2}$; l'expression de m se réduit alors:

$$(5)\quad m = 0,425 \left[1 + \frac{1}{2} \left(\frac{h}{h+p} \right)^2 \right] = 0,425 + 0,212 \left(\frac{h}{h+p} \right)^2,$$

et devient tout à fait pratique, toutes les fois que des erreurs de 2 ou 3 0/0 sont sans inconvénient[*].

C'est ce coefficient de débit de la nappe libre, parfaitement déterminé par la charge h et la hauteur p du barrage, qui nous a servi de point de comparaison; au lieu de considérer, sur les autres déversoirs, les valeurs absolues des coefficients m qui leur sont propres, nous les comparerons au coefficient m' de la nappe libre, qui se produirait pour la même charge, sur un déversoir en mince paroi de même hauteur. Cette substitution des rapports $\frac{m}{m'}$ aux valeurs absolues m, éliminant, du moins en grande partie, l'influence de la vitesse d'arrivée, facilite beaucoup la discussion des résultats.

Dans ce qui précède, la face amont du barrage formant déversoir était supposée plane et verticale; si on l'incline, les valeurs du coefficient m se modifient; elles diminuent quand l'inclinaison se produit vers l'amont; si, au contraire, on incline le plan du barrage vers l'aval, elles augmentent jusqu'à un maximum, qui correspond à peu près à l'inclinaison de 30°, pour décroître ensuite[**].

Le rapport entre les coefficients correspondant à deux inclinaisons différentes reste sensiblement le même, quelle que soit la charge, de telle sorte que l'on peut obtenir les valeurs de m pour une inclinaison donnée, en multi-

---

(*) Voir *Ann. des P. et Ch.*, 1888, 2ᵉ semestre, p. 446 à 448.

(**) Voir *Ann. des P. et Ch.*, 1890, 1ᵉʳ semestre, séries nᵒ 11 à 30, p. 18 à 27.

pliant par un rapport ou module constant celles qui répondent au cas du déversoir vertical, ainsi que l'indique le tableau ci-après (*).

			Module par lequel on doit multiplier le coefficient propre au déversoir vertical
Inclinaison vers l'amont	1 de base pour 1 de hauteur		0,93
	2 — pour 3	—	0,94
	1 — pour 3	—	0,96
Déversoir vertical			1,00
Inclinaison vers l'aval	1 de base pour 3 de hauteur		1,04
	2 — pour 3	—	1,07
	1 — pour 1	—	1,10
	2 — pour 1	—	1,12
	4 — pour 1	—	1,09

Ces rapports vont en croissant régulièrement, depuis l'inclinaison de 45° vers l'amont jusqu'à celle de 30° environ vers l'aval, où a lieu le maximum ; le déversoir ne fonctionne plus, il est vrai, dans une condition normale, quand on l'incline aussi fortement vers l'aval, la veine liquide, au lieu de se contracter librement au passage du seuil, se trouvant guidée par le plan incliné du barrage, avec lequel elle reste en contact immédiat.

Déversoirs en mince paroi. — *Nappes déprimées et noyées en dessous.* — Lorsque l'air n'arrive plus librement sous la nappe, le phénomène devient plus compliqué, la nappe pouvant être, soit déprimée enfermant encore de l'air à une pression inférieure à celle de l'atmosphère, soit noyée en dessous sans air interposé.

A la forme déprimée correspond un débit légèrement supérieur à celui des nappes libres, l'écart pouvant même s'élever à près de 10 0/0 au moment où la nappe, ne renfermant presque plus d'air, est sur le point de prendre la forme noyée ; les rentrées d'air, qui se

---

(*) Voir *Ann. des P. et Ch.*, 1890, 1ᵉʳ semestre, p. 49.

produisent de temps à autre, font un peu varier le débit (*).

Les nappes noyées sont plus régulières ; il importe de distinguer deux cas, suivant que le ressaut qui se produit au-delà de la nappe est éloigné de son pied, ou le recouvre au contraire en partie.

Premier cas. — *Ressaut éloigné* (**). — Le coefficient m se déduit du coefficient m' de la nappe libre par la relation (***)

$$(6) \qquad m = m' \left[0,878 + 0,128 \frac{p}{h} \right].$$

Le rapport $\frac{p}{h}$ ne peut pas recevoir une valeur quelconque, l'expérience montrant qu'il est au plus égal à 2,5 ; car la forme noyée ne peut se maintenir si la charge h est inférieure à $0,4p$. Pour la valeur maximum $\frac{p}{h} = 2,5$, on a, fort approximativement, $m = 1,20m'$, et quand $h = p$, m devient sensiblement égal à m' ; enfin m est plus petit que m', quand h surpasse p.

Si l'on applique la formule ci-dessus à des déversoirs de diverses hauteurs, on constate que, pour une même valeur de $\frac{p}{h}$, les valeurs absolues de m ne diffèrent pas beaucoup de celles que donnerait l'expression (****) :

$$(7) \qquad m = 0,470 + 0,0075 \frac{p^2}{h^2},$$

laquelle permettrait, par suite, de déterminer une valeur

(*) Voir *Ann. des P. et Ch.*, 1891, 2ᵉ semestre, séries nᵒˢ 35 à 38, p. 450 à 451.

(**) Voir *Ann. des P. et Ch.* 1894, 1ᵉʳ semestre, séries nᵒˢ 53 à 62, p. 251 à 253, 261, 264, 265.

(***) Voir *Ann. des P. et Ch.*, 1894, 1ᵉʳ semestre, p. 258.

(****) Voir *Ann. des P. et Ch.*, 1894, 1ᵉʳ semestre, p. 259.

approchée du coefficient absolu m, sans passer par le calcul du rapport $\dfrac{m}{m'}$.

SECOND CAS. — *Ressaut recouvrant en partie la nappe* (*). — Il faut tenir compte du niveau en aval du déversoir, et, si l'on désigne par h_1 la différence de niveau entre le plan d'eau d'aval et la crête du déversoir, la valeur de m est (**) :

$$(8) \qquad m = m' \left[1,06 + 0,16 \left(\frac{h_1}{p} - 0,05 \right) \frac{p}{h} \right].$$

Cette formule ne doit être appliquée qu'entre certaines limites de h_1. Si l'on augmente, en effet, la chute qui a lieu entre les deux niveaux d'amont et d'aval, il vient un moment où le ressaut est repoussé au-delà du pied de la nappe, qu'il cesse de recouvrir, et l'on rentre alors dans le cas précédent. Ce départ du ressaut a lieu quand la chute $h + h_1$ est égale à environ $\frac{3}{4}p$, c'est-à-dire que, pour une charge donnée h, la plus grande valeur admissible de h_1 est $\frac{3}{4}p - h$. D'un autre côté, lorsque la charge h est insuffisante pour repousser le ressaut, il faut cependant que le niveau d'aval soit assez élevé pour soutenir le pied de la nappe et s'opposer à l'introduction de l'air qui la ramènerait à la forme déprimée.

La formule précédente peut, le plus souvent, se simplifier, en supprimant le petit terme 0,05 dans la parenthèse et diminuant un peu, par compensation, les deux autres

---

(*) Voir *Ann. des P. et Ch.*, 1894, 1er semestre, séries nos 64 à 69, p. 280 à 283.

(**) Voir *Ann. des P. et Ch.*, 1894, 1er semestre, p. 284, cette formule, dans laquelle, pour plus de généralité, les retenues h_1 en contre-bas de la crête sont affectées du signe —, les retenues supérieures au niveau de la crête étant seules comptées positivement.

coefficients, ce qui la réduit à :

$$(9) \qquad m = m' \left(1,05 + 0,15 \frac{h_1}{h} \right).$$

Déversoirs en mince paroi. — *Nappes adhérentes.* — Les nappes peuvent aussi prendre, mais plus rarement, une forme particulière dont la production dépend de l'épaisseur du barrage et des dispositions de sa partie supérieure supportant la crête en mince paroi. La nappe s'attache alors complètement, sans interposition d'air, au parement aval du barrage ; le coefficient de débit devient très élevé et peut atteindre $1,30m'$, ce qui correspond en valeur absolue à $m = 0,55$ ou $0,56$ (*).

Ces nappes adhérentes présentent des particularités curieuses ; mais, comme elles ne se rencontrent qu'exceptionnellement dans les applications, nous renverrons simplement, pour ce qui les concerne, à l'étude spéciale insérée aux *Annales* en novembre 1891.

Déversoirs à poutrelles. — *Nappes libres.* — Les déversoirs à poutrelles sont constitués par des pièces de bois de même équarrissage que l'on superpose à la hauteur voulue. Le déversoir a ses deux parements d'amont et d'aval plans et verticaux ; mais sa crête, au lieu de se réduire à une simple arête, présente une surface horizontale, dont la largeur est égale à l'équarrissage des poutrelles. Cette circonstance modifie complètement les conditions de l'écoulement, et, si ce genre de déversoir est facile à installer, il peut malheureusement donner lieu à des erreurs de jaugeage considérables.

Les nappes libres (**) se présentent sous deux formes

(*) Voir *Ann. des P. et Ch.*, 1891, 2ᵉ semestre, séries nᵒˢ 40 à 51, p. 456, 457, 461, 466, 468 à 470.

(**) Voir *Ann. des P. et Ch.*, 1896, 2ᵉ semestre, séries nᵒˢ 86-94, p. 648, 650.

distinctes, suivant qu'elles sont appliquées sur le seuil horizontal du barrage, ou détachées à partir de l'arête amont, de manière à franchir le seuil sans toucher l'arête d'aval.

Dans le second cas, l'influence du seuil disparaît évidemment, et l'écoulement a lieu comme sur un déversoir en mince paroi ; ce cas se réalise spontanément dès que la charge dépasse le double de la largeur c de la crête (mesurée dans le sens de l'écoulement) ; mais il peut se produire plus tôt, dès que h surpasse $\frac{3}{2} c$. Entre ces deux limites, la nappe est dans un état instable ; le détachement du seuil tend à se produire, et se détermine sous l'influence d'une perturbation extérieure quelconque, telle qu'une rentrée d'air, le passage d'un corps flottant, etc.

Lorsque la nappe est adhérente au seuil, le coefficient m dépend principalement du rapport $\frac{h}{c}$, et peut être représenté par la formule (*) :

$$(10) \qquad m = m' \left[0{,}70 + 0{,}185 \, \frac{h}{c} \right].$$

Il varie, par suite, très rapidement ; car on a :

$$\text{Pour } \frac{h}{c} = 0{,}50, \qquad \frac{m}{m'} = 0{,}79$$

$$1{,}00 \qquad\qquad 0{,}88$$

$$1{,}50 \qquad\qquad 0{,}98 \; \left.\right\} \text{ ou } 1{,}00 \text{ si la nappe est}$$

$$2{,}00 \qquad\qquad 1{,}07 \; \left.\right\} \quad \text{détachée.}$$

$$\text{Au-dessus de } \frac{h}{c} = 2{,}00 \qquad 1{,}00 \text{ uniformément.}$$

On voit qu'entre $h = \frac{3}{2} c$ et $h = 2c$, $\frac{m}{m'}$ peut varier de 0,98 à 1,07, soit de près d'un dixième, ou bien rester

____

(*) Voir *Ann. des P. et Ch.*, 1896, 2ᵉ semestre, p. 653.

constant et égal à l'unité, suivant que la nappe est attachée ou non au seuil.

Seuils très larges. — Lorsque la largeur du seuil devient considérable, 1 ou 2 mètres par exemple (*), la formule linéaire (10) reste encore applicable à quelques centièmes près ; la valeur de $\dfrac{h}{c}$ se réduisant alors à quelques dixièmes, ou même quelques centièmes, celle du coefficient m diminue beaucoup et peut s'abaisser au-dessous de 0,35. Nous avons obtenu pour la charge $0^m,45$, sur un déversoir de 2 mètres de largeur (dans le sens de l'écoulement), $\dfrac{m}{m'} = 0,755$, ce qui correspond en valeur absolue à $m = 0,337$; la formule donnerait $\dfrac{m}{m'} = 0,732$ et, par suite, $m = 0,326$.

Influence d'un arrondissement de l'arête d'amont. — Un arrondissement, même peu important, de l'arête d'amont du seuil, modifie sensiblement le débit. MM. Fteley et Stearns (**) avaient déjà reconnu qu'un petit arrondissement de rayon R équivaut, au point de vue du débit, à une augmentation de charge égale à 0,7R, ce qui revient à augmenter le coefficient m dans le rapport de $h^{\frac{3}{2}}$ à $(h + 0,7R)^{\frac{3}{2}}$, soit à fort peu près de 1 à $1 + \dfrac{R}{h}$. Le rayon R n'avait pas dépassé, dans leurs expériences, 1/2 pouce, soit $0^m,012$, et il est clair que ce mode de correction approximative ne s'appliquerait pas à des rayons notablement plus grands. Nous avons opéré sur deux déversoirs de $0^m,80$ et 2 mètres de largeur (***) en

---

(*) Voir *Ann. des P. et Ch.*, 1896, 2ᵉ semestre, séries nᵒˢ 113 à 115, p. 678.

(**) Voir *Transactions of the American Society of Civil Engineers*, 1883.

(***) Voir *Ann. des P. et Ch.*, 1896, 2ᵉ semestre, séries nᵒˢ 116 et 117, p. 679.

arrondissant l'arête d'amont suivant un rayon de $0^m,10$, et cette modification a eu pour effet d'accroître le débit de 14 0/0 sur le premier de ces déversoirs, et de 12 0/0 sur le second. Un simple arrondissement de 1 ou 2 centimètres, amené par l'usage sur des poutrelles de dimension courante, peut donc n'être pas négligeable au point de vue de la mesure du débit.

Le déversoir de 2 mètres de largeur avec arête d'amont arrondie a donné, pour la plus grande charge expérimentée, $m = 0,373$, valeur peu différente de celle que la théorie indiquerait pour le cas d'une nappe coulant en filets parallèles à la surface horizontale du seuil. Cette hypothèse ne peut, du reste, être réalisée expérimentalement que d'une manière fort imparfaite, la surface de la nappe étant toujours ondulée.

Déversoirs à poutrelles. — *Nappes déprimées et noyées en dessous.* — Les nappes déprimées ne diffèrent pas beaucoup des nappes libres. Le coefficient qui leur est propre est d'abord inférieur à celui de la nappe libre, puis il s'en rapproche progressivement et finit par le dépasser un peu (*). Il en était autrement sur les minces parois, où le coefficient de la nappe déprimée est toujours supérieur à celui de la nappe libre. Ce qui précède ne concerne évidemment que la nappe attachée au seuil ; dès qu'elle en est détachée, elle ne diffère plus de celle des déversoirs en mince paroi.

L'influence de l'adhérence au seuil se retrouve pour les nappes noyées en dessous, avec cette difficulté de plus, que le détachement, se produisant sous l'eau, n'est pas apparent et ne correspond plus à une valeur cons-

---

(*) Voir *Ann. des P. et Ch.*, 1896, 2° semestre, séries n°ˢ 95 à 103, p. 658 à 660.

tante de $\dfrac{h}{c}$ (*). En outre, il peut avoir lieu, soit avant, soit après l'apparition de la forme noyée. Il faut, à cet égard, distinguer deux cas, suivant que la hauteur p du barrage est supérieure ou inférieure à environ cinq fois la largeur c de la crête. Quand p est plus grand que $5c$, la nappe se détache avant de prendre la forme noyée en dessous, et, dans cet état intermédiaire, ne diffère pas de celle des déversoirs en mince paroi ; quand, au contraire, p est plus petit que $5c$, la nappe ne se détache pas avant de prendre la forme noyée et, au moment de cette transformation, elle est très instable (**).

Tant que subsiste l'adhérence au seuil, son influence reste prédominante, et la formule (10) est encore à peu près applicable à la nappe noyée ; d'autre part, lorsque la nappe a quitté le seuil, il est clair qu'elle doit se rapprocher peu à peu des conditions de l'écoulement en mince paroi, auxquelles s'appliquait la formule (6). Les deux formules donnent la même valeur, lorsque la charge atteint une certaine limite

$$ l = \frac{c}{2}\left[1 + \sqrt{\frac{3p}{c}}\right]. $$

Pour les charges inférieures à l, la formule (10) donne des valeurs de m un peu trop faibles, sans que toutefois l'écart dépasse 3 ou 4 0/0. Lorsque la charge est plus grande que l, c'est à l'autre formule qu'il convient d'avoir recours ; elle fournit également des valeurs trop faibles ; l'écart, un peu plus important cette fois, va d'abord en croissant jusqu'à un maximum d'environ 8 0/0, à partir

---

(*) Voir *Ann. des P. et Ch.*, 1896, 2ᵉ semestre, séries nᵒˢ 104 à 112, p. 664 à 667.

(**) Voir *Ann. des P. et Ch.*, 1896, 2ᵉ semestre, pl. 41, une représentation graphique de la succession de ces phénomènes assez compliqués.

duquel il diminue rapidement, si l'on augmente la charge. Ce maximum correspond au moment où la nappe est sur le point de se détacher du seuil; une fois ce détachement opéré, l'influence du seuil s'atténuant, la formule (6) s'applique avec une approximation de plus en plus grande (*).

On voit que la présence du seuil a pour effet, en quelque sorte, de dédoubler chaque espèce de nappe en exigeant l'emploi de deux formules différentes, suivant que la nappe est appliquée sur la crête ou en est détachée.

Déversoirs à seuil épais et à talus. — Les phénomènes de l'écoulement deviennent encore plus compliqués sur les déversoirs dont les deux parements sont, comme il arrive souvent dans la pratique, constitués suivant des talus plus ou moins inclinés. A l'influence du seuil, qui agit de même que sur les barrages à poutrelles, vient s'ajouter celle de la pente des deux talus. L'inclinaison de celui d'amont, en réduisant la contraction, a pour effet d'accroître le débit; quant à celle du talus d'aval, elle agit ordinairement dans le même sens qu'un élargissement de la crête, c'est-à-dire qu'elle tend, au contraire, à réduire le débit. Le coefficient m, dans chaque cas particulier, dépend ainsi, non seulement de la charge, mais encore de la largeur de la crête, et de la pente des deux talus; il est donc extrêmement variable, et chaque type exigerait au besoin une étude spéciale (**).

Un arrondissement de l'arête amont du seuil, en réduisant considérablement la contraction, peut augmenter de 10 à 15 0/0 la valeur de m. Si l'on considère enfin des déversoirs à profil complètement curviligne, comme il s'en rencontre parfois dans les usines hydrauliques, cette valeur est susceptible d'atteindre des chiffres très élevés.

(*) Voir le tableau, p. 671, *Ann. des P. et Ch.*, 1896, 2ᵉ semestre.

(**) Voir ci-dessus les séries nᵒˢ 125 à 194, dont les résultats sont résumés par groupes dans les tableaux des pages 154 à 194.

Nous ne pouvons que renvoyer aux tableaux de coefficients qui précèdent ; ils comprennent un assez grand nombre de cas particuliers susceptibles de servir de guide dans la pratique. Il est clair que l'on ne saurait établir une formule générale tenant compte de tous ces éléments.

Déversoirs noyés. — Nous avons donné, en discutant les expériences sur des déversoirs en mince paroi noyés par une retenue d'aval (*), deux formules, dont l'une, assez compliquée, s'applique plus particulièrement au cas où la retenue n'est pas très élevée au-dessus du seuil ; l'autre, qui paraît correspondre à la majorité des cas, est (**) :

$$(11) \qquad m = m' \left[1{,}08 + 0{,}18 \frac{h_1}{p} \right] \sqrt[3]{\frac{z}{h}}.$$

Ces deux formules ont été établies de manière à représenter le mieux possible les expériences particulières dont elles sont déduites (***). Mais, si l'on se contente d'une approximation un peu moindre, on peut rendre la dernière applicable à tous les cas, en altérant légèrement ses coefficients et posant :

$$(12) \qquad m = 1{,}05 m' \left[1 + \frac{1}{5} \frac{h_1}{p} \right] \sqrt[3]{\frac{z}{h}}.$$

Cette nouvelle expression est pratiquement équivalente aux deux autres et donne, à 1 ou 2 0/0 près, les mêmes valeurs, sauf lorsque les rapports $\frac{h}{p}$ et $\frac{h_1}{p}$ sont très petits ; la différence peut alors atteindre 4 ou 5 0/0 ; mais, dans

---

(*) Voir *Ann. des P. et Ch.*, 1894, 1er semestre, séries nos 70 à 85, p. 289 à 297.

(**) Voir *Ann. des P. et Ch.*, 1894, 1er semestre, p. 305.

(***) Voir *Ann. des P. et Ch.*, 1894, 1er semestre, p. 310 *bis*, la réduction en table à double entrée de ces deux formules en prenant pour arguments $\frac{h}{p}$ et $\frac{h_1}{p}$.

ce cas, la détermination du coefficient m est toujours assez incertaine.

L'effet d'une retenue n'est plus complètement le même sur les déversoirs à seuil épais (*), et l'exhaussement du plan d'eau d'aval qui, dans le cas de la mince paroi, influait sur l'amont avant d'atteindre la crête, ne commence, sur un seuil large, à se transmettre à l'amont, qu'après avoir notablement dépassé la crête; plus elle est large, et moins le relèvement de l'aval peut se faire sentir au-dessus du déversoir. En opérant sur un seuil de 2 mètres de largeur, nous avons constaté que la hauteur de la retenue au-dessus du niveau du seuil pouvait s'élever aux 5/6 de la charge h avant d'agir sur le niveau d'amont. Lorsque la surface plane qui constitue la crête d'un déversoir devient aussi large, elle constitue en quelque sorte un canal, et à mesure que l'on augmente sa longueur, les conditions de l'écoulement doivent s'éloigner peu à peu de celles qui conviennent au déversoir proprement dit, pour se rapprocher de celles d'un canal à fond horizontal.

Épaisseur de la nappe sur la crête des déversoirs. — La mesure de l'épaisseur e de la nappe, sur l'arête amont du seuil, peut quelquefois suppléer à la mesure directe de cette charge. Sur les nappes libres en mince paroi, le rapport $\dfrac{e}{h}$ est remarquablement constant et reste compris entre 0,85 et 0,86 (**). Mais, avec toutes les autres formes de nappes, il varie dans des limites assez étendues.

Nappes noyées en dessous des minces parois (***). — Le

(*) Voir *Ann. des P. et Ch.*, 1896, 2° semestre. Expériences avec retenue sur les barrages à poutrelles, séries n°° 120 à 123, p. 691 à 695, et sur un seuil de 2 mètres de largeur, série n° 124, p. 703.

Voir également ci-dessus les séries n°° 195 à 205, p. 200 à 211.

(**) Voir *Ann. des P. et Ch.*, 1890, 1°° semestre, p. 31, 35, 42, 43.

(***) Voir *Ann. des P. et Ch.*, 1894, 2° semestre, p. 312 à 315.

rapport $\dfrac{e}{h}$ dépend essentiellement de la valeur de $\dfrac{h}{p}$. Égal

à 0,80 pour la valeur minimum 0,4 de $\dfrac{h}{p}$, il croît ensuite

en même temps que $\dfrac{h}{p}$, devient égal à celui des nappes

libres, 0,855 environ, quand $\dfrac{h}{p} = 1$, et s'élève ensuite

jusqu'à 0,87, pour des valeurs de $\dfrac{h}{p}$ supérieures à l'unité.

Lorsque la nappe est soumise à une retenue d'aval, $\dfrac{e}{h}$
augmente encore et dépasse 0,90 pour la forme ondulée ;
on comprend, du reste, que, dans le cas d'une retenue
très élevée, réduisant considérablement la chute entre
l'amont et l'aval, ce rapport doive tendre vers l'unité.

Nappes libres des déversoirs à poutrelles (*). — Supé-

rieur à 0^m,90 pour les petites valeurs de $\dfrac{h}{c}$, $\dfrac{e}{h}$ décroît, à

mesure que l'on augmente la charge, pour devenir égal
à 0^m,855 comme sur les nappes libres en mince paroi,
lorsque la nappe est sur le point de se détacher du
seuil.

Nappes noyées en dessous des déversoirs à pou-

trelles (**). — La marche du rapport $\dfrac{e}{h}$ est assez compli-

quée, car il commence par décroître comme sur les nappes
libres qui précèdent, passe par un minimum et croît
ensuite en se rapprochant des valeurs qui conviennent
aux nappes de mince paroi.

Nappes diverses sur les déversoirs à crête large et à

(*) Voir *Ann. des P. et Ch.*, 1896, 2e semestre, p. 686.
(**) Voir *Ann. des P. et Ch.*, 1896, 2e semestre, p. 688-689.
Voir également à l'Appendice de chacun des articles les éléments
détaillés de très nombreux profils.

talus (*). — La valeur de $\frac{e}{h}$ est très variable ; en général, elle augmente quand on réduit la pente du talus d'aval, et diminue quand on réduit celle du talus d'amont ; les tableaux donnés ci-dessus montrent combien ce rapport peut se modifier suivant le profil. Sur les déversoirs où la crête est raccordée vers l'amont par une surface courbe, $\frac{e}{h}$ peut s'abaisser au-dessous de 0,80 ; mais il faut remarquer que la crête n'est plus alors nettement définie par une arête vive, ce qui rend beaucoup moins précise la mesure de l'épaisseur de la nappe.

Pression sous les nappes et répartition des vitesses à l'intérieur. — La pression sous les nappes a été mesurée dans presque toutes les expériences (**) ; pour un certain nombre d'entre elles on a déterminé également la répartition intérieure des pressions et des vitesses (***). Cette répartition présente surtout un intérêt théorique ; mais il n'en est pas de même des pressions sous les nappes, dont la mesure peut, dans certains cas, recevoir d'utiles applications. Sur un déversoir de type donné, le coefficient m dépend principalement de deux éléments, savoir : la contraction sur le seuil, et la pression sous la nappe ; cette pression est si étroitement liée au débit que l'on peut, en l'observant d'une manière suivie, en déduire les variations de ce débit avec une précision qui ne sau-

---

(*) Voir ci-dessus, p. 195, et à l'Appendice, p. 242, les éléments détaillés de très nombreux profils.

(**) Voir *Ann. des P. et Ch.*, 1891, 2e semestre, p. 464 et suiv. ; 1894, 1er semestre, p. 256 et suiv., 274 et suiv., 298 et suiv. ; 1896, 2e semestre, p. 673 et suiv., 696 et suiv. ; 1898, p. 217 et, à l'Appendice de chaque article, les éléments détaillés des pressions.

(***) Voir *Ann. des P. et Ch.*, 1890, 1er semestre, p. 51 et suiv. ; 1891, 2e semestre, p. 493 et suiv. ; 1894, 1er semestre, p. 316 et suiv. et, à l'Appendice de chaque article, les éléments détaillés des vitesses et pressions.

rait être obtenue par la mesure directe des charges. C'est surtout aux environs des changements de forme, que cette étude met en évidence les modifications très rapides qui surviennent alors dans les conditions de l'écoulement ; les courbes qui représentent la loi suivant laquelle les pressions varient avec la charge offrent alors des discontinuités caractéristiques.

Nous avons vu (*) qu'en reportant, comme ordonnées, sur une même figure, les valeurs de $\frac{m}{m'}$ pour toutes les nappes noyées en dessous des déversoirs en mince paroi, $\frac{P_0}{h}$ étant pris pour abscisse, l'ensemble de ces valeurs, malgré les différences de hauteur des déversoirs, des charges et des retenues d'aval, déterminait une courbe unique, représentant la relation qui lie les deux rapports $\frac{m}{m'}$ et $\frac{P_0}{h}$ dans le cas de la mince paroi. Les paramètres qui définissent cette courbe tiennent implicitement compte de la contraction, qui se modifie, dans des limites toutefois assez restreintes, avec la forme de la nappe. Si l'on substituait à la mince paroi un seuil d'une disposition différente, on obtiendrait une courbe analogue, plus ou moins modifiée en raison des changements apportés à la direction des filets inférieurs par la nouvelle configuration du seuil. La relation qui existe entre $\frac{m}{m'}$ et $\frac{P_0}{h}$ conserve ainsi sa forme générale, lorsque l'on passe d'un type du déversoir à un autre ; tandis que les relations entre ces deux quantités et les données géométriques de l'écoulement (charge, hauteur du barrage, largeur du seuil, etc.) se modifient complètement en changeant de type.

La mesure des pressions peut donc être utilisée pour

(*) Voir *Ann. des P. et Ch.*, 1894, 1ᵉʳ semestre, p. 277.

l'enregistrement de débits variables. Un instrument fondé sur une application de ce genre fonctionne depuis quelques années en Amérique pour la mesure du débit des grands tuyaux de conduite. On sait, d'après une expérience bien connue de Venturi, que, si l'on rétrécit sur une petite longueur le diamètre d'une conduite, il se produit dans la partie rétrécie une diminution de pression correspondant à l'accroissement de vitesse du fluide ; en déterminant, par des expériences de tarage spéciales, la relation qui existe entre ces deux éléments, on conçoit que la mesure des pressions conduise à celle des débits, et qu'au moyen d'un enregistrement automatique, on obtienne le volume d'eau fourni par une conduite pendant un temps donné, malgré les variations accidentelles de son débit. C'est sur ce principe qu'est fondé l'appareil de M. Clemens Herschel (*). Le même principe est évidemment applicable aux déversoirs, et l'on pourrait même réaliser directement l'enregistrement du débit, en employant le procédé imaginé par M. l'Ingénieur Hégly pour transformer l'indicateur de charge d'un déversoir en indicateur de débit (**). La mesure des pressions sous les nappes, accusant, d'une manière plus sensible que celle des charges, toutes les variations de régime de la nappe déversante, peut ainsi rendre d'utiles services, dans certains cas particuliers où une grande précision serait nécessaire.

(*) *Transactions of the American Society of civil Engineers*, 1888.
(**) Voir *Ann. des P. et Ch.*, 1898, 1er trimestre, p. 286.

APPENDICE.

PROFILS DES NAPPES. — MESURE DES PRESSIONS.

PROFILS DES NAPPES.

(Le millimètre est pris pour unité.)

I. — DÉVERSOIRS A TALUS. — LARGEURS DE CRÊTE ET PENTES DIVERSES.

(Séries nos 125 à 160.)

ORDONNÉES DE LA SURFACE SUPÉRIEURE DE LA NAPPE AU-DESSUS DE L'HORIZONTALE PASSANT PAR L'ARÊTE AMONT DU SEUIL

Numéros des séries	Charges à h	Nature des nappes	EN AMONT DE L'ARÊTE			sur l'arête amont du seuil	EN AVAL DE L'ARÊTE						
			à 1m,00	à 0m,30	à 0m,10		à 0m,03	à 0m,10	à 0m,15	à 0m,20	à 0m,30	à 0m,40	à 0m,60
125	267	Noyée en dessous.	265	258	242	216	200	179	150	114	—7	—167	—382
	364	id.	351	344	326	307	291	272	253	224	161	61	—161
126	90	Déprimée.	90	89	81	64	44	—9	—73	—430	—470	—458	»
	174	Noyée en dessous.	174	161	141	117	95	56	—12	—147	—396	—419	»
	260	id.	255	237	210	186	166	144	110	68	—68	—229	—397
	355	id.	349	318	293	264	249	228	205	176	101	1	—204
127	272	Noyée en dessous.	272	262	245	224	208	188	159	123	7	—187	—375
	374	id.	372	357	341	317	302	284	268	237	173	79	—157
128	91	Adhérente.	90	90	87	71	43	—46	—173	—257	—420	»	»
	177	id.	177	175	162	141	121	88	83	—80	—351	—488	»
	273	Noyée en dessous.	271	264	245	223	210	184	156	119	—17	—155	»
	377	id.	376	366	342	318	308	284	289	246	170	84	—140
129	104	Déprimée.	104	103	101	87	77	55	28	—27	—418	—465	»
	191	Noyée en dessous.	191	183	171	154	138	114	85	—35	—169	—421	»
	270	id.	269	258	236	216	199	178	150	116	44	—142	—376
	352	id.	351	329	306	280	264	245	222	201	127	26	—181
130	107	Déprimée.	106	106	97	85	75	59	30	—17	—218	—470	»
	191	Noyée en dessous.	191	170	165	146	132	110	81	36	—24	—409	»
	275	id.	272	252	230	208	195	174	149	117	24	—116	—369
	360	id.	356	324	297	273	261	240	218	196	129	38	—167
131	104	Adhérente.	104	103	99	87	71	51	10	—204	—472	»	»
	107	Déprimée.	106	104	102	91	75	56	29	—14	—184	—485	»
	186	Adhérente.	186	179	166	148	135	109	76	20	—384	—450	—443
	269	Noyée en dessous.	269	265	243	213	197	176	147	112	—9	—142	—882
	354	id.	350	325	308	279	263	249	222	197	119	28	—210
132	107	Adhérente.	106	105	101	88	75	54	18	—78	—264	—425	»
	187	id.	187	183	169	150	134	118	80	29	—176	—356	—448
	286	id.	285	258	232	211	192	170	144	103	—32	—255	—405
	355	Noyée en dessous.	354	332	306	283	267	253	226	199	128	36	—172
133	106	Déprimée.	106	105	102	91	77	52	22	—29	—234	—468	»
	187	Adhérente.	186	183	172	152	135	110	72	8	—390	—448	»
	264	id.	264	253	235	215	195	175	140	100	—21	—247	—383
	368	Noyée en dessous.	358	345	320	303	286	270	245	215	139	36	—186
134	108	Adhérente.	106	106	103	89	76	50	—9	—89	—261	—426	»
	189	id.	186	183	172	154	137	113	74	17	—187	—359	—455
	263	id.	259	253	235	216	195	171	138	96	—62	—282	—400
	342	id.	340	318	297	273	256	239	207	174	71	—81	—319
	451	Noyée en dessous.	449	431	408	387	369	356	344	316	268	183	18
135	108	Déprimée.	107	105	100	91	81	72	63	50	—20	—217	—471
	200	Noyée en dessous.	200	188	175	162	152	134	119	98	24	—205	—444
	288	id.	284	260	246	230	216	204	181	168	104	15	—291
	375	id.	369	343	317	298	283	269	251	228	183	116	—79
136	93	Noyée en dessous.	90	90	87	74	50	—8	—98	—156	—259	—361	—566
	182	id.	182	176	165	147	128	99	52	—26	—206	—311	—527
	269	id.	268	257	237	215	199	178	144	105	—50	—240	—472
	360	id.	358	341	321	297	278	262	234	203	113	46	—385

DÉVERSOIRS A TALUS. — LARGEURS DE CRÊTE ET PENTES DIVERSES (*suite*).

NUMÉROS des séries	CHARGÉS h	NATURE des nappes	ORDONNÉES DE LA SURFACE SUPÉRIEURE DE LA NAPPE AU-DESSUS DE L'HORIZONTALE PASSANT PAR L'ARÊTE AMONT DU SEUIL										
			EN AMONT DE L'ARÊTE			sur l'arête amont du seuil	EN AVAL DE L'ARÊTE						
			à 1m,00	à 0m,30	à 0m,10		à 0m,05	à 0m,10	à 0m,15	à 0m,20	à 0m,30	à 0m,40	à 0m,60
137	102	Noyée en dessous.	100	99	97	84	64	26	-23	-59	-114	-166	-272
	196	id.	194	190	179	162	147	122	90	43	-58	-118	-232
	290	id.	285	274	262	248	228	209	185	152	62	-37	-183
	384	id.	377	362	345	323	308	288	269	241	176	-87	-106
138	100	Noyée en dessous.	100	96	94	83	62	26	-24	-66	-115	-169	-273
	192	id.	190	185	174	160	143	118	88	42	-55	-120	-232
	284	id.	283	275	258	236	221	200	178	149	61	-40	-178
	376	id.	373	358	334	318	302	282	269	237	173	-79	-84
139	97	Noyée en dessous.	96	95	92	79	63	22	-23	-56	-112	-169	-274
	187	id.	184	181	169	151	135	112	77	33	-59	-124	-235
	280	id.	276	268	258	230	217	196	171	139	51	-43	-179
	369	id.	364	353	322	307	296	270	251	231	150	-79	-107
140	97	Noyée en dessous.	96	95	91	77	58	21	-24	-56	-115	-170	-273
	185	id.	188	179	168	150	139	109	77	32	-61	-124	-233
	275	id.	275	265	244	225	210	190	162	132	47	-51	-182
	364	id.	360	344	320	298	282	263	247	219	148	-62	-112
141	110	Noyée en dessous.	108	107	104	93	77	50	25	6	-22	-43	-90
	211	id.	207	205	196	182	169	150	126	98	44	8	-44
	312	id.	310	300	284	268	255	241	222	200	145	88	15
	419	id.	418	398	380	357	352	331	318	301	253	202	98
142	114	Noyée en dessous.	112	112	107	97	84	63	43	31	15	-1	-25
	221	id.	218	214	204	192	181	160	147	124	82	-56	25
	380	id.	326	316	304	289	276	265	248	228	186	142	89
	491	id.	427	413	395	379	371	357	342	335	291	246	170
143	108	Noyée en dessous.	108	107	105	93	79	54	11	-47	-157	-285	-458
	189	id.	188	187	175	157	144	118	82	33	-98	-208	-413
	267	id.	266	256	244	219	202	177	146	108	-7	-129	-344
	344	id.	330	324	299	280	268	240	218	179	78	-29	-261
144	109	Noyée en dessous.	109	109	107	96	80	58	30	4	-64	-119	-225
	197	id.	197	195	188	168	154	132	103	69	-4	-65	-178
	280	id.	280	271	252	235	221	198	176	145	76	-3	-126
	375	id.	368	358	336	317	297	284	263	237	170	96	-52
145	112	Noyée en dessous.	111	110	108	98	82	63	37	14	-29	-68	-144
	203	id.	201	198	190	174	158	139	114	85	-32	-17	-98
	294	id.	291	283	269	251	238	218	198	161	112	55	-45
	389	id.	385	369	355	333	319	305	288	262	210	140	-29
146	111	Noyée en dessous.	114	112	109	100	86	66	46	29	1	-24	-65
	211	id.	211	206	199	188	168	153	133	111	63	33	-18
	308	id.	308	301	287	269	258	245	227	201	155	109	43
	409	id.	404	394	375	355	347	326	317	302	251	203	118
147	99	Noyée en dessous.	99	99	96	86	77	61	50	38	-52	-162	-370
	201	id.	201	196	187	173	158	144	122	97	21	-96	-345
	303	id.	302	288	270	252	238	221	200	172	101	-5	-239
	398	id.	395	373	347	324	311	294	272	244	177	90	-152
148	164	Noyée en dessous.	162	160	154	141	130	114	93	72	-13	-136	-310
	247	id.	246	240	227	210	198	182	160	134	62	-61	-258
	324	id.	324	312	294	275	260	244	222	198	131	-38	-170
	408	id.	407	392	368	349	339	323	304	283	251	161	-16
149	109	Noyée en dessous.	108	107	104	97	84	68	53	42	-15	-79	-194
	207	id.	206	204	195	181	169	151	130	104	47	-22	-141
	312	id.	310	301	284	266	254	238	217	191	129	59	-77
	426	id.	419	401	377	357	345	331	311	284	232	164	-14

Ordonnées de la surface supérieure de la nappe au-dessus de l'horizontale passant par l'arête amont du seuil. — Colonnes « En amont de l'arête » : à 1ᵐ,00, à 0ᵐ,30, à 0ᵐ,10 ; « sur l'arête amont du seuil » ; « En aval de l'arête » : à 0ᵐ,05, à 0ᵐ,10, à 0ᵐ,15, à 0ᵐ,20, à 0ᵐ,30, à 0ᵐ,40, à 0ᵐ,60.

Numéros des séries	Charges h	Nature des nappes	à 1ᵐ,00	à 0ᵐ,30	à 0ᵐ,10	sur l'arête amont du seuil	à 0ᵐ,05	à 0ᵐ,10	à 0ᵐ,15	à 0ᵐ,20	à 0ᵐ,30	à 0ᵐ,40	à 0ᵐ,60
150	116	Noyée en dessous.	115	113	110	100	89	74	59	45	10	-76	-183
	215	id.	213	209	197	184	173	155	136	112	54	-45	-138
	300	id.	296	286	270	251	240	224	204	178	123	58	-86
	388	id.	382	366	344	326	308	290	272	250	197	125	-13
151	99	Noyée en dessous.	99	99	94	88	78	63	49	41	15	-79	-187
	196	id.	196	192	188	170	157	142	121	99	42	-26	-147
	300	id.	300	292	276	253	245	228	210	185	126	57	-77
	401	id.	397	377	357	335	322	308	288	267	210	144	0
152	65	Noyée en dessous.	64	64	63	56	44	34	28	24	-31	-94	-194
	168	id.	163	161	155	142	131	117	97	77	22	-44	-156
	248	id.	247	243	230	216	201	186	170	145	89	21	-106
	329	id.	327	317	301	281	265	254	235	214	158	88	-45
	406	id.	405	391	367	348	335	318	302	277	229	168	33
153	113	Noyée en dessous.	113	109	107	98	88	72	60	47	8	-32	-111
	212	id.	211	206	196	182	170	163	136	115	72	25	-65
	305	id.	302	291	276	259	246	233	213	192	143	91	-6
	391	id.	385	370	348	332	317	301	286	265	214	168	61
154	115	Noyée en dessous.	114	113	109	99	89	74	61	51	21	-12	-74
	213	id.	211	206	197	184	172	155	140	121	81	49	-24
	308	id.	305	291	276	268	249	234	219	198	155	112	34
	399	id.	393	377	355	339	327	313	295	278	235	191	108
155	121	Noyée en dessous.	121	121	119	106	97	82	64	54	28	1	-45
	221	id.	220	219	208	197	187	170	152	134	93	58	1
	316	id.	316	308	292	277	267	252	236	214	178	129	60
	410	id.	408	397	377	357	349	339	324	304	263	217	123
156	117	Noyée en dessous.	116	115	112	102	90	76	64	53	26	-2	-51
	217	id.	216	211	200	188	176	161	146	123	91	55	1
	312	id.	310	298	283	265	257	243	227	206	167	125	58
	409	id.	406	387	367	350	339	323	312	290	250	210	131
157	234	Noyée en dessous.	234	229	220	208	199	185	169	151	119	89	-16
	333	id.	332	323	308	294	282	271	254	237	196	151	42
	425	id.	423	405	386	368	363	349	336	314	274	222	104
158	223	Noyée en dessous.	222	217	208	196	186	173	160	145	118	89	-17
	320	id.	316	306	290	279	266	255	239	224	189	152	43
	415	id.	412	396	374	357	345	334	318	306	266	228	110
159	118	Noyée en dessous.	115	115	110	102	93	82	69	66	60	51	-11
	225	id.	224	219	209	197	188	176	161	148	125	104	41
	325	id.	319	311	297	282	273	261	250	234	202	168	99
	423	id.	415	399	382	369	358	345	338	316	285	249	170
160	227	Noyée en dessous.	225	221	212	200	189	178	163	148	125	95	54
	327	id.	325	316	299	287	276	266	247	237	208	175	118
	424	id.	419	402	385	371	361	349	336	321	290	258	186

II. — DÉVERSOIRS A TALUS. — CRÊTES A VIVE ARÊTE ET CRÊTES DE 0m,10 ET 0m,20 DE LARGEUR.

TALUS INCLINÉS A $\frac{1}{1}$, $\frac{1}{2}$ ET $\frac{1}{5}$.

(Séries nos 163, 164, 167, 168, 169, 171, 172, 173, 176, 178 et 181.)

(Le millimètre est pris pour unité.)

ORDONNÉES DE LA SURFACE SUPÉRIEURE DE LA NAPPE AU-DESSUS DE L'HORIZONTALE PASSANT PAR L'ARÊTE AMONT DU SEUIL.

NUMÉROS des séries	CHARGES h	NATURE des nappes	EN AMONT DE LA CRÊTE			sur l'arête amont du seuil	EN AVAL DE LA CRÊTE						
			à 1m,00	à 0m,30	à 0m,10		à 0m,05	à 0m,10	à 0m,15	à 0m,20	à 0m,30	à 0m,40	à 0m,60
163	92	Noyée en dessous.	90	89	85	69	49	12	-27	-60	-118	-171	-276
	181	id.	179	173	160	140	121	97	62	17	-61	-123	-236
	268	id.	266	253	233	210	194	174	149	112	27	-58	-182
	357	id.	351	329	304	285	273	253	227	201	182	45	-113
164	94	Noyée en dessous.	92	89	80	65	43	8	-28	-60	-118	-172	-277
	181	id.	180	167	153	128	113	87	53	11	-63	-127	-235
	267	id.	263	242	218	195	178	154	126	98	12	-6	-183
	353	id.	345	312	289	262	241	226	200	167	104	18	-117
167	107	Noyée en dessous.	106	106	100	90	76	58	15	-41	-155	-266	-456
	188	id.	186	185	171	152	133	113	84	34	-86	-202	-410
	270	id.	270	256	240	216	199	179	149	116	9	-123	-341
	348	id.	345	329	301	273	258	237	213	182	100	-19	-266
168	106	Noyée en dessous.	105	103	96	85	73	55	22	-39	-152	-254	-449
	190	id.	190	180	166	148	133	113	86	44	-80	-190	-389
	273	id.	271	249	230	206	191	169	147	113	12	-114	-330
	358	id.	355	328	294	269	250	236	212	179	105	-4	[illegible]
169	103	Noyée en dessous.	103	103	97	85	69	54	29	8	-64	-121	-224
	193	id.	198	187	177	156	146	125	97	69	-2	-87	-180
	276	id.	275	263	244	223	210	184	164	138	75	0	-124
	357	id.	354	335	313	288	275	254	237	209	146	79	-59
171	108	Noyée en dessous.	108	108	101	91	79	61	38	16	-28	-66	-140
	196	id.	196	190	177	162	148	130	110	84	35	-13	-99
	281	id.	280	268	252	232	217	202	181	158	104	53	-41
	368	id.	361	346	322	299	289	272	257	230	182	132	-29
172	112	Noyée en dessous.	111	110	107	97	84	68	51	34	4	-20	-64
	202	id.	202	200	185	170	159	142	124	105	69	37	-14
	293	id.	291	280	265	247	240	223	205	186	146	109	-41
	386	id.	384	366	342	327	316	301	291	270	232	187	121
173	110	Noyée en dessous.	110	106	97	89	79	65	49	33	-3	-22	-67
	201	id.	201	191	187	168	150	136	121	102	68	35	-18
	292	id.	289	269	251	232	222	208	195	176	139	105	-42
	384	id.	381	348	329	308	299	290	272	252	214	182	116
176	112	Noyée en dessous.	109	107	104	94	84	70	58	46	-11	-76	-183
	207	id.	206	200	188	173	161	146	126	107	53	-17	-138
	296	id.	293	279	261	242	231	214	196	174	120	53	-83
	381	id.	377	350	328	309	295	281	261	242	189	124	-16
178	108	Noyée en dessous.	107	104	99	90	81	70	61	48	-8	-74	-183
	208	id.	204	193	180	165	156	142	128	108	56	-14	-135
	296	id.	290	270	249	232	218	206	190	169	119	53	-81
	385	id.	375	344	317	298	284	271	254	231	185	126	-14
181	109	Noyée en dessous.	109	108	100	91	82	73	65	55	29	-1	-48
	207	id.	206	194	182	170	161	149	136	124	91	-60	-9
	300	id.	296	281	264	246	236	224	208	197	164	128	64
	388	id.	384	363	343	320	306	294	285	268	234	199	127

III. — DÉVERSOIRS A TALUS RACCORDÉS PAR DES SURFACES COURBES (Séries n°s 182 à 188) ET DÉVERSOIRS À PROFIL COMPLÈTEMENT COURBE (Séries n°s 189 à 194).

(Le millimètre est pris pour unité.)

ORDONNÉES DE LA SURFACE SUPÉRIEURE DE LA NAPPE AU-DESSUS DE L'HORIZONTALE PASSANT PAR L'ARÊTE AMONT DU SEUIL.

NUMÉROS des séries	CHARGES à	NATURE des nappes	EN AMONT DE L'ARÊTE à 1m,00	à 0m,30	à 0m,10	sur l'arête amont du seuil	EN AVAL DE L'ARÊTE à 0m,05	à 0m,10	à 0m,15	à 0m,20	à 0m,30	à 0m,40	à 0m,60
182	196	Noyée en dessous.	196	191	177	163	150	136	117	97	74	9	—73
	369	id.	365	348	325	304	292	276	261	248	200	145	48
183	194	Noyée en dessous.	192	186	170	150	134	119	98	79	34	—8	—90
	363	id.	363	343	316	299	281	265	248	222	183	129	83
184	206	Noyée en dessous.	206	197	182	160	147	134	121	103	70	40	—11
	386	id.	383	362	339	314	304	289	279	259	223	184	118
185	202	Noyée en dessous.	199	195	179	163	150	136	122	105	72	41	—11
	298	id.	292	278	257	241	228	212	199	180	142	108	54
186	208	Noyée en dessous.	208	203	186	167	158	146	133	121	94	64	—5
	390	id.	386	367	343	323	316	299	286	268	233	198	118
187	202	Noyée en dessous.	202	193	174	153	141	129	112	99	64	28	—48
	384	id.	380	358	327	304	289	270	259	245	205	158	—78
188	213	Noyée en dessous.	212	203	187	171	160	152	141	134	116	94	29
	403	id.	396	376	351	334	324	300	297	289	259	220	148
189	93	Adhérente.	93	90	88	60	31	—62	—482	—475	»	»	»
	170	id.	166	161	139	110	81	30	»	—482	—424	»	»
	248	Noyée en dessous.	246	229	201	170	144	111	56	5	—167	—313	—397
	333	id.	330	301	270	242	217	192	163	131	47	—71	—270
190	94	Adhérente.	94	93	87	63	31	—55	—477	—473	»	»	»
	168	id.	168	162	145	115	85	37	»	—425	—446	»	»
	244	Noyée en dessous.	243	232	205	171	149	113	65	1	—159	—312	—394
	333	id.	330	318	281	255	236	210	184	144	82	—39	—249
191	95	Noyée en dessous.	95	92	85	62	31	—68	—203	—272	—356	—414	—482
	174	id.	179	162	148	114	84	39	—47	—194	—310	—372	—448
	247	id.	245	229	201	166	140	105	60	7	—191	—312	—402
	332	id.	325	301	266	240	218	193	166	123	26	—90	—290
192	97	Noyée en dessous.	97	96	80	71	53	23	—33	—90	—200	—307	—486
	180	id.	178	172	155	131	118	83	42	—15	—136	—255	—489
	255	id.	254	240	216	189	169	143	107	60	—56	—180	—373
	331	id.	327	307	275	246	224	199	164	139	28	—87	—300
193	97	Noyée en dessous.	96	95	90	75	59	33	—15	—184	—320	—394	—468
	179	id.	177	171	156	134	117	89	46	—21	—264	—348	—438
	255	id.	254	241	219	191	173	147	111	64	—102	—272	—387
	333	id.	330	310	280	255	236	216	183	148	62	—56	—279
194	93	Noyée en dessous.	93	91	86	73	59	31	—17	—183	—321	—393	—472
	175	id.	174	168	154	132	113	85	42	—27	—266	—351	—438
	250	id.	250	236	210	184	167	139	106	60	—119	—282	—392
	332	id.	326	305	279	250	234	209	184	146	55	—70	—280

IV. — NAPPES SOUMISES À UNE RETENUE D'AVAL (Séries nos 195 à 205).

(Les nappes noyées en dessous sont désignées par la lettre N placée dans la 4e colonne et les nappes ondulées par la lettre O.)

(Le millimètre est pris pour unité.)

NUMÉROS des séries	CHARGES au déversoir de comparaison H	RETENUE d'aval h_1	CHARGES h	ORDONNÉES DE LA SURFACE SUPÉRIEURE DE LA NAPPE AU-DESSUS DE L'HORIZONTALE PASSANT PAR L'ARÊTE AMONT DU SEUIL — EN AMONT DE L'ARÊTE à 1m,00	à 0m,30	à 0m,10	sur l'arête amont du seuil	EN AVAL DE L'ARÊTE à 0m,05	à 0m,10	à 0m,15	à 0m,20	à 0m,30	à 0m,40	à 0m,60
195	0m,25	− 120	227 N.	224	218	201	184	168	141	− 108	48	− 135	− 198 (r)	− 198 (r)
		0	238 N.	280	222	209	190	173	150	− 117	− 74	− 51 (r)	− 51 (r)	− 51 (r)
		+ 90	249 N.	246	240	227	210	194	169	149	122	51 (r)	51 (r)	51 (r)
		+ 180	285 O.	281	276	265	253	243	230	216	199	158	120	90
	0 ,35	− 120	317 N.	313	298	278	253	240	217	189	156	− 49	− 144	− 298 (r)
		0	324 N.	317	306	287	267	249	229	202	159	67	− 84	− 116 (r)
		+ 120	354 N.	346	338	328	301	289	278	255	233	182	− 108	62 (r)
		+ 240	388 O.	385	372	354	341	331	317	307	288	252	217	119
196	0m,20	+ 60	203 N.	200	196	186	169	155	132	106	68	26 (r)	26 (r)	26 (r)
		+ 120	215 N.	213	210	201	185	173	156	134	106	99 (r)	99 (r)	99 (r)
		+ 180	249 O.	244	240	232	224	214	204	190	176	149	130	143
		+ 240	282 O.	279	279	271	263	254	249	238	232	216	208	220
	0 ,30	+ 90	296 N.	291	284	268	250	232	215	195	165	89	25 (r)	25 (r)
		+ 180	314 N.	309	300	288	271	258	245	227	205	152	138 (r)	138 (r)
		+ 240	350 O.	347	337	324	311	308	292	279	262	224	190	189
		+ 300	379 O.	375	367	357	344	337	328	318	300	284	260	234
197	0m,20	+ 180	229 N.	225	223	213	200	189	174	158	142	154 (r)	154 (r)	154 (r)
		+ 240	272 O.	269	265	258	250	246	235	225	216	196	192	216
	0 ,30	+ 240	330 N.	324	317	302	286	275	263	247	224	180	174 (r)	174 (r)
		+ 330	379 O.	373	365	357	347	337	329	319	305	281	262	226
198	0m,20	+ 90	199 N.	199	194	185	170	158	143	122	102	67 (r)	67 (r)	67 (r)
		+ 210	244 O.	244	240	233	224	217	212	203	194	187	189	214
	0 ,30	+ 150	300 N.	300	287	271	251	238	221	202	175	110	100 (r)	100 (r)
		+ 300	367 O.	306	356	345	335	329	320	307	296	277	254	240
199	0m,15	+ 85	168 N.	167	165	159	146	135	120	104	83	61 (r)	61 (r)	61 (r)
		+ 184	202 O.	199	199	198	185	181	171	168	100	171	186	165
	0 ,25	+ 56	244 N.	241	237	225	210	196	179	160	133	61	− 54 (r)	− 54 (r)
		+ 127	252 N.	252	246	233	217	204	187	169	145	84	52 (r)	52 (r)
		+ 255	282 O.	281	278	264	252	244	235	224	211	186	182	217
	0 ,35	+ 113	326 N.	326	315	298	275	267	247	230	204	137	− 47	− 58 (r)
		+ 255	344 N.	342	335	320	298	287	274	257	242	195	175 (r)	175 (r)
		+ 372	422 O.	420	412	399	389	379	375	369	360	338	320	306
200	0m,20	+ 90	203 N.	203	197	188	176	162	148	129	97	66 (r)	66 (r)	66 (r)
		+ 211	243 O.	248	237	229	223	216	208	198	190	181	176	208
	0 ,30	+ 151	303 N.	303	289	273	257	245	229	211	187	132	98 (r)	98 (r)
		+ 302	367 O.	305	352	345	334	326	318	306	296	277	252	236
201	0m,15	+ 100	166 N.	166	164	158	145	135	120	102	83	82 (r)	82 (r)	82 (r)
		+ 186	202 O.	200	200	195	186	182	175	169	163	173	191	173
	0 ,25	0	240 N.	238	235	231	216	203	187	169	146	89	24	− 105
		+ 128	250 N.	250	243	231	215	200	188	171	147	95	68 (r)	− 68 (r)
		+ 257	289 O.	288	286	274	264	254	247	236	222	208	196	257
	0 ,35	+ 101	330 N.	330	318	300	284	271	258	238	201	159	94	− 42
		+ 257	340 N.	339	328	310	294	284	268	252	235	200 (r)	200 (r)	200 (r)
		+ 372	417 O.	412	404	395	382	382	373	361	354	335	318	301
202	0m,15	+ 120	169 N.	168	166	157	148	136	121	104	90	102 (r)	102 (r)	102 (r)
		+ 180	195 O.	194	191	184	179	162	160	156	145	168	179	167
	0 ,25	+ 180	263 N.	261	253	240	225	214	199	184	162	153 (r)	158 (r)	153 (r)
		+ 300	331 O.	328	323	312	305	298	286	281	275	282	249	269
		+ 300	334 O.	328	325	317	308	306	295	291	284	269	257	273
	0 ,35	+ 210	348 N.	345	328	311	295	283	265	250	231	188	139	134 (r)
		+ 300	359 N.	355	341	323	306	298	285	270	256	251 (r)	251 (r)	251 (r)
		+ 390	488 O.	482	418	408	400	398	388	384	372	356	386	305
203	0m,15	+ 120	167 N.	166	164	157	145	134	120	103	88	92 (r)	92 (r)	92 (r)
		+ 180	192 O.	191	189	183	175	171	156	155	142	165	170	169
	0 ,25	+ 180	261 N.	258	253	238	226	213	200	181	164	129	128 (r)	128 (r)
		+ 240	273 N.	271	265	251	240	228	217	202	202 (r)	202 (r)	202 (r)	202 (r)
		+ 300	322 O.	320	316	302	293	288	280	266	266	247	244	287
	0 ,35	+ 210	356 N.	351	339	310	303	292	276	261	244	203	157	104 (r)
		+ 300	363 N.	362	347	326	318	308	288	274	258	231 (r)	231 (r)	231 (r)
		+ 390	426 O.	424	414	399	381	379	370	362	358	338	314	298
204	0m,15	+ 120	169 N.	168	166	159	147	137	122	107	88	85 (r)	85 (r)	85 (r)
		+ 180	190 O.	189	186	182	174	165	158	147	142	164	169	171
	0 ,25	+ 180	265 N.	262	256	236	226	216	202	187	166	129	95	111 (r)
		+ 240	272 N.	272	265	254	240	231	216	204	191	200 (r)	200 (r)	200 (r)
		+ 240	274 N.	271	265	252	240	228	216	204	187	193 (r)	193 (r)	193 (r)
		+ 300	318 O.	314	309	301	298	288	279	276	260	244	241	275
	0 ,35	+ 210	362 N.	359	344	325	312	301	285	271	250	213	171	102
		+ 300	366 N.	361	343	332	315	306	294	280	263	226	225 (r)	225 (r)
		+ 390	423 O.	418	408	394	381	381	370	364	344	328	306	289

NUMÉROS des séries	CHARGES au déversoir de comparaison H	RETENUE d'aval h_1	CHARGES h	ORDONNÉES DE LA SURFACE SUPÉRIEURE DE LA NAPPE AU-DESSOUS DE L'HORIZONTALE PASSANT PAR L'ARÊTE AMONT DU SEUIL										
				EN AMONT DE L'ARÊTE			sur l'arête amont du seuil	EN AVAL DE L'ARÊTE						
				à 1m,00	à 0m,30	à 0m,10		à 0m,05	à 0m,10	à 0m,15	à 0m,20	à 0m,30	à 0m,40	à 0m,60
205	0m,15	+180	191 O.	187	184	177	169	165	155	149	136	140	160	169
		+210	216 O.	212	212	209	202	193	196	186	184	194	197	204
	0,25	+210	277 N.	275	267	253	240	234	220	209	194	167	165 (r)	165 (r)
		+270	292 N.	290	282	272	260	252	241	245 (r)	245 (r)	255	259	290
	0,35	+300	317 O.	317	307	301	291	285	277	271	284			
		+270	375 N.	372	360	345	327	317	306	293	279	246	212	182 (r)
		+330	384 N.	380	387	350	338	330	317	302	292	270 (r)	270 (r)	270 (r)
		+390	414 O.	409	400	385	374	369	357	346	340	323	310	338

MESURE DES PRESSIONS.

I. — DÉVERSOIRS DE PROFILS DIVERS.

(Séries n°s 125 à 194.)

Les tableaux ci-dessous auraient été trop volumineux, si l'on y avait reproduit, sans les condenser, tous les résultats de l'observation directe. Ils ne donnent donc pas les valeurs absolues des pressions P_0 observées et des charges h correspondantes, mais les rapports $\frac{P_0}{h}$ correspondant à des valeurs de la charge h en nombre rond de centimètres.

À cet effet, les rapports $\frac{P_0}{h}$ obtenus pour chaque série ont été rapportés graphiquement, à une assez grande échelle, en prenant pour abscisses les charges h; on a pu ainsi, à l'aide de ces points, beaucoup plus nombreux que ne l'indiquent les tableaux, déterminer des courbes moyennes sur lesquelles on a relevé les ordonnées $\frac{P_0}{h}$ correspondant aux charges $0^m,05$, $0^m,06$, $0^m,07$, ... etc..., $0^m,44$, $0^m,45$. Ces valeurs sont celles qui figurent dans les tableaux.

CHARGES h (m.)	SÉRIE n° 125	SÉRIE n° 126	SÉRIE n° 127	SÉRIE n° 128	SÉRIE n° 129	SÉRIE n° 130	SÉRIE n° 131		SÉRIE n° 132	SÉRIE n° 133	
	N. déprimée	N. déprimée	Nappe déprimée	N. adhérente	Nappe déprimée	N. déprimée	N. adhérente	Nappe déprimée	Nappe adhérente	N. adhérente	Nappe déprimée
0,05	0,01	0,02		—0,96		0,55					
0,06	0	0		—0,96		0,53					
0,07	—0,03	—0,05		—0,96		0,51					
0,08	—0,06	—0,10		—0,97		0,48	0,46			0,41	
0,09	—0,12	—0,18	—0,04	—0,97		0,46	0,42			0,36	
0,10	—0,18	—0,26	—0,05	—0,97	0,40	0,43	0,37	0,39	0,39	0,30	
0,11	—0,25	—0,35	—0,06	—0,98	0,35	0,39	0,33	0,37	0,34	0,24	0,32
0,12	—0,33	—0,43	—0,08	—0,98	0,31	0,35	0,28		0,29	0,17	0,26
0,13	—0,42	—0,52	—0,10	—0,98	0,26	0,31	0,23		0,24	0,11	0,21
0,14	—0,51	—0,61	—0,12	—0,98	0,21	0,27	0,17		0,19	0,03	0,19
0,15	—0,63	—0,70	—0,16	—0,98	0,16	0,23	0,11		0,14	—0,05	
0,16	—0,79	—0,80	—0,22	—0,98	0,11	0,18	0,06		0,09	—0,12	
0,17	—1,00	—1,06	—0,32	—0,97	0,05	0,14	0		0,04	—0,20	
0,18	—0,96	—0,99	—0,44	—0,97	—0,03	0,06	—0,06		—0,02	—0,28	
0,19	—0,89	—0,93	—0,59	—0,97	—0,07	0,03	—0,12		—0,07	—0,35	
0,20	—0,83	—0,87		—0,96	—0,11	0,01	—0,18		—0,13	—0,43	
0,21	—0,77	—0,81	—0,74	—0,95	—0,15	—0,02	—0,24		—0,18	—0,51	
0,22	—0,72	—0,76	—0,69	—0,94	—0,18	—0,04	—0,30		—0,23	—0,59	
0,23	—0,67	—0,70	—0,64	—0,93	—0,22	—0,06	—0,36 / —0,24		—0,29	—0,66	
0,24	—0,61	—0,65	—0,60	—0,90	—0,25	—0,08	—0,27		—0,34	—0,71	
0,25	—0,57	—0,61	—0,55	—0,86	—0,28	—0,10	—0,30		—0,39	—0,75	
0,26	—0,53	—0,56	—0,51	—0,79	—0,31	—0,12	—0,33		—0,43	—0,70	
0,27	—0,48	—0,52	—0,46	—0,67 / —0,53	—0,34	—0,14	—0,35		—0,48	—0,75	
0,28	—0,45	—0,47	—0,42	—0,46	—0,37	—0,16	—0,38		—0,51	—0,80	
0,29	—0,41	—0,43	—0,38	—0,40	—0,40	—0,17	—0,40		—0,54	—0,84	
0,30	—0,37	—0,39	—0,35	—0,36	—0,42	—0,19	—0,42		—0,57	—0,86	
0,31	0,04	—0,05	—0,31	—0,32	—0,45	—0,20	—0,44		—0,57	—0,87	
0,32	—0,31	—0,31	—0,28	—0,29	—0,47	—0,22	—0,46		—0,41	—0,86	
0,33	—0,28	—0,27	—0,25	—0,26	—0,49	—0,23	—0,48		—0,44	—0,83	
0,34	—0,25	—0,24	—0,22	—0,24	—0,51	—0,24	—0,49		—0,47	—0,79	
0,35	—0,22	—0,22	—0,19	—0,22	—0,52	—0,25	—0,50		—0,49	—0,75	
0,36	—0,20	—0,19	—0,17	—0,20	—0,54	—0,26	—0,51		—0,51	—0,29	
0,37	—0,18	—0,17	—0,15	—0,18	—0,56	—0,26	—0,52		—0,52	—0,25	
0,38	—0,16	—0,15	—0,13	—0,16	—0,57	—0,27	—0,53		—0,53	—0,22	
0,39	—0,14	—0,13	—0,10	—0,14	—0,58	—0,27	—0,54		—0,54	—0,18	
0,40	—0,12	—0,11	—0,09	—0,12	—0,60	—0,27	—0,54 / —0,55		—0,55	—0,16	
0,41	—0,10	—0,10	—0,07	—0,11	—0,61	—0,27	—0,53		—0,55	—0,13	
0,42	—0,08	—0,10	—0,05	—0,09	—0,62	—0,27	—0,51		—0,55	—0,10	
0,43	—0,07	»	—0,04	—0,08	—0,63	—0,26	—0,48		—0,54	—0,07	
0,44	—0,05	»	—0,02	—0,07	»	—0,26	—0,46		—0,53	—0,05	
0,45	—0,03	»	—0,01	—0,05	»	—0,26	—0,43		—0,52	—0,03	

DÉVERSOIRS DE PROFILS DIVERS (*suite*).

CHARGE h	SÉRIE n° 134	SÉRIE n° 135	SÉRIE n° 143	SÉRIE n° 189	SÉRIE n° 190	SÉRIE n° 191	SÉRIE n° 192	SÉRIE n° 193	SÉRIE n° 194
m.	Nappe adhérente	Nappe déprimée		N. adhérente	N. adhérente				
0,05			0,58	0,43	0,48	0,41	»	0,59	0,57
0,06	»	0,73	0,52	0,35	0,38	0,33	»	0,55	0,52
0,07	0,45	0,72	0,47	0,27	0,29	0,24	0,35	0,50	0,48
0,08	0,40	0,71	0,41	0,19	0,19	0,16	0,30	0,46	0,43
0,09	0,35	0,70	0,36	0,11	0,10	0,08	0,25	0,41	0,39
0,10	0,30	0,69	0,30	0,02	0	0	0,20	0,36	0,35
0,11	0,25	0,68	0,24	—0,06	—0,10	—0,09	0,14	0,31	0,30
0,12	0,19	0,67	0,17	—0,15	—0,19	—0,17	0,10	0,26	0,25
0,13	0,12	0,65	0,11	—0,24	—0,29	—0,25	0,04	0,21	0,20
0,14	0,05	0,63	0,05	—0,32	—0,39	—0,33	0	0,16	0,15
0,15	—0,02	0,62	—0,02	—0,42	—0,50	—0,42	—0,06	0,11	0,10
0,16	—0,09	0,60	—0,09	—0,52	—0,60	—0,50	—0,11	0,06	0,05
0,17	—0,17	0,59	—0,15	—0,61	—0,70	—0,59	—0,17	0,01	0
0,18	—0,24	0,57	—0,21	—0,70	—0,80	—0,67	—0,22	—0,05	—0,05
0,19	—0,31		—0,28	—0,81	—0,90	—0,76	—0,27	—0,10	—0,10
0,20	—0,38	0,53	—0,35	—0,90	—1,00	—0,83	—0,32	—0,15	—0,15
0,21	—0,45	0,52	—0,42	—1,00 —0,89	—1,10	—0,90	—0,38	—0,21	—0,20
0,22	—0,52	0,50	—0,48	—0,94	—1,04	—0,97	—0,43	—0,26	—0,25
0,23	—0,59	0,48	—0,54	—0,98	—1,12	—1,01	—0,48	—0,32	—0,30
0,24	—0,67	0,46	—0,60	—1,02	—1,17	—1,04	—0,53	—0,38	—0,35
0,25	—0,73	0,44	—0,66	—1,04	—1,18	—1,07	—0,58	—0,43	—0,40
0,26	—0,80	0,43	—0,72	—1,06	—1,16	—1,08	—0,62	—0,48	—0,44
0,27	—0,88	0,41	—0,79	—1,05	—1,13	—1,09	—0,67	—0,52	—0,48
0,28	—0,95	0,39	—0,84	—1,03	—1,10	—1,09	—0,71	—0,56	—0,51
0,29	—1,02	0,38	—0,89	—1,00	—1,07	—1,09	—0,75	—0,59	—0,53
0,30	—1,07	0,36	—0,94	—0,97	—1,03	—1,08	—0,80	—0,61	—0,55
0,31	—1,11	0,35	—1,00	—0,95	—0,99	—1,06	—0,84	—0,63	—0,56
0,32	—1,14	0,34	—1,04	—0,91	—0,95	—1,04	—0,88	—0,64	—0,57
0,33	—1,17	0,32	—1,09	—0,88	—0,90	—1,00	—0,93	—0,65	—0,58
0,34	—1,18	0,31	—1,13	—0,85	—0,87	—0,97	—0,97	—0,65	—0,58
0,35	—1,19	0,30	—1,17	—0,82	—0,82	—0,92	—1,01	—0,65	—0,58
0,36	—1,19	0,28	—1,21	—0,79	—0,77	—0,87	—1,05	—0,64	—0,58
0,37	—1,18	0,27	—1,21	—0,76	»	—0,83	—1,09	—0,63	—0,57
0,38	—1,17	0,26	—1,17	—0,73	»	—0,78	»	—0,62	—0,56
0,39	—1,15 —0,23	0,25	—1,05	—0,70	»	—0,73	»	—0,60	—0,55
0,40	—0,19	0,24	—0,92 —0,88	—0,67	»	—0,68	»	—0,57	—0,54
0,41	—0,16	0,23	—0,61	»	»	»	»	»	»
0,42	—0,13	0,22	—0,54	»	»	»	»	»	»
0,43	—0,11	0,21	»	»	»	»	»	»	»
0,44	—0,09	0,20	»	»	»	»	»	»	»
0,45	—0,07	»	»	»	»	»	»	»	»

DÉVERSOIRS DE PROFILS DIVERS (*suite*).

CHARGE h	SÉRIE n° 136	SÉRIE n° 137	SÉRIE n° 138	SÉRIE n° 139	SÉRIE n° 140	SÉRIE n° 141	SÉRIE n° 142	SÉRIE n° 146	SÉRIE n° 153	SÉRIE n° 154
0m,05	— 0,51	— 0,03	— 0,01	— 0,05	— 0,03	0,32	0,48	0,52	0,65	»
0 ,10	— 0,55	— 0,07	— 0,06	— 0,07	— 0,06	0,31	0,46	0,45	0,60	0,62
0 ,15	— 0,61	— 0,10	— 0,12	— 0,13	— 0,12	0,29	0,45	0,37	0,53	0,55
0 ,20	— 0,64	— 0,12	— 0,15	— 0,15	— 0,15	0,28	0,45	0,31	0,45	0,49
0 ,25	— 0,65	— 0,14	— 0,15	— 0,15	— 0,16	0,28	0,44	0,30	0,37	0,42
0 ,30	— 0,65	— 0,14	— 0,15	— 0,15	— 0,16	0,28	0,43	0,30	0,29	0,36
0 ,35	— 0,65	— 0,14	— 0,14	— 0,14	— 0,16	0,28	0,43	0,29	0,23	0,31
0 ,40	— 0,64	— 0,15	— 0,13	— 0,14	— 0,15	0,28	0,43	0,29	0,16	0,26
0 ,45	— 0,63	— 0,16	— 0,13	»	»	0,29	0,44	0,29	0,13	0,21

CHARGE h	SÉRIE n° 155	SÉRIE n° 156	SÉRIE n° 157	SÉRIE n° 158	SÉRIE n° 159	SÉRIE n° 160	SÉRIE n° 163	SÉRIE n° 164	SÉRIE n° 165	SÉRIE n° 166
0m,05	0,60	0,67	0,61	0,63	0,67	0,63	— 0,07	— 0,10	»	»
0 ,10	0,57	0,59	0,60	0,63	0,63	0,63	— 0,08	+ 0,15	0,26	0,30
0 ,15	0,52	0,53	0,58	0,62	0,61	0,62	— 0,12	— 0,17	0,28	0,26
0 ,20	0,45	0,48	0,56	0,59	0,58	0,60	— 0,17	— 0,18	0,28	0,23
0 ,25	0,40	0,43	0,54	0,56	0,56	0,57	— 0,18	— 0,18	0,29	0,21
0 ,30	0,35	0,39	0,50	0,51	0,53	0,55	— 0,17	— 0,19	0,29	0,21
0 ,35	0,32	0,34	0,44	0,46	0,50	0,52	— 0,17	— 0,20	0,29	0,21
0 ,40	0,30	0,31	0,39	0,41	0,47	0,50	— 0,16	— 0,24	0,29	0,24
0 ,45	0,29	0,28	0,34	0,36	0,45	0,48	»	»	0,29	0,26

CHARGE h	SÉRIE n° 180	SÉRIE n° 181	SÉRIE n° 182	SÉRIE n° 183	SÉRIE n° 184	SÉRIE n° 185	SÉRIE n° 186	SÉRIE n° 187	SÉRIE n° 188
0m,05	»	0,73	0,74	0,70	0,67	0,74	0,70	0,67	0,69
0 ,10	0,63	0,68	0,70	0,67	0,71	0,70	0,69	0,66	0,70
0 ,15	0,56	0,63	0,66	0,63	0,70	0,67	0,68	0,64	0,70
0 ,20	0,49	0,59	0,60	0,58	0,66	0,64	0,65	0,63	0,70
0 ,25	0,43	0,55	0,54	0,53	0,61	0,60	0,62	0,61	0,68
0 ,30	0,38	0,51	0,48	0,47	0,57	0,57	0,60	0,60	0,67
0 ,35	0,34	0,47	0,43	0,42	0,53	0,54	0,57	0,58	0,65
0 ,40	0,01	0,44	0,37	0,35	0,48	0,51	0,54	0,55	0,63
0 ,45	0,29	0,41	0,32	0,31	0,43	0,48	0,51	0,52	0,62

DÉVERSOIRS DE PROFILS DIVERS (*suite*).

CHARGE h	SÉRIE n° 144	SÉRIE n° 145	SÉRIE n° 147	SÉRIE n° 148	SÉRIE n° 149	SÉRIE n° 150	SÉRIE n° 151	SÉRIE n° 152	SÉRIE n° 161	SÉRIE n° 162	SÉRIE n° 167	SÉRIE n° 168
0m,05	0,55	»	0,60	»	0,65	0,66	0,64	0,58	»	»	0,63	»
0,07	0,48	0,51	0,58	0,63	0,63	0,64	0,62	0,58	—0,88	»	0,53	»
0,09	0,40	0,44	0,57	0,61	0,60	0,61	0,60	0,56	—0,80	—0,70	0,43	0,47
0,11	0,32	0,37	0,54	0,57	0,57	0,58	0,58	0,54	—0,74	—0,72	0,33	0,40
0,13	0,24	0,31	0,51	0,54	0,53	0,54	0,54	0,52	—0,71	—0,73	0,23	0,33
0,15	0,16	0,24	0,47	0,50	0,50	0,50	0,51	0,48	—0,70	—0,74	0,14	0,26
0,17	0,07	0,19	0,42	0,46	0,46	0,46	0,47	0,44	—0,70	—0,73	0,05	0,19
0,19	—0,01	0,14	0,37	0,41	0,41	0,42	0,42	0,40	—0,70	—0,73	—0,04	0,12
0,21	—0,08	0,10	0,32	0,35	0,37	0,38	0,38	0,36	—0,70	—0,72	—0,13	0,05
0,23	—0,16	0,07	0,26	0,29	0,32	0,34	0,33	0,32	—0,70	—0,71	—0,21	—0,02
0,25	—0,22	0,05	0,21	0,22	0,27	0,29	0,29	0,28	—0,69	—0,70	—0,30	—0,08
0,27	—0,25	0,04	0,14	0,16	0,23	0,25	0,24	0,24	—0,67	—0,69	—0,38	—0,14
0,29	—0,27	0,03	0,08	0,09	0,18	0,21	0,20	0,20	—0,64	—0,68	—0,45	—0,19
0,31	—0,26	0,03	0,02	0,03	0,14	0,16	0,16	0,16	—0,59	—0,65	—0,53	—0,24
0,33	—0,25	0,03	—0,03	—0,03	0,09	0,12	0,12	0,11	—0,49	—0,60	—0,60	—0,29
0,35	—0,23	0,03	—0,10	—0,07	0,05	0,07	0,07	0,07	—0,32	—0,47	—0,66	—0,33
0,37	—0,22	0,04	—0,16	—0,11	0,01	0,03	0,03	0,03	—0,20	—0,26	—0,71	—0,31
0,39	—0,20	0,05	—0,22	—0,13	—0,04	—0,02	—0,01	—0,02	—0,14	—0,16	—0,74	—0,30
0,41	—0,18	0,06	—0,28	—0,14	—0,08	—0,06	—0,06	—0,06	—0,10	—0,11	—0,75	—0,41
0,43	—0,17	0,06	—0,34	»	—0,12	—0,10	—0,10	—0,10	»	»	—0,74	—0,43
0,45	—0,17	0,07	—0,40	»	—0,16	—0,15	—0,14	»	»	»	—0,71	—0,44

CHARGE h	SÉRIE n° 169	SÉRIE n° 170	SÉRIE n° 171	SÉRIE n° 172	SÉRIE n° 173	SÉRIE n° 174	SÉRIE n° 175	SÉRIE n° 176	SÉRIE n° 177	SÉRIE n° 178	SÉRIE n° 179
0m,05	0,61	»	»	»	0,63	»	»	»	»	»	»
0,07	0,53	»	»	»	0,58	»	»	0,66	0,69	0,73	»
0,09	0,45	»	0,51	»	0,54	»	0,66	0,62	0,65	0,70	0,66
0,11	0,37	0,47	0,43	0,46	0,49	0,62	0,62	0,61	0,62	0,67	0,63
0,13	0,29	0,42	0,36	0,41	0,45	0,57	0,58	0,57	0,58	0,63	0,59
0,15	0,22	0,35	0,29	0,37	0,41	0,53	0,54	0,53	0,54	0,60	0,56
0,17	0,14	0,29	0,23	0,33	0,39	0,47	0,51	0,49	0,50	0,57	0,53
0,19	0,06	0,24	0,17	0,30	0,36	0,43	0,47	0,45	0,46	0,53	0,50
0,21	—0,01	0,18	0,11	0,26	0,34	0,38	0,43	0,41	0,41	0,50	0,46
0,23	—0,08	0,13	0,07	0,23	0,32	0,33	0,39	0,38	0,37	0,47	0,43
0,25	—0,15	0,08	0,02	0,21	0,30	0,28	0,35	0,34	0,32	0,44	0,40
0,27	—0,22	0,03	—0,02	0,18	0,28	0,23	0,31	0,30	0,28	0,41	0,37
0,29	—0,29	—0,01	—0,06	0,16	0,26	0,19	0,27	0,27	0,25	0,38	0,34
0,31	—0,35	—0,06	—0,10	0,14	0,24	0,14	0,23	0,23	0,21	0,35	0,31
0,33	—0,42	—0,10	—0,13	0,13	0,23	0,09	0,19	0,20	0,18	0,32	0,28
0,35	—0,47	—0,13	—0,16	0,11	0,21	0,05	0,17	0,16	0,15	0,29	0,25
0,37	—0,52	—0,17	—0,19	0,10	0,20	0,02	0,13	0,12	0,12	0,27	0,22
0,39	—0,55	»	—0,22	0,09	0,18	—0,01	0,11	0,09	0,08	0,24	0,19
0,41	—0,57	»	—0,26	0,08	0,16	—0,04	0,00	0,05	0,05	0,22	0,16
0,43	»	»	»	0,07	0,14	—0,05	0,07	0,02	0,03	0,19	0,13
0,45	»	»	»	0,07	»	»	—0,02	»	»	0,17	»

II. — Nappes soumises a une retenue d'aval.

(Séries n°s 195 à 205.)

(Les charges sur le déversoir type d'amont, régulateur du débit, sont désignées par la lettre H.)

SÉRIE N° 195

H = 0^m,10		H = 0^m,15		H = 0^m,20		H = 0^m,25		H = 0^m,30		H = 0^m,35		H = 0^m,40		H = 0^m,45	
h	$\frac{P_0}{h}$	h	$\frac{P_0}{h}$	h	$\frac{P_0}{h}$	h	$\frac{P_0}{h}$	h	$\frac{P_0}{h}$	h	$\frac{P_0}{h}$	h	$\frac{P_0}{h}$	h	$\frac{P_0}{h}$
mètres		mètres		mètres		mètres		mètres		mètres		mètres		mètres	
0,09	— 0,55	0,14	— 0,54	0,19	— 0,46	0,23	— 0,55	0,27	— 0,71	0,32	— 0,59	0,36	— 0,64	0,41	— 0,49
0,10	— 0,26	0,15	0,03	0,20	— 0,12	0,24	— 0,26	0,28	— 0,87	0,33	— 0,31	0,37	— 0,43	0,42	— 0,28
0,11	0,30	0,16	0,35	0,21	0,21	0,25	0	0,29	— 0,09	0,34	— 0,07	0,38	— 0,13	0,43	— 0,07
0,12	0,59	0,17	0,58	0,22	0,42	0,26	0,21	0,30	0,11	0,35	0,11	0,39	0,05	0,44	0,06
0,13	0,77	0,18	0,66	0,23	0,53	0,27	0,35	0,31	0,26	0,36	0,24	0,40	0,15	0,45	0,18
»	»	0,19	0,75	0,24	0,60	0,28	0,47	0,32	0,38	0,37	0,34	0,41	0,23	0,46	0,28
»	»	0,20	0,80	0,25	0,66	0,29	0,56	0,33	0,47	0,38	0,42	0,42	0,31	»	»
»	»	0,21	0,85	0,26	0,71	0,30	0,64	0,34	0,55	0,39	0,48	0,43	0,39	»	»
»	»	0,22	0,88	0,27	0,74	0,31	0,69	0,35	0,61	0,40	0,54	0,44	0,47	»	»
»	»	0,23	0,91	0,28	0,77	0,32	0,73	0,36	0,66	0,41	0,59	0,45	0,55	»	»
»	»	»	»	0,29	0,80	0,33	0,76	0,37	0,70	0,42	0,64	»	»	»	»
»	»	»	»	»	»	0,34	0,79	0,38	0,74	0,43	0,67	»	»	»	»
»	»	»	»	»	»	0,35	0,80	0,40	0,78	»	»	»	»	»	»
»	»	»	»	»	»	»	»	0,40	0,83	»	»	»	»	»	»

NAPPES SOUMISES À UNE RETENUE D'AVAL (*suite*).

SÉRIE Nº 196

$H = 0^m,10$		$H = 0^m,15$		$H = 0^m,20$		$H = 0^m,25$		$H = 0^m,30$		$H = 0^m,35$		$H = 0^m,40$	
h	$\frac{P_0}{h}$	h	$\frac{P_0}{h}$	h	$\frac{P_0}{h}$	h	$\frac{P_0}{h}$	h	$\frac{P_0}{h}$	h	$\frac{P_0}{h}$	h	$\frac{P_0}{h}$
mètre		mètre		mètre		mètre		mètre		mètre		mètre	
0,10	— 0,04	0,15	— 0,01	0,19	— 0,25	0,25	0,09	0,29	— 0,23	0,34	— 0,09	0,39	— 0,06
0,11	0,35	0,16	0,28	0,20	— 0,01	0,26	0,25	0,30	0,06	0,35	0,08	0,40	0,09
0,12	0,56	0,17	0,47	0,21	0,23	0,27	0,37	0,31	0,22	0,36	0,21	0,41	0,20
0,13	0,68	0,18	0,60	0,22	0,41	0,28	0,46	0,32	0,33	0,37	0,32	0,42	0,30
0,14	0,78	0,19	0,69	0,23	0,54	0,29	0,54	0,33	0,43	0,38	0,42	0,43	0,38
»		0,20	0,75	0,24	0,62	0,30	0,61	0,34	0,50	0,39	0,49	0,44	0,44
»		»		0,25	0,68	0,31	0,68	0,35	0,57	0,40	0,54	0,45	0,49
»		»		0,26	0,72	»		0,36	0,63	0,41	0,59	»	
»		»		0,27	0,75	»		0,37	0,68	0,42	0,63	»	
»		»		»		»		0,38	0,72	0,43	0,66	»	

SÉRIE Nº 197

$H = 0^m,10$		$H = 0^m,15$		$H = 0^m,20$		$H = 0^m,25$		$H = 0^m,30$		$H = 0^m,35$		$H = 0^m,40$	
h	$\frac{P_0}{h}$	h	$\frac{P_0}{h}$	h	$\frac{P_0}{h}$	h	$\frac{P_0}{h}$	h	$\frac{P_0}{h}$	h	$\frac{P_0}{h}$	h	$\frac{P_0}{h}$
mètre		mètre		mètre		mètre		mètre		mètre		mètre	
0,10	0,30	0,16	0,28	0,21	0,28	0,26	0,26	0,32	0,37	0,36	0,27	0,41	0,24
0,11	0,37	0,17	0,44	0,22	0,39	0,27	0,37	0,33	0,47	0,37	0,32	0,42	0,32
0,12	0,64	0,18	0,60	0,23	0,51	0,28	0,47	0,34	0,53	0,38	0,42	0,43	0,40
0,13	0,78	0,19	0,69	0,24	0,60	0,29	0,55	0,35	0,57	0,39	0,50	0,44	0,48
0,14	0,84	0,20	0,75	0,25	0,67	0,30	0,61	0,36	0,62	0,40	0,56	0,45	0,55
0,15	0,87	0,21	0,80	0,26	0,73	0,31	0,67	0,37	0,66	0,41	0,61	»	
0,16	0,89	0,22	0,83	0,27	0,77	0,32	0,72	0,38	0,71	0,42	0,65	»	
»		0,23	0,87	0,28	0,81	0,33	0,75	0,39	0,76	0,43	0,69	»	
»		»		0,29	0,85	0,34	0,78	0,40	0,80	0,44	0,73	»	
»		»		0,30	0,87	0,35	0,81	»		0,45	0,76	»	
»		»		»		0,36	0,84	»		»		»	

SÉRIE N° 198.

H = 0m,10		H = 0m,15		H = 0m,20		H = 0m,25		H = 0m,30		H = 0m,35		H = 0m,40		H = 0m,45	
h	$\frac{P_0}{h}$	h	$\frac{P_0}{h}$	h	$\frac{P_0}{h}$	h	$\frac{P_0}{h}$	h	$\frac{P_0}{h}$	h	$\frac{P_0}{h}$	h	$\frac{P_0}{h}$	h	$\frac{P_0}{h}$
mètre		mètre		mètre		mètre		mètre		mètre		mètre		mètre	
0,11	0,50	0,16	0,42	0,21	0,36	0,25	0,18	0,29	0,02	0,33	0,08	0,37	− 0,15	0,41	− 0,32
0,12	0,65	0,17	0,55	0,22	0,49	0,26	0,36	0,30	0,24	0,34	0,09	0,38	− 0,07	0,42	− 0,15
0,13	0,73	0,18	0,65	0,23	0,59	0,27	0,46	0,31	0,36	0,35	0,23	0,39	0,09	0,43	0,01
0,14	0,80	0,19	0,72	0,24	0,67	0,28	0,55	0,32	0,45	0,36	0,34	0,40	0,23	0,44	0,15
0,15	0,85	0,20	0,80	0,25	0,73	0,29	0,62	0,33	0,58	0,37	0,44	0,41	0,33	0,45	0,28
0,16	0,90	»	»	0,26	0,78	0,30	0,67	0,34	0,59	0,38	0,52	0,42	0,42	»	»
»	»	»	»	0,27	0,81	0,31	0,72	0,35	0,65	0,39	0,58	0,43	0,50	»	»
»	»	»	»	0,28	0,83	0,32	0,75	0,36	0,69	0,40	0,63	0,44	0,57	»	»
»	»	»	»	0,29	0,85	0,33	0,79	0,37	0,78	0,41	0,67	»	»	»	»
»	»	»	»	0,30	0,86	0,34	0,81	0,38	0,76	0,42	0,71	»	»	»	»
»	»	»	»	»	»	»	»	0,39	0,79	0,43	0,73	»	»	»	»
»	»	»	»	»	»	»	»	»	»	0,44	0,76	»	»	»	»

SÉRIE N° 199

H = 0m,10		H = 0m,15		H = 0m,20		H = 0m,25		H = 0m,30		H = 0m,35		H = 0m,40		H = 0m,45	
h	$\frac{P_0}{h}$	h	$\frac{P_0}{h}$	h	$\frac{P_0}{h}$	h	$\frac{P_0}{h}$	h	$\frac{P_0}{h}$	h	$\frac{P_0}{h}$	h	$\frac{P_0}{h}$	h	$\frac{P_0}{h}$
mètre		mètre		mètre		mètre		mètre		mètre		mètre		mètre	
0,12	0,66	0,17	0,56	0,20	0,27	0,25	0,29	0,28	0,02	0,33	0,06	0,37	0,02	0,41	− 0,05
0,13	0,78	0,18	0,68	0,21	0,40	0,26	0,43	0,29	0,17	0,34	0,22	0,38	0,19	0,42	0,09
0,14	0,85	0,19	0,71	0,22	0,52	0,27	0,54	0,30	0,32	0,35	0,36	0,39	0,31	0,43	0,21
0,15	0,88	0,20	0,82	0,23	0,62	0,28	0,68	0,31	0,44	0,36	0,47	0,40	0,41	0,44	0,33
0,16	0,91	0,21	0,86	0,24	0,69	0,29	0,70	0,32	0,54	0,37	0,56	0,41	0,48	0,45	0,44
0,17	0,92	0,22	0,89	0,25	0,76	0,30	0,75	0,33	0,62	0,38	0,63	0,42	0,54	0,46	0,54
0,18	0,92	0,23	0,91	0,26	0,82	0,31	0,79	0,34	0,69	0,39	0,68	0,43	0,59	0,47	0,62
»	»	»	»	0,27	0,85	0,32	0,82	0,35	0,74	0,40	0,72	0,44	0,64	0,48	0,69
»	»	»	»	0,28	0,87	0,33	0,85	0,36	0,77	0,41	0,74	»	»	»	»
»	»	»	»	0,29	0,89	0,34	0,87	0,37	0,80	0,42	0,76	»	»	»	»
»	»	»	»	0,30	0,90	0,35	0,88	0,38	0,82	»	»	»	»	»	»
»	»	»	»	»	»	»	»	0,40	0,85	»	»	»	»	»	»

NAPPES SOUMISES A UNE RETENUE D'AVAL (*suite*).

SÉRIE Nº 200

H = 0ᵐ,10		H = 0ᵐ,15		H = 0ᵐ,20		H = 0ᵐ,25		H = 0ᵐ,30		H = 0ᵐ,35		H = 0ᵐ,40		H = 0ᵐ,45	
h	$\frac{P_0}{h}$	h	$\frac{P_0}{h}$	h	$\frac{P_0}{h}$	h	$\frac{P_0}{h}$	h	$\frac{P_0}{h}$	h	$\frac{P_0}{h}$	h	$\frac{P_0}{h}$	h	$\frac{P_0}{h}$
mètres		mètres		mètres		mètres		mètres		mètres		mètres		mètres	
0,12	0,62	0,17	0,52	0,21	0,37	0,25	0,23	0,30	0,24	0,34	0,10	0,38	−0,03	»	»
0,13	0,72	0,18	0,66	0,22	0,49	0,26	0,36	0,31	0,35	0,35	0,25	0,39	0,14	»	»
0,14	0,79	0,19	0,75	0,23	0,59	0,27	0,47	0,32	0,45	0,36	0,36	0,40	0,16	»	»
0,15	0,84	0,20	0,81	0,24	0,67	0,28	0,56	0,33	0,53	0,37	0,45	0,41	0,36	»	»
0,16	0,88	0,21	0,85	0,25	0,73	0,29	0,63	0,34	0,61	0,38	0,53	0,42	0,44	»	»
0,17	0,91	0,22	0,88	0,26	0,77	0,30	0,69	0,35	0,66	0,39	0,59	0,43	0,56	»	»
0,18	0,93	0,23	0,89	0,27	0,81	0,31	0,74	0,36	0,71	0,40	0,64	0,44	0,59	»	»
0,19	0,95	0,24	0,90	0,28	0,83	0,32	0,78	0,37	0,75	0,41	0,69	0,45	0,65	»	»
0,20	0,96	0,25	0,91	0,29	0,86	0,33	0,81	0,38	0,78	0,42	0,72	0,46	0,72	»	»
»	»	0,27	0,93	0,30	0,88	0,34	0,83	0,40	0,83	0,43	0,75	»	»	»	»
»	»	0,29	0,94	0,31	0,89	0,36	0,86	0,42	0,86	0,44	0,77	»	»	»	»
»	»	0,31	0,96	0,32	0,91	0,38	0,88	0,44	0,88	»	»	»	»	»	»

SÉRIE Nº 201

H = 0ᵐ,10		H = 0ᵐ,15		H = 0ᵐ,20		H = 0ᵐ,25		H = 0ᵐ,30		H = 0ᵐ,35		H = 0ᵐ,40		H = 0ᵐ,45	
h	$\frac{P_0}{h}$	h	$\frac{P_0}{h}$	h	$\frac{P_0}{h}$	h	$\frac{P_0}{h}$	h	$\frac{P_0}{h}$	h	$\frac{P_0}{h}$	h	$\frac{P_0}{h}$	h	$\frac{P_0}{h}$
mètres		mètres		mètres		mètres		mètres		mètres		mètres		mètres	
0,12	0,61	0,17	0,53	0,21	0,42	0,25	0,25	0,29	0,17	0,33	0,12	0,37	0,05	0,40	−0,15
0,13	0,71	0,18	0,65	0,22	0,53	0,26	0,40	0,30	0,31	0,34	0,24	0,38	0,17	0,41	0,01
0,14	0,78	0,19	0,72	0,23	0,62	0,27	0,52	0,31	0,43	0,35	0,35	0,39	0,29	0,42	0,16
0,15	0,84	0,20	0,77	0,24	0,69	0,28	0,61	0,32	0,53	0,36	0,44	0,40	0,39	0,43	0,28
0,16	0,89	0,21	0,81	0,25	0,74	0,29	0,68	0,33	0,61	0,37	0,52	0,41	0,48	0,44	0,39
0,17	0,93	0,22	0,84	0,26	0,78	0,30	0,73	0,34	0,67	0,38	0,58	0,42	0,55	0,45	0,49
0,18	0,97	0,23	0,86	0,27	0,82	0,31	0,77	0,35	0,72	0,39	0,63	0,43	0,61	0,46	0,58
»	»	0,24	0,88	0,28	0,84	0,32	0,80	0,36	0,76	0,40	0,67	0,44	0,66	0,47	0,66
»	»	0,25	0,90	0,29	0,86	0,34	0,84	0,37	0,79	0,41	0,71	0,45	0,69	0,48	0,72
»	»	0,27	0,92	0,30	0,88	0,36	0,87	0,38	0,82	0,42	0,74	0,46	0,72	»	»
»	»	0,29	0,94	0,33	0,91	0,38	0,89	0,41	0,86	0,44	0,79	0,47	0,75	»	»
»	»	0,31	0,96	0,36	0,95	0,40	0,92	0,45	0,89	0,46	0,83	0,49	0,79	»	»

SÉRIE N° 02

H = 0m,10		H = 0m,15		H = 0m,20		H = 0m,25		H = 0m,30		H = 0m,35		H = 0m,40	
h	$\frac{P_0}{h}$	h	$\frac{P_0}{h}$	h	$\frac{P_0}{h}$	h	$\frac{P_0}{h}$	h	$\frac{P_0}{h}$	h	$\frac{P_0}{h}$	h	$\frac{P_0}{h}$
mètre		mètre		mètre		mètre		mètre		mètre		mètre	
0,12	0,64	0,17	0,53	0,22	0,49	0,26	0,36	0,31	0,32	0,35	0,22	0,40	0,21
0,13	0,74	0,18	0,64	0,23	0,59	0,27	0,46	0,32	0,42	0,36	0,32	0,41	0,31
0,14	0,81	0,19	0,72	0,24	0,67	0,28	0,53	0,33	0,52	0,37	0,42	0,42	0,40
0,15	0,86	0,20	0,78	0,25	0,72	0,29	0,59	0,34	0,60	0,38	0,49	0,43	0,48
»	»	0,21	0,82	0,26	0,76	0,30	0,65	0,35	0,66	0,39	0,56	0,44	0,56
»	»	0,22	0,86	0,27	0,79	0,31	0,69	0,36	0,71	0,40	0,61	0,45	0,64
»	»	0,23	0,90	0,28	0,80	0,32	0,72	0,37	0,74	0,41	0,65	»	»
»	»	0,24	0,92	0,29	0,81	0,33	0,75	0,38	0,76	0,42	0,69	»	»
»	»	»	»	»	»	0,34	0,78	0,39	0,78	0,43	0,73	»	»
»	»	»	»	»	»	0,35	0,81	0,40	0,80	0,44	0,76	»	»
»	»	»	»	»	»	0,36	0,84	0,41	0,82	»	»	»	»
»	»	»	»	»	»	»	»	0,43	0,86	»	»	»	»

SÉRIE N° 203

H = 0m,10		H = 0m,15		H = 0m,20		H = 0m,25		H = 0m,30		H = 0m,35		H = 0m,40	
h	$\frac{P_0}{h}$	h	$\frac{P_0}{h}$	h	$\frac{P_0}{h}$	h	$\frac{P_0}{h}$	h	$\frac{P_0}{h}$	h	$\frac{P_0}{h}$	h	$\frac{P_0}{h}$
mètre		mètre		mètre		mètre		mètre		mètre		mètre	
0,12	0,61	0,17	0,56	0,22	0,49	0,26	0,37	0,31	0,35	0,36	0,32	0,40	0,23
0,13	0,74	0,18	0,67	0,23	0,59	0,27	0,45	0,32	0,42	0,37	0,41	0,41	0,31
0,14	0,83	0,19	0,75	0,24	0,67	0,28	0,53	0,33	0,50	0,38	0,48	0,42	0,39
0,15	0,89	0,20	0,81	0,25	0,73	0,29	0,60	0,34	0,58	0,39	0,55	0,43	0,46
0,16	0,92	0,21	0,85	0,26	0,77	0,30	0,66	0,35	0,64	0,40	0,61	0,44	0,53
0,17	0,95	0,22	0,88	0,27	0,81	0,31	0,72	0,36	0,70	0,41	0,65	0,45	0,60
»	»	»	»	0,28	0,83	0,32	0,76	0,37	0,74	0,42	0,68	0,46	0,66
»	»	»	»	0,29	0,85	0,33	0,80	0,38	0,77	0,43	0,71	»	»
»	»	»	»	»	»	0,34	0,83	0,39	0,79	0,44	0,74	»	»
»	»	»	»	»	»	0,35	0,86	0,40	0,81	0,45	0,76	»	»
»	»	»	»	»	»	0,36	0,88	0,41	0,82	»	»	»	»
»	»	»	»	»	»	»	»	0,43	0,85	»	»	»	»

NAPPES SOUMISES A UNE RETENUE D'AVAL (*suite*).

SÉRIE Nº 204

$H = 0^m,10$		$H = 0^m,15$		$H = 0^m,20$		$H = 0^m,25$		$H = 0^m,30$		$H = 0^m,35$		$H = 0^m,40$	
h	$\frac{P_0}{h}$	h	$\frac{P_0}{h}$	h	$\frac{P_0}{h}$	h	$\frac{P_0}{h}$	h	$\frac{P_0}{h}$	h	$\frac{P_0}{h}$	h	$\frac{P_0}{h}$
mètre		mètre		mètre		mètre		mètre		mètre		mètre	
0,12	0,61	0,17	0,54	0,22	0,48	0,26	0,39	0,31	0,31	0,36	0,33	0,41	0,31
0,13	0,73	0,18	0,67	0,23	0,58	0,27	0,46	0,32	0,40	0,37	0,41	0,42	0,41
0,14	0,83	0,19	0,76	0,24	0,66	0,28	0,52	0,33	0,59	0,38	0,48	0,43	0,49
0,15	0,90	0,20	0,85	0,25	0,73	0,29	0,58	0,34	0,67	0,39	0,55	0,44	0,56
0,16	0,95	0,21	0,91	0,26	0,78	0,30	0,64	0,35	0,72	0,40	0,60	»	»
0,17	0,98	0,22	0,95	0,27	0,83	0,31	0,70	0,36	0,76	0,41	0,66	»	»
»	»	0,23	0,98	0,28	0,86	0,32	0,75	0,37	0,78	0,42	0,71	»	»
»	»	»	»	0,29	0,89	0,33	0,80	0,38	0,80	0,43	0,76	»	»
»	»	»	»	»	»	0,34	0,84	0,39	0,82	0,44	0,80	»	»
»	»	»	»	»	»	0,35	0,89	»	»	»	»	»	»
»	»	»	»	»	»	0,36	0,93	»	»	»	»	»	»

SÉRIE Nº 205

$H = 0^m,10$		$H = 0^m,15$		$H = 0^m,20$		$H = 0^m,25$		$H = 0^m,30$		$H = 0^m,35$		$H = 0^m,40$	
h	$\frac{P_0}{h}$	h	$\frac{P_0}{h}$	h	$\frac{P_0}{h}$	h	$\frac{P_0}{h}$	h	$\frac{P_0}{h}$	h	$\frac{P_0}{h}$	h	$\frac{P_0}{h}$
mètre		mètre		mètre		mètre		mètre		mètre		mètre	
0,12	0,67	0,17	0,60	0,23	0,62	0,28	0,58	0,33	0,54	0,38	0,52	0,43	0,50
0,13	0,75	0,18	0,66	0,24	0,70	0,29	0,66	0,34	0,60	0,39	0,59	0,44	0,56
0,14	0,83	0,19	0,72	0,25	0,76	0,30	0,72	0,35	0,65	0,40	0,65	»	»
0,15	0,90	0,20	0,77	0,26	0,81	0,31	0,77	0,36	0,70	0,41	0,68	»	»
0,16	0,95	0,21	0,83	0,27	0,84	0,32	0,81	0,37	0,73	0,42	0,71	»	»
»	»	0,22	0,88	0,28	0,85	0,33	0,84	0,38	0,76	0,43	0,73	»	»
»	»	»	»	0,29	0,86	0,34	0,87	0,39	0,78	»	»	»	»
»	»	»	»	0,30	0,87	0,35	0,89	0,40	0,80	»	»	»	»
»	»	»	»	0,31	0,89	0,36	0,90	0,41	0,82	»	»	»	»
»	»	»	»	0,32	0,90	0,37	0,91	0,42	0,83	»	»	»	»
»	»	»	»	0,33	0,91	»	»	»	»	»	»	»	»
»	»	»	»	0,34	[illegible]	»	»	»	»	»	»	»	»

N° 25

NOTE

SUR LE

CALCUL DES BARRAGES DE RÉSERVOIRS

EN MAÇONNERIE

Par M. BARBET, Ingénieur en Chef des Ponts et Chaussées.

---

§ 1. — EXPOSÉ.

M. l'Inspecteur Général Maurice Lévy a présenté à l'Académie des Sciences, dans sa séance du 5 août 1895, une étude intitulée : « Quelques considérations sur la construction des grands barrages. »

L'application des méthodes développées dans cette étude nous a suggéré certaines considérations d'ordre à la fois théorique et pratique qui font l'objet de la présente note.

§ 2. — MOYEN D'EMPÊCHER L'EAU DE RESTER SOUS PRESSION A L'INTÉRIEUR DES BARRAGES.

Parmi les moyens que l'on peut imaginer pour empêcher l'eau de rester sous pression à l'intérieur des barrages, M. Maurice Lévy indique le suivant :

« La face amont de l'ouvrage, au lieu d'être lisse, « serait munie d'une série de pilastres à bases carrées

« d'environ 2 mètres de côté et espacés entre eux égale-
« ment d'environ 2 mètres.

« Un mur continu (appelé *mur de garde* du barrage)
« serait accolé aux faces amont de ces pilastres, de sorte
« que les intervalles compris entre les pilastres, d'une
« part, le mur de garde et le massif principal du barrage,
« d'autre part, formeraient des puits carrés d'environ
« 2 mètres de côté, régnant sur toute la hauteur du bar-
« rage. Les angles de ces puits seraient arrondis, de
« façon à leur donner une forme circulaire, qui augmen-
« terait la connexion entre le mur de garde et le massif
« du barrage.

« Supposons qu'une fissure quelconque vienne à se pro-
« duire ; si elle ne dépasse pas la largeur d'un pilastre,
« soit 2 mètres, elle n'offre aucun danger ; dès qu'elle
« dépasse cette dimension au plus, elle débouche forcé-
« ment dans un ou plusieurs puits, de sorte que l'eau qui
« y pénètre, au lieu d'y produire une pression, s'écoulera
« dans ces puits. Les fissures, quelles qu'elles soient,
« deviennent ainsi inoffensives.

« Les eaux amenées de la sorte dans les puits
« seraient recueillies par un drain longeant tout le bar-
« rage, puis évacuées par le canal de vidange du réser-
« voir. Par le volume d'eau que donnerait ce drain, on
« serait constamment averti de ce qui se passe dans le
« barrage. Dès que ce volume atteindrait une valeur
« appréciable, on visiterait les puits et l'on en boucherait
« les fissures. »

Pour les barrages non pourvus de ce dispositif, M. Maurice Lévy recommande de s'imposer, comme première
condition de résistance, l'obligation d'avoir, à l'extrémité
amont de chaque joint, une pression élastique supérieure
à la pression de l'eau du réservoir en ce point. Cette
condition, dit-il, a naturellement beaucoup moins d'importance si l'on adopte le dispositif ci-dessus décrit. Mais,

même dans ce cas, elle paraît sage ; car il est toujours bon de chasser l'eau de la maçonnerie, non seulement à cause de la sous-pression, mais aussi à cause de la gelée.

Dans une note insérée aux *Annales des Ponts et Chaussées*, cahier de juillet 1895, M. l'Ingénieur Le Rond propose un moyen analogue pour conjurer le danger que présentent les fissures dans un barrage calculé pour résister par son poids seul.

L'ouvrage serait divisé en deux parties distinctes : le *corps* du barrage, qui fournirait la résistance, et, en amont, l'*écran* ou le *masque*, qui assurerait l'étanchéité, ou tout au moins ne laisserait passer que de l'eau détendue, sans pression.

On ferait l'écran en bois, en métal ou en maçonnerie. Le masque en maçonnerie consisterait en un mur, aussi étanche que possible, reportant la pression sur le corps du barrage à l'aide d'une série de voûtes, soit à axe vertical, soit à axe horizontal. Les puits, préférables aux galeries, pourraient avoir leur extrados en contact avec le liquide : les voûtes auraient alors un profil circulaire. Enfin la pression exercée par les piédroits serait avantageusement distribuée sur le corps du barrage à l'aide de radiers également voûtés.

La rupture de l'écran en amont d'un puits, dit M. Le Rond, ne présenterait aucun danger ; et, en admettant même que tous les puits vinssent à céder successivement, « on se retrouverait dans le cas d'un barrage sans écran, « dont les maçonneries ne seraient du moins affaiblies « par aucune infiltration antérieure d'eau sous pression. « Il n'y aurait, d'ailleurs, aucun inconvénient à employer « pour les voûtes des profils résistants, bien appareillés « en matériaux durs, en briques par exemple, qui ren- « draient un semblable accident peu probable. »

Enfin M. l'Ingénieur en chef Pelletreau, dans un mémoire sur les profils des barrages en maçonnerie envisagés dans leurs rapports possibles avec les sous-pressions (*Annales des Ponts et Chaussées*, 1897, 1ᵉʳ trimestre), traite aussi la question des masques ou écrans que plusieurs ingénieurs, dit-il, ont posée de la manière suivante :

« Construire un corps d'ouvrage destiné à résister à la « poussée de l'eau ;

« Le garantir par un masque contre le contact de « l'eau. »

Il fait ressortir que ce procédé comporte nécessairement de sérieuses augmentations de dépenses, et il arrive à montrer qu'en négligeant les parties du barrage qui ne concourent pas ou concourent fort peu à la résistance, on obtient un véritable barrage en voûtes avec piles intermédiaires.

Dans les travaux dont nous venons de parler, il n'est pas tenu compte, on le voit, de la résistance propre du masque ou mur de garde.

Il nous semble que l'on pourrait, en constituant ce masque en bonne maçonnerie, identique à celle du corps du barrage, le faire intervenir dans le calcul, ce qui reviendrait à ne point distinguer le mur de garde du massif principal et à construire un véritable barrage *évidé*, percé de puits destinés à recueillir et à évacuer les eaux d'infiltration.

Nous examinerons plus loin les dispositions qui, dans cet ordre d'idées, pourraient être adoptées.

En ce qui regarde le calcul auquel l'écran serait soumis, en même temps que le reste du profil transversal, on peut admettre, à notre avis, qu'en donnant aux puits une forme circulaire, la pression exercée sur les voûtes verticales, plus ou moins extradossées, se répartira uniformément sur tout le corps du barrage, au lieu de se concentrer en des points déterminés, puisque la partie aval de chaque puits aura la forme d'un radier voûté symétrique de la partie amont et se raccordant tangentiellement avec elle. Cette distribution nous semble d'autant plus indiquée que la maçonnerie au pourtour des puits ne sera point appareillée et que, par suite, il ne saurait être fait de distinction, au point de vue de la répartition des efforts, entre les parties cintrées des puits et les pilastres compris entre ceux-ci.

Si l'on considère une coupe verticale et transversale du barrage, au droit de l'axe d'un puits, on est ainsi amené à calculer un profil dont les joints horizontaux sont discontinus.

Si l'on envisage une coupe horizontale, on est conduit à appliquer la loi dite « du trapèze » à une surface plane évidée limitée par deux normales à la direction du barrage passant par les centres de deux évidements consécutifs.

Nous traiterons surtout du premier mode de calcul, en opérant sur des profils travaillant exclusivement à la compression, et nous montrerons que le second donnerait vraisemblablement, dans la pratique, une sécurité moindre.

§ 3. — APPLICATION DE LA LOI DU TRAPÈZE AUX BARRAGES EN MAÇONNERIE A JOINTS HORIZONTAUX DISCONTINUS.

Soient a, b, les deux éléments amont et aval d'un joint horizontal ;

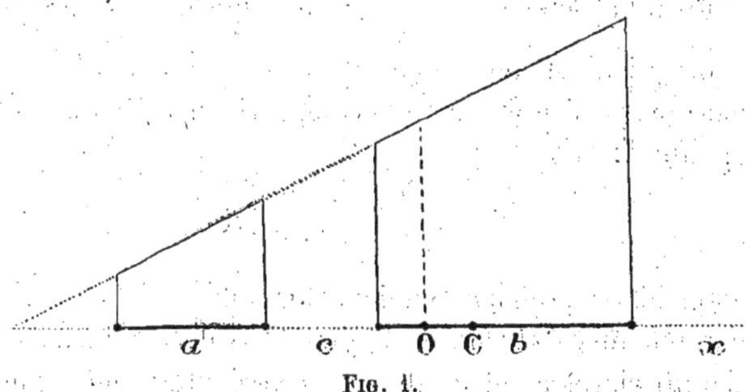

Fig. 1.

c, le vide qui les sépare;

O, le centre de gravité des éléments a et b réunis;

I, leur moment d'inertie par rapport à ce point;

C, le centre de pression;

x_c, l'abscisse du point C par rapport au point O, c'est-à-dire la distance OC considérée comme positive vers l'aval et comme négative vers l'amont;

x_n, l'abscisse du point neutre.

On sait que x_c et x_n sont liés par la relation :

$$(1) \qquad \frac{x_c x_n}{I} + \frac{1}{a+b} = 0.$$

Le moment d'inertie a pour expression :

$$I = \frac{1}{12} \times \frac{(a+b)^4 + 12\,abc\,(a+b+c)}{a+b};$$

et l'équation (1) devient :

$$\frac{12 x_c x_n\,(a+b)}{(a+b)^4 + 12\,abc\,(a+b+c)} + \frac{1}{a+b} = 0;$$

d'où :

$$x_n = -\frac{(a+b)^4 + 12\,abc\,(a+b+c)}{12 x_c\,(a+b)^2}.$$

Soient maintenant : n, l'ordonnée du trapèze correspondant à l'abscisse x; $\dfrac{N}{a+b}$, l'ordonnée correspondant à $x = 0$, qui n'est autre que la valeur moyenne de l'effort normal supposé uniformément réparti sur a et b.

On aura :

$$n = \frac{N}{a+b}\left(1 - \frac{x}{x_n}\right).$$

Déterminons, en particulier, les efforts n' et n'' qui s'exercent aux extrémités amont et aval du joint.

Les abscisses x' et x'' de ces extrémités sont données

par les relations suivantes, la seconde exprimant que le point O est le centre de gravité de a et b réunis :

$$x'' - x' = a + b + c,$$
$$a\left(-x' - \frac{a}{2}\right) = b\left(x'' - \frac{b}{2}\right);$$

d'où :

$$x' = -\frac{(a+b)^2 + 2bc}{2(a+b)}$$
$$x'' = \frac{(a+b)^2 + 2ac}{2(a+b)};$$

d'où enfin :

$$n' = \frac{N}{a+b}\left(1 - \frac{x'}{x_n}\right) = \frac{N}{a+b}\left[1 - 6x_c\frac{(a+b)\,[(a+b)^2 + 2bc]}{(a+b)^4 + 12abc\,(a+b+c)}\right]$$
$$n'' = \frac{N}{a+b}\left(1 - \frac{x''}{x_n}\right) = \frac{N}{a+b}\left[1 + 6x_c\frac{(a+b)\,[(a+b)^2 + 2ac]}{(a+b)^4 + 12abc\,(a+b+c)}\right].$$

Si l'on désigne par M le moment de flexion dans la section horizontale considérée, on a :

$$M = N \times x_c;$$

d'où :

$$n' = \frac{N}{a+b} - 6M\frac{(a+b)^2 + 2bc}{(a+b)^4 + 12abc\,(a+b+c)}$$
$$n'' = \frac{N}{a+b} + 6M\frac{(a+b)^2 + 2ac}{(a+b)^4 + 12\,abc\,(a+b+c)}.$$

Pour $c = o$, c'est-à-dire dans le cas d'un mur plein, on retrouve les formules connues :

$$n' = \frac{N}{a+b}\left(1 - 6\frac{x_c}{a+b}\right) = \frac{N}{a+b} - \frac{6M}{(a+b)^2}$$
$$n'' = \frac{N}{a+b}\left(1 + 6\frac{x_c}{a+b}\right) = \frac{N}{a+b} + \frac{6M}{(a+b)^2}.$$

Considérons un profil évidé formé de deux parties pleines invariables, s et S, et étudions, sur un joint horizontal donné, les variations de n' et de n'' avec l'écartement c.

x, étant fonction de c, commençons par en chercher l'expression.

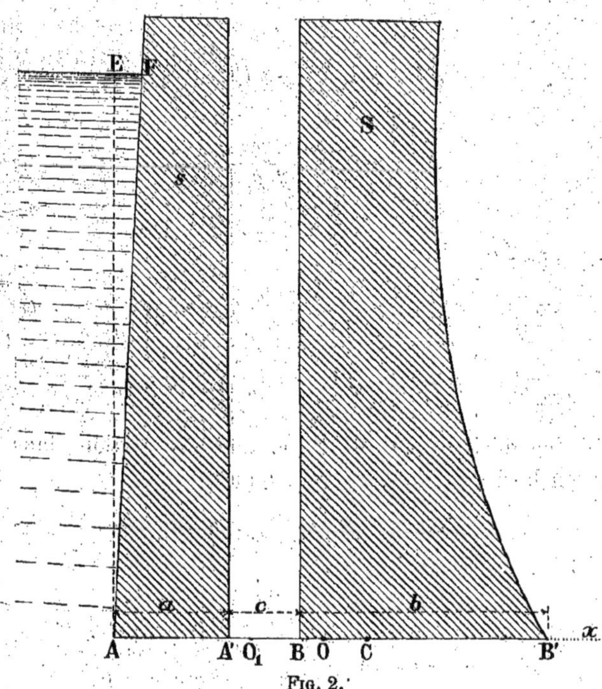

Fig. 2.

Soient :

O_1, le pied de la verticale du centre de gravité de l'ensemble des surfaces s et S ;

δ et Δ, les distances respectives des centres de gravité de ces surfaces aux extrémités amont A et B des éléments a et b ;

O étant toujours le centre de gravité de ces éléments réunis ;

C, le centre de pression.

La distance O_1C, nulle dans le cas du réservoir vide,

sera constante pour une retenue d'eau déterminée.

$$OC = x_c = OO_1 + O_1C, \text{ en grandeur et en signe;}$$
$$OO_1 = OA + AO_1,$$

On a en outre, par la considération des centres de gravité :

$$- OA (a + b) = \frac{(a + b)^2 + 2bc}{2}$$
$$AO_1 (s + S) = s\delta + S (a + c + \Delta);$$

d'où

$$x_c = \frac{(a + b) [s\delta + S (a + c + \Delta)] - \frac{s + S}{2} [(a+b)^2 + 2bc]}{(a + b) (s + S)} + O_1C,$$

ou, en désignant par Δ_0 la distance au parement d'amont du centre de gravité de l'ensemble des surfaces s et S (*) pour $c = o$:

$$x_c = \Delta_0 - \frac{a + b}{2} + O_1C - \frac{sb - Sa}{(a + b) (s + S)} c = \alpha - \beta c.$$

Introduisant cette expression dans celles de n' et n'', on obtient :

$$n' = \frac{N}{a + b} \left[1 - 6 (\alpha - \beta c) \frac{(a + b) [(a + b)^2 + 2bc]}{(a + b)^4 + 12 abc (a + b + c)} \right]$$
$$n'' = \frac{N}{a + b} \left[1 + 6 (\alpha - \beta c) \frac{(a + b) [(a + b)^2 + 2ac]}{(a + b)^4 + 12 abc (a + b + c)} \right]$$

$\dfrac{dn'}{dc}$ est de même signe que :

$$- [2b\alpha - \beta (a + b)^2 - 4b\beta c] [(a + b)^4 + 12abc (a + b + c)]$$
$$+ 12ab (a + b + 2c) (\alpha - \beta c) [(a + b)^2 + 2bc] = (a + b)^3 [\beta (a + b)^3$$
$$+ 2ab(5a - b)] + 4b(a + b)^2 [\beta(a+b)^2 + 6a\alpha]c + 12ab[\beta(b^2 - a^2) + 2b\alpha]c^2.$$

(*) Si le parement d'amont n'est pas vertical, la formule reste la même, à la condition de désigner par s la surface de l'écran augmentée de celle du triangle curviligne d'eau AEF multipliée par la fraction $\frac{1}{k}$, k étant la densité de la maçonnerie.

b est plus grand que a ; β, de même signe que $sb - Sa$, est positif si l'axe du puits est vertical et si le parement d'aval du barrage est beaucoup plus incliné sur l'horizontale que le parement d'amont, conditions qui seront toujours réalisées dans la pratique.

On voit donc que tous les termes de $\dfrac{dn'}{dc}$ sont positifs si α est lui-même positif et si l'on a, en outre :

$$\beta (a + b)^3 + 2ab (5\,a - b) > 0.$$

α sera certainement positif quand le réservoir sera en eau ; l'inégalité ci-dessus est d'ailleurs satisfaite, et, par suite, n' est fonction croissante de c, si b est plus petit que $5a$, condition suffisante, mais nécessaire seulement dans le cas limite où sb est égal à Sa, qui sera toujours réalisée à la partie supérieure du barrage et à laquelle on pourrait même s'astreindre sans grande difficulté sur toute sa hauteur.

En changeant a en b, et réciproquement α en $-\alpha$, β en $-\beta$, on obtient une expression de même signe que $\dfrac{dn''}{dc}$; mais si le terme constant et le terme en c de cette expression sont toujours négatifs, il n'en est pas de même du terme en c^2, de sorte que, sous cette forme, on ne voit pas bien comment n'' varie avec c.

$\dfrac{dn''}{dc}$ peut s'écrire, à un facteur constant et positif près :

$$(\alpha - \beta c) \frac{d}{dc} \left[\frac{(a + b)^2 + 2ac}{(a+b)^4 + 12abc(a+b+c)} \right] - \beta \frac{(a + b)^2 + 2ac}{(a+b)^4 + 12abc(a+b+c)}.$$

La dérivée que multiplie $\alpha - \beta c$ est de même signe que :

$$a[(a + b)^4 + 12abc(a+b+c)] - 6ab(a+b+2c)[(a+b)^2 + 2ac]$$
$$= - a\,(a + b)^3 (5b - a) - 12ab\,(a + b)^2\,c - 12a^2bc^2.$$

Elle est toujours négative, et il en est de même, sans autres conditions, de $\dfrac{dn''}{dc}$, si $\alpha - \beta c$ est positif, c'est-à-dire que n'' est une fonction décroissante de c.

Si, au contraire, le niveau de l'eau dans le réservoir s'abaisse suffisamment pour que α et, *a fortiori*, $\alpha - \beta c$ deviennent négatifs, les variations de n' et de n'' avec c ne sont plus nettement accusées ; mais ce cas présente assurément moins d'intérêt que celui du réservoir en charge. Nous allons voir du reste que, pour une valeur suffisamment grande de c, n' tend à décroître et n'' à croître, lorsque le réservoir est vide, conditions favorables à la résistance.

Tirons tout d'abord des considérations ci-dessus les conclusions générales suivantes :

1° Un barrage évidé par des puits présente toujours au droit des évidements, au point de vue des pressions maxima dans la maçonnerie, lorsque le réservoir est en eau, de meilleures conditions de résistance qu'un barrage plein de même section.

2° Si l'épaisseur de la partie pleine amont, inférieure à celle de la partie pleine aval ou du corps principal du barrage, est au moins égale à son cinquième, le barrage évidé présente des conditions plus favorables de résistance qu'un barrage plein de même section, au double point de vue des pressions maxima en charge et des chances d'infiltration dans la maçonnerie.

Lorsque c tend vers ∞, n' et n'' tendent respectivement vers :

$$n'\infty = \frac{N}{a+b}\left[1 + \frac{sb - Sa}{a(s+S)}\right] = \frac{Ns}{a(s+S)}.$$

$$n''\infty = \frac{N}{a+b}\left[1 - \frac{sb - Sa}{b(s+S)}\right] = \frac{NS}{b(s+S)}$$

n' tend donc vers une valeur plus grande que $\dfrac{N}{a+b}$, et n'' vers une valeur plus petite.

Ces valeurs limites ne dépendent que des dimensions des éléments constitutifs de l'ouvrage, de sorte que, si les deux parties pleines d'un barrage évidé s'écartent indéfiniment l'une de l'autre, le barrage tend à résister comme si la pression de l'eau n'existait pas. C'est là, hâtons-nous de le dire, une déduction absolument théorique, car il ne peut y avoir solidarité entre les deux parties pleines, comme le suppose essentiellement la démonstration des formules, qu'autant que l'évidement est restreint.

Si nous comparons les valeurs limites de n' et de n'' aux pressions correspondantes n'_v et n''_v dans le barrage plein, lorsque le réservoir est vide, nous trouverons :

$$n'\infty - n'_v = \frac{N}{a+b}\left[\frac{sb - Sa}{a\,(s+S)} - 6\,\frac{\frac{a+b}{2} - \Delta_0}{a+b}\right]$$

$$n''\infty - n''_v = \frac{N}{a+b}\left[-\frac{sb - Sa}{b\,(s+S)} + 6\,\frac{\frac{a+b}{2} - \Delta_0}{a+b}\right]$$

Pour un profil rectangulaire, $sb = Sa$;

$$\Delta_0 = \frac{a+b}{2}\left|\begin{array}{l} n'\infty - n'_v = 0 \\ n''\infty - n''_v = 0, \end{array}\right.$$

Pour un profil triangulaire, $\dfrac{sb - Sa}{s+S} = \dfrac{ab}{a+b}$;

$$\Delta_0 = \frac{a+b}{3}\left\{\begin{array}{l} n'\infty - n'_v = -\dfrac{Na}{(a+b)^2} \\ n''\infty - n''_v = \dfrac{Nb}{(a+b)^2}. \end{array}\right.$$

En pratique, le profil d'un barrage étant intermédiaire entre le triangle et le rectangle, les pressions dans la maçonnerie à vide, pour une valeur suffisamment grande de c, tendront donc à augmenter en aval et à diminuer en amont, comme nous l'avons dit plus haut.

Application de la théorie qui précède à la détermination du profil d'un barrage en maçonnerie. — D'après ce qui précède, le profil transversal d'un barrage évidé présente, au droit d'un puits, une résistance supérieure à celle d'un barrage plein de même section ; mais il n'en est pas moins plus faible, évidemment, que le profil plein obtenu en supposant le puits comblé de maçonnerie.

Le barrage devra donc avoir deux profils différents : l'un au droit des puits, l'autre entre deux puits consécutifs.

On commencera par déterminer ce dernier, par les procédés en usage, en s'imposant, comme condition primordiale, que la pression élastique à l'extrémité amont d'un joint horizontal soit partout supérieure à la pression de l'eau en ce point.

Théoriquement, en égalant les pressions amont et aval ainsi obtenues, pour chaque joint (réservoir en eau), aux valeurs correspondantes de n' et de n'' pour un barrage évidé, on aurait deux relations permettant de calculer a et b pour un évidement donné c (*).

On serait ainsi amené à la résolution d'équations du 7e degré ; dans la pratique, on ne pourra donc obtenir les valeurs successives de a et de b que par tâtonnements.

En général, on pourra se donner l'une des quantités a ou b et déterminer l'autre par la condition que la pression élastique à l'extrémité amont d'un joint soit la même que dans le profil plein, ou du moins qu'elle ne soit en aucun point inférieure à la pression de l'eau. a ou b sera connu si l'on admet que l'un des parements présente le même profil, au droit d'un évidement, qu'entre deux puits consécutifs et si l'on a fixé, par rapport à ce parement, la position du puits ; les valeurs de l'autre quantité, pour

----

(*) Nous n'envisageons ici que les pressions normales aux joints horizontaux ; les pressions maxima s'en déduiraient par la formule de M. Maurice Lévy et entraîneraient une légère correction des valeurs obtenues pour a et b.

une série de joints horizontaux, définiront le profil des *contreforts* à ajouter à l'autre parement.

Il résulte d'ailleurs de la théorie qui précède que le plein d'un contrefort sera plus petit que le vide correspondant, de sorte que la création des puits, sans procurer une économie appréciable, n'entraînera tout au moins aucune augmentation de dépenses (*).

Les considérations ci-après montrent que l'on peut arriver, pratiquement, à déterminer le profil des contreforts sans tâtonnements trop laborieux.

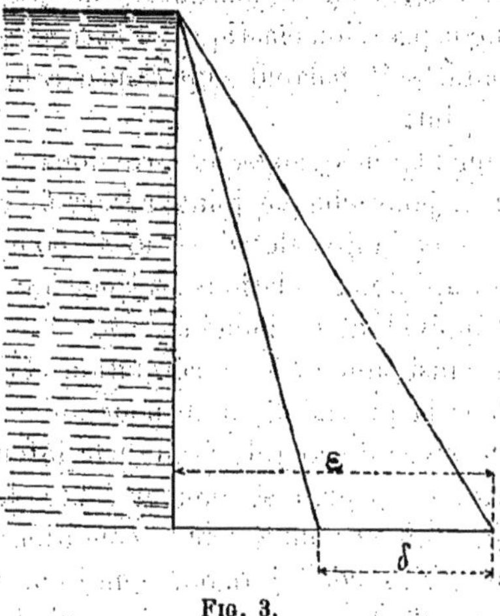

FIG. 3.

Lorsque la pression élastique à l'extrémité amont d'un joint horizontal quelconque est supérieure à la pression de l'eau, l'effort maximum dans la maçonnerie, qui se produit au parement d'aval, est nécessairement peu élevé. Il suffit, pour s'en convaincre, d'envisager le cas théorique

---

(*) Les ailes des contreforts, toutefois, donneront lieu à une légère augmentation du cube de la maçonnerie, comme un exemple le montrera plus loin.

d'un profil triangulaire dont le sommet coïncide avec le niveau de la retenue.

Soit, dans un pareil profil,

ε, la largeur d'un joint; y, la hauteur; et Q, la poussée de l'eau au-dessus de ce joint; δ, la distance horizontale du centre de pression au parement d'aval; k, la densité de la maçonnerie.

On aura :

$$n' = \frac{6\delta - 2\varepsilon}{\varepsilon} \times \frac{N}{\varepsilon}$$

$$N = k \times \frac{\varepsilon y}{2}$$

$$Q = \frac{y^2}{2}$$

$$\delta = \frac{2\varepsilon}{3} - \frac{Q}{N} \times \frac{y}{3} = \frac{2\varepsilon}{3} - \frac{y^2}{3k\varepsilon};$$

d'où :

$$n' = y\left(k - \frac{y^2}{\varepsilon^2}\right).$$

Pour que n' soit plus grand que y, il faut que l'on ait :

$$\varepsilon > \frac{y}{\sqrt{k-1}}.$$

Pour $\varepsilon = \frac{y}{\sqrt{k-1}}$, $n' = y$; $n'' = (k-1)\,y$; et la compression maxima au parement d'aval a pour valeur :

$$(k - 1)\,y\left(1 + \frac{\varepsilon^2}{y^2}\right) = ky.$$

Elle ne dépassera 8 kilogrammes par centimètre carré, chiffre modeste, que pour une retenue de plus de 32 à 40 mètres, si k varie de 2,5 à 2. En s'attachant à réaliser la condition énoncée par M. Maurice Lévy pour la pression élastique en amont, on obtiendra donc généralement un profil satisfaisant aux autres conditions voulues de résistance.

On conclut de là qu'il est plus avantageux d'établir les contreforts en amont qu'en aval, au droit des évidements d'un barrage avec puits.

Cela paraît résulter déjà de la théorie développée ci-dessus, puisque la pression amont n' croît d'autant plus avec c que b est plus petit par rapport à a.

Pour une valeur donnée de c, imaginons que, $a + b$ et $s + S$ restant constants, on enlève une tranche d'épaisseur uniforme da ou de surface $ds = hda$ au parement d'aval et qu'on la reporte au parement d'amont.

La pression moyenne $\dfrac{N}{a + b}$ ne sera pas modifiée.

La valeur de l'expression $\dfrac{(a + b) \, [(a + b)^2 + 2bc]}{(a + b)^4 + 12abc \, (a + b + c)}$ diminuera puisque, b diminuant et se rapprochant ainsi de a, le produit ab augmentera.

$$x_c = \Delta_0 - \frac{a + b}{2} + O_1C - \frac{sb - Sa}{(a + b)\,(s + S)}\, c$$

variera de

$$dx_c = -\frac{bds - sda - Sda + ads}{(a + b)\,(s + S)}\, c = \left(-\frac{ds}{s + S} + \frac{da}{a + b}\right)c$$
$$= da \left(\frac{1}{a + b} - \frac{h}{s + S}\right)c,$$

expression négative, $s + S$ étant plus petit que $h\,(a + b)$.

Donc n' augmentera.

Enfin, en pratique, les pressions maxima seront toujours faibles à la partie supérieure du barrage ; les pressions aux extrémités amont des joints y seront sensiblement plus élevées que celles de l'eau : il n'y aura donc intérêt à renforcer quelque peu le barrage par le haut, au droit des puits, qu'en vue de ne pas trop réduire la pression moyenne et, par suite, la pression amont vers la base ; on pourra dès lors, sans inconvénient, donner

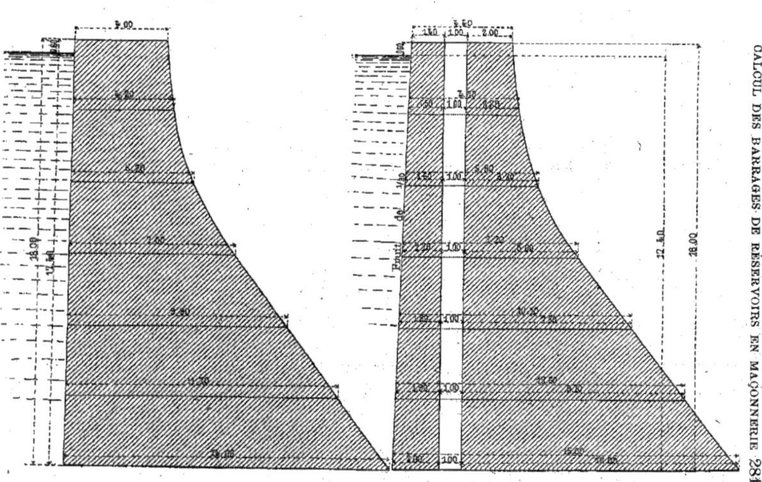

Fig. 4. — Profil plein.

Fig. 5. — Profil évidé.

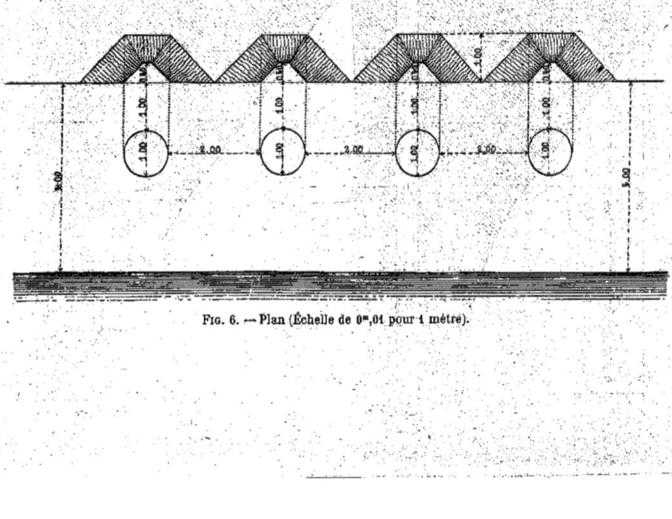

FIG. 6. — Plan (Échelle de 0^m,01 pour 1 mètre).

aux contreforts un fruit uniforme défini par les conditions de résistance au niveau du dernier joint inférieur.

On sera conduit ainsi à une disposition analogue à celle que représentent les *fig.* 4, 5 et 6 des pages 281 et 282, déterminées pour un barrage de 18 mètres de hauteur supportant une charge d'eau de $17^m,40$.

Chaque contrefort a un volume approximatif de :

$$\tfrac{1}{3}\,18\left[2 + 0,24 + \sqrt{2 \times 0,24}\right] = 17^{m3},59 ;$$

tandis que celui du vide d'un puits est de $14^{m3},14$. L'augmentation résultante, due aux ailes des contreforts, n'est donc que de $3^{m3},45$ tous les 3 mètres, soit $1^{m3},15$ par mètre linéaire de barrage.

Le tableau suivant donne les résultats du calcul auquel ces profils ont été soumis, en admettant que la maçonnerie pèse 2.300 kilogrammes par mètre cube et en tenant compte de la composante verticale de la pression de l'eau sur les contreforts.

DÉSIGNATION des joints	PRESSION DE L'EAU	PROFIL PLEIN						PROFIL ÉVIDÉ AVEC CONTREFORTS						OBSERVATIONS
		Valeurs de n'		Valeurs de n''		Compression maxima au parement d'aval		Valeurs de n'		Valeurs de n''		Compression maxima au parement d'aval		
		à vide	en charge	à vide	en charge	à vide	en charge	à vide	en charge	à vide	en charge	à vide	en charge	
Joint I....	0,24	0,72	0,64	0,62	0,70	0,64	0,73	0,70	0,63	0,61	0,70	0,63	0,73	La pression élastique maxima à l'extrémité amont d'un joint est égale à $n'\left(1 + \dfrac{1}{900}\right)$; mais on peut négliger la fraction $\dfrac{n'}{900}$, qui est insignifiante.
Joint II...	0,54	1,70	1,12	0,64	1,22	0,78	1,49	1,60	1,10	0,75	1,16	0,91	1,41	
Joint III..	0,84	2,66	1,34	0,28	1,60	0,41	2,33	2,58	1,44	0,40	1,39	0,58	2,02	
Joint IV..	1,14	3,39	1,69	0,09	1,79	0,15	2,89	3,36	1,74	0.16	1,65	0,26	2,66	
Joint V...	1,44	4,08	1,90	—0,08	2,10	—0,13	3,39	4,01	1,94	0,01	1,95	0,02	3,15	
Joint VI..	1,74	4,78	2,09	—0,14	2,55	—0,23	4,11	4,71	2,08	—0,14	2,37	—0,23	3,82	

Ces calculs ne portent, au droit d'un évidement, que
sur le profil de largeur maxima, correspondant à la fois
à l'axe d'un puits et à celui d'un contrefort ; mais il est
facile de voir que les conditions de résistance des autres
profils sont plus satisfaisantes.

En effet, cela saute aux yeux pour les sections faites

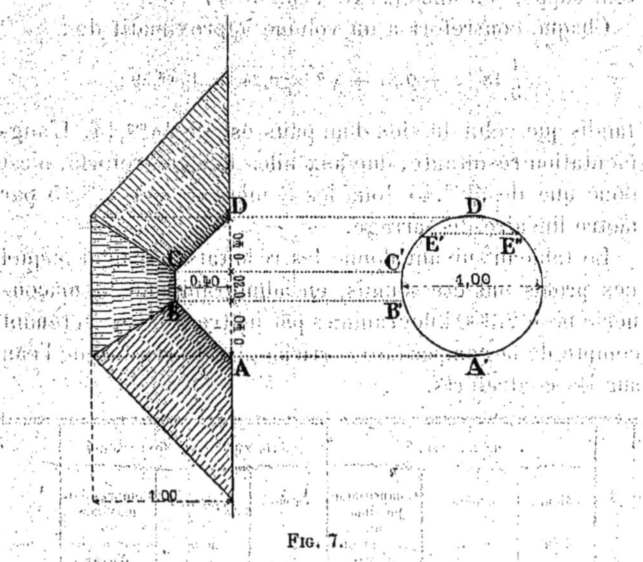

Fɪɢ. 7.

entre les plans verticaux BB' et CC', puisque la coupe du
contrefort y demeure constante et égale à la coupe centrale, tandis que l'évidement variable est plus petit que le
diamètre du puits. Cela n'est pas moins évident pour les
sections en deçà et au-delà des plans extrêmes AA' et
DD', où l'on retrouve le profil plein augmenté en amont
d'un contrefort triangulaire.

Il ne nous reste donc à envisager que les profils compris entre les plans AA' et BB' ou CC' et DD', dont le
moins résistant correspond au point E' où la tangente à

la circonférence du puits est parallèle à CD. La corde E'E" a une longueur de R $\sqrt{2} = 0^m,70$ et est à une distance de $0^m,35$ du centre. Il en résulte que le profil considéré a la forme et les dimensions représentées ci-dessous et qu'il est, surtout vers la base, plus fort que le profil soumis au calcul.

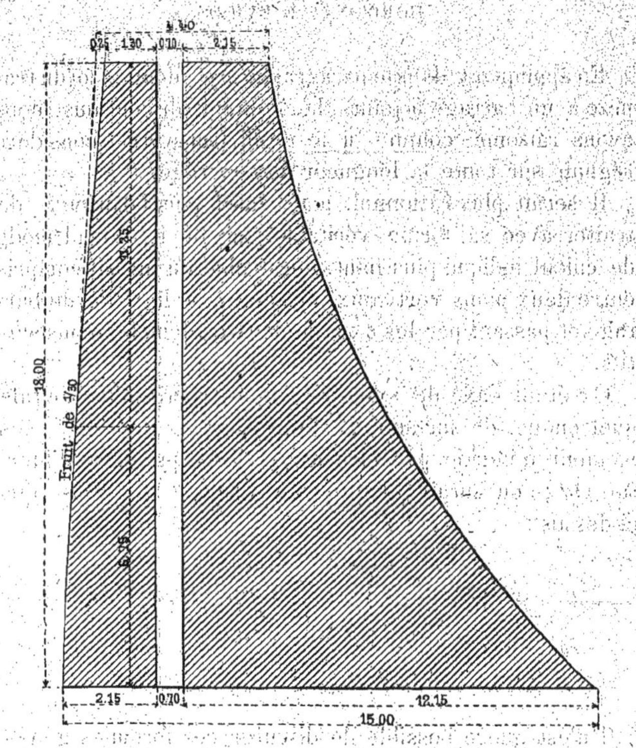

Fig. 8.

Au sommet, les pleins $(1,30 + 2,15 = 3,45)$ l'emportent encore sur ceux de ce dernier profil

$$(1,40 + 2 = 3,40);$$

mais une partie minime en est transférée d'amont en aval ; au surplus, vers le haut du barrage, les pressions sont peu élevées et une légère variation de la résistance, en plus ou en moins, présente peu d'intérêt.

§ 4. — APPLICATION DE LA LOI DU TRAPÈZE A UNE SECTION HORIZONTALE ÉVIDÉE.

En appliquant, dans le paragraphe précédent, la loi du trapèze à un barrage à joints horizontaux discontinus, nous avons raisonné comme si le profil transversal considéré régnait sur toute la longueur de l'ouvrage.

Il serait plus rationnel, mais aussi plus laborieux, de traiter avec sa forme véritable, suivant le second mode de calcul indiqué plus haut, l'ensemble du massif compris entre deux plans verticaux normaux à la direction du barrage et passant par les axes de deux évidements consécutifs.

Ox étant l'axe de symétrie d'une section horizontale quelconque, de surface Ω, faite dans ce massif ; I, son moment d'inertie par rapport à l'axe principal d'inertie Oy ; on aurait, d'après les mêmes notations que ci-dessus :

$$\frac{x_c x_n}{I} + \frac{1}{\Omega} = 0$$
$$\left\{ \begin{aligned} n' &= \frac{N}{\Omega}\left(1 - \frac{x'}{x_n}\right) \\ n'' &= \frac{N}{\Omega}\left(1 - \frac{x''}{x_n}\right) \end{aligned} \right.$$

Il n'est guère possible de discuter ces formules générales, dont les éléments dépendent de la forme des contreforts ; mais on peut montrer qu'elles accusent vraisemblablement une répartition plus favorable des efforts que les expressions établies au § 3.

En effet, celles-ci supposent rempli le vide entre deux

contreforts et évidé tout l'espace compris entre deux plans tangents aux puits et parallèles à la direction du barrage. — Soient N et N_a les charges verticales sur les sections

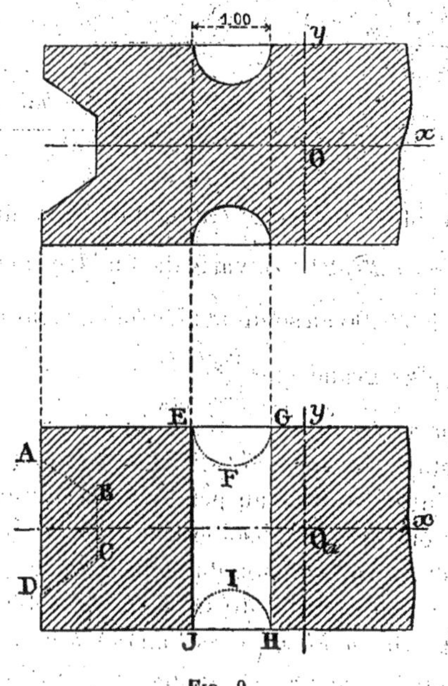

Fig. 9.

considérées Ω et Ω_a (*fig.* 9), faites à une hauteur h en contre-bas du niveau du couronnement; ω_p et ω_v, les surfaces ABCD, EFGHIJ ; k, la densité de la maçonnerie.

Nous aurons :

$$n' = \frac{N}{\Omega}\left(1 - \frac{x'}{x_n}\right)$$

$$n'_a = \frac{N_a}{\Omega_a}\left(1 - \frac{x'_a}{x_{an}}\right)$$

$$N_a = N + kh\left(\frac{1}{m}\,\omega_p - \omega_v\right);$$

$\dfrac{1}{m}$ étant une fraction au plus égale à l'unité :

$$\Omega_a = \Omega + \omega_p - \omega_v$$

$$\frac{N_a}{\Omega_a} - \frac{N}{\Omega} = \frac{kh\Omega\left(\dfrac{1}{m}\omega_p - \omega_v\right) - N(\omega_p - \omega_v)}{\Omega_a\Omega}$$

$$= \frac{(N - kh\Omega)(\omega_v - \omega_p) - kh\Omega\omega_p\left(1 - \dfrac{1}{m}\right)}{\Omega_a\Omega}.$$

Or N est plus petit que $kh\Omega$; dans l'exemple choisi, $\omega_v = 3 - \dfrac{\pi}{4} = 2^{m2},21$; ω_p varie de 1 mètre carré, à la base du barrage, à $0^{m2},96$ au sommet : il est donc plus petit que ω_v; donc $\dfrac{N}{\Omega}$ est plus grand que $\dfrac{N_a}{\Omega_a}$.

D'autre part, pour les sections inférieures du barrage qui, supportant les plus fortes charges, sont les seules réellement intéressantes au point de vue du calcul, x' est plus petit en valeur absolue que x_a', le comblement du vide ω_v et la suppression du plein ω_p ayant pour effet, dès que le centre de gravité O ou O_a est suffisamment en aval du puits, de reporter vers l'amont à la fois le centre de gravité de la surface et le point d'application du centre de pression C qui correspond au centre de gravité du trapèze évidé figurant la loi.

Représentons graphiquement cette loi, comme ci-dessous, pour les deux sections Ω et Ω_a.

La pression moyenne $\dfrac{N}{\Omega}$ étant plus grande que $\dfrac{N_a}{\Omega_a}$ et le centre de pression C étant situé en amont de C_a, tout porte à croire que la droite $n'n''$ est plus inclinée que $n'_a n''_a$ vers l'horizontale ; que, par suite, n' est plus grand que n'_a.

La condition essentielle à réaliser étant, comme nous l'avons vu, relative à la pression élastique en amont et les efforts étant toujours faibles lorsqu'elle est satisfaite, il en résulte que le mode de calcul donnant le plus de sécurité paraît être celui qui a fait l'objet du § 3 de la présente note, puisqu'il semble devoir accuser pour n' la plus petite valeur.

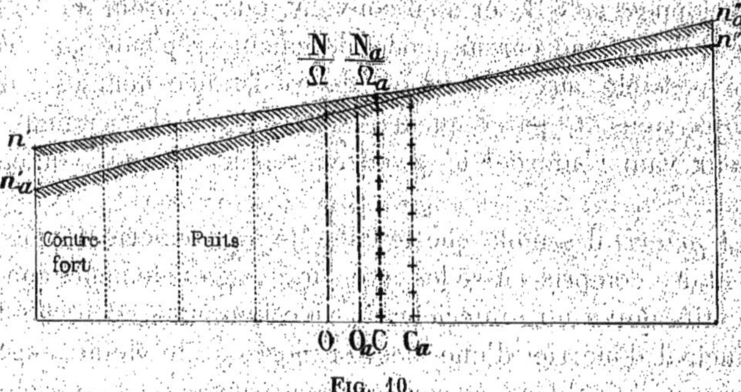

Fig. 10.

On peut reprocher au système, qui consiste à compenser chaque évidement par un contrefort lui correspondant à l'amont du barrage, d'augmenter la surface mouillée et, par conséquent, les chances d'infiltration.

L'objection ne serait pas très fondée, à notre avis, parce que la force qui entre en jeu n'est pas la pression totale sur la surface plus ou moins contournée du parement d'amont, mais sa composante normale à la direction générale de la digue. Toutefois il convient de se demander si, au double point de vue de l'étanchéité et de la résistance, une surépaisseur à profil constant ne serait pas au moins aussi efficace que des contreforts.

Il n'y a pas lieu d'appliquer à ce renforcement le mode de calcul basé sur la théorie des joints horizontaux discontinus (§ 3), qui conduirait à une surépaisseur uniforme égale au profil de largeur maxima d'un contrefort, et il faut nécessairement recourir ici à la méthode faisant l'objet du présent § 4. — C'est ce que nous allons faire pour le type de barrage de 18 mètres de hauteur, soutenant 17^m,40 d'eau, déjà envisagé plus haut.

Nous ferons porter la surépaisseur sur le parement amont pour deux motifs : d'abord parce que c'est de ce côté qu'elle est le plus avantageuse, d'après la théorie développée au § 3, et qu'il convient que le profil du barrage, déterminé par un mode de calcul, réponde autant que possible aux conditions de résistance définies par l'autre ; ensuite parce qu'au point de vue de l'étanchéité, mieux vaut renforcer le profil en amont du puits qu'en aval.

A priori, il semble que le cube de maçonnerie supplémentaire compris entre les axes de deux évidements consécutifs doive être inférieur au vide d'un puits, le moment principal d'inertie d'une section horizontale pleine augmentant si l'on découpe une certaine surface à l'intérieur de cette section pour la reporter, normalement à l'axe d'inertie, en dehors de son périmètre.

Si, dans le cas d'un barrage, le plein ainsi ajouté est plus petit que le vide pratiqué, les centres de gravité de la section et du cube de maçonnerie qu'elle supporte se déplacent dans le même sens ; mais le rapport de la poussée de l'eau à la charge verticale augmente, de sorte que le centre de pression a une tendance à s'éloigner, vers l'aval, du centre de gravité de la surface. Il convient donc de ne pas trop réduire la surépaisseur, à la fois pour obtenir une bonne répartition des charges et pour éviter de créer, au droit d'un puits, un profil transversal de moindre résistance s'écartant notablement du profil déterminé par la considération des joints horizontaux discontinus.

C'est pourquoi nous prendrons pour volume total du renforcement, entre deux puits consécutifs, précisément celui d'un contrefort qui est, comme nous l'avons vu, de 17^{m3},59. Cette condition se trouve réalisée en donnant au parement d'amont un fruit de 1/60, en élargissant le bar-

Plan (Échelle de 0^m,001 pour 1 mètre).

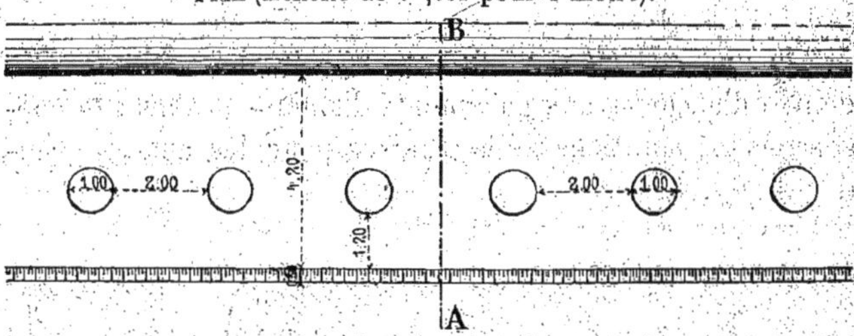

Coupe suivant AB (Échelle de 0^m,005 pour 1 mètre).

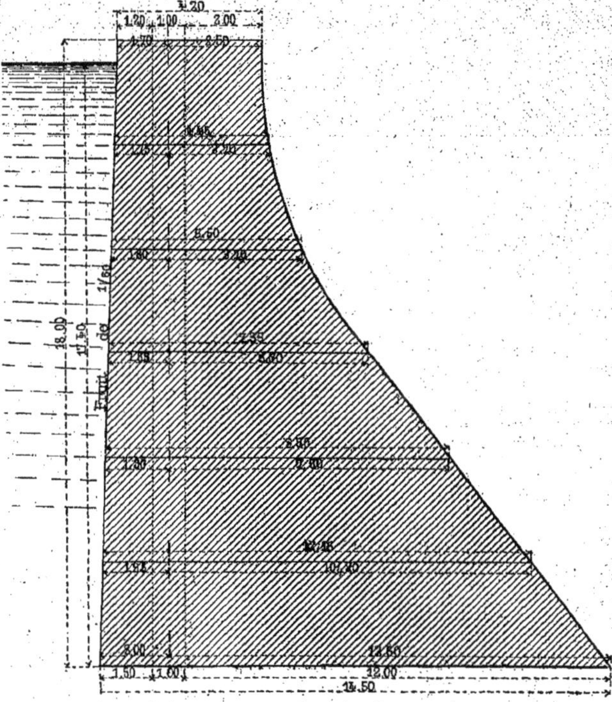

Fig. 11.

rage de $0^m,175$ au sommet et de $0^m,475$ à la base. Pour simplifier les calculs, nous avons admis $0^m,20$ et $0^m,50$ (*fig.* 11, p. 291.)

Appelons a et b, dans chaque joint, les distances du centre d'un puits aux parements d'amont et d'aval et conservons les notations déjà admises pour les autres grandeurs (*fig.* 12).

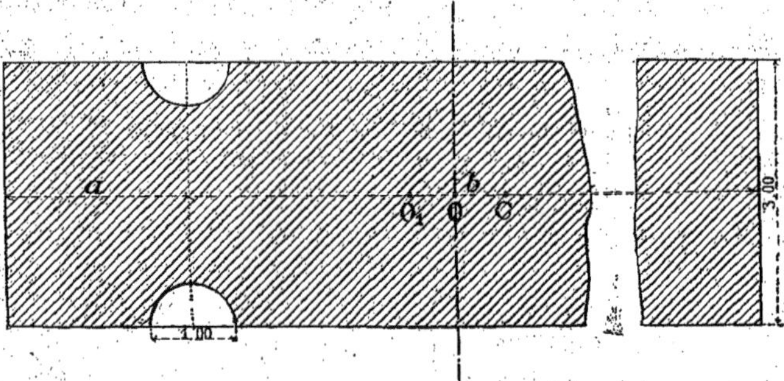

FIG. 12.

Nous aurons :

$$- x' = \frac{6(a+b)^2 - \pi a}{12(a+b) - \pi}$$

$$x'' = \frac{6(a+b)^2 - \pi b}{12(a+b) - \pi}$$

$$\Omega = 3(a+b) - \frac{\pi}{4}$$

$$I = \frac{(a+b)^3}{4} + 3(a+b)\left[(x' + \frac{a+b}{2}\right]^2 - \frac{\pi}{64} - \frac{\pi}{4}(x'+a)^2$$

$$= \frac{(a+b)^3}{4} - \frac{\pi}{64} - \frac{3}{4}\pi\frac{(a+b)(b-a)^2}{12(a+b) - \pi}$$

$$x_c = OO_1 + O_1C,$$

O_1 étant le pied de la verticale du centre de gravité de la charge N.

$$\left\{ \begin{array}{l} n' = \dfrac{4N}{12(a+b) - \pi}\left[1 - x_c\dfrac{6(a+b)^2 - \pi a}{4I}\right] \\[2ex] n'' = \dfrac{4N}{12(a+b) - \pi}\left[1 + x_c\dfrac{6(a+b)^2 - \pi b}{4I}\right] \end{array} \right.$$

En remplaçant les lettres par leurs valeurs pour les six joints considérés du barrage, on obtient les résultats ci-après, qui se rapprochent beaucoup de ceux que nous avons accusés pour le profil plein et le profil évidé avec contreforts.

DÉSIGNATION des joints	PRESSION de l'eau	VALEURS DE n'		VALEURS DE n''		COMPRESSION maxima au parement d'aval		OBSERVATIONS
		à vide	en charge	à vide	en charge	à vide	en charge	
Joint I....	0,24	0,70	0,64	0,64	0,70	0,66	0,73	La pression élastique maxima à l'extrémité amont d'un joint est égale à $n'\left(1 + \dfrac{1}{3.600}\right)$; mais on peut négliger la fraction $\dfrac{n'}{3.600}$ qui est insignifiante.
Joint II ...	0,54	1,62	1,10	0,71	1,22	0,86	1,48	
Joint III...	0,84	2,55	1,44	0,39	1,48	0,57	2,15	
Joint IV...	1,14	3,33	1,72	0,12	1,70	0,19	2,75	
Joint V....	1,44	4,00	1,94	0,00	2,02	0,00	3,27	
Joint VI...	1,74	4,62	2,09	—0,02	2,49	—0,03	4,02	

En somme on peut, croyons-nous, sans compromettre en rien la stabilité d'un barrage en maçonnerie, y pratiquer des puits à la condition de compenser, soit chaque évidement par un contrefort lui correspondant en amont, soit l'ensemble des évidements par une surépaisseur à profil constant. Surépaisseur et contreforts représentent à peu près le même cube de maçonnerie, peu différent du volume des vides. On conserve ainsi tous les avantages du système des puits et l'on évite la dépense supplémentaire résultant de l'adjonction de ceux-ci à un barrage dont le corps principal aurait à lui seul une résistance suffisante.

Nous n'hésitons pas à donner la préférence aux contreforts parce que, s'ils compliquent légèrement la construction et augmentent la surface mouillée, en revanche, la forme en peut être déterminée de manière à réaliser

des profils transversaux d'égale résistance ou à peu près,
tandis que la surépaisseur à profil constant, calculée en
considérant l'ensemble du massif compris entre les axes
de deux évidements consécutifs, laisse subsister en coupe
transversale un point faible au droit de chaque puits.

§ 5. — EXPRESSION APPROCHÉE DES FORCES ÉLASTIQUES
SUR LES ÉLÉMENTS HORIZONTAUX ET VERTICAUX.

En désignant comme ci-dessus par n' et n'' les pressions
normales aux deux extrémités (amont et aval) d'une section horizontale ε faite dans un barrage sous une profondeur d'eau y, M. l'Inspecteur Général Maurice Lévy a
établi les formules suivantes qui donnent, quand le parement d'amont est vertical, la pression normale n en un
point de cette section situé à la distance x du parement
d'amont, les composantes normale et tangentielle n_1 et t
de la pression totale exercée sur un élément vertical passant par le point (x, y) :

$$\begin{cases} n = \mathrm{P} + \mathrm{Q}x \\ n_1 = y + \mathrm{P}'\,\dfrac{x^2}{2} + \mathrm{Q}'\,\dfrac{x^3}{6} \\ t = (k - \mathrm{P}')x - \mathrm{Q}'\,\dfrac{x^2}{2} \end{cases}$$

où les accents désignent des dérivées par rapport à y.
On a d'ailleurs :

$$\mathrm{P} = n' \qquad\qquad \mathrm{Q} = \frac{n'' - n'}{\varepsilon}$$

Dans l'intervalle compris entre deux joints horizontaux,
ε sera une fonction linéaire de y si l'on substitue la corde
à l'élément correspondant du parement d'aval. — Les
expressions de n', n'' et, par suite, de P et Q et surtout
de leurs dérivées première et seconde n'en sont pas moins
assez compliquées.

On obtient des expressions approchées en admettant qu'entre deux joints, n' et n'' sont aussi des fonctions linéaires de y.

Soit m l'ordre numérique d'un joint ; ε_m, n'_m et n''_m les valeurs correspondantes de ε, n' et n''. — Posons :

$$\varepsilon = \lambda + \mu y$$
$$n' = \lambda' + \mu' y$$
$$n'' = \lambda'' + \mu'' y$$

Les constantes λ, μ, λ', μ', λ'', μ'' seront déterminées par les relations :

$$\varepsilon_m = \lambda + \mu y_m \quad\Big|\quad n'_m = \lambda' + \mu' y_m \quad\Big|\quad n''_m = \lambda'' + \mu'' y_m$$
$$\varepsilon_{m-1} = \lambda + \mu y_{m-1} \quad\Big|\quad n'_{m-1} = \lambda' + \mu' y_{m-1} \quad\Big|\quad n''_{m-1} = \lambda'' + \mu'' y_{m-1}$$

d'où :

$$\lambda = \frac{\varepsilon_{m-1} y_m - \varepsilon_m y_{m-1}}{y_m - y_{m-1}} \quad\Bigg|\quad \lambda' = \frac{n'_{m-1} y_m - n'_m y_{m-1}}{y_m - y_{m-1}} \quad\Bigg|\quad \lambda'' = \frac{n''_{m-1} y_m - n''_m y_{m-1}}{y_m - y_{m-1}}$$

$$\mu = \frac{\varepsilon_m - \varepsilon_{m-1}}{y_m - y_{m-1}} \quad\Bigg|\quad \mu' = \frac{n'_m - n'_{m-1}}{y_m - y_{m-1}} \quad\Bigg|\quad \mu'' = \frac{n''_m - n''_{m-1}}{y_m - y_{m-1}}$$

$$\mathrm{P} = n' = \lambda' + \mu' y. \quad\Bigg|\quad \mathrm{Q} = \frac{n'' - n'}{\varepsilon} = \frac{\lambda'' - \lambda' + (\mu'' - \mu') y}{\lambda + \mu y}$$

$$\mathrm{P}' = \mu' \quad\Bigg|\quad \mathrm{Q}' = \frac{\lambda (\mu'' - \mu') - \mu (\lambda'' - \lambda')}{(\lambda + \mu y)^2}$$

$$\mathrm{P}'' = 0 \quad\Bigg|\quad \mathrm{Q}'' = -2\mu \frac{\lambda (\mu'' - \mu') - \mu (\lambda'' - \lambda')}{(\lambda + \mu y)^3}$$

$$n = \lambda' + \mu' y + \frac{\lambda'' - \lambda' + (\mu'' - \mu') y}{\lambda + \mu y} x$$

$$n_1 = y - \frac{\mu}{3} \frac{\lambda (\mu'' - \mu') - \mu (\lambda'' - \lambda')}{(\lambda + \mu y)^3} x^3$$

$$t = (k - \mu') x - \frac{\lambda (\mu'' - \mu') - \mu (\lambda'' - \lambda')}{(\lambda + \mu y)^2} \times \frac{x^2}{2}.$$

Les formules donnant le maximum et le minimum de la compression :

$$\frac{n + n'}{2} + \frac{1}{2} \sqrt{(n - n_1)^2 + 4t^2}$$
$$\frac{n + n'}{2} - \frac{1}{2} \sqrt{(n - n_1)^2 + 4t^2}$$

et le maximum de la force produisant le cisaillement :

$$\frac{\sqrt{1 + f^2}\ \sqrt{(n - n_1)^2 + 4t^2} - f(n + n_1)}{2}$$

seront de la sorte relativement simples, et l'approximation ainsi obtenue suffira d'autant mieux qu'il s'agit, le plus souvent, au moins en ce qui regarde les deux premières, de déterminer seulement le mode de variation de ces fonctions de x.

Pour vérifier si la condition de non-soufflure au parement d'aval est réalisée, il faut faire $x = \varepsilon = \lambda + \mu y$ dans l'expression de n_1, qui se réduit alors à :

$$y - \frac{\mu}{3}\left[\lambda(\mu'' - \mu') - \mu(\lambda'' - \lambda')\right].$$

Il est facile de se rendre compte du degré d'approximation obtenu en admettant que n' et n'' sont, entre deux joints horizontaux, des fonctions linéaires de y.

Considérons, par exemple, n''. Son expression est :

$$n'' = \frac{4\varepsilon - 6\delta}{\varepsilon} \times \frac{N}{\varepsilon},$$

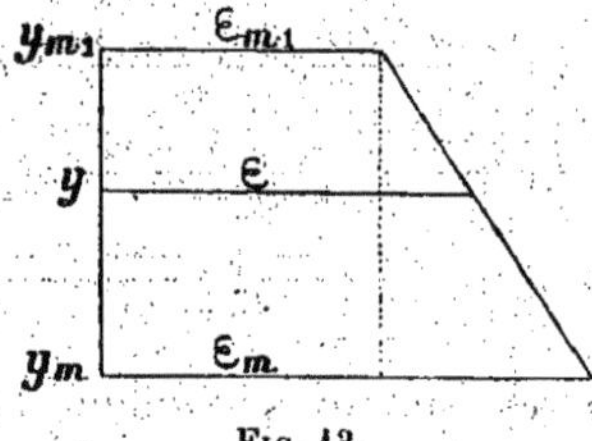

Fig. 13.

en appelant δ la distance horizontale du centre de pression au parement d'aval. Si l'on substitue des cordes aux éléments correspondants de ce parement et de la courbe des pressions, on aura :

$$\varepsilon = \varepsilon_{m-1} + \frac{(\varepsilon_m - \varepsilon_{m-1})(y - y_{m-1})}{y_m - y_{m-1}} = \frac{\varepsilon_{m-1} y_m - \varepsilon_m y_{m-1} + (\varepsilon_m - \varepsilon_{m-1}) y}{y_m - y_{m-1}}$$

$$\delta = \frac{\delta_{m-1} y_m - \delta_m y_{m-1} + (\delta_m - \delta_{m-1}) y}{y_m - y_{m-1}}$$

$$\frac{4\varepsilon - 6\delta}{\varepsilon} = \frac{4[\varepsilon_{m-1} y_m - \varepsilon_m y_{m-1} + (\varepsilon_m - \varepsilon_{m-1}) y] - 6[\delta_{m-1} y_m - \delta_m y_{m-1} + (\delta_m - \delta_{m-1}) y]}{\varepsilon_{m-1} y_m - \varepsilon_m y_{m-1} + (\varepsilon_m - \varepsilon_{m-1}) y}$$

Or

$$n''_{m-1} = \frac{4\varepsilon_{m-1} - 6\delta_{m-1}}{\varepsilon_{m-1}} \times \frac{N_{m-1}}{\varepsilon_{m-1}} \; ; \; n''_m = \frac{4\varepsilon_m - 6\delta_m}{\varepsilon_m} \times \frac{N_m}{\varepsilon_m}.$$

d'où

$$\frac{4\varepsilon - 6\delta}{\varepsilon} = \frac{(y_m - y)\, n''_{m-1} \dfrac{\varepsilon_{m-1}^2}{N_{m-1}} - (y_{m-1} - y)\, n''_m \dfrac{\varepsilon_m^2}{N_m}}{\varepsilon_{m-1} y_m - \varepsilon_m y_{m-1} + (\varepsilon_m - \varepsilon_{m-1}) y}$$

$$= \frac{(y_m - y)\, n''_{m-1} - (y_{m-1} - y)\, n''_m \dfrac{\varepsilon_m^2 N_{m-1}}{\varepsilon_{m-1}^2 N_m}}{y_m - y_{m-1} + \dfrac{\varepsilon_m - \varepsilon_{m-1}}{\varepsilon_{m-1}} (y - y_{m-1})} \times \frac{\varepsilon_{m-1}}{N_{m-1}}.$$

$$(1) \quad n'' = \frac{(y_m - y) n''_{m-1} - (y_{m-1} - y)\, n''_m \dfrac{\varepsilon_m^2 N_{m-1}}{\varepsilon_{m-1}^2 N_m}}{y_m - y_{m-1} + \dfrac{\varepsilon_m - \varepsilon_{m-1}}{\varepsilon_{m-1}} (y - y_{m-1})} \times \frac{\varepsilon_{m-1} N}{\varepsilon N_{m-1}}.$$

L'expression approximative de n'' est :

$$(2) \quad n'' = \lambda'' + \mu'' y = \frac{n''_{m-1} y_m - n''_m y_{m-1} + (n''_m - n''_{m-1}) y}{y_m - y_{m-1}}$$

$$= \frac{(y_m - y) n''_{m-1} - (y_{m-1} - y) n''_m}{y_m - y_{m-1}}.$$

Au dénominateur de l'expression (1), $\dfrac{(\varepsilon_m - \varepsilon_{m-1})(y - y_{m-1})}{\varepsilon_{m-1}}$ est du second ordre par rapport à $y_m - y_{m-1}$ si les joints sont suffisamment nombreux et peut, par suite, être négligé dans un calcul approximatif.

N variant dans le même sens que ε, les facteurs

$\dfrac{\varepsilon_m^2 N_{m-1}}{\varepsilon_{m-1}^2 N_m}$ et $\dfrac{\varepsilon_{m-1} N}{\varepsilon N_{m-1}}$ se rapprochent d'autant plus de l'unité que les joints sont plus multipliés.

D'où il résulte que l'on peut obtenir, en substituant l'expression (2) à l'expression (1), une approximation aussi grande qu'on le veut.

Pour un profil triangulaire, les formules approximatives établies ci-dessus deviennent exactes, c'est-à-dire que n' et n'' sont bien des fonctions linéaires de y.

En effet, on a alors :

$$\varepsilon = \lambda + \mu y$$

$$N = \frac{k}{2}\, \varepsilon \left(y + \frac{\lambda}{\mu} \right) = \frac{k}{2\mu}\, \varepsilon^2$$

$\dfrac{\varepsilon_m^2 N_{m-1}}{\varepsilon_{m-1}^2 N_m}$ est égal à l'unité.

$$\frac{\varepsilon_{m-1} N}{\varepsilon N_{m-1}} = \frac{\varepsilon}{\varepsilon_{m-1}}; \qquad \frac{\varepsilon_m - \varepsilon_{m-1}}{\varepsilon_{m-1}} = \mu \times \frac{(y_m - y_{m-1})}{\varepsilon_{m-1}}$$

$$y_m - y_{m-1} + \frac{\varepsilon_m - \varepsilon_{m-1}}{\varepsilon_{m-1}}(y - y_{m-1}) = (y_m - y_{m-1})\left[1 + \mu \frac{(y - y_{m-1})}{\varepsilon_{m-1}} \right]$$

$$= (y_m - y_{m-1}) \frac{\varepsilon}{\varepsilon_{m-1}}.$$

Les expressions (1) et (2) de n'' sont donc identiques.

Il en est de même de celles de n', qui ne diffèrent des précédentes que par la substitution de n'_{m-1} et n'_m à n''_{m-1} et n''_m.

Imaginons maintenant que l'on remplace, pour la détermination des conditions de résistance d'une tranche de barrage $A_{m-1}B_{m-1}B_m A_m$, le profil réel par le triangle obtenu en prolongeant $B_m B_{m-1}$ jusqu'à son intersection en S avec le parement d'amont $A_m A_{m-1}$ prolongé.

Attribuons, pour un joint horizontal donné AB, au triangle ABS une densité telle que la pression moyenne sur ce joint soit la même que dans le profil réel, et à la retenue du réservoir une hauteur telle que le centre de pression soit le même que dans le profil réel à la retenue effective.

Les valeurs de n' et de n'' seront identiques dans les deux profils.

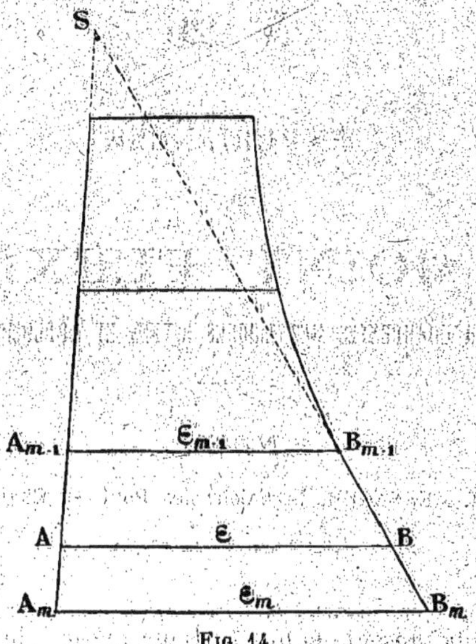

Fig. 14.

L'approximation ci-dessus revient donc à négliger, entre deux joints ε_{m-1} et ε_m, les variations de densité et de retenue, tout en attribuant à n'_{m-1}, n'_m, n''_{m-1} et n''_m les valeurs qui correspondent aux densités et aux retenues extrêmes. — L'erreur est du même ordre que celle que l'on commet en appliquant la loi du trapèze au calcul des barrages puisque, comme l'a indiqué M. l'Inspecteur général Maurice Lévy dans une note insérée aux *Annales des Ponts et Chaussées*, année 1897, 4ᵉ trimestre, cette loi n'est exacte, c'est-à-dire conforme aux principes de la théorie mathématique de l'élasticité, que pour une digue à section triangulaire.

Épinal, le 18 avril 1898.

N° 26

EXPÉRIENCES

SUR

UN JOINT FLEXIBLE

POUR CHARPENTES MÉTALLIQUES RIVÉES ET APPLICATIONS.

———

NOTE

De M. MESNAGER, Ingénieur des Ponts et Chaussées.

———

Objet de la présente note. — Dans une étude parue aux *Annales des Ponts et Chaussées* en 1896 (2° semestre, p. 750), nous avons indiqué une disposition d'assemblage propre à réduire à une valeur négligeable les efforts secondaires qui se produisent dans les treillis à attaches rivées. L'articulation américaine, outre ses inconvénients connus, ne détruit pas ces efforts. Le calcul indique que le frottement doit souvent suffire à lui faire produire des efforts secondaires voisins de ceux que donnent les assemblages rigides.

L'avantage d'une articulation d'un fonctionnement sûr est indiscutable. Des mesures directes, faites au moyen des appareils Rabut, sur un grand nombre d'ouvrages exécutés sur les chemins de fer français, ont montré que les efforts secondaires dépassent fréquemment 25 à 30 0/0 des efforts principaux. Il résulte également d'expériences

Laboratoire d'essai des métaux de l'Ecole des Ponts et Chaussées.

que, dans les ponts hollandais en fer calculés pour une fatigue théorique de 6^{kg},5, la fatigue réelle peut monter jusqu'à 12^{kg},5 (VIERENDEEL, *Longerons à arcades*).

Ce n'est, croyons-nous, que par l'emploi d'une articulation sans frottement appréciable, qu'on pourra faire concorder suffisamment le calcul des ponts en treillis avec l'expérience pour pouvoir plus tard réaliser des économies sérieuses en abaissant les coefficients dits de sécurité sans rien sacrifier de celle-ci.

Si l'emploi d'une tôle flexible ne soulève aucune objection pour la jonction des pièces tendues, il a paru téméraire à quelques ingénieurs, malgré les indications favorables du calcul, de faire supporter à un semblable joint des compressions notables. Pour dissiper ces appréhensions, il fallait recourir à l'expérience. Dans ce but, nous avons fait exécuter un panneau métallique de la plus grande dimension qu'il soit possible d'introduire dans la machine à essayer les métaux que possède le laboratoire de l'École des Ponts et Chaussées. Ce panneau, de 2^m,900 de hauteur sur 3^m,540 de longueur, ce qui correspond à peu près à un élément de poutre d'un pont de 25 mètres de portée, a été soumis à toute une série d'essais qui ont été poussés jusqu'à rupture. Les *fig.* 1, 2, 3 (Pl. p. 302 *bis*) font connaître les dimensions des éléments de ce panneau et leur disposition.

Renseignements sur les expériences. — La phototypie annexée à la présente note (p. 300 *bis*) montre comment on s'était organisé pour les expériences. Un tréteau en bois de grande dimension, sur lequel étaient frappés deux palans, permettait de soulever le panneau et de l'engager entre les mâchoires de la machine.

Pour permettre de déterminer exactement à quelle distance de l'axe des montants passait la résultante des pressions, nous avons utilisé deux des quatre couteaux d'acier qui avaient servi à M. de Préaudeau pour ses expériences sur les pièces comprimées (*Annales*, 1894, 1er semestre, p. 528). Chaque mâchoire de la machine pressait sur un couteau horizontal; la résultante des efforts extérieurs était par suite contenue dans le plan des lames des deux couteaux.

Dans toutes les expériences le plan de symétrie du panneau (plan de la *fig.* 1, p. 302 *bis*) était vertical, et les montants horizontaux ou à peu près. On pouvait, par un calcul des plus élémentaires, déterminer rigoureusement la répartition des efforts entre les montants. La diagonale n'avait à supporter d'effort appréciable que lorsque la direction de la compression était oblique par rapport aux montants. Une tige rectangulaire en fer de 23 millimètres sur 46 millimètres, placée entre le dos du couteau et le panneau, écartait celui-ci des mâchoires de la machine d'une quantité suffisante pour que les têtes des rivets ne pussent porter.

En réglant le serrage des écrous qui fixent les mâchoires de la machine aux tiges de traction, on pouvait, à volonté, provoquer ou annuler la flexion du montant en avant ou en arrière du plan de symétrie du panneau. Cette flexion n'avait aucun intérêt dans l'espèce, puisque des montants tels que ceux que nous étudions sont fixés dans le sens perpendiculaire au plan du panneau d'une manière au moins aussi rigide que les montants des types ordinaires. Le seul flambage à redouter est celui qui correspond à un déplacement parallèle au plan de symétrie. Aussi réglait-on le serrage des écrous de manière à ne pas produire de flexion notable en avant ou en arrière du plan de symétrie.

Pour que l'expérience fût concluante, il était nécessaire de faire agir sur le panneau des efforts de compression assez excentrés par rapport aux montants pour que la flexion des membrures donnât lieu, dans les assem-

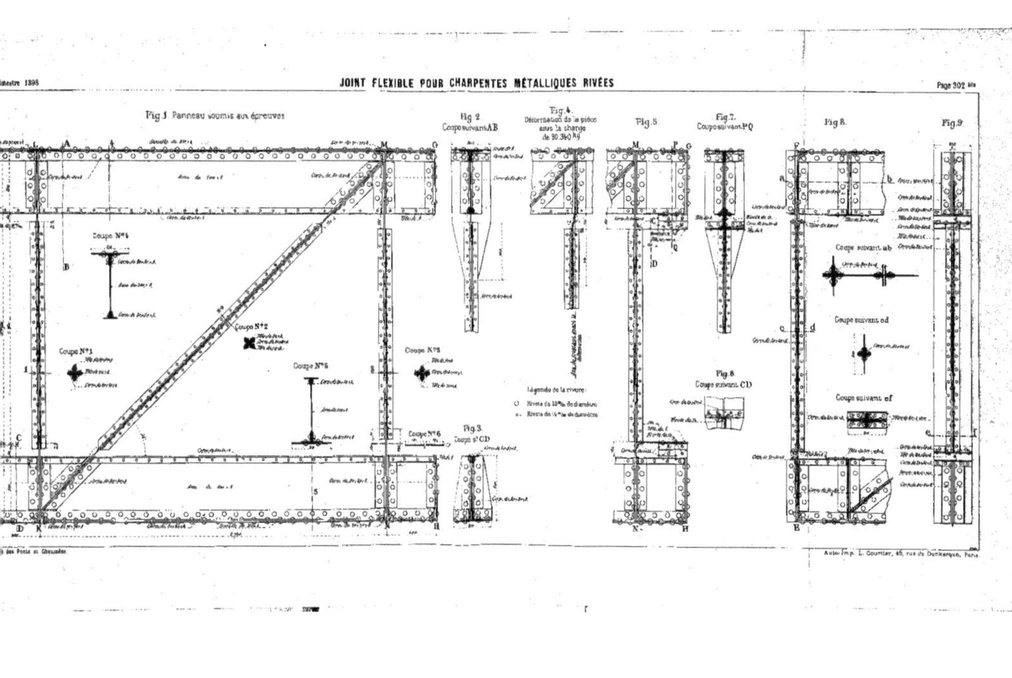
Fig.1. Panneau soumis aux épreuves
Fig.2 Coupe suivant AB
Fig.4. Déformation de la pièce sous la charge de 30.340 kg
Fig.5.
Fig.7. Coupe suivant PQ
Fig.8.
Fig.9.
Fig.3. Coupe s.t CD
Fig.6. Coupe suivant CD
Coupe N°1
Coupe N°2
Coupe N°3
Coupe N°4
Coupe N°5
Coupe N°6
Coupe suivant ab
Coupe suivant cd
Coupe suivant ef
Légende de la rivure:
Rivets de 13 m/m de diamètre
Rivets de 14 m/m de diamètre

blages, à des déformations angulaires au moins égales à celles que la charge et la surcharge déterminent dans les ponts métalliques. La membrure avait été calculée en vue de subir des déformations de cet ordre.

Lors des essais, des lunettes munies de réticules étaient fixées sur les membrures, aussi près que possible du prolongement de l'axe des montants. Au moyen de ces lunettes, on visait une échelle placée sur la membrure opposée. Les moindres déformations angulaires étaient facilement appréciables par les différences de lecture $B_1C_1 = BC$, qu'elles entraînaient.

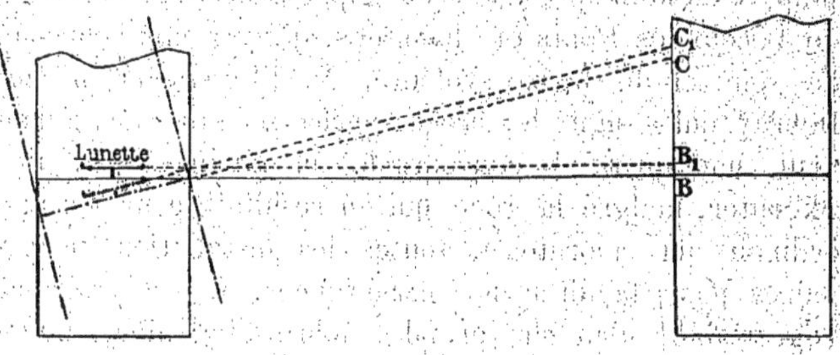

Nous avions espéré nous rendre compte de la répartition des efforts dans la partie flexible des assemblages au moyen d'appareils Rabut. Mais, d'une part, les efforts variaient trop rapidement d'un point à l'autre pour que la moyenne des efforts entre les deux points d'attache de l'appareil, moyenne qu'indiquent les chiffres lus sur le cadran, fût facile à interpréter. D'autre part, les appareils destinés à donner les efforts dans la tôle de joints près de l'axe des montants n'avaient pu être fixés directement sur cette tôle, faute de place. Il avait fallu les monter sur les nervures du montant et faire buter leur tige dans une encoche de la membrure. Dans ces conditions ils n'enregistraient les efforts que par l'intermédiaire de pièces rivées sur celles dont on voulait mesurer la fatigue. Les glissements de la rivure faussaient complétement les lectures.

Aussi renonçons-nous, dans la présente note, à discuter les indications données par ces appareils. Construits en vue d'apprécier la fatigue d'une pièce dans laquelle les efforts ne varient pas trop brusquement d'un point à l'autre dans le sens de la longueur, ils donnent pour cet objet d'excellents résultats. Ils ne se prêtent pas à des mesures précises sur des tôles aussi courtes que celle sur laquelle nous opérions.

Les essais ont été faits d'après nos indications, et la plupart en notre présence par le personnel du laboratoire de l'école des Ponts et Chaussées, qui y a mis beaucoup de soin et de bonne volonté. M. l'Ingénieur en chef Debray, qui a signé les procès-verbaux des essais, a bien voulu nous prêter le concours de son expérience et faire exécuter, malgré la gêne qui en résultait pour l'usage ordinaire du laboratoire, toutes les installations nécessaires pour faciliter nos expériences. Il est vraiment regrettable qu'un plus grand nombre d'ingénieurs n'utilisent pas pour des recherches personnelles les ressources qu'offre le laboratoire de l'École et qui sont mises avec tant de bonne grâce à leur disposition.

Résultats. — Les principaux résultats de nos expériences sont résumés dans le tableau suivant, page 304 *bis.*

Conséquences de ces expériences. — Le flambage dans les conditions les plus défavorables s'est produit pour une pression moyenne de **14**^{kg}**,85** par millimètre carré, la longueur de la tôle libre étant égale à 15 fois son épaisseur. Bien que ce rapport soit plus élevé que celui de la longueur à l'épaisseur des autres tôles essayées, il ne paraît pas suffire à expliquer la différence constatée. Ainsi qu'on peut s'en rendre compte sur les dessins (*fig.* 1, Pl. p. 302 *bis*), les deux premiers rivets qui tra-

DATES et expériences	POINTS D'APPLICATION DES EFFORTS	LIMITE SUPÉRIEURE des efforts atteints	EFFORT TOTAL dans le montant le plus fatigué	effort par mm²	RAPPORT de la longueur à la largeur de la tôle libre la plus chargée	VARIATION D'ANGLE DES MONTANTS sous la charge ci-contre	OBSERVATIONS
1re Série) novembre et décembre 1896	En F à 392 millimètres de l'extrémité M de l'axe du montant (Pl. p. 302 bis, fig. 1). En E à 392 millimètres de l'extrémité E de l'axe du montant.	20.300	23.204	9,60	$\frac{60}{8}=7,5$	$\frac{2,7}{1.900}=0,00205$ $\frac{3,9}{1.900}=0,00142$	On est revenu, à trois reprises, à des charges voisines de 20.300 kilogrammes, après avoir déchargé la pièce. $23.204=20.300\,\frac{392+2.740}{2.740}$; $9,60=\frac{23.204}{2\times151\times8}$
décembre et décembre 1896	Suivant l'axe du montant KL.	35.320	35.320	14,62	7,5	Les mâchoires de la machine ne permettaient pas de lire dans les lunettes.	La charge de 35.320 kilogrammes a été atteinte le 3 décembre. On n'a laissé qu'une charge de 350 kilogrammes le soir; on est revenu le lendemain à 35.300.
décembre 1896	A 152 millimètres de l'extrémité L de l'axe du montant entre F et L. A 242 millimètres de l'extrémité K de l'axe du montant entre E et K.	30.300	31.981	13,24	7,5	Par suite d'une erreur dans la disposition des échelles, il n'a pas été possible de calculer les angles.	A deux reprises on porte l'effort à 30.300 kilogrammes. $30.300\,\frac{152+2.760}{2.760}=31.981$
décembre 1896	Effort appliqué en F à 392mm de L. A 158 millimètres de K entre E et K.	25.600	29.262	12,11	7,5	Id.	A deux reprises on porte l'effort à 25.600 kilogrammes.
décembre 1896	En G à 392 millimètres de M.	21.000	24.004	9,94	$\frac{120}{8}=15$	$\frac{2,6}{1.900}=0,0014$ $\frac{4,1}{1.900}=0,0022$	A deux reprises, on est revenu à cette charge.
	En H à 392 millimètres de N.	30.340	34.680	14,45	15	Pl. p. 302 bis, fig. 4.	Flambage, à l'extrémité où l'angle était sous 21.000 kg. : 0,0022, et dans le sens de la flexion.

Le montant MN ayant été redressé à froid et consolidé selon les indications des fig. 5, 6 et 7, les expériences ont été reprises.

DATES et expériences	POINTS D'APPLICATION DES EFFORTS	LIMITE SUPÉRIEURE des efforts atteints	EFFORT TOTAL dans le montant le plus fatigué	effort par mm²	RAPPORT de la longueur à la largeur de la tôle libre la plus chargée	VARIATION D'ANGLE DES MONTANTS sous la charge ci-contre	OBSERVATIONS
(2e Série) mars 1897	En G à 392 millimètres de M. En H à 392 millimètres de N.	31.000	24.004	9,94	15	$\frac{2,7}{1.900}=0,0014$ $\frac{3}{1.900}=0,0026$	A deux reprises différentes.
mars 1897	A 158 millimètres de M entre M et G. En H à 392 millimètres de N.	21.000	24.004	9,94	15	$\frac{7,9}{1.900}=0,0038$ $\frac{2}{1.900}=0,0014$	A deux reprises différentes.
mars 1897	Dans l'axe du montant MN.	31.000	31.000	12,83	15	Les mâchoires de la machine empêchent les lectures.	
mars 1897	Dans l'axe du montant LK.	35.000	35.000	14,45	7,5	Id.	
avril 1897	En F à 392 millimètres de L.	46.000	52.580	21,75	7,5	$\frac{7,9}{1.900}=0,0042$ $\frac{4,1}{1.900}=0,0022$	Flambage, près de la membrure FL, là où se produisait le plus grand angle; mais en sens inverse de ce qu'aurait pu faire prévoir l'angle. Probablement par suite de rupture d'un rivet qui s'est produite au même moment.
	En E à 299 millimètres de K.	48.100	54.981	22,76	7,5		

Le montant LK, à la suite de cette expérience a été cintré. Les deux tôles de 8 millimètres d'épaisseur, qui formaient le joint flexible, ont été remplacées par une tôle unique de 6 millimètres d'épaisseur sur 310 millimètres de largeur raidie par des cornières transversales. Le montant ainsi modifié a été monté à l'extrémité du panneau (Pl. p. 302 bis, fig. 8 et 9), et les expériences ont été reprises.

DATES et expériences	POINTS D'APPLICATION DES EFFORTS	LIMITE SUPÉRIEURE des efforts atteints	EFFORT TOTAL dans le montant le plus fatigué	effort par mm²	RAPPORT de la longueur à la largeur de la tôle libre la plus chargée	OBSERVATIONS
(3e Série) 6 juillet 1897	Effort dans l'axe du montant EF.	31.000	31.000	16,66	$\frac{60}{6}=10$	Les mâchoires de la machine ne permettaient pas de mesurer l'angle; mais, par suite d'imperfections de construction *très apparentes*, la pièce formait un **Z** dont les brisures présentaient les angles suivants : $\frac{14}{1.900-150}=0,008$, $\frac{11}{1.900-180}=0,00639$; $\frac{31.000}{310\times6}=16,66$; $31.000\,\frac{2.740+395-75}{2.740+395}=40.019$
juillet 1897	Effort parallèle à l'axe du montant EF à 75 millimètres de cet axe.	41.000 42.800	40.019 41.795	21,52 22,47		*Flambage.* — Il s'est produit dans la tôle à l'extrémité où était le plus petit angle et dans le sens où cet angle le faisait prévoir, c'est-à-dire par exagération de cet angle.

Qualité de l'acier employé.

L'acier demandé pour les tôles et profilés du panneau devait satisfaire aux conditions du Règlement ministériel de 1891. Nous donnons ci-dessous, sous les n°s 1 et 2, les résultats d'expériences faites sur les éprouvettes prélevées dans la tôle flexible des montants du panneau primitif, et, sous le n° 3, du montant modifié suivant les fig. 8 et 9, Pl. p. 302 bis.

NATURE du métal	DÉSIGNATION des pièces d'où était tirée l'éprouvette	DIMENSIONS EN MILLIMÈTRES avant et après l'essai — Lieu de la rupture	SECTION totale en mm² S	CHARGE CORRESPONDANT à la chute du levier — Charge totale en kilogrammes	CHARGE CORRESPONDANT — Charge par mm² de la section S	COEFFICIENT d'élasticité mesuré sur les graphiques obtenus à l'aide de l'élasticimètre Klein	CHARGE MAXIMA supportée par l'éprouvette — totale	CHARGE MAXIMA — en kilogrammes par mm² de la section initiale	RÉSULTATS DE LA RUPTURE — section de la rupture en mm² S'	RÉSULTATS — rapport $\frac{S-S'}{S}$	RÉSULTATS — charge de rupture totale	RÉSULTATS — par mm² de la section de rupture	Allongement mesuré après la rupture sur une long. initiale de 200 mm — total	Allongement — pour 100	OBSERVATIONS
Acier	Plat de 150 × 8 (essai en long)	200 × 30 × 7,9 254,6 × 21 $\frac{5,0+4,1+3,5}{3}$ 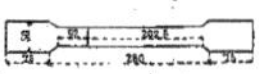	237,00	6.140 5.580 (équilibre)	25,8 23,5	$20,335\times10^9$	9.270	39,1	102,06	0,569	7.000	68,6	54,6	27,3	Cassure en sifflet. Quelques pailles.
Id.	Id.	200 × 30,3 × 8 254 × 21,2 $\frac{5,7+4,9+5,2}{3}$ 	242,40	6.195 5.830 (équilibre)	25,4 24,1	$20,372\times10^9$	9.440	38,9	111,51	0,540	7.250	65,0	54,0	27,0	Cassure partie en sifflet, partie en forme de coupelle irrégulière, grain fin.
Id.	Tôle de 310 × 6	200 × 30,4 × 6,55 239 × 22,9 $\frac{4,9+4,2+4,5}{3}$ 	202,16	6.490 5.940 (équilibre)	32,1 29,4	$19,590\times10^9$	8.360	41,4	103,74	0,487	7.000	67,5	39	19,5	Cassure formée par plusieurs sifflets séparés par des lignes brillantes.

versaient l'âme étaient à une distance considérable l'un de l'autre, 285 millimètres, soit 35,8 fois l'épaisseur de la tôle. Elle n'était maintenue entre ces rivets et l'extrémité de la partie complètement libre que par la raideur des pièces juxtaposées. Celles-ci pouvaient bâiller d'une façon appréciable, sans qu'il fût nécessaire, pour obtenir ce résultat, d'employer des efforts considérables. Après flambage, l'écart de l'une des cornières formant nervure du montant, à la tôle flexible de joints, était de $1^{mm},8$.

Donc, à moins que les pièces juxtaposées à la tôle formant joint flexible ne soient très raides par elles-mêmes, il est nécessaire de les relier à travers cette tôle par des rivets aussi rapprochés que possible de l'extrémité de la partie libre.

D'autre part, l'expérience du 26 avril 1897 et celle du 16 juillet ont donné des résistances très voisines, bien que la proportion de la longueur à l'épaisseur de la partie libre fût notablement différente.

Cela tient principalement aux deux causes suivantes :

1° Nous avions remarqué, dans les expériences des deux premières séries, grâce aux indications des appareils Rabut, que les efforts se répartissaient mal dans la largeur de la section. On pouvait le prévoir, d'ailleurs.

La tôle de joint flexible était en effet, dans les deux premières séries d'expériences, formée de deux pièces placées chacune d'un côté de l'âme de la membrure et chargées par leur bord. Si ce bord avait été libre, le calcul aurait indiqué un effort maximum quadruple de l'effort moyen.

La formule connue

$$\frac{P}{\Omega} + \frac{Mv}{I}$$

donne l'effort maximum supporté par une pièce de section

rectangulaire $a \times b$ chargée le long d'une des arêtes de cette section, l'arête AB par exemple.

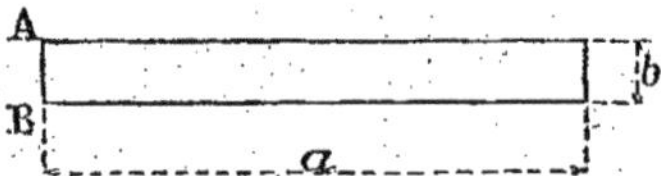

On a :

$$M = P \times \frac{a}{2}$$

$$I = \Omega r^2, \qquad\qquad r \text{ rayon de giration};$$
$$\Omega = ab \text{ section}$$

$$r^2 = \frac{a^2}{12} \ (Constructions \ métalliques, \ \text{par J. Résal, p. 111}).$$

D'où en substituant

$$R = \frac{4P}{\Omega}.$$

Ici les deux tôles sont rivées solidement sur leur bord, celui-ci n'est pas libre. Il en résulte que la différence entre l'effort maximum et l'effort moyen est réduite. Elle subsiste néanmoins, car l'encastrement de l'un des bords n'empêche pas la distorsion de la tôle qui, de la forme indiquée ci-dessous en traits pleins, passe à la forme indiquée en pointillé mixte sous l'influence de la charge.

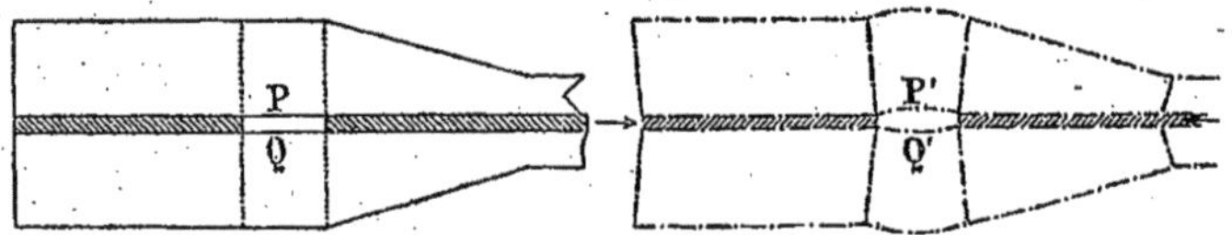

On peut (en admettant que le glissement ou distorsion est uniforme dans toute la partie rivée et en écrivant que la résultante passe à une distance du bord telle que la distorsion de la partie rivée soit égale à l'angle pris par la partie libre fonctionnant comme pièce chargée debout) arriver à calculer facilement la valeur de la fatigue maxima R. Mais ce calcul présente peu d'intérêt, parce que :

a. L'hypothèse d'une distorsion uniforme n'est qu'une approximation ; il faudrait donc appliquer un coefficient de correction ;

b. Les hypothèses qui servent de base au calcul des pièces chargées par leurs abouts s'écartent sensiblement de la réalité, si les pièces ne sont pas beaucoup plus longues que larges. La théorie de la résistance des matériaux ne peut donc pas donner la solution de ce problème.

L'expérience n'a pu nous la donner complètement non plus, faute d'appareils appropriés à la dimension des pièces à essayer.

En substituant une tôle unique aux deux tôles qui formaient le joint flexible dans nos premières expériences, on devait empêcher l'effet de la flexion qui écarte les deux points P et Q et, par suite, obtenir une meilleure répartition des efforts. Cette manière de voir est d'ailleurs confirmée par les calculs et expériences citées par MM. de Saint-Venant et Flamant dans leur traduction du *Traité d'élasticité* de Clebsch et par M. Boussinesq dans « l'application des potentiels à l'étude de l'équilibre et du mouvement des solides élastiques ». De ces calculs et expériences résulte cette proposition qui constitue la base de la théorie de la résistance des matériaux :

« Quelles que soient les forces qui agissent sur un corps, à une très petite distance du point d'application de ces forces, on peut toujours considérer sans erreur appréciable, les tensions et compressions comme réparties suivant une loi linéaire sur les sections. »

Ici la loi linéaire ne peut être satisfaite que par une répartition uniforme dans la largeur de la section.

2° Nous avions observé dans la deuxième série d'expériences que la tôle de joint cessait d'être plane à une certaine distance de l'axe, bien avant de flamber, et que la courbure s'étendait sur une assez grande longueur. En raidissant transversalement la tôle de joint par des cornières à la limite de la partie flexible, on pouvait donc espérer reculer le moment où elle flamberait.

Conclusions. — La forme adoptée pour la tôle de joint dans le panneau primitif n'était pas parfaitement satisfaisante. On peut, des faits ci-dessus sommairement exposés, conclure que, pour avoir la résistance maxima, il faut :

1° Employer une tôle formant toute la largeur du joint et non deux tôles juxtaposées ;

2° La raidir par des cornières transversales près de la limite de la partie libre pour bien localiser la flexion et empêcher les flambages prématurés (*fig.* 8 et 9, p. 302 *bis*) ;

3° Avoir soin de rapprocher autant que possible de la partie flexible les rivets liant la tôle aux pièces à assembler.

Ces conditions étant remplies, on peut, en adoptant la proportion $\frac{1}{10}$ entre l'épaisseur et la largeur de la tôle de joint dans la partie libre, ainsi que nous l'avons déjà indiqué en 1896, admettre, comme effort limite moyen avec l'acier extra-doux, 5^{kg},5 *par millimètre carré* de la section du joint flexible. Cet effort est inférieur au quart de celui qui produirait le flambage (expérience du 16 juillet 1897) :

$$4 \times 5,5 = 22 < 22,47.$$

Ce coefficient de sécurité 4 est celui qu'on emploie en général pour les pièces comprimées.

Cette limite nous paraît amplement suffisante. Lorsque la tôle de joint du montant figuré par la *fig.* 9 (p. 302 *bis*) s'est déformée brusquement en forme d'**S** sous la charge, elle a pris une flèche de 30 millimètres, soit égale à la moitié de sa longueur (60 millimètres). Néanmoins, d'après les indications de la machine, le panneau supportait encore une charge de 10.900 kilogrammes, soit dans l'axe du montant $10.900 \dfrac{2.740 + 395 - 75}{2.740 + 395} = 10.639$ kilogrammes et par millimètre carré $5^{kg},72$.

Peut-être aurait-on pu encore augmenter quelque peu la charge sans modifier la déformation permanente. Nous retiendrons seulement que la tôle de joint, malgré son énorme déformation, était encore capable de supporter sans céder une charge de $5^{kg},72 > 5^{kg},5$ par millimètre carré.

En adoptant une limite fixe $5^{kg},5$, le calcul des joints flexibles est très simple et très rapide.

Il est facile de réaliser sans complication des joints satisfaisant à toutes les conditions ci-dessus. Il suffit d'employer la forme en **I**, tant pour les membrures que pour les montants et diagonaux qui constituent le treillis. On peut s'en convaincre par l'examen du projet de passerelle que nous joignons à cette note (Pl. 25).

Cette passerelle est d'une construction simple et économique, ainsi qu'il résulte de la comparaison avec une série de projets, bien que calculée rigoureusement suivant les conditions du Règlement de 1891. Toutefois elle n'est pas destinée à supporter la file de chariots les plus lourds prévue par ce règlement, car elle ne doit être accessible, d'après la disposition des lieux, que par des rampes assez fortes. Elle est calculée en vue de supporter soit la charge uniformément répartie de 300 kilogrammes par mètre carré, soit des tombereaux de 4 tonnes.

Périgueux, le 9 mars 1898.

P.-S. — Depuis que cet article a été rédigé, M. le Ministre des Travaux publics a approuvé, pour la ligne à voie de 1 mètre de Saint-Aignan à Blois, un projet de pont de 40 mètres d'ouverture de ce système. Nous tenons, à cette occasion, à remercier publiquement les représentants de la Compagnie d'Orléans, et tout particulièrement M. l'Ingénieur en chef Sabouret, qui nous ont procuré l'occasion d'en faire une application.

Les dispositions de ce pont se rapprochent beaucoup de celles de la passerelle qui est figurée dans la planche 25. Toutefois la différence consiste :

1° Par l'emploi d'un contreventement supérieur ;

2° Par la suspension des pièces de pont (celle-ci est analogue à celle que nous avions figurée dans les coupes en travers AB de la planche 44, jointe à notre étude du 2ᵉ semestre de 1896 ; la forme est seulement un peu plus simple) ;

3° Par l'emploi de montants et de diagonaux présentant tous une section en I, dont l'âme, à partir de 50 centimètres des tôles de joint flexible, est constituée par un léger treillis.

Nous devons ajouter que la décision ministérielle approbative a prescrit de limiter à 5 kilogrammes par millimètre carré la fatigue dans les joints flexibles comprimés et a appelé l'attention sur l'intérêt qu'il y aurait à adopter un système de suspension, pour les pièces de pont aux montants des maîtresses poutres, permettant les oscillations aussi bien dans le sens longitudinal que dans le sens transversal.

19 juin 1898.

CHRONIQUE.

N° 27

NOTES (*)

SUR LA

CONSTRUCTION DU PONT ALEXANDRE III

Par MM. RÉSAL, Ingénieur en chef,
Et ALBY, Ingénieur des Ponts et Chaussées.

PREMIÈRE PARTIE (*suite*).

IV (**). — Maçonneries au-dessus du niveau des massifs de fondation.

Les maçonneries autres que celles des massifs des culées proprement dites ont été l'objet d'études faites en commun avec les architectes chargés de la décoration de l'ouvrage. Les dispositions n'ont pu être arrêtées que plusieurs mois après le commencement des travaux de ces massifs ; elles ont été comprises dans un projet complémentaire dont l'exécution a été confiée aux entrepreneurs des fondations par voie d'extension d'entreprise.

On a toutefois laissé au dehors la partie supérieure des grands motifs décoratifs dans lesquels la sculpture joue un

---

(*) Voir la première note, 1er *trimestre* 1898, p. 165.
(**) Voir les planches 4, 5, 6, 1er trimestre, qui seront complétées ultérieurement par des planches de détail.

rôle prépondérant, l'exécution de ces maçonneries devant être faite directement par les soins du service d'architecture.

Les différents ouvrages qui ont été compris dans le projet complémentaire des maçonneries du pont Alexandre III sont :

1° Le mur de fond qui borde du côté des terres la tranchée couverte donnant passage aux déviations provisoires des voies publiques ;

2° Le mur du quai en prolongement de l'alignement des murs de quais démolis ;

3° Les quatre massifs de soubassement des grands motifs décoratifs formant corps avec les murs de l'escalier et la voûte de tête du passage sur bas-port ;

4° Les deux murs à arcades reliant sur chaque culée les massifs de soubassement des motifs amont et aval ;

5° Les amorces des murs de bas-port de chaque côté des culées du pont Alexandre III.

Mur de fond. — Ce mur ne présente aucune particularité saillante, sa fondation seule mérite une mention.

L'aplomb du mur du côté rivière, correspondant à peu près à la face du caisson côté terre, la fondation du mur se trouve précisément au-dessus des parties de terrains dans lesquelles la descente du caisson a provoqué des crevasses. On a dû se préoccuper d'abord de boucher ces crevasses et de raffermir le sol : à cet effet on a commencé par combler tous les trous béants le long des parois du caisson au moyen de sable et on a battu, à quelques centimètres de ces parois, de petits pilots taillés dans les bois des anciens pieux retirés des fouilles ; ce battage avait pour but de damer énergiquement la surface et de faire descendre le sable au fond des crevasses. On a ensuite battu en arrière de la face de chacun des caissons deux files de pieux qui ont été poussés jusqu'à un niveau voisin de celui du fond des caissons. Le battage de ces pieux avait pour but principal de resserrer le terrain, de boucher les fissures qui n'avaient pu être comblées par le sable et d'établir un contact complet entre les terrains et le caisson de manière à rendre effective la butée des terres.

Les parties du mur situées en amont et en aval des massifs des caissons doivent reposer sur un sol assis et protégé du côté rivière par l'amorce du mur de quai dont la partie supérieure seule a été dérasée; en conséquence, elles ont été fondées simplement sur le sol naturel à 0^m,50 au-dessous du niveau de la retenue, c'est-à-dire à la cote (26,50) du Nivellement général de la France.

Mur de quai. — Le mur de quai est porté tout entier soit par les maçonneries du caisson, soit par les fondations des anciens murs de quai en dehors du caisson.

Au-dessus du caisson il est percé de sept ouvertures formant arcades et destinées à donner du jour et de l'air dans la tranchée couverte de la déviation des voies publiques.

En dehors du caisson, il forme mur de fond au droit des escaliers et apparaît ainsi dans l'élévation générale de l'ouvrage ; cette partie vue est en pierre de taille de Souppes, elle se termine par une chaîne d'angle à bossages qui borde la baie d'ouverture de la tranchée. Une chaîne de même nature encadre la baie du côté opposé.

L'ouverture de la baie entre les deux chaînes est de 26 mètres ; elle affecte la forme d'un rectangle et sera masquée pendant la durée de l'Exposition par la grille de clôture sur les déviations de la voie publique.

Après l'Exposition, cette large baie sera fermée et on ne laissera subsister qu'une ouverture de 4 mètres, formant porte cintrée entre deux chaînes de pierres de taille.

Dispositions générales des massifs de soubassement des grands motifs décoratifs. — Les motifs décoratifs qui encadrent l'entrée du pont affectent en plan la forme d'un carré avec des colonnes engagées aux angles ; les directions des côtés de ce carré sont parallèles ou normales à celles de l'axe de la rivière ; elles sont, par suite, obliques par rapport à l'axe du pont. Cette disposition a entraîné nécessairement une dissymétrie entre les dispositions du plan à l'amont et à l'aval de chacune des culées.

On a supposé que de chaque côté du pont les murs de quai s'élargissaient en terrasse jusqu'au droit du passage ménagé sur le bas-port. Le tablier métallique pénètre dans le quai à partir du mur qui borde ce passage, tout en conservant sa direction ; mais les maçonneries sont redressées ; les parties extérieures visibles des maçonneries situées entre la rive et l'axe longitudinal du mur sont symétriques par rapport au plan normal à la direction de cet axe passant en son milieu. Les maçonneries placées en avant de cet axe, et qui comprennent uniquement les voûtes de tête du passage sur le bas-port, sont au contraire construites parallèlement à la direction de l'axe du pont.

Les différents éléments des maçonneries intérieures en arrière du passage du bas-port ont été disposés avec leurs faces normales ou parallèles à la direction des quais ; mais, comme on a tenu à conserver aux poutres du viaduc la direction générale des fermes du pont, les points d'appui de ces poutres ont été placés dans le prolongement de ces fermes, de même que l'axe des arcades ; il en est résulté un chevauchement des murs à arcades et des inégalités dans les longueurs des raccordements, inégalités dont l'œil jugera vraisemblablement assez peu dans la demi-lumière d'un sous-sol coupé par de très nombreux piliers et arceaux.

Soubassements des parties décoratives. — Les soubassements de la partie décorative comprennent à chaque angle du pont d'abord le socle carré qui supporte le grand motif à colonnes, ensuite le mur de face de l'escalier relié audit socle par une arcade percée dans un mur en quart de cercle, enfin l'arceau de tête du passage sur bas-port dont le pilier du côté rivière comporte un motif de décoration faisant face à la rivière.

Tous les parements de ces éléments du côté extérieur au pont sont, jusques et y compris la corniche, en pierre de taille granitique, de même provenance que celles qui forment le parement de la culée.

Des bossages à profil elliptique et semblables à ceux des chaines du mur de quai courent tout le long de ce parement.

La porte en tour ronde comporte une grande voussure en coquille.

Le grand motif à colonnes se projetant en plan partiellement sur le caisson, partiellement en dehors, on a dû établir en dehors de chaque caisson des massifs de fondation dont la stabilité fût comparable à celle du caisson lui-même. A cet effet on a battu des pieux en bois de pitchpin dont le nombre et les conditions principales de battage sont résumés au tableau suivant :

	NOMBRE de PIEUX	ÉQUARRISSAGE	REFUS sur la dernière volée de 10 coups	COTE de la pointe du sabot	POIDS du MOUTON	HAUTEUR de CHUTE
			millimètres			
Massif du soubassement. Amont rive droite......	51	$\frac{30}{30}$	20 à 30	(18,85) à (21,83) (19,74) en moyenne	1.200	1,80
Massif de soubassement. Aval rive droite	58	$\frac{30}{30}$	20 à 30	(19,75) à (21,67) (20,57) en moyenne	1.200	1,80
Massif du soubassement. Amont rive gauche.....	71	$\frac{30}{30}$	10 à 30	(20,10) à (21,30) (20,57) en moyenne	1.200	1,80
Massif du soubassement. Aval rive gauche	64	$\frac{30}{30}$	10 à 20	(19,00) à (20,70) (19,51) en moyenne	1.200	1,80

D'autre part, l'évaluation du poids des motifs décoratifs donne au total une charge de 1.600 à 1.700 tonnes.

La charge des pieux peut atteindre environ 32 tonnes sur la rive droite et 26 sur la rive gauche, en la supposant entièrement supportée par les pieux. Le travail des bois correspondants serait de 35 kilogrammes par centimètre carré dans un cas et de 29 dans l'autre.

Bien que la stabilité des grands motifs paraisse assurée dans de bonnes conditions, il y a lieu de prévoir que le tassement des maçonneries portées par les pilotis ne sera pas identique à celui des maçonneries portées par le caisson, et ces inégalités de tassements pourraient déterminer des fissurations dans les pierres de taille. Pour les éviter, le soubassement des grands motifs ne sera relié au pylone qu'après l'achèvement des maçonneries en élévation. A cet effet, à 1ᵐ,50 au-dessus du nu de la culée, les maçonneries du soubassement seront construites en encorbellement du côté du caisson et supportées provisoirement par des étais avec des calages permettant de suivre le mouvement d'abaissement des motifs, s'il s'en produit. L'encorbellement doit avoir une saillie suffisante pour que l'implantation des motifs puisse se faire au-dessus du niveau de la corniche.

Les escaliers ne présentent aucun détail particulier; le mur de fond est fondé sur arcades et massifs de pieux isolés, les marches sont portées par deux arcs dont les retombées correspondent à ces massifs de pieux.

Les soubassements des grands motifs sont reliés au mur de quai par des voûtes en plein cintre d'inégale longueur; ces voûtes établissent la communication entre la porte à voussure et le sous-sol du viaduc.

Murs à arcades. — Ces soubassements sont également reliés entre eux par des murs à arcades supportant les poutres droites qui forment l'ossature du tablier du viaduc.

Les dispositions générales de ces murs à arcades ont été indiquées plus haut. Le mur en façade sur le passage sur bas-port est entièrement appareillé en pierre de taille de Souppes avec réfonds et bossages du côté extérieur. Après l'Exposition, les arcades de ce mur seront fermées par des grilles, le sous-sol du viaduc ne pouvant, pour un motif de sécurité, être laissé à l'usage du public.

Les parements de ces murs du côté intérieur ont été traités simplement avec angles et têtes de voûtes en pierre de Souppes, remplissages en moellons piqués ou en mosaïque.

La construction de ces murs à arcades est rejetée à la fin des travaux pour un double motif: en premier lieu, le raccord de ces murs avec les soubassements ne peut être fait qu'après l'établissement de la liaison de ces massifs avec le corps de la culée; en second lieu, la présence de ces murs entraverait la manutention des pièces destinées aux arcs métalliques.

Il en est de même de l'arceau de tête du passage du viaduc et du massif qui contrebute cet arceau du côté rivière reposant en partie sur la culée, en partie sur le mur du bas-port.

Mur du bas-port. — La décoration de ce massif du côté de la rivière consiste en un dauphin taillé dans la pierre granitique et formant saillie sur les bossages. Ce motif de sculpture appelle un socle qui se distingue aussi bien du mur du bas-port que du massif de la culée ; ce socle comprend une base cylindrique demi-circulaire surmontée d'un fût avec bandeau de couronnement.

La base de ce socle plonge dans l'eau et se détache ensaillie sur un élément de mur vertical légèrement en retraite sur l'alignement général de la crête du mur du bas-port.

Le bandeau du socle se prolonge au-dessus de cet élément jusqu'au droit d'une chaîne d'angle à bossages qui se raccorde avec le profil normal à fruit du mur de quai.

Au-dessus de cette chaîne d'angle, le bandeau de couronnement s'arrête et supporte un pieux d'amarrage en fonte décorée.

La partie monumentale se trouve ainsi liée graduellement avec les murs de bas-ports voisins.

Le parement de la partie verticale du mur, de même que la chaîne d'angle, doivent être en pierre de taille granitique ; à partir de la chaîne d'angle le profil du mur devient conforme au type courant.

La fondation des amorces des murs de bas-port ne pouvait guère être faite au moyen de batardeaux, à cause de la proximité du grand caisson. On n'a pas estimé qu'il y eût lieu de recourir à l'air comprimé, à cause du rôle très secondaire au point de vue de la résistance, que ces amorces sont appelées à jouer.

On a simplement battu des pieux de pitchpin ; on les a

recepés sous l'eau à la cote (23,80) ou à la cote (24,50) du Nivellement général de la France. Autour de ces pieux a été battue une enceinte en pieux et palplanches de sapin.

Dans cette enceinte on a coulé sous l'eau du béton d'abord jusqu'à la cote (23,80) du Nivellement général de la France, puis jusqu'à la cote de la première assise de pierre de taille, soit la cote (25,50) du Nivellement général.

Pendant la période annuelle d'abaissement du plan d'eau les premières assises de pierres de taille seront posées à l'aide de faibles épuisements.

De la cote (23,80) à la cote (25,50) le mur est entièrement en béton. Afin d'éviter la dégradation des parements, le béton a été protégé au moyen de panneaux de tôle.

Ces panneaux ont servi à plusieurs fins : ils ont d'abord servi à mouler la masse de béton suivant le profil à réaliser ; ils ont ensuite contribué à former une enceinte de batardeau pendant la dernière période du travail, grâce à un élément mobile qui a été boulonné au-dessus de la cornière du panneau fixe le plus élevé et retiré après la fin du travail.

La conservation des fers paraissant assurée dans l'eau de Seine, le mode de fondation adopté constitue un essai dont le résultat présentera un certain intérêt.

NOTE ANNEXE N° III.

Stabilité du caisson.

Le poids du caisson est d'environ 330 tonnes, soit, pour 1.474 mètres carrés de surface, 224 kilogrammes par mètre.

Le poids total du cais-son se décompose de la manière suivante :

Muraille extérieure..............	80^T
Poutrellage et tôle du plafond..	148
Sommiers intermédiaires.......	102
	330^T

A ce poids il convient d'ajouter, pour tenir compte de toutes les charges du caisson :

Les hausses avec leurs montants et contre-fiches...	30	tonnes
Les cheminées.................................	20	
Les sas et les bétonnières.....................	30	
Le plancher en bois et le matériel (245 + 15)......	260	

La charge par mètre carré de plafond comprenant, le poutrellage, la tôle de plafond, les sommiers, les cheminées, les sas et le plancher en bois, s'élève à 560 tonnes, soit à 380 kilogrammes par mètre carré, en chiffres ronds.

La charge par mètre courant de murailles s'élève à $\frac{110^T}{153}$, soit à 720 kilogrammes.

L'ossature du caisson comprend trois éléments qui jouent un rôle distinct :

Les murailles extérieures, le solivage du plafond, les sommiers intermédiaires.

Murailles extérieures. — Les murailles extérieures, au début, servent à relier d'une manière rigide les différents éléments du caisson ; elles solidarisent les sommiers et les poutrelles ; leur rôle est très important pendant la période où le caisson est en porte-à-faux sur toute sa longueur.

Les murailles extérieures sont encore appelées à porter des charges considérables à la fin du travail, lorsque les maçonneries ont acquis assez de rigidité pour que les appuis intermédiaires ne jouent plus qu'un rôle secondaire. Pendant la descente du caisson, les murailles peuvent être appelées à résister à l'effet du frottement et des pressions latérales que le terrain peut exercer sur les parois du caisson.

Pour ces diverses raisons, elles ont été constituées d'une manière très robuste, et de façon à pouvoir résister à des efforts s'exerçant dans diverses directions.

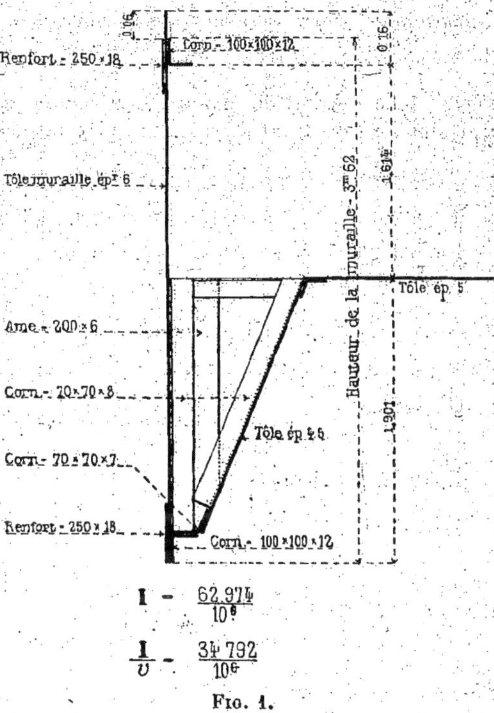

$$I = \frac{62.974}{10^6}$$

$$\frac{I}{v} = \frac{34.792}{10^6}$$

Fig. 1.

Dans le sens vertical elles ont présenté une hauteur de 3m,62 avec deux plates-bandes de renfort.

La section de métal par mètre courant de couteau est de 36.000 millimètres carrés. Au-dessus de la cornière du couteau, la section du métal se réduit à 12.668 millimètres carrés. Mais il faut ajouter à cette surface celle du béton, qui n'est pas inférieure, à 1.000 centimètres carrés.

L'effort vertical qui peut être transmis par la muraille peut atteindre sans inconvénient 200 tonnes par mètre courant, soit plus de 500 kilogrammes par centimètre carré d'appui de couteau.

Dans le sens transversal, les murailles étaient raidies par des cadres rigides au droit des contre-fiches et des montants et surtout par le béton coulé dans les contre-fiches.

Enfin, grâce aux renforts placés à la partie supérieure, la muraille peut subir sans inconvénient un moment de flexion de 700.000 kilogrammes correspondant à une charge de plus de 2.500 kilogrammes par mètre courant pour une portée de 44 mètres.

Poutrellage. — Le solivage du plafond est constitué uniformément par des poutres de $1^m,61$ de hauteur hors cornières dont la section est représentée par le croquis ci-contre, à laquelle correspondent les valeurs suivantes de I et $\dfrac{I}{v}$:

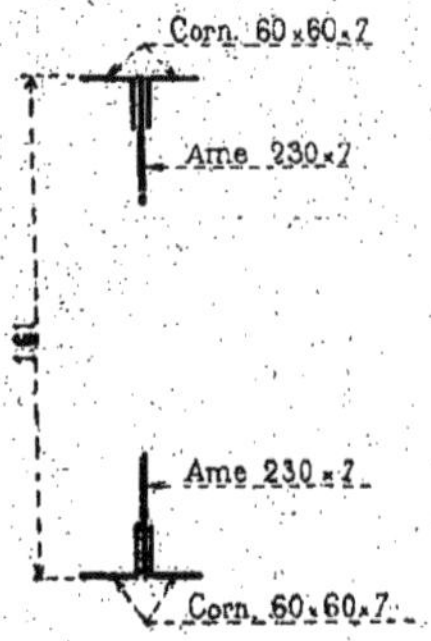

$$I = \frac{3.463}{10^9}, \qquad \frac{I}{v} = \frac{4.329}{10^6}.$$

Fig. 2.

Le solivage du plafond joue un rôle essentiel au moment de la mise en place de la première couche de béton. Lorsque cette couche a fait prise, le solivage et la couche de béton constituent un système nouveau dont les conditions de résistance sont supérieures à celles du plafond.

La charge sur le plafond a passé par un maximum au moment de la fin du lestage, avant l'envoi de l'air comprimé, c'est-à-dire à peu près à la fin de la pose de la première couche de béton.

C'est donc à ce moment qu'il est intéressant d'examiner les conditions de résistance du plafond.

L'épaisseur de la couche de béton étant de $0^m,50$, et son poids spécifique, fers compris, étant de 2.300 kilogrammes, la charge par mètre courant de poutre est de :

$$2.300 \times 1,20 \times 0,50, \quad \text{soit } 1.380 \text{ kilogrammes.}$$

En supposant tous les points d'appui de niveau et les extrémités encastrées, on trouverait pour valeur du moment de flexion maximum, l étant la largeur d'une chambre intermédiaire,

$$M = \frac{1}{12}\, l^2\, 1.380, \qquad \text{soit} \qquad M = 10.598 ;$$

le travail du métal correspondant serait $2^{kg},4$ par millimètre carré, et la flèche élastique au milieu de la portée serait $\frac{1}{384}\, l^4\, \frac{1.380}{EI}$, soit 0,0005 en prenant pour E la valeur 16×10^9 qui convient à une ossature métallique médiocrement assemblée.

Ce cas n'aurait pu se présenter que temporairement grâce à un réglage minutieux ou accidentellement.

En réalité, l'encastrement n'existe pas aux extrémités, et on peut considérer qu'on a eu affaire à une poutre reposant librement sur ses appuis extrêmes et soulagée en plusieurs points intermédiaires.

Pour une poutre de 44 mètres reposant sur ses deux extrémités et portant uniformément une charge de 1.380 kilogrammes par mètre courant, on aurait comme valeur du moment fléchissant au milieu :

$$\frac{1}{8}\, \overline{44}^2\, 1.380, \qquad \text{soit} \qquad 333.960.$$

Avec les sections qui ont été données aux poutres, le travail du métal serait de 77 kilogrammes par millimètre carré, la flèche de $1^m,21$. Il y aurait donc eu rupture sans les points d'appui intermédiaires.

Les réactions exercées par ces points au droit des sommiers ont eu pour effet de réduire dans une proportion considérable les moments et les flèches.

Il n'est pas possible de faire, au sujet de la valeur de ces réactions, des hypothèses exactes, car ces réactions ont varié constamment ; il serait oiseux d'entrer dans des calculs longs et compliqués pour étudier leurs variations ; au surplus, ces calculs seraient dépourvus de tout intérêt pratique.

En effet, la réaction des appuis s'exerçant en sens inverse des charges et en réduisant l'effet, on voit qu'il suffisait de ramener les charges par mètre et les moments de flexion au quart pour rentrer dans des chiffres ne compromettant pas la stabilité du caisson. Or la flèche correspondante aurait été de 0,30 au milieu du caisson. Au point de vue pratique, on était donc assuré que la stabilité du poutrellage n'était pas compromise tant que la flèche n'atteignait pas un chiffre voisin de 0,30.

On a réuni dans le tableau (page 324 *bis*) les flèches observées sur le caisson aux divers jours de la période correspondant à la fin de la première couche de béton et à l'envoi de l'air comprimé dans le caisson.

On a relevé les flèches sur la paroi côté terre et au milieu. On a également indiqué la flèche prise pendant la dernière partie du travail sur le caisson de rive gauche.

L'examen de ces résultats fait ressortir que l'on est resté bien au-dessous des flèches qui auraient pu donner de l'inquiétude. D'ailleurs, aussitôt que la sous-pression a commencé à agir et qu'il a été possible de surveiller les points d'appui, les flexions ont diminué dans une forte proportion, et elles n'ont repris des valeurs appréciables qu'à la fin des travaux, alors que les poids de maçonneries étaient considérables.

A ce moment, d'ailleurs, la résistance des maçonneries intervenait.

L'ensemble du béton et des poutrelles constituait un élément dont la résistance était bien supérieure à celle des poutrelles seules.

Ainsi l'élément de $1^m,20$ de largeur et de $1^m,61$ de hauteur donne :

$$ I = \frac{1}{12} \, 1{,}20 . \overline{1.61}^3 = 0{,}4173281 $$

$$ \frac{I}{v} = 0{,}51842. $$

En supposant que le béton puisse résister à 30 kilogrammes par centimètre carré à la compression, le moment de flexion que l'ensemble pouvait supporter était égal à $300.000 \times 0{,}51842$, soit à 155.526, sans qu'il y eût, d'ailleurs, danger de rupture, l'effort à la traction étant supporté en partie par la membrure métallique. On a vu plus haut que le moment de flexion, qu'il n'était pas prudent de dépasser sur les poutrelles seules, était environ moitié moindre.

La présence à la partie inférieure des maçonneries des poutrelles en fer et de la tôle du plafond augmentait la résistance à la traction de cette partie des maçonneries; cette circonstance a fixé une des règles pratiques de la conduite du travail. Cette règle a consisté à éviter systématiquement les contre-flèches, dont la présence aurait correspondu à un travail de traction prédominant dans la partie supérieure des maçonneries qui étaient, en raison de l'absence de liens métalliques et de la date

TABLEAU RÉSUMÉ DES FLÈCHES LES PLUS REMARQUABLES
DE LA POUTRELLE MÉDIANE

Annales des Ponts et Chaussées

Dates	Paroi extérieure, côté terre	Points du milieu

Rive gauche

13 Janvier 1898

15 Janvier sans sous-pression

Même date avec sous-pression

16 Janvier

17 Janvier

28 Février

1ᵉʳ Mars

3 Mars

6 Mars

Rive droite

17 Août 1897

19 Août

20 Août

21 Août

28 Août

Auto-Imp. L. Courtier, 43, rue de Dunkerque, Paris.

plus récente de leur construction, les moins aptes à supporter un effort de cette nature.

Sommiers intermédiaires. — Les sommiers intermédiaires ont eu pour rôle de transmettre et de répartir sur le poutrellage les effets de réaction du sol.

Les parties extrêmes étaient à paroi pleine, et l'épaisseur de la tôle était de 7 millimètres; dans la partie centrale, la poutre était à treillis; les montants verticaux formés par quatre cornières étaient espacés de $1^m,20$ environ, comme les poutrelles situées au dessus; en outre, à chaque montant correspondaient deux contre-fiches; l'ensemble des sections horizontales utiles de ces fers donnait 12.865 millimètres carrés par mètre courant de poutre vers l'extrémité, et 9.000 au milieu.

D'autre part, la surface d'appui sur le sol était de $0^m,207$ par mètre courant, soit de 2.070 centimètres carrés. La réaction du sol atteignait 2.070 kilogrammes par mètre courant de sommiers par kilogramme de pression par centimètre carré.

Les sommiers étaient donc en état de transmettre au sol une pression qui aurait pu atteindre sans inconvénient $\dfrac{20 \times 12.865}{2.070}$ aux extrémités et $\dfrac{20 \times 9.000}{2.070}$ vers le centre par centimètre carré, soit 124 kilogrammes vers les extrémités, et 87 vers le centre. Le rocher en place seul peut supporter des pressions de cette importance, aussi était-on assuré de voir les sommiers traverser les sols les plus durs, sans inconvénient pour leur résistance propre, lorsque le caisson était assis régulièrement sur le fond et que la flexion de ces pièces n'entrait en jeu que faiblement. Dans la plupart des couches légèrement compressibles qui ont été traversées, la semelle inférieure pénétrait sans difficulté, déterminant dans les terrains une compression qui relevait progressivement la réaction du sol, de telle sorte que l'équilibre tendait à s'établir sans que les efforts développés en un point de l'ossature prissent une valeur importante; c'est ce que l'observation des flèches des pièces métalliques permettait de constater.

C'est également au début, pendant la période d'extraction des déblais par voie de dragages, alors que la muraille du caisson du côté rivière était en porte-à-faux, que les sommiers ont eu à supporter les efforts de flexion les plus importants.

On a étudié graphiquement la flexion des sommiers pendant cette période, en considérant la situation des charges respective-

ment aux dates des 10, 11, 12, 15 janvier 1898, sur le caisson de rive gauche. Les valeurs de $\frac{I}{v}$ et du facteur EI calculé avec le coefficient 18×10^9 pour E sont indiquées sur la figure ci-dessous.

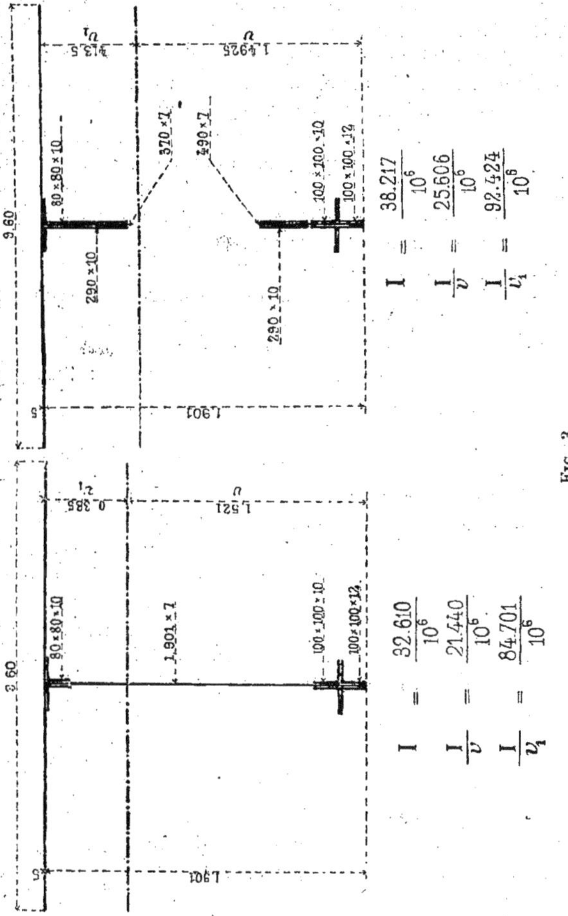

Fig. 3.

L'extrémité du sommier est supposée en porte-à-faux de $3^m,30$; le sommier reçoit sur 30 mètres la réaction du sol. Les charges sont représentées par une série de poids isolés figurés sur les épures de la planche 26.

Les poids I appliqués à 0^m,30 de l'extrémité représentent :

  1° Le poids de la muraille extérieure évaluée à 720 kilogrammes par mètre courant sur 9^m,60 ......   6.900 kg.
  2° Le poids du béton des contre-fiches sur 9^m,60..   21.100

                Ensemble...........   28.000 kg.

Les poids II appliqués à 0^m,65 de la paroi du côté du porte-à-faux représentent la charge des fers et planchers qui constituent l'ossature du caisson, à raison de 380 kilogrammes par mètre carré pour 9^m,60 de largeur correspondant à 1^m,30 de longueur de poutre, soit 4.745 kilogrammes.

Les poids III représentent les mêmes charges pour des largeurs de 2 mètres des sommiers, soit 7.300 kilogrammes.

L'ensemble de ces poids forme un total de 177.545 kilogrammes supportés par un sommier avant le commencement de la première couche de béton.

Lorsqu'on bétonne, on pose une couche de 0^m,50 qui représente 1.100 kilogrammes par mètre carré, soit 10.560 kilogrammes par mètre courant de sommiers; chacun des poids IV est égal à 21.120 kilogrammes qui donne, ajouté au poids III, 28.420 kilogrammes.

Pour évaluer la réaction du sol, on a assimilé la surface du sol à celle d'un corps élastique.

On a calculé dans chaque cas le point de passage de la résultante des poids, mesuré sa distance au centre de gravité de la surface réagissante et calculé la réaction du sol en chaque point par la formule

$$R = \frac{F}{\Omega} \pm \frac{M}{\dfrac{I}{V}}.$$

Connaissant ainsi le système des charges et le système des réactions dirigés en sens contraire, il est facile d'établir par des constructions funiculaires la valeur des moments dus à chaque système : c'est ainsi qu'on a procédé.

Des moments de flexion on a déduit les flèches également par des constructions graphiques.

Dans chaque épure on a résumé les résultats des constructions.

PREMIÈRE ÉPURE. — *Cas théorique.* — On a bétonné les contre-fiches tout autour du caisson ; le sommier porte sur les 30 mètres de longueur.

DEUXIÈME ÉPURE. — Le 11 janvier, on a bétonné du côté terre. L'épure est établie dans deux hypothèses : la première est celle où la réaction s'exerce sur 30 mètres ; la seconde, celle où cette réaction s'exerce seulement sur 20 mètres, le couteau du sommier étant dégagé sur 10 mètres au milieu. On se rend compte de l'énorme différence que cette simple précaution devait produire dans la valeur des moments de flexion des sommiers.

TROISIÈME ÉPURE. — Le 12 janvier, on a bétonné de la même manière le long de la paroi du côté rivière. On s'est aperçu que les sommiers se relevaient d'une manière exagérée.

QUATRIÈME ÉPURE. — Le 13 janvier, on a bétonné jusqu'à peu près vers le milieu du caisson du côté terre. Les flèches ont diminué d'importance.

En cet état, le caisson étant suffisamment lesté, on a envoyé l'air comprimé dont la pression équilibrait exactement le poids porté par le sommier considéré. L'effet de cette sous-pression aurait dû être de relever très sensiblement le milieu des sommiers.

Dans le tableau (page 328 *bis*) on a résumé les observations les plus intéressantes de flèches recueillies tant sur la rive droite que sur la rive gauche, pour les sommiers intermédiaires.

Les flèches observées aux dates correspondant aux cas théoriques étudiés sont loin d'avoir atteint les valeurs calculées, et les variations de ces flèches ont suivi en gros, mais de loin les indications résultant de l'examen des épures.

C'est qu'en réalité les bases du calcul sont hypothétiques ; la dimension exacte des porte-à-faux, l'élasticité du sol sont autant de données mal définies sur lesquelles il a fallu mettre des chiffres pour raisonner ; mais ces études ont permis de déterminer une règle pratique qui a servi de guide dans la conduite du travail et qui a consisté à maintenir les flèches des sommiers dans des limites ne dépassant pas sensiblement 40 millimètres.

TABLEAU RÉSUMÉ DES FLÈCHES LES PLUS REMARQUABLES DES SOMMIERS INTERMÉDIAIRES

Longueur entre les points d'observation : 16m65

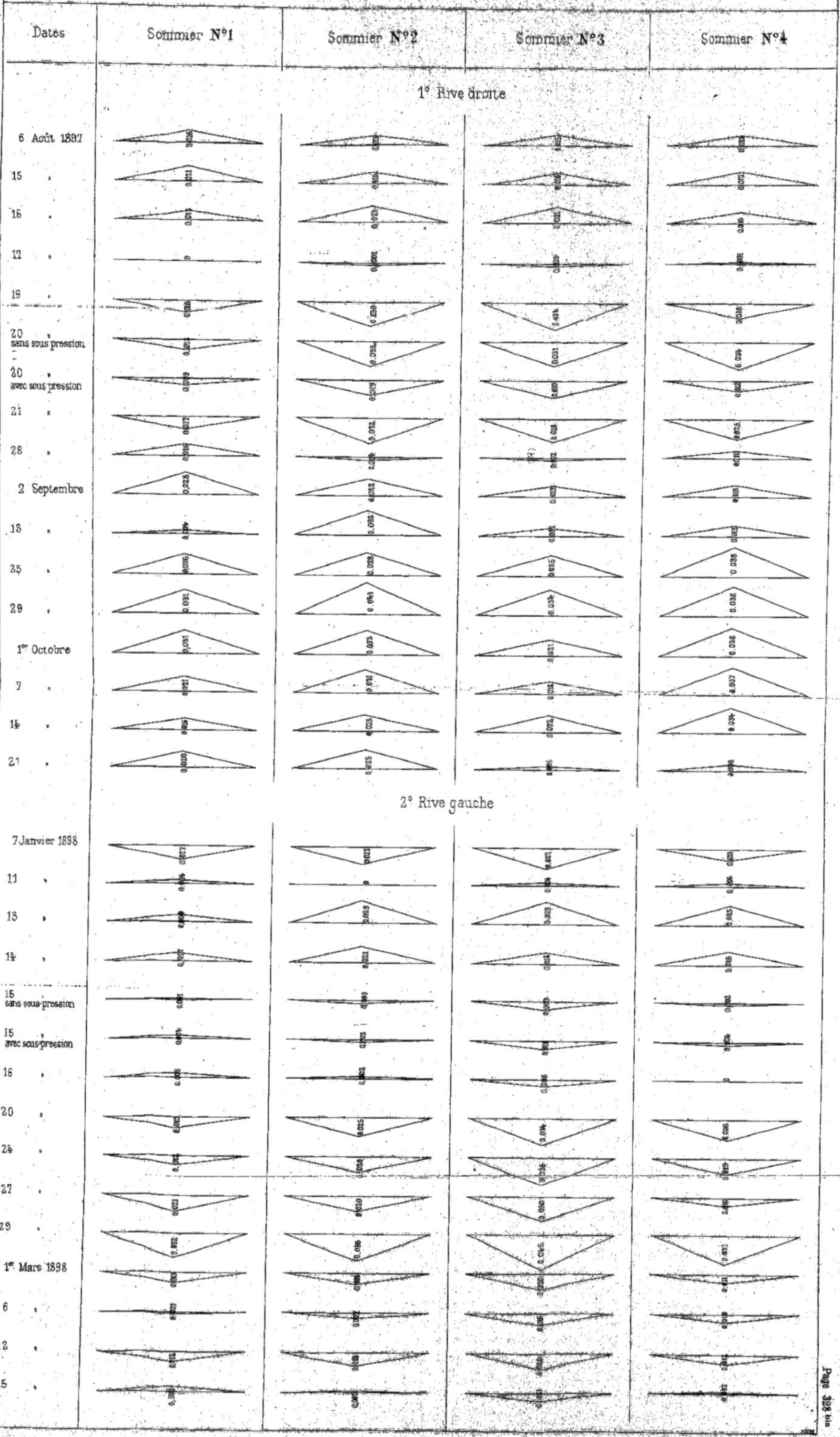
Dates
Sommier N°1
Sommier N°2
Sommier N°3
Sommier N°4
1° Rive droite
6 Août 1897
15 »
16 »
17 »
19 »
20 » sans sous pression
20 » avec sous pression
21 »
28 »
2 Septembre
18 »
25 »
29 »
1er Octobre
7 »
14 »
21 »
2° Rive gauche
7 Janvier 1898
11 »
13 »
14 »
15 sans sous-pression
15 avec sous-pression
16 »
20 »
24 »
27 »
29 »
1er Mars 1898
6 »
12 »
15 »

Auto-Imp. L. Courtier, 43, rue de Dunkerque, Paris

N° 28

NOTES (*)

SUR LA

CONSTRUCTION DU VIADUC DU VIAUR
(LIGNE DE CARMAUX A RODEZ)

Par M. DE VOLONTAT, Ingénieur en chef
Et M. THÉRY, Ingénieur des Ponts et Chaussées.

Exécution et avancement des travaux (*suite*). — *Échafaudage* (*suite*). — L'échafaudage de montage de la partie du viaduc en encorbellement du côté de Carmaux a été terminé le 20 avril 1898.

Ainsi que le montrent les dessins d'ensemble de cet ouvrage auxiliaire, les cinq pylones qui le composent sont formés par un nombre variable de palées : cinq pour le premier pylone qui est le plus rapproché de la culée, quatre pour le troisième et trois pour le deuxième, le quatrième et le cinquième.

Les palées sont divisées en étages, dont la hauteur varie de 13 à 15 mètres, suivant les sujétions du passage des pièces métalliques ; elles sont toutes constituées par trois cours de poteaux montants ; l'écartement d'axe en axe des poteaux de rive est de 11^m,50 pour les dix premières palées et de 14 mètres pour les sept dernières. Les poteaux de rive sont à l'aplomb des rails des grues roulantes de montage : le changement de largeur de voie se fait sur la onzième palée (troisième palée du troisième

---

(*) Voir la première note, 1er trimestre 1898, page 215.

pylone), qui, exceptionnellement, présente cinq poteaux montants.

Les travées 2, 3, 4, 6, 8 et 9 ont été élargies à la base, soit dans leur plan, soit obliquement, sur des hauteurs plus ou moins grandes, afin de faciliter le montage de la partie métallique et afin de donner à l'échafaudage une plus grande stabilité transversale. Cette stabilité a été encore augmentée par deux haubans amarrés à la partie supérieure du pylone n° 2 et ancrés dans le sol.

Dans une même palée, la liaison d'un étage au suivant est assurée, comme il a été dit, par des tirants verticaux en fer, dont le nombre a été porté de deux à quatre ; les poteaux montants d'un même étage sont reliés par trois cours de moises et deux diagonales ; chaque cours de moises est continu pour les palées de $11^m,50$ de largeur et dédoublé pour les palées de 14 mètres. Les *fig.* 1 et 2 de la planche 27 montrent les dispositions de l'un et de l'autre type de palée; la *fig.* 1 s'applique à la palée n° 2 ; la *fig.* 3, à la palée n° 15.

Dans un même pylone, les palées sont reliées les unes aux autres par trois cours de moises par étage ; de plus, des diagonales triangulent sur toute la hauteur deux travées pour le premier pylone et une travée pour les quatre autres ; enfin toutes les travées sont triangulées à la partie supérieure, soit par des contre-fiches, soit par des croix de Saint-André.

Les pylones sont reliés les uns aux autres par la tête seulement, à l'aide de cours de moises embrassant l'extrémité des poteaux montants et à l'aide de contre-fiches doubles.

Les diverses pièces ont reçu les équarrissages suivants:

Moises, 28×14 ;
Diagonales et contre-fiches, 26×26 ;
Poteaux montants, 28×28 pour l'étage supérieur de chaque palée ; 30×30 pour les deux suivants et pour les élargisse-

ments des premières palées ; 32 × 32 pour l'étage inférieur du premier pylone et de ses élargissements ;
Semelles de séparation des étages, 30 × 25 ;
Croix de Saint-André, 28 × 14.

Les *fig*. 3 à 11 donnent les détails de quelques assemblages.

L'enture de poteaux montants (*fig*. 3 et 4), quand elle s'est trouvée nécessaire, a été constituée par deux tenons en fer de $0^m,20$ de longueur et de 25 millimètres de diamètre, s'engageant dans les abouts des poteaux coupés carrément. Quatre madriers, de dimensions variables, cloués sur les faces et serrés par deux colliers en fer, embrassent et consolident le joint.

L'assemblage des moises avec les poteaux montants et les diagonales ou les contre-fiches (*fig*. 5, 7, 8 et 10) se fait par entailles. A la rencontre des poteaux et des moises, les poteaux sont réduits à $0^m,24$ d'épaisseur ; chaque moise est entaillée de $0^m,025$, de sorte qu'une fois en place leurs joues intérieures sont uniformément distantes de $0^m,19$. A la rencontre des moises avec les diagonales ou les contre-fiches, les moises ne sont pas entaillées ; les autres pièces le sont de $0^m,035$ sur les deux faces de contact. Le serrage des moises est assuré, au droit des montants, par un boulon de 22 millimètres, qui tantôt traverse le poteau (aux extrémités d'étage), tantôt lui est tangent (moises du milieu d'étage) et au droit des pièces obliques, par un boulon également de 22 millimètres traversant la pièce. Lorsque deux pièces obliques aboutissent à l'assemblage d'un poteau montant et d'un cours de moises, le boulon du poteau est supprimé (*fig*. 5 et 7).

L'assemblage des poteaux montants avec les pièces obliques (*fig*. 5, 7, 10) se fait par embrèvement simple, sans tenon ni mortaise ; les moises du même pan de bois, entre lesquelles s'engage la pièce oblique, assurent la solidité du joint. Dans cet assemblage on a quelquefois, mais rarement, arrêté la pièce oblique avant le cours des moises de même sens, et la solidarité des pièces est assurée par un boulon de serrage (*fig.* 11).

Les *fig.* 5 et 7 donnent les assemblages au départ d'un étage pour les palées 1 à 10 et pour les palées 12 à 18. La *fig.* 6 montre l'assemblage qui a dû être adopté pour chaque cours de moises des palées 1 à 10, en raison de la longueur des bois approvisionnés.

La *fig.* 8 donne l'assemblage de deux contre-fiches à la partie supérieure de l'échafaudage, et la *fig.* 9 montre la coupe transversale des moises supérieures et de la longrine portant un rail de grue roulante ; cette longrine a $0^m,30$ de largeur sur $0^m,15$ de tombée. Les contre-fiches sont serrées par les moises à l'aide de deux boulons de 22 millimètres. La longrine est fixée par des boulons de 25 millimètres sur une fourrure de $0^m,19$, serrée entre les moises de tête par des boulons de 22 millimètres.

Organisation générale des chantiers. — L'organisation des chantiers n'est pas encore complète, surtout en ce qui concerne l'achèvement et l'assemblage des pièces métalliques avant le montage sur place. Toutefois les grandes lignes sont arrêtées, les installations demandées par les maçonneries et les échafaudages sont terminées, et l'on poursuit les installations nécessaires à l'exécution de la partie métallique du viaduc.

La planche 28 donne le plan d'ensemble des chantiers avec courbes de niveau. Indépendamment des conventions passées avec les particuliers pour des passages et des exploitations de carrières, la société a provoqué des arrêtés d'occupation temporaire pour ajouter aux terrains d'emprise de la ligne des surfaces assez étendues. Le périmètre des emprises de la ligne est figuré avec des traits interrompus par des groupes de deux points ; le périmètre des occupations temporaires, avec des traits interrompus par des groupes de trois points.

1° Maçonneries. — La Société des Batignolles a confié l'exécution des massifs des culées à M. Duran, adjudicataire du deuxième lot de la ligne de Carmaux à Rodez, joignant les dépendances du viaduc; la Société s'est réservé la construction des arrière-culées.

Les culées ont été terminées en octobre 1897, sauf les pierres de taille supérieures; les fondations de l'arrière-culée Carmaux vont être terminées; les fouilles de l'arrière-culée Rodez sont en cours d'exécution.

La forte déclivité du terrain, qui atteint jusqu'à 50 0/0, n'a permis d'avoir à pied d'œuvre que des approvisionnements de faible importance, faits sur de petites plates-formes en remblais soutenus par des murs en pierres sèches.

Culée Carmaux. — Les matériaux de construction de la culée Carmaux arrivaient à pied d'œuvre par trois voies différentes.

Le sable, qui provenait du dépôt fait par l'Administration au fond de la vallée, traversait le Viaur dans des wagonnets dont la voie, de $0^m,50$ de largeur, était posée sur une passerelle de service de 40 mètres environ de longueur (en deux travées) et de $1^m,20$ de largeur. Mis en dépôt provisoire sur la rive gauche, le sable était repris et monté, à dos de cheval, au niveau des massifs. Un petit chemin en zigzags avait été aménagé à cet effet. Les caisses de bât qui ont servi au transport contenaient 75 litres environ chacune. Le service était fait par trois chevaux, ce qui, à raison de dix voyages par jour en moyenne, donnait un approvisionnement journalier de $2^{m3},25$ environ.

La carrière du ravin d'Arvieu (rive gauche), qui fournissait les moellons bruts, était sensiblement au même niveau que la culée. Un chemin de 2 mètres de large, établi à flanc de coteau, entre la carrière et la culée, supportait une voie de $0^m,50$ sur laquelle circulaient des wagonnets traînés par des chevaux. L'approvisionnement se faisait ainsi très facilement, au fur et à mesure des besoins.

La chaux, les moellons de parements et la pierre de taille, préalablement mis en dépôt au lieu dit « la Cabane », sur le deuxième lot de la ligne de Carmaux à Rodez, étaient amenés à l'aide de la voie de service de 1 mètre de largeur posée pour la construction de ce lot.

Au début des travaux, la dernière tranchée du deuxième lot n'étant pas terminée, les wagons venant de « la Cabane » s'arrêtaient au piquet 206. Les matériaux étaient alors transbordés dans des wagonnets circulant sur une voie légère de contournement, de $0^m,50$ de largeur et amenés à la cote 415, à la tête d'un plan incliné, qui servait à les descendre à pied d'œuvre.

Ce plan incliné était établi avec deux voies de $0^m,50$ de largeur. Il avait une longueur de 185 mètres et rachetait une différence de niveau de près de 60 mètres. Un frein à tambour et à levier à main, placé en tête du plan, assurait la régularité des descentes.

Une fois la tranchée terminée, la tête du plan incliné fut abaissée au niveau de la plate-forme de la ligne, c'est-à-dire à la cote 410. Les wagons venant de « la Cabane » traversaient la tranchée et arrivaient en tête du plan à l'aide d'une voie de rebroussement.

L'eau a été fournie par une petite source sortant au niveau des massifs de la culée.

Culée Rodez. — Tous les matériaux de la culée Rodez, sauf la pierre de taille, ont dû être montés du fond de la vallée au niveau des maçonneries.

La chaux et les moellons de parement étaient approvisionnés dans le voisinage du dépôt de sable par les chemins existants. Une voie de $0^m,50$ de largeur, à rampe moyenne de $0^m,10$ et présentant deux rebroussements, partait de ce point et montait à flanc de coteau jusqu'aux massifs de la culée. Elle traversait la carrière de moellons bruts, qui était desservie par un embranchement.

Aucune source n'existait sur le flanc du coteau ; l'eau a tout d'abord été prise, au moyen d'un siphon, dans un sondage supérieur qui formait réservoir ; puis on a dû aller la chercher dans le Viaur au moyen d'un tonneau en fer monté sur truc.

Arrière-culées. — Les matériaux de l'arrière-culée Carmaux sont amenés à pied d'œuvre avec des charrettes, par le chemin d'exploitation qui descend du lieu dit « la Coudenié ».

Le mode d'approvisionnement des matériaux de l'arrière-culée Rodez n'est pas encore arrêté ; cet approvisionnement sera probablement sous-traité à l'adjudicataire du lot qui joint le viaduc dans le département de l'Aveyron.

2° CHARPENTES. — Les bois arrivent bruts de la gare de Carmaux ; ils sont approvisionnés, taillés et assemblés provisoirement, sur le chantier de présentation des pièces métalliques.

Pour la construction de l'échafaudage de l'encorbellement côté Carmaux, les bois, après démontage, étaient mis en dépôt à la tête d'un plan incliné dont il va être question ci-après.

Lorsqu'on devait procéder au levage d'une palée, les bois pris au dépôt étaient descendus à l'aide d'un traîneau glissant sur les rails du plan incliné ; l'arrêt s'obtenait au moyen d'un buttoir mobile placé à hauteur convenable. Les bois arrivaient ensuite à pied d'œuvre par des sentiers transversaux ; le transport se faisait soit à l'aide de rouleaux, soit à dos d'homme, suivant les dimensions des pièces à barder.

3° Partie métallique. — Ainsi que le montrent les courbes de niveau du plan d'ensemble, le terrain est très escarpé aux abords du viaduc. Toutefois il a été possible de trouver sur la rive gauche du Viaur, au lieu dit « la Coudenié », un petit plateau suffisant pour le tracé de l'épure d'ensemble de la moitié du viaduc et des épures de détail. Les contours de l'épure d'ensemble sont suivis par une voie ferrée de $0^m,77$ de largeur ; cette largeur de $0^m,77$ est celle de toutes les voies posées par la Société.

Le plateau se trouve à 153 mètres environ au-dessus du Viaur et à 37 mètres au-dessus de la cote des rails du viaduc. Il a déjà reçu, en outre des voies ferrées de service, les bureaux de la Société et divers magasins et ateliers.

Les pièces métalliques arriveront en gare de Carmaux, venant des ateliers de la Société à Paris, soit en éléments détachés, soit en tronçons plus ou moins importants ; elles seront transportées par charrettes à la Coudenié (19 kilomètres environ), où elles seront présentées sur l'épure, alésées, rivées partiellement et présentées de nouveau sur l'épure pour la dernière fois avant le montage en place.

Les diverses manutentions des pièces seront facilitées par un réseau de voies ferrées de $0^m,77$ de largeur.

Les pièces, prêtes à être montées, seront amenées au plan incliné déjà utilisé pour la construction de l'échafaudage de l'encorbellement côté Carmaux. Ce plan incliné est à deux voies de $0^m,77$ de largeur ; il a une longueur de 270 mètres et rachète une différence de niveau de 88 mètres environ ; la tête est à la cote 445 mètres ; un frein à vis assure la régularité de la descente. Les pièces de l'encorbellement côté Carmaux seront bardées dans des conditions analogues à celles de l'échafaudage, les pièces du demi-arc Carmaux s'arrêteront au pied du plan incliné, ou arriveront par la partie du viaduc qui sera déjà construite ; les pièces de la moitié Rodez du viaduc traverseront la vallée à l'aide d'un transbordeur aérien aboutissant au massif aval de la culée Rodez et partant d'un point du plan incliné de rive gauche tel que la différence de niveau entre les deux extrémités du transbordeur soit de 25 mètres environ.

Les premières pièces métalliques sont arrivées à pied d'œuvre.

Albi, le 8 juin 1898.

N° 29

NOTICE

SUR

LES GRANDS PONTS DU CHEMIN DE FER D'HANOI
A LA FRONTIÈRE DE CHINE (*).

Le Tonkin n'était doté, jusqu'à ces dernières années, que d'un tronçon de voie ferrée reliant Phu-Lang-Thuong à Lang-Son. Ce tronçon, exécuté dans les années 1890 à 1895 avait été conçu surtout dans un but stratégique et ne comportait qu'une voie de 0^m,60. En 1896, l'Administration du Protectorat décida, dans un but plutôt commercial, afin de créer un chemin de pénétration vers la Chine, la transformation de cette ligne en voie de 1 mètre, en même temps que la construction de ses prolongements, d'une part jusqu'à Hanoï vers le sud, d'autre part vers le nord jusqu'à la frontière de Chine où elle doit ultérieurement se relier avec une ligne chinoise, mettant ainsi notre colonie en communication directe avec les provinces chinoises du Kouang-Si.

Ces travaux ont nécessité la mise en état, pour recevoir une voie de 1 mètre, des anciens tabliers métalliques du tronçon Phu-Lang-Thuong-Lang-Son, puis la construction de quatre grands ponts dont l'un se trouve dans la troi-

---

(*) Les travaux qui font l'objet de la présente notice sont exécutés par MM. Schneider et Cie du Creusot, qui en ont dressé le projet, sous la direction de MM. Renaud, directeur des Travaux publics de l'Annam et du Tonkin, et Borreil, ingénieur colonial.

sième section de la ligne à la sortie de Lang-Son sur le
Song-Ki-Kong et les trois autres dans la première sec-
tion sur trois des principaux cours d'eau du Delta : Song-
Thuong, Song-Cau et canal des Rapides.

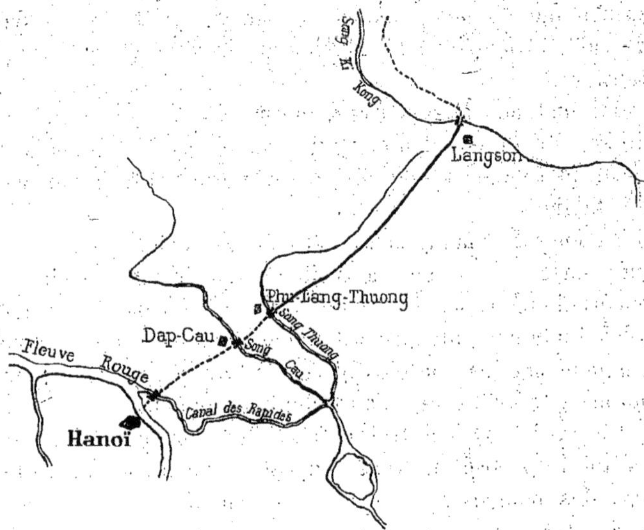

L'adjudication sur concours de ces ouvrages, comprenant la partie métallique et les maçonneries, a été donnée,
au mois de novembre 1896, à MM. Schneider et Cie et
Charles Vézin.

Tous ces ponts sont construits pour une seule voie et
formés de travées indépendantes en acier. Les trois ponts
de la première section comportent, en outre, chacun une
travée tournante manœuvrée à bras d'hommes et destinée à permettre en tous temps la navigation de bateaux
à mâture et particulierement de canonnières fluviales.

Superstructures. — Le type des superstructures est le
même pour tous les ponts : type tubulaire avec poutres à

treillis à grandes mailles et montants, contreventées horizontalement à la partie supérieure et à la partie inférieure.

La voie du chemin de fer est inférieure et posée sur traverses ; ces traverses reposent sur deux files de longrines métalliques supportées par des poutrelles transversales attachées aux poutres au droit de chaque montant.

La distance des poutres, mesurée d'axe en axe, est de 4^m,500, et leur hauteur entre semelles est de 5 mètres.

Un platelage en tôle striée règne sur toute la surface des tabliers.

Le long de chaque poutre et extérieurement à celles-ci, une série de consoles à treillis supporte un trottoir en encorbellement de 1^m,30 de largeur, constitué par des tôles ondulées galvanisées, fixées dans le sens de leur longueur sur les consoles et recouvertes d'une couche en béton de gravillons et d'une chape en ciment.

Un garde-corps à treillis à mailles serrées limite ces trottoirs du côté du vide ; un autre garde-corps, fixé le long des poutres et composé uniquement de deux lisses horizontales et de montants en cornières, est destiné à empêcher le passage direct des trottoirs sur la voie.

Les travées reposent sur les maçonneries par l'intermédiaire d'appareils d'appui en fonte avec rotule en acier forgé, les uns fixes, les autres munis de chariots de dilatation.

Le métal employé pour les ponts est l'acier extra-doux répondant aux conditions d'essai de la Circulaire ministérielle du 29 août 1891 ; les rivets sont également en acier, les tôles striées du platelage seules sont en fer.

Les surcharges admises pour les calculs de stabilité de ces ponts sont celles prescrites par la même circulaire pour les voies de 1 mètre, et les trottoirs peuvent supporter une surcharge de 250 kilogrammes par mètre carré.

Appareils de rotation. — Les appareils sont constitués par deux couronnes en fonte circulaires parallèles, composées de segments boulonnés et réunis par des bras à un axe vertical servant de guidage. La couronne supérieure est attachée aux poutres de la travée tournante, la couronne inférieure repose sur un sommier circulaire en pierre de taille, dans laquelle elle est fixée par un certain nombre de boulons de scellement.

Entre ces couronnes, une série de galets en fonte tronconiques permet le roulement ; ils sont réunis par des bras à un moyeu fou sur l'axe de centrage et maintenus à des distances fixes les uns des autres.

Le mouvement est donné par deux cabestans attachés sur le tablier et transmettant, par un jeu d'engrenage, les efforts des hommes à une crémaillère circulaire en acier moulé fixée sur la couronne en fonte inférieure.

Le calage et le décalage des travées sont obtenus au moyen de vérins à vis situés aux extrémités des poutres. Deux tampons de choc par travée permettent d'amortir le choc d'une travée animée d'une trop grande vitesse.

Maçonneries. — Les maçonneries de ces ponts sont, pour toutes les piles et la plupart des culées, fondées au moyen des procédés à l'air comprimé.

Les caissons de fondations sont en fer ; leur surface d'appui sur le sol a été déterminée par la condition de ne pas dépasser une pression de 5 kilogrammes sur le sol par centimètre carré.

La maçonnerie du corps des piles et culées est une maçonnerie de moellons à joints incertains avec des chaînages verticaux de pierre de taille situés aux angles pour les culées et au droit de chaque sommier d'appui pour les piles. Un couronnement en pierre de taille termine chaque pile à la partie supérieure.

Voici les caractéristiques propres à chacun de ces ouvrages :

1° Pont sur le Song-Ki-Kong à Lang-Son. — Cet ouvrage a une ouverture de 90 mètres mesurée entre parements des culées et comprend deux travées de 45 mètres de portée. Niveau du rail, + 99,55. La culée rive gauche côté Hanoï et la pile intermédiaire sont fondées sur caissons à la cote + 73,95, soit à 25^m,600 au-dessous du niveau du rail. La culée rive droite côté Nacham est fondée à l'air libre par épuisements à la cote 89,95, soit à 9^m,600 au-dessous du rail. Tonnage total de l'ouvrage, 170 tonnes.

2° Pont sur le Song-Thuong à Phu-Lang-Thuong. — Cet ouvrage a une ouverture de 130 mètres entre culées et comprend deux travées de 51 mètres de portée et une travée tournante donnant deux passes de 10 mètres d'ouverture entre parements des piles. Niveau du rail, + 7,70. Les trois piles sont fondées sur caissons à la cote — 8,00, soit 15^m,70 au-dessous de ce niveau ; les deux culées avaient été prévues fondées à l'air libre à la cote — 1,50, soit 9^m,20 au-dessous du rail ; pendant l'exécution, l'emploi de l'air comprimé fut reconnu absolument nécessaire pour la culée rive gauche côté Lang-Son. Tonnage total de l'ouvrage, 270^t,5.

3° Pont sur le Song-Cau à Dap-Cau. — Cet ouvrage a une ouverture de 170 mètres entre culées et comprend trois travées de 47 mètres de portée et une travée tournante identique à celle du pont précédent.

Niveau du rail, + 9^m,50.

Les quatre piles sont fondées sur caissons à la cote — 12,70, soit 22^m,20 au-dessous du rail. Les deux culées sont fondées à l'air libre à la cote — 5 mètres.

Tonnage total de l'ouvrage, 340^t,500.

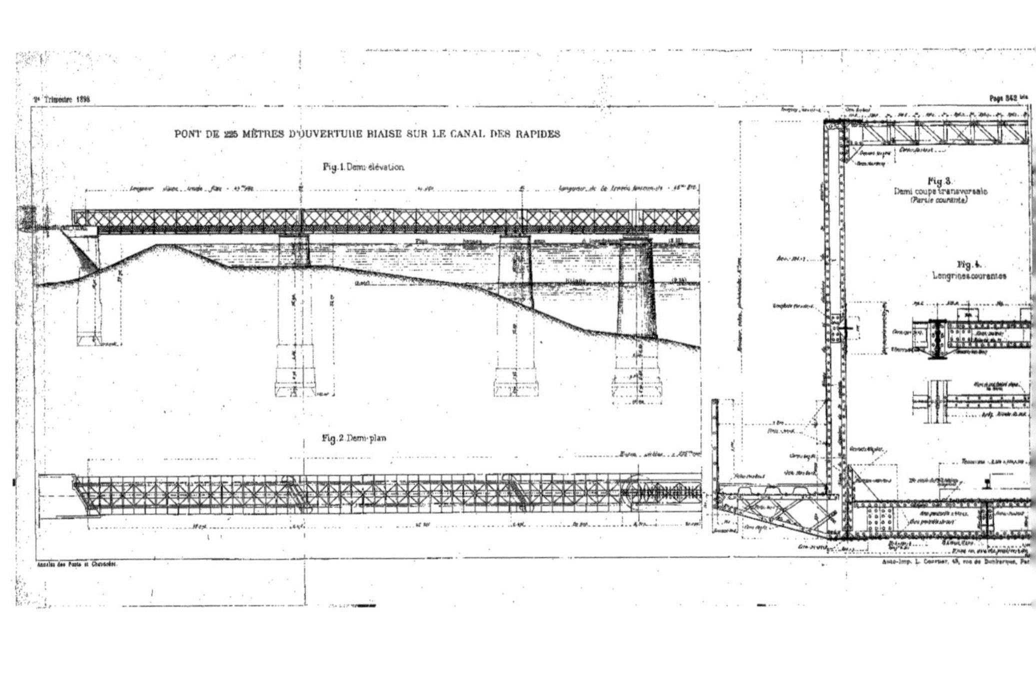

PONT DE 225 MÈTRES D'OUVERTURE BIAISE SUR LE CANAL DES RAPIDES
Fig. 1. Demi-élévation
Fig. 2. Demi-plan
Fig. 3.
Demi coupe transversale
(Partie courante)
Fig. 4.
Longrines courantes

4° Pont sur le canal des Rapides. — Cet ouvrage (Pl. p. 342 *bis*) a une ouverture de 225 mètres entre culées ; il est biais, et son axe longitudinal fait un angle de 58° avec la direction des nus des culées ; il comprend quatre travées de 43^m,800 de portée, et une travée tournante donne deux passes d'une ouverture de 20 mètres entre parements des piles.

Niveau du rail, + 11,00.

Les cinq piles et les culées sont fondées sur caissons à l'air comprimé ; les premières à la cote — 22,00 ; les secondes à la cote — 11,70, soit 33 mètres et 22^m,70 au-dessous du rail.

Tonnage total de l'ouvrage, 432^t,500.

Le poids total du métal des caissons employé pour les fondations des quatre ouvrages est de 413 tonnes.

État actuel des travaux. — Les maçonneries des ponts Song-Ki-Kong et Song-Thuong sont complètement terminées ; celles du pont Song-Cau est en voie d'achèvement, et le chantier va prochainement être transporté sur le canal des Rapides.

L'exécution à l'atelier des superstructures est sensiblement terminée : le premier pont est en montage, les deux suivants sont à pied d'œuvre, et le quatrième pont est en route vers le Tonkin.

26 avril 1898.

COMPTE RENDU DES PÉRIODIQUES.

N° 30

PÉRIODIQUES FRANÇAIS.

I. — Sciences appliquées.

Annales des Mines (1898, 3° livraison) : RATEAU. — *Expériences et théories sur le tube de Pitot et sur le moulinet de Woltmann.* — La principale conclusion de l'auteur est que le tube de Pitot et les moulinets étalonnés au manège ou par un déplacement rectiligne mesurent correctement la vitesse du courant fluide où ils sont plongés, si ce courant est parfaitement homogène et régulier; et que, dans le cas contraire, de beaucoup le plus fréquent, ils donnent, pour la vitesse moyenne, des indications toujours exagérées et d'autant plus exagérées que le courant est plus irrégulier.

Le Génie civil (5 mars 1898) : Ch. RABUT. — *La nouvelle formule de M. Bazin pour calculer le débit des canaux découverts.* — L'auteur expose sommairement les résultats des derniers travaux de M. Bazin (*Annales des Ponts et Chaussées*, 1897, 4° trimestre) et met en relief la valeur pratique de la formule donnant la vitesse moyenne.

—— (16 avril 1898) : *Essais sur la résistance des colonnes et des consoles en fonte, effectués à New-York.* — Dix colonnes en fonte ont été essayées jusqu'à la rupture. Six (A) avaient $4^m,83$ de longueur, $0^m,381$ de diamètre et $0^m,0254$ à $0^m,0301$ d'épaisseur; deux (B) avaient $4^m,06$ de longueur et $0^m,203$ de diamètre; les deux dernières (C) mesuraient $3^m,048$ de longueur et $0^m,152$ de diamètre.

D'après la formule de Gordon

$$S = 0,07 \times A \frac{80.000}{1 + \dfrac{l^2}{400d^2}}.$$

dans laquelle S représente la charge de rupture en kilogrammes par centimètre carré, A la section en centimètres carrés, l et d la longueur et le diamètre en mètres, la rupture aurait dû se produire, pour les colonnes A, B et C, sous des charges respectivement égales à 4.000, 2.800 et 2.800 kilogrammes.

Or les essais ont montré que les colonnes A se sont rompues sous des charges variant de 1.743 à 2.828 kilogrammes par centimètre carré, et les colonnes B et C sous des charges variant de 1.589 à 2.233 kilogrammes par centimètre carré.

La rupture de consoles se fait par cisaillement vertical, soit en dehors de la colonne, soit avec arrachement d'un morceau de cette colonne.

La résistance moyenne par centimètre carré de section verticale a été de 560 kilogrammes avec charge uniformément répartie sur le plateau supérieur, et de 295 kilogrammes avec charge appliquée à l'extrémité de la console.

Le Génie civil (23 avril 1898) : *Mesure des efforts développés dans le fer et l'acier par la méthode thermo-électrique.* — D'après les expériences de Joule, un fil de fer de 6 millimètres de diamètre se refroidit de 1/8 de degré sous une charge de 387 kilogrammes. M. le professeur W. Thomson démontra que les substances se refroidissent d'autant plus, sous un effort de tensions déterminé, qu'elles sont plus faiblement dilatables par la chaleur, et *vice versa*. Partant de cette loi, M. Turner eut l'idée de l'utiliser à la mesure des efforts intérieurs développés dans le fer et l'acier. Il trouva que l'effort peut être exactement mesuré par le changement thermal de la pièce examinée, quand l'effort développé n'excède pas 5/8 de la limite d'élasticité.

II. — Matériaux et Procédés généraux de construction.

Le Ciment (avril 1898) : *Les archives du Comptoir d'Escompte de Paris à Rueil.* — L'édifice, mesurant 30ᵐ,50 de long sur 12 mètres de large et 7ᵐ,55 de hauteur, divisé en deux étages, est tout en ciment armé. La couverture a été faite en intercalant entre deux ossatures, pour plus d'étanchéité, une feuille de plomb mince, soudée à elle-même. On a substitué aux treillis en barres de fer, faits à la main, des treillis en fer déployé. Les poutres et les piliers sont en armatures en acier symétrique.

IV. — NAVIGATION INTÉRIEURE.

Bulletin de la Société des Ingénieurs civils (avril 1898): C. DE CORDEMOY: — *A propos de l'étude de M. Lokhtine sur le mécanisme du lit fluvial.* — M. Fargue a donné le moyen d'établir le tracé rationnel d'un cours d'eau, c'est-à-dire de fixer la forme à attribuer au lit moyen pour que ses sinuosités soient en harmonie avec celles du profil en long. Les règles qu'il a posées ont été vérifiées par un grand nombre d'ingénieurs. M. Lokhtine, ingénieur russe, a cherché la solution du problème dans la considération du régime en temps de crues, parce que, dit-il, ce sont les hautes eaux qui, à raison de leur plus grande vitesse, exercent une action prépondérante sur la forme du lit, creusant ce lit dans les courbes, où, par les grandes eaux, la vitesse est maximum, et le comblant dans les alignements droits, où cette vitesse est alors minimum. En étiage, c'est le contraire qui a lieu quant à la répartition des vitesses. Les cas extrêmes à considérer sont celui des rivières à forte pente et lit peu résistant et celui des rivières à faible pente et lit très résistant. Les règles à suivre sont différentes, selon les cas. M. Lokhtine ne paraît point, d'ailleurs, les préciser assez pour qu'il soit possible de les résumer.

Les études de ce savant russe ont encore donné lieu à des observations consignées dans deux notes, rédigées par MM. R. Le Brun et L. Vauthier, et qui font suite à celle de M. de Cordemoy, dans le numéro d'avril 1898 du *Bulletin de la Société des Ingénieurs civils.*

Le Génie civil (14 mai 1898): A. DUMAS. — *Barrage mobile du Rio-Sandy (États-Unis).* — Ce barrage, situé sur le Big-Sandy à une quarantaine de kilomètres de son confluent avec l'Ohio, se compose d'une écluse de 58 mètres de longueur utile et 15^m,85 de largeur, d'une passe navigable de 39^m,62 de largeur et d'une passe-déversoir de 42^m,67 de largeur.

La partie mobile du barrage se compose de fermettes du système Poirée supportant des aiguilles en bois.

Les fermettes, espacées de $1^m,22$, mesurent $4^m,62$ de hauteur à la passe navigable et $2^m,94$ à la passe-déversoir. Le cadre en est formé par des fers en **U** de $0^m,10$ de largeur, pesant $10^{kg},77$ par mètre courant. Il n'y a pas de traverse au bas du cadre, afin que les fermettes rabattues puissent se loger l'une dans l'autre avec moins de saillie sur le radier. Un bracon réunit la tête du montant d'amont au pied du montant d'aval, et deux traverses horizontales achèvent de donner au système la rigidité nécessaire.

Les aiguilles, en sapin blanc, ont $0^m,305$ (1 pied) de largeur. Celles de la passe navigable mesurent $4^m,34$ de longueur, $0^m,216$ d'épaisseur à la base et $0^m,114$ au sommet; elles pèsent 120 kilogrammes. Celles du déversoir, longues de $2^m,514$, épaisses à la base de $0^m,089$ et au sommet de $0^m,064$, pèsent $36^{kg},300$. Ces aiguilles sont mises en place au moyen d'une petite grue à vapeur portée sur un bateau. On les pose à une certaine hauteur au-dessus du seuil, sur une tablette soutenue par des sabots articulés, de manière que, l'eau continuant à s'écouler librement, cette opération préliminaire ne souffre point de difficulté. Puis on fait glisser les aiguilles jusqu'au radier en faisant basculer la tablette par la rotation des sabots qui la soutiennent. Pour ouvrir le barrage, on tire sur un câble auquel toutes les aiguilles sont accrochées par des bouts de chaîne.

V. — TRAVAUX MARITIMES.

Bulletin de la Société d'Encouragement (avril 1898) : J. REY. — *Progrès de l'éclairage des côtes et l'invention des feux-éclairs.* — Après avoir fait sommairement l'historique de l'éclairage des côtes, l'auteur rend compte du système des feux-éclairs, imaginé par l'Inspecteur général Bourdelles. Il en expose le principe et les applications en s'appuyant sur les travaux des ingénieurs du Service des Phares.

VI. — CHEMINS DE FER. — TRAMWAYS. — AUTOMOBILES.

Annales des Conducteurs et Commis des Ponts et Chaussées (mai 1898) : *Le vélocipède protecteur et inspecteur des voies fer-

rées. — Depuis longtemps le vélocipède est utilisé aux États-Unis pour l'inspection des voies ferrées et y rend de grands services. Un constructeur français, M. H. Chaudun, vient de créer un tricycle léger et peu encombrant qui paraît susceptible d'être utilement employé pour la surveillance des voies, pour l'échange des communications entre les gares en cas d'interruption des lignes télégraphiques, pour les demandes de secours en cas de détresse d'un train, etc. (Une dépêche ministérielle du 19 avril appelle l'attention des Compagnies sur les services que peut rendre cet appareil.)

Ce tricycle pèse 33 kilogrammes; il s'actionne au moyen de pédales comme une bicyclette ordinaire et permet d'atteindre sans fatigue une vitesse de 25 à 30 kilomètres à l'heure. Les jantes, de même profil que les roues des wagons, sont en tôle et munies d'un bandage en caoutchouc ou en poil de chameau en vue d'augmenter l'adhérence et d'amortir le bruit du roulement. L'appareil peut se plier aisément et rapidement ; il n'occupe plus, une fois plié, qu'une largeur de $0^m,60$ sur $2^m,10$ de longueur et peut être logé sans embarras dans un fourgon.

Le Génie civil (19 mars 1898) ; A. Magnier. — *Emploi des traverses métalliques sur les chemins de fer turcs.* — Ces traverses, en acier doux, pèsent 50 kilogrammes. Leur profil est sinueux en longueur et variable transversalement. Elles mesurent $2^m,400$ de longueur, $0^m,312$ de largeur aux extrémités et $0^m,184$ de largeur au milieu. L'espacement courant est de $0^m,90$; cet espacement se réduit à $0^m,55$ au droit des joints des rails. Sur la ligne de Konia, en Anatolie, on s'est servi, pour la pose de la voie, d'une machine permettant de mettre en place, en une seule opération, une travée de voie de $9^m,55$ de longueur, assemblée au dépôt.

—— (9 avril 1898) : F. Barbier. — *Résistance à la traction du matériel roulant à grande vitesse.* — Des expériences prolongées, effectuées en service courant et sur le chemin de fer du Nord, à des vitesses comprises entre 60 et 120 kilomètres, sur des parties de voie en palier et en alignement droit, ont fourni les résultats suivants, dans lesquels R exprime la résistance par tonne de poids brut, et V la vitesse en kilomètres à l'heure.

I. Résistance des voitures. — 1° *Voitures à deux essieux* :

$$R_4 = 1^{kg},6 + 0,46V\left(\frac{V + 50}{1.000}\right).$$

2° *Voitures à bogies* :

$$R'_4 = 1^{kg},6 + 0,456\left(\frac{V + 10}{1.000}\right).$$

L'avantage des voitures à bogies sur les voitures à deux essieux, mesuré par le rapport $\frac{R'_4}{R_4}$, varie de 0,76 à 0,79, selon la vitesse.

II. Résistance des locomotives à grande vitesse et de leurs tenders :

$$R = 3^{kg},8 + 0,9V\left(\frac{V + 30}{1.000}\right).$$

R varie de $8^{kg},65$ à $21^{kg},35$, quand la vitesse varie de 60 à 125 kilomètres à l'heure.

Revue générale des Chemins de fer (mars 1898) : *Les voitures automobiles de la Compagnie du Nord.* — La Compagnie du Nord a mis en construction deux types. Le premier type, comprenant un seul compartiment de 2ᵉ classe à douze places, et comportant deux modèles, l'un à vapeur du système Serpollet, l'autre électrique avec accumulateurs, est en principe destiné au seul transport des dépêches postales, lorsque les horaires fixés pour les besoins de l'Administration des Postes ne correspondent point aux besoins des voyageurs.

Le deuxième type à traction exclusivement électrique, comprenant plusieurs compartiments pouvant renfermer cinquante places est destiné à assurer différents services :

a) Le service de trains-tramways temporaires existant par exemple, pendant l'été, autour de certaines stations de bains de mer ;

b) Le service de trains-tramways permanents d'importance secondaire, ne justifiant pas la circulation d'une machine à vapeur ;

c) Les services restreints de trains légers, soit de lignes secondaires, soit de lignes principales.

Revue générale des Chemins de fer (avril 1898) : F. Michel. — *Le dortoir de la Compagnie du chemin de fer du Nord à la plaine Saint-Denis.* — Ce dortoir, destiné aux agents qui, résidant en province, ne peuvent retourner à leur domicile, consiste en un bâtiment à deux étages de 45 mètres de long et $13^m,22$ de large. Il contient vingt chambres-dortoirs à six lits (soit en tout cent vingt lits) avec cuisine-réfectoire, salles de lavabos et de douches, salle aux armoires, salle de lingerie et de literie.

—— (Mai 1898) : P. Haag. — *Le Métropolitain de Berlin.* — Ce métropolitain se compose d'une grande artère transversale, la *Stadhbahn*, surélevée sur tout son parcours, que complète une ligne circulaire, la *Ringbahn*, analogue au chemin de fer de Ceinture parisien. Les travaux de la Stadhbahn, commencés à l'automne de 1875, furent terminés en 1882. L'auteur fait une étude historique et financière de cette ligne de chemins de fer. Il en donne la description illustrée par de nombreuses planches. L'article se termine par une description sommaire de la Ringbahn et par une notice sur la gare de Potsdam et la Wannseebahn.

VII. — Génie rural. — Assainissement. — Distribution d'eau.

Le Génie civil (12 mars 1898) : A. Marquane. — *Travaux d'adduction d'eau de Valparaiso* (Chili). — L'ensemble des travaux comprend : Le barrage de Pennelas, — un déversoir de trop-plein des eaux du lac, — des filtres à sable placés auprès du barrage, — un aqueduc de 20 kilomètres de longueur ; — un bassin-réservoir de 20.000 mètres cubes, — une conduite maîtresse et des conduites de branchement.

Le barrage ferme un cirque naturel que les eaux du réservoir couvriront sur 2.000 hectares. Il mesure 490 mètres de longueur et 17 mètres de hauteur au-dessus du terrain naturel. C'est une digue en terre, ayant en section la forme d'un trapèze mesurant 8 mètres de largeur en crête et jusqu'à 96 mètres à la base. Les côtés, inclinés à 2 de base pour 1 de hauteur sont revêtus en pierre sèche. Au milieu de cette digue, se trouve une muraille d'argile corroyée dont l'épaisseur croît de 2 mètres, au sommet, à 6 mètres, à la base. Elle est accompagnée de corrois en terre argileuse qui s'appuient contre elle et se terminent au dehors par des talus à 45°, sur lesquels s'appliquent les massifs extérieurs en terre ordinaire.

La prise d'eau consiste en une conduite en fonte traversant le barrage et placée dans une galerie maçonnée, et en une tour cylindrique en fonte, extérieure au barrage, où l'eau pénètre par des vannes, réparties, au nombre de quatre, sur la hauteur.

VIII. — MACHINES.

Bulletin de la Société des Ingénieurs civils (janvier 1898): M. JOUFFRET. — *Note sur les chaudières à émulsion de vapeur.* — La circulation méthodique et régulière de l'eau ne se produit pas naturellement dans les chaudières à vapeur; il faut la produire artificiellement. On emploie à cet effet l'*émulseur à vapeur*, qui fonctionne automatiquement, par le seul fait de la production de la vapeur et au moyen d'organes fixes de la plus grande simplicité.

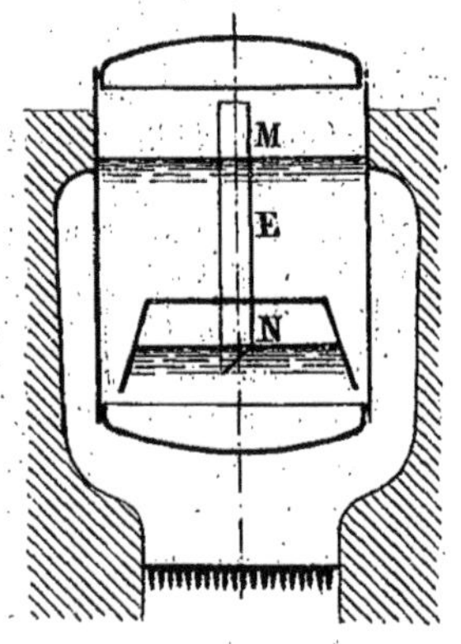

La vapeur d'eau produite par le foyer s'accumulera sous la cloche N jusqu'à ce qu'elle puisse s'échapper par le tube E dans l'espace principal M occupé par la vapeur. A ce moment, un nouveau volume d'eau sera aspiré sous la cloche. Le phénomène, qui se produit d'abord par saccades, devient ensuite régulier et continu. En définitive, l'appareil émulseur a pour effet d'égaliser la température de toute l'eau contenue dans la chaudière, en provoquant et maintenant dans cette eau une circulation certaine et régulière. L'auteur indique les dispositifs appliqués à divers types de chaudières, et il fait valoir les avantages économiques que procure l'usage de l'appareil.

Portefeuille économique des Machines (avril 1898): *Turbines génératrices à axe horizontal de la station électrique de Cauterets.* — Ces turbines appartiennent à l'usine hydroélectrique destinée à assurer la traction électrique sur les lignes de Cauterets à La Raillère (en exploitation) de Pierrefitte à Cauterets et de Pierrefitte à Luz, dont la longueur totale est d'environ 25 kilomètres en voie de 1 mètre. L'eau motrice est fournie par le gave de Cauterets avec une chute totale de 65 mètres et un débit de 4 mètres cubes, qui donnent 2.500 chevaux. Mais les tuyaux abducteurs et l'usine ne sont établis que pour une puissance de 1.200 chevaux, largement suffisante pour le moment. L'usine comporte quatre turbines de 300 chevaux actionnant chacune deux dynamos à courant continu du type Thury et une turbine de 35 chevaux commandant les turbines excitatrices. Les turbines de 300 chevaux consomment chacune 536 litres par seconde et marchent à raison de 330 tours par minute, sous une chute nette de 56 mètres.　　　　　　　　　　　　F. D.

IX. — ÉLECTRICITÉ APPLIQUÉE.

L'Éclairage électrique (2 avril 1898) : G. RICHARD. — *Applications mécaniques de l'électricité.* — Description de quelques dispositifs américains et anglais pour signaux de chemins de fer : sémaphore Coleman, verrou électromagnétique de Tyer pour manœuvre d'aiguilles, manœuvre électrique pour verrières de MM. William et Kinney, signaleur Siemens et Forrest ; poste électro-pneumatique Batcheller.

—— (2 avril 1898) : *Effets physiologiques des courants alternatifs.* — D'après les expériences de M. Weber à Zurich, on ne peut, quand on tient deux câbles avec les mains humides, lâcher les électrodes sous 30 volts ; à 90, le courant est très douloureux, mais il ne semble pas dangereux pour la vie ; de même, si un piéton muni de chaussures sèches sur une route humide touche un seul conducteur à 1.000 volts. M. Kolben cite un exemple d'ouvrier ayant été soumis pendant un temps assez long (une demi à une minute) à un courant de 200 volts sans accident ni perte de connaissance. Au contraire, Kapp rapporte quatre cas de mort produits dans une usine par les courants à 115 volts ; M. Kolben craint qu'on n'ait fait une erreur sur l'évaluation de cette tension.

—— (9 avril 1898) : G. PELLISSIER. — *Tramways électriques à canalisations souterraines.* — A la suite d'essais nombreux et prolongés faits à New-York, la Compagnie métropolitaine (Metropolitan Street Railway Cᵒ) adopte le système à conduite souterraine sur les lignes des 10e, 8e et 2e avenues, Madison Avenue, 23e et 59e rues, représentant une longueur totale de 47km,5, correspondant à 95 kilomètres de voies simples. Les travaux sont déjà presque terminés. On estime le prix de revient à 300.000 ou 325.000 francs par kilomètre de voie simple, y compris les feeders.

L'article donne quelques dessins en coupe des conduites et le détail des isolateurs et des prises de courant.

L'Éclairage électrique (25 et 30 avril 1898) : G. PELLISSIER. — *Tramways électriques à caniveaux fermés.* — Descriptions, d'après brevets, de divers systèmes à distribution par contacts superficiels : système Hecker, Allen et Peard, Balfour et Smith, Siemens et Halske, Riccardo Arno et Caramagna. Pas de principes nouveaux, seulement des dispositifs de détails.

—— (30 avril 1898) : G. RICHARD. — *Applications mécaniques de l'électricité (suite).* — Description des freins Idler et Jonkers pour ascenseurs, des ascenseurs électriques Westinghouse, des tours d'atelier Wickers (électrique), Brockie (hydro-électrique), de la machine Norton à monter les bandages, de l'embrayage-frein magnétique Wellman et Seaver, etc.

—— (14 mai 1898) : REYVAL ; — et **Le Génie civil** (18 et 25 décembre 1897) : JOURNET. — *L'usine d'électricité du quai Jemmapes.* — La Compagnie Parisienne de l'Air comprimé a terminé récemment les installations de sa nouvelle usine centrale, destinée à alimenter tout le secteur qui lui est concédé. L'article donne la description détaillée de cette usine, avec nombreuses figures.

Le bâtiment des machines et des générateurs affecte une forme de **U**, dont les deux branches sont tournées vers le canal. Un bâtiment en bordure sur ce dernier contient dans les ailes les salles d'ateliers et d'accumulateurs et, au centre, le bâtiment d'administration. Au milieu du rectangle ainsi formé sont des bâtiments de services accessoires, surmontés d'un campanile.

Les générateurs sont disposés au-dessus des machines : ils sont du type Belleville ; il y en a quatre par machine, mais trois suffisent pour le service ; ils sont munis de réchauffeurs et de sécheurs de vapeur. Les machines à vapeur sont du type compound vertical à distribution Corliss, tournant à 70 tours et fournissant 1.200 chevaux à la pression de 8 kilogrammes ; chacune actionne directement une grande dynamo Siemens et

Halske à pôles intérieurs de 750 watts sur 500 à 600 volts. Il y a vingt trois groupes de ce genre donnant une puissance totale de 17.000 watts. La distribution se fait à cinq fils, d'après le système de la place Clichy. Toute l'installation a été dirigée par M. Journet, et le matériel fourni par la Société alsacienne de Constructions mécaniques.

L'Éclairage électrique (31 avril 1898) ; J. REYVAL. — *Variation de capacité des accumulateurs à électrodes de plomb suivant le régime de décharge.* — Comme on le sait, la capacité d'un accumulateur au plomb varie en sens inverse de la durée de décharge. M. Peukert a trouvé pour des décharges à régimes uniformes la loi

$$I^n t = k,$$

I étant le courant constant débité ; t, la durée de décharge ; n et k, deux constantes qui dépendent de la capacité et du type d'accumulateurs. Par exemple, pour les accumulateurs Tudor type E on a : $n = 1,35$, et pour le type ES, $n = 1,48$. La formule précédente donne immédiatement la relation entre les capacités observées sous deux régimes différents :

$$C_1 = c \left(\frac{I}{I_1}\right)^{n-1}$$

M. Loppé a vérifié l'exactitude de ces formules, déterminé n pour divers types d'accumulateurs et dressé un tableau et des courbes très commodes pour le calcul de $\frac{c_1}{c}$; ce tableau donne les valeurs de $\left(\frac{I}{I_1}\right)^{n-1}$ pour diverses valeurs de n et pour diverses durées de décharges comparées à la décharge en dix heures.

——(23 et 30 avril 1898) : *Les nouvelles lampes à incandescence électrique de Nernst et d'Auer.* — Deux nouvelles lampes à incandescence, dont on dit merveille, viennent d'être inventées dans le but d'augmenter le rendement jusqu'ici médiocre de la lumière électrique. Bien que ces appareils n'aient pas encore été soumis à des essais officiels, on se préoccupe vivement de l'influence très grande qu'ils pourront avoir sur le développement de ce genre d'éclairage. La lampe Nernst utilise l'incandescence à l'air libre. Le Prof. Nernst a observé que certains corps réfractaires, tels que la magnésie, qui, comme on le sait, donnent lieu à une émission de lumière plus économique que le carbone incandescent, deviennent un peu conducteurs quand on les porte au rouge ; il emploie donc un bâtonnet de magnésie de 2 millimètres de diamètre et de 20 de long, dans lequel il fait passer des courants alternatifs (pour éviter l'électrolyse) à 100 volts, après l'avoir chauffé dans une flamme de gaz. Les résultats obtenus seraient, paraît-il, très remarquables, car la dépense spécifique ne dépasserait pas 1 watt par bougie, tandis qu'avec les lampes actuelles elle est de 2,5 à 4 watts.

La nouvelle lampe Auer repose sur un principe tout différent. M. Auer a observé que l'osmium est beaucoup plus réfractaire qu'aucun autre corps, même le carbone ; en le portant à une très haute température, on obtient un éclat extrêmement élevé et meilleur que celui des filaments de carbone qu'on ne peut chauffer au même degré. Il remplace donc, dans les lampes ordinaires, le filament de carbone par un filament d'osmium creux, obtenu en déposant de l'osmium par voie chimique ou électro-chimique sur un fil de platine qu'on vaporise ensuite.

En recouvrant le filament d'osmium d'un dépôt de 1/10 de millimètre de thorine (corps qui est, comme on le sait, le principal élément des manchons à incandescence pour le gaz), on accroît encore très sensiblement le rendement en lumière pour une même dépense d'énergie.

L'Éclairage électrique (7 mai 1898) : *Accumulateur Werner plomb, zinc et cadmium.* — Reynier, le premier, a imaginé de remplacer dans l'accumulateur au plomb la plaque négative par une plaque de zinc, en prenant comme électrolyte du sulfate de zinc. Malheureusement le dépôt de zinc se dissout à circuit ouvert. M. Werner semble avoir tourné ces difficultés en employant comme électrolyte un mélange de sulfates de zinc, cadmium et magnésium. Ce dernier sulfate, très important, permet d'avoir un bon dépôt, tout en réalisant une bonne peroxydation des plaques positives, avec des solutions d'une concentration moyenne, et d'obtenir une suffisante constance de voltage ; la différence de potentiel est de 2,4 volts au commencement de la décharge et de 1,9 à la fin. La capacité, très élevée, atteint 82 watts-heures par kilogramme d'accumulateurs complets.

Ces accumulateurs sont employés ou essayés en Angleterre pour la traction de voitures automobiles et pour l'éclairage des trains.

L'Éclairage électrique (7 mai) : G. RICHARD. — *Les fours électriques.* — Descriptions illustrées, d'après brevets, de quelques nouveaux types de fours : fours Hughes, Contardo, Regnoli, Siemens et Halske.

—— (7 mai) : J.-R. WOODBRIDGE et G.-T. CHILD. — *Les transformateurs tournants.* — Étude analytique des conditions de fonctionnement des transformateurs tournants à courants mono-, di- et triphasés, dans l'hypothèse de courants sinusoïdaux et de champs magnétiques également sinusoïdaux.

L'Industrie électrique (10 avril 1898) : E. HOSPITALIER. — *L'essai industriel des accumulateurs.* — La traction automobile rend désirable que les mesures de rendement et de capacité spécifique des accumulateurs soient bien comparables. M. Hospitalier propose diverses règles dans ce but. Il propose de pratiquer la décharge sur résistance constante et de l'arrêter lorsque la force électromotrice en circuit ouvert est tombée à 1,8 volt par élément (accumulateurs au plomb).

—— (10 mai) : M. LEROY. — *Démarrage électrique des moteurs à gaz.* — On rencontre aujourd'hui fréquemment des installations génératrices où les dynamos, actionnées par des moteurs à gaz, servent à l'éclairage avec adjonction d'une batterie d'accumulateurs ; on peut employer alors celle-ci pour entraîner successivement chaque dynamo comme réceptrice et mettre en mouvement les moteurs à gaz, ce qui dispense d'une manœuvre. L'auteur a constaté, dans diverses installations, que l'effort nécessaire à cette mise en marche atteint environ les 2/5 de l'effort normal ; il indique la disposition des tableaux de distribution qui permet de réaliser la combinaison avec un seul rhéostat.

—— (10 mai 1898) : M. LEROY. — *Contrôle permanent du service dans les stations centrales.* — Description d'un appareil très simple de M. Peyramale, destiné à forcer les électriciens des stations centrales à inscrire exactement les chiffres qu'ils sont tenus de relever d'heure en heure. L'instrument est simplement un cylindre perforé de fenêtres derrière lesquelles tourne un cylindre de papier destiné aux inscriptions. Si celles-ci ne sont pas faites à l'heure indiquée, elles ne peuvent être rajoutées après coup. Les résultats sont excellents.

Bulletin de la Société internationale des Électriciens (6 avril 1898) :
J. LAFFARGUE. — *Les installations électriques en Allemagne.* —
Résumé d'un voyage fait en Allemagne avec M. Charles Bos,
conseiller municipal. M. Laffargue donne d'abord quelques
statistiques : en mars 1897, il y avait 365 stations d'éclairage
et une puissance totale de 78.200 kilowatts ; et en janvier 1898,
56 réseaux de tramways avec 957 kilomètres de voies, et
21.465 kilowatts de puissance installée. Des travaux considérables d'agrandissement et de nouvelles installations sont
d'ailleurs en cours d'exécution. Les canalisations sont en
câbles armés souterrains pour la lumière, en fils aériens pour
la traction. Les installations d'abonnés sont fort défectueuses.

M. Laffargue donne la description très rapide des principales
stations qu'il a visitées : Francfort, Cologne, Düsseldorf, Hambourg, Berlin, Leipzig, Munich, Nuremberg, Strasbourg. Puis
il indique les prix de vente de l'énergie ; le prix moyen pour
l'éclairage est de 8 à 10 centimes l'hectowatt-heure avec des
rabais de 40 à 50 0/0 ; et de 3 à 4 centimes pour les applications mécaniques. Les prix de revient du kilowatt-heure sont
de 0 fr. 305 à Francfort, tous frais payés ; 0 fr. 192 à Cologne,
et 0 fr. 126 à Düsseldorf, non compris l'amortissement et les
intérêts, 0 fr. 25 environ à Berlin (avec charbon de 12 à
18 francs la tonne).

Les chiffres relatifs à Berlin, et que M. Charles Bos a opposés
aux secteurs parisiens dans un *Rapport au Conseil municipal*
sont, dans l'*Éclairage électrique* (4 juin), l'objet de très vives
critiques de la part de M. Brylinski, qui, chargé lui-même
d'une étude des distributions d'électricité à Berlin, en a
rapporté des documents qui contredisent absolument la thèse
du précédent auteur ; d'après M. Brylinski, avec un régime de
concession plus libéral, les secteurs parisiens pourraient offrir
des conditions relativement plus avantageuses que ceux de
Berlin.

A. B.

X. — ARCHITECTURE.

Le Génie civil (23 et 30 avril 1898) : *La nouvelle bibliothèque du
Congrès à Washington (États-Unis).* — Elle est aménagée pour
contenir 2 millions de volumes. C'est un monument imposant,
occupant une superficie de 131 mètres de longueur sur

102 mètres de largeur. La principale salle de lecture consiste en une rotonde centrale de 30 mètres de diamètre, dont le lanternon se termine à 60 mètres au-dessus du sol. La disposition des casiers, le chauffage, la ventilation et l'éclairage ont été l'objet des soins les plus attentifs.

Le Génie civil (28 mai 1898) : M. SEURAT. — *Revue des travaux de l'Exposition. Les palais des Champs-Élysées (à suivre)*. — Entre autres informations sur la construction des petits palais, l'auteur décrit les planchers en béton armé du système Hennebicque, de plusieurs types selon leur portée, employés en rez-de-chaussée.

XI. — ADMINISTRATION. — LÉGISLATION. — ÉCONOMIE POLITIQUE.

Revue politique et parlementaire (mai 1898) : C. COLSON. — *Revue des questions de transport. La situation des chemins de fer français*. — L'auteur résume les résultats donnés par l'exploitation des chemins de fer français dans le dernier exercice. Les dépenses de premier établissement se sont élevées à 156 millions. Les recettes ont augmenté de 39 millions. Malgré l'accroissement du trafic, les dépenses d'exploitation n'ont présenté d'augmentation sensible que sur les réseaux du Nord et de Lyon. Trois des grandes Compagnies seulement sont encore en déficit et ne demandent que 22 millions, alors que, en 1893, cinq grandes Compagnies demandaient des avances de 100 millions. Les résultats de l'exercice sont donc satisfaisants. Ils le paraissent moins quand on les compare avec ceux des pays voisins, Angleterre et Allemagne. Le pourcentage de l'augmentation moyenne du trafic, pour les deux dernières années, est, par rapport à la France, un peu plus élevé en Angleterre et double en Allemagne.

F. D.

PÉRIODIQUES ALLEMANDS.

I. — SCIENCES APPLIQUÉES.

Allgemeine Bauzeitung (1898, 1ᵉʳ fascicule) : BASTA JOHANN. *Étude sur l'élasticité et la résistance des supports à double courbure.* — L'auteur étudie analytiquement cette question, en considérant la déformation, l'action des forces intérieures et celle des forces extérieures ; puis il applique sa méthode au calcul statique des escaliers courbes.

Centralblatt der Bauverwaltung (nᵒˢ 44ᴬ et 45ᴬ, — 3 et 10 novembre 1897) : H. MULLER-BRESLAU. — *Le calcul des ponts en console statiquement indéterminés.* — L'article fait suite à une étude déjà publiée dans la même revue et s'applique au calcul des ponts métalliques courbes à trois articulations, dont une au milieu, analogues au pont Mirabeau, à Paris.

Oesterreichische Monatschrift für offentlichen Baudienst (janvier 1898) : BENJAMIN PERSON. — *Les poutres courbes continues à deux articulations.* — L'auteur remarque que les ponts construits dans ces derniers temps fournissent la preuve que les poutres statiquement indéterminées se répandent de plus en plus, en raison des nombreux avantages qu'elles présentent, notamment pour les grandes ouvertures ; il donne le calcul complet d'une poutre courbe continue à deux articulations.

Zeitschrift für Architektur und Ingenieur wesen (1898, 1ᵉʳ et 2ᵉ fascicules) : BRUNO SCHULZ. — *Sur le calcul des systèmes plusieurs fois statiquement indéterminés.* — L'article, inspiré par l'étude ci-dessus rappelée de M. H. Muller-Breslau (*Centralblatt der Bauverwaltung*, nᵒˢ 44ᴬ et 45ᴬ) traite, dans sa première partie, des systèmes symétriques et non symétriques. Dans la seconde partie, l'auteur examine successivement les poutres courbes et les poutres continues à plusieurs ouvertures.

Zeitschrift für Bauwesen (1898, fascicules 1 à 3) : Adolf Franck.
— *Le calcul de la tension et de la flexion des poutres à treillis
simple.* — Exposé d'une méthode simple, sommaire et toujours
applicable, du calcul des efforts élastiques d'une poutre à treillis
simple.

II. — Matériaux et Procédés généraux de construction.

Zeitschrift für Architektur und Ingenieurwesen (1898, 2e fascicule) : O. Herrmann. — *La carrière de pierres cassées du Koschen-
berg, près de Senftenberg.* — Étude technique et géologique de
cette carrière, ouverte dans une montagne de 176 mètres de
hauteur et exploitée en six étages ; les dispositions générales de
la carrière sont indiquées sur une planche d'atlas jointe à
l'article.

Zeitschrift des Oesterr. Ingenieur und Architekten-Vereines
(1898, nos 1, 2 et 3 ; 7, 14 et 21 janvier) : Ottokar Soulavy. —
*Travaux de construction et de consolidation de chemins de fer en
terrain glissant.* — L'article, accompagné de figures dans le
texte et de deux planches d'atlas, est consacré à l'étude des
travaux en terrain glissant, avec des exemples empruntés à une
ligne de chemin de fer située dans le sud de la Hongrie entre le
Dran et la Save. L'auteur, après quelques mots sur les glissements en général, donne la description de quelques exemples
intéressants de travaux exécutés contre les glissements de terrain sur les lignes de chemins de fer ; il traite successivement
des glissements en déblai et des glissements de remblai, à
propos desquels il donne de nombreux exemples détaillés.
—— (No 7, 18 février 1898) : Friedrich Kick. — *Le Congrès de
l'Association internationale des essais de matériaux à Stockholm.*
— Compte rendu sommaire des travaux de ce Congrès, qui a
eu lieu à Stockholm, du 23 au 25 août 1897.

III. — Routes. — Ponts et Viaducs.

Allgemeine Bauzeitung (1898, 1er fascicule) : Krone et Ebhardt.
— *Projet d'un pont-route en maçonnerie sur le Rhin, près de Worms.*
— L'article, accompagné de plusieurs figures dans le texte et
de trois planches d'atlas, donne la description du projet de cet

important ouvrage, d'après les renseignements fournis par les deux auteurs du projet, M. Krone, ingénieur, MM. Bodo Ebhardt, architecte. L'ouvrage se compose de trois arches principales, celle du milieu de 100 mètres d'ouverture, et les deux autres de 96 mètres. Ces trois arches sont accompagnées, sur la rive droite, de onze arches plus petites, dont 6 de 30 mètres d'ouverture, et les cinq autres de 20 et 17 mètres, et sur la rive gauche, de quatre arches de 30 mètres d'ouverture. Les piles en rivière ont 6^m,50 d'épaisseur ; celles des arches de décharge ont 3 mètres ; les culées ont 10 mètres. L'article donne tous les détails des dispositions projetées, fondations, maçonneries et cintres, dont la dépense totale est évaluée à la somme de 2.850.000 marks (soit 3.562.500 francs).

Oesterreichische Monatschrift für der öffentlichen Baudienst (octobre 1897) : A. DUMAS. — *Le pont Alexandre III sur la Seine à Paris.* — Article fort développé, accompagné de nombreuses figures, et rendant compte des détails du projet et de l'état d'avancement des travaux du pont Alexandre III.

—— (Novembre 1897) : LÉOPOLD PETRI. — *La reconstruction du pont sur l'Inn, entre Braunau et Simbach.* — L'article, accompagné de plusieurs figures et de deux planches d'atlas, continue la description des travaux d'un grand pont métallique à cinq travées, établi sur l'Inn, entre Braunau et Simbach, à la frontière de la Bavière et de l'Autriche (la première partie de cette description a paru dans la même publication en 1896, 12e fascicule). L'article donne des détails sur les dispositions des deux culées, qui ont été munies de motifs ornementaux rappelant les deux pays ; il fait connaître la dépense totale, qui s'est élevée à 512.905^{fl},32, savoir :

Pour la partie métallique....................	209.713^{fl},43
Pour les piles et culées	228.226 ,19
Pour le pont de service....................	37.184 ,21
Pour la décoration des deux extrémités du pont.	37.791 ,49
TOTAL..............	512.905 ,32

Soit 1.538.811^{fr},72.

—— (Décembre 1897) : OTTO FLÖGL. — *La reconstruction du pont sur l'Inn, entre Braunau et Simbach.* — L'article, accompagné de deux grandes planches d'atlas, est spécialement consacré à la partie métallique de cet ouvrage, composé de cinq travées de 54 mètres d'ouverture chacune. Chaque travée est constituée par une poutre courbe à treillis supportant le plancher horizontal de l'ouvrage ; la poutre a 6^m,10 de hauteur à son origine et 1^m,90 en son milieu, dont la partie inférieure se trouve à 8^m,10 au-dessus du tablier. La largeur libre de la voie charretière est de 5^m,80 ; il y a, en outre, deux trottoirs en encorbellement de 1^m,50 de largeur.

L'auteur donne seulement le prix de revient de la partie autrichienne de l'ouvrage, lequel s'est élevé à 92.419^{fl},49 (soit 194.080 fr. 93).

Oesterreichische Monatschrift für den öffentlichen Baudienst (avril 1898) : THEODOR PAWLIK. — *Reconstruction du pont de la Sainte-Croix sur l'Ill près de Feldkirch, dans le Vorarlberg.* — Il s'agit d'un pont-route en maçonnerie de faible ouverture (19 mètres seulement), construit au xiiie siècle, et dont la démolition et la reconstruction, nécessitées par le mauvais état des maçonneries, a présenté quelques particularités intéressantes. L'article, accompagné de figures et de trois planches d'atlas, donne tous les détails des calculs de l'ouvrage et de l'exécution des travaux. Le nouveau pont, d'une ouverture de 19 mètres, avec 4^m,75 de hauteur de flèche, et d'une largeur de 6^m,50 y compris les parapets, a coûté 26.377 florins (soit 55.400 francs).

Zeitschrift für Architektur und Ingenieur wesen (1898, 1er fascicule) : MEHRTENS. — *La construction des ponts autrefois et aujourd'hui.* — Reproduction, avec nombreuses figures dans le texte, d'un rapport présenté le 2 novembre 1897 à l'Association technique de Francfort-sur-le-Mein. L'auteur donne la description d'un grand nombre d'ouvrages anciens et modernes, avec une vue des ouvrages suivants : l'aqueduc de Tarragona (deux étages, 30 mètres de haut avec ouvertures de 30 mètres) ; le pont du Gard (trois étages, 49 mètres de hauteur, avec ouvertures de 24^m,50) ; le pont de Pontemolle, à Rome ; pont d'Auguste, sur les marais de Rimini (entièrement en marbre) ; l'aqueduc de Spoleto (90 mètres de hauteur à un étage, construit au xvie siècle avec voûtes très petites) ; l'aqueduc de Bomfica, près de Lisbonne (85 mètres de hauteur à un étage, avec voûtes de 34 mètres); le pont du Diable, sur le Llobregat, près Martorell, dans la province de Barcelone; le pont sur le Rhône à Avignon; un pont en bois au Caucase (24 mètres de portée); le pont en fer de Chepstow (93 mètres d'ouverture); le pont suspendu de Francfort-sur-le-Mein (69 mètres d'ouverture); le nouveau pont métallique sur l'Elbe entre Blasewitz et Loschwitz près Dresde (147 mètres d'ouverture); un projet de pont suspendu sur la rivière du Nord à New-York, avec une ouverture centrale de 945 mètres (projet présenté par M. Gustave Lindenthal); un pont en bois au Japon; le pont François-Joseph, à Budapest (175 mètres d'ouverture pour la travée du milieu); le pont sur l'Ohio pour le passage de la ligne de Cincinnati à Covington (travées métalliques ayant jusqu'à 168 mètres); le pont sur la vallée de Pecos au Texas, pour le chemin de fer du Pacifique (travées métalliques à 96 mètres au-dessus du fond de la vallée, avec ouverture maxima de 56 mètres); le pont d'Arcole, à Paris (une travée métallique de 80 mètres); le pont Louis Ier, à Porto (172 mètres d'ouverture); le pont de Müngsten, sur la ligne de Solingen à Remscheid (une travée centrale de 170 mètres d'ouverture et de 107 mètres de hauteur au-dessus de la vallée). Le plus grand pont métallique du monde reste celui de la vallée de Garabit, sur la ligne de Marvejols à Neussargues, construit en 1880-1884, avec une travée centrale de 165 mètres d'ouverture et 122 mètres de hauteur au-dessus du fond de la vallée.

Zeitschrift für Bauwesen (1898, fascicules 1 à 3): L. DYRSSEN. — *La reconstruction du pont sur l'Elbing, près d'Elbing.* — Il s'agit de la réfection, en cours d'exploitation, d'un pont situé sur la ligne à deux voies de Dirschau à Königsberg, à 2 kilomètres environ de la station d'Elbing; ce pont comporte cinq ouvertures et une longueur totale de 93 mètres entre les culées. Une partie de la superstructure métallique de l'ouvrage, qui date de 1853, et les maçonneries des piles et culées avaient besoin d'être remplacées.

Les travaux, exécutés en 1895 et 1896 sans interrompre la circulation des trains, ont coûté 121.980[M],93, savoir :

Consolidation des piles et réfection des culées.   49.195^M,47
Consolidation et réfection d'une partie de la su-
  perstructure métallique.................   63.114 ,80
Démolition d'une pile ....   9.670 ,66

                         TOTAL...........   121.980^M,93
Soit 152.500^{fr},00.

Zeitschrift für Bauwesen (1898, fasciclues 1 à 3) : R. ROESSLER. — *Résultats des épreuves des ponts métalliques du canal de Dortmund à l'Ems.* — Les ponts métalliques établis sur le canal de Dortmund à l'Ems sont au nombre de cent dix-sept, savoir :

49 ponts de 4^m,50 de largeur et de 31^m,79 d'ouverture
41   —   5 ,50   —   31 ,79   —
 6   —   7 ,00   —   31 ,86   —
 7   —   8 ,00   —   31 ,86   —
 8   —   5 ,00   —   31 ,79   —
 6   —   4 ,50   —   34 ,98   —

L'article donne, avec figures schématiques et tableaux à l'appui, le détail des épreuves de tous ces ouvrages.

Le coût de ces épreuves s'est élevé, en moyenne, à la somme de 120 à 200 marks par ouvrage (150 à 250 francs).

—— (1898, fascicules 4 à 6) : ALFRED GAEDERTZ. — *Pont en béton avec articulations en granit sur la Eyach, près d'Imnau.* — Il s'agit d'une application nouvelle du système des ponts articulés de M. le Président de Leibbrand, dont nous avons déjà rendu compte, à plusieurs reprises, dans les *Annales* (Voy. 3ᵉ trimestre 1897, p. 356 ; 1ᵉʳ trimestre 1898, p. 327). Les articulations des ponts en béton construits par M. de Leibbrand étaient généralement en fer ou en plomb. Un pont construit en 1895, à Inzigkofen sur le Danube, dans ce système, présente des articulations en fer visibles en élévation, dans lesquelles la pression atteint 283 atmosphères. L'auteur de ce pont, M. Max Leibbrand, frappé du prix élevé des articulations en fer et de l'aspect peu décoratif qu'elles présentent, a employé des articulations en pierre pour un pont de 30 mètres d'ouverture, construit sous un chemin vicinal sur la Eyach près de Imnau (Hohenzollern).

L'article, accompagné de nombreuses figures dans le texte et d'une planche d'atlas, donne tous les détails des dispositions de l'ouvrage ; il fait connaître également les résultats des essais qui ont été faits, au laboratoire de Stuttgart, sur les articulations en métal, et à celui de Munich sur les articulations en pierre.

Les principales dimensions de l'ouvrage sont les suivantes :

Ouverture entre les articulations des culées. . . . . 30^m,00
Hauteur de la voûte au-dessus des articulations. . . . 3 ,00
Longueur totale entre les fondations. . . . . 33 ,05
Largeur utile du pont (2^m,50 de voie charretière et
  2 trottoirs en encorbellement de 0^m,75). . . . . 4 ,00
Largeur de la voûte à la clef. 2 ,50
     —   aux naissances . . . . 3 ,50
Épaisseur de la voûte à la clef. . . . . 0 ,45
     —   aux naissances . . . . 0 ,50
     —   aux joints de rupture. . . . . 0 ,80

Pont sur l'Eyach près d'Imnau. — Détails des articulations.

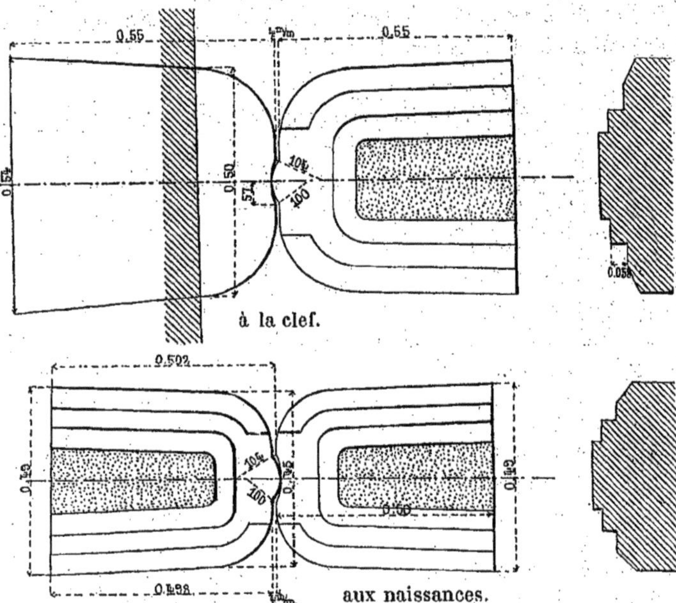

Les articulations sont établies aux naissances et à la clef. Elles sont constituées, comme l'indiquent les dessins ci-dessus par des pierres de taille en granit, ayant 0^m,50 d'épaisseur pour celles des naissances, et 0^m,49 pour celles de la clef. Ces pierres règnent sans interruption sur toute la largeur de la voûte; elles ont, dans le sens de cette largeur, une dimension de 0^m,50. La portée des pierres l'une sur l'autre à la surface d'articulation est d'environ 10 centimètres.

Le calcul du pont a été fait en supposant le passage d'un cylindre à vapeur de 15 tonnes, et une charge de 360 kilogrammes par mètre carré. Le travail maximum dans chaque section de l'ouvrage ne dépasse pas 34 atmosphères à la compression et 4 atmosphères à la traction.

L'abaissement du sommet de la voûte, constaté le 15 septembre 1896 après le décintrement, a été de 15 millimètres. Le tassement a été régulièrement en augmentant jusqu'au 26 septembre, où il a atteint 30 millimètres. Il n'y a eu aucun tassement aux culées.

Les dépenses totales de l'ouvrage, y compris les rampes d'accès, se sont élevées à 18.000 marks (soit 22.500 francs). Les travaux ont duré trois mois et demi.

IV. — NAVIGATION INTÉRIEURE.

Allgemeine Bauzeitung (1898, 1er fascicule): ANTON KLIR. — *La canalisation de l'Oder*. — L'article, accompagné de nombreuses figures dans le texte et de quatre planches d'atlas, rend compte des travaux de canalisation de l'Oder exécutés de 1891 à 1895 depuis la ville de Cosel jusqu'au confluent de la Neisse dans la haute Silésie.

Ces travaux, qui s'étendent sur une longueur de 84 kilomètres, comprennent des déviations du cours d'eau destinées à raccourcir le trajet et des ouvrages de retenue avec des écluses.

Il a été exécuté cinq déviations, à Januschkowitz, à Deschowitz, à Krempa, à Rogan et à l'embouchure de la Neisse; le raccourcissement de la voie navigable ainsi réalisé atteint 6.435 mètres.

Les écluses et les barrages sont au nombre de douze; ils ont une chute variant de 1^m,60 à 2^m,60. La longueur des biefs varie de 4^{km},3 à 8^{km},5.

Les écluses ont une longueur utile de 55 mètres et une largeur de 9^m,60. Les barrages sont, soit des barrages à aiguilles, système Poirée, comme celui de l'embouchure de la Neisse, soit des barrages à rideaux, comme celui de Mühlgraben.

L'article donne tous les détails nécessaires sur le calcul des barrages et sur l'exécution de ces travaux de canalisation, qui ont permis de livrer la voie navigable au trafic, au milieu d'octobre 1895.

Centralblatt der Bauverwaltung (n°s 38 et 39 ; 18 et 25 septembre 1897): R. Scheck. — *Le nouveau port de Breslau.* — Compte rendu, avec dessins à l'appui, d'un projet de port à établir à Breslau, à l'intersection des deux branches de l'Oder. Ce port, qui doit avoir des entrées sur chacun des deux bras du fleuve, comporte trois grands bassins, avec quais supportant des voies raccordées avec la gare voisine. Les dépenses sont évaluées à 9.600.000 marks, pour une surface d'eau de 108.800 mètres carrés et une longueur utile de 4.525 mètres de quai.

Oesterreichische Monatschrift für den öffentlichen Baudienst (octobre 1897): Arthur Herbst. — *Travaux d'eau sur le Weser.* — Il s'agit de travaux de régularisation du Weser supérieur à Münden, destinés à faciliter la navigation. Les bateaux sont chargés au maximum de 350 tonnes et ont, à pleine charge, une profondeur de $1^m,35$. En moyenne, la navigation est arrêtée, chaque année, pendant quatre-vingt-dix à cent vingt jours, à cause soit des basses eaux, soit des glaces, soit des hautes eaux.

—— (Novembre 1897) : Arthur Herbst. — *Le nouveau port de Brême.* — L'article, accompagné d'une planche d'atlas, est consacré aux nouvelles installations du port de Brême, sur le Weser. Le port libre de Brême, ouvert en octobre 1888, a été muni de murs de quai d'une longueur totale de 3.750 mètres et de diverses installations, dont la dépense s'élevait, en 1895, à la somme de 27.000.000 marks (soit 33.750.000 francs). On a aussi agrandi le port impérial de Bremerhafen par la construction de nouveaux bassins.

—— (Décembre 1897) : A. Meissner. — *Les travaux de régularisation de rivières en Hongrie et spécialement la régularisation du moyen Danube de Duna-Radvany à Bazias.* — Il n'y a guère de pays en Europe, à part la Hollande, où les questions d'écoulement d'eau et de régularisation de rivières aient plus d'importance qu'en Hongrie. Les cours d'eau navigables naturels de ce pays avaient, en 1893, un développement total de 2.860 kilomètres, sur lesquels l'État a dépensé, de 1867 à 1893 inclus, en travaux de régularisation, une somme totale de 62.451.369 florins (soit 131.147.875 francs). L'article, accompagné d'une double planche d'atlas, donne quelques détails sur l'emploi de cette somme et fait connaître les dispositions projetées pour régulariser le moyen Danube, dont le cours est très irrégulier entre Duna-Radvany et Bazias.

Oesterreichrische Monatschrift für den öffentlichen Baudienst (Janvier 1898) : VICTOR MAYER. — *L'état des travaux de canalisation de la Moldau et de l'Elbe, en Bohême.* — L'article donne, avec figures dans le texte et une planche d'atlas, le compte rendu des travaux exécutés jusqu'au courant de décembre 1897 pour l'écluse et le barrage de Klecan ; la planche donne les dessins de la maison du barragiste.

—— (Janvier 1898) : BRAUER. — *La régularisation de la Theiss.* — Depuis la terrible catastrophe de l'année 1879, qui inonda en particulier la ville de Szegedin, la question de la régularisation de la Theiss est à l'ordre du jour en Bohême. L'article donne, avec une carte à l'appui, le programme des travaux à faire sur une longueur de 77 kilomètres, entre Csap et Tokaj ; les travaux comprendront des digues de 5 mètres de hauteur moyenne au-dessus du terrain, embrassant un champ d'inondation de 600 à 1.500 mètres de largeur et ayant un développement de 83 kilomètres entre Csap et Viss ; la largeur en couronne de ces digues sera de 4 mètres et leur niveau établi à 1 mètre au-dessus des plus hautes eaux de 1888.

—— (Mars 1898) : ARTHUR HERBST. — *La canalisation de la Fulda entre Cassel et Münden.* — Description, avec deux planches d'atlas à l'appui, du projet de canalisation de cette rivière ; la longueur totale est de 27^{km},400, répartie en sept biefs de 3 à 4 kilomètres de longueur, avec barrages à aiguilles et écluses de 2 mètres à 3^m,20 de chute. La chute totale est de 16^m,93.

—— (Mai 1898) : ARTHUR HERBST. — *Le Danube à Ratisbonne.* — L'article, accompagné de figures et d'une planche d'atlas, est consacré à la description des travaux de régularisation, digues et quais, défenses de rives, exécutés récemment à Ratisbonne, sur le Danube.

Das Schiff (n° 919, 12 novembre 1897) : *Un canal du Rhin à l'Escaut.* — L'article donne, avec une carte à l'appui, le tracé d'un projet du canal destiné à relier le Rhin à Düsseldorf avec l'Escaut à Anvers.

—— (N° 925, 24 décembre 1897) : *Un canal de l'Elbe à Kiel.* — L'article annonce un projet de canal destiné à relier l'Elbe au port de Kiel et ajoute que, si ce port de guerre doit avoir la possibilité de recevoir directement la marchandise de l'intérieur du pays par voie d'eau, l'établissement de ce canal est indispensable.

Zeitschrift für Bauwesen (1898, fascicules 4 à 6) : Dʳ KARL FISCHER. — *Les hautes eaux d'été, de juillet et août 1887, dans le bassin de l'Oder.* — Étude du régime des hautes eaux de l'été 1897 dans le bassin de ce fleuve et des dommages qu'elles ont causés ; la réparation de ces dommages a exigé une somme totale de 5.946.000 marks (soit 7.432.500 francs).

Zeitschrift des Oesterr. Ingenieur und Architekten-Vereines (n° 5, 4 février 1898) : ARTHUR OELWEIN. — *L'ouverture de la voie de grande navigation par Breslau et la canalisation de l'Oder supérieur jusqu'à Kosel.* — L'inauguration de cette voie de grande navigation a eu lieu le 21 septembre 1897, et l'auteur rend compte sommairement des travaux exécutés (Voy. aussi l'*Allgemeine Bauzeitung*, 1898, 1ᵉʳ fascicule, et p. 366 *suprà*).

—— (Nᵒˢ 15 et 16 ; 15 et 22 avril 1898) : RUDOLF RITTER VON GUNESCH. — *Le développement des voies de navigation de l'Amérique du Nord et leur influence sur l'exportation.* — Les voies de navigation des États-Unis d'Amérique sont formées principalement par les cinq lacs qui occupent une superficie importante du continent, savoir : les lacs Supérieur, Michigan, Huron, Érié, Ontario, d'une superficie totale de 250.000 kilomètres carrés. Ces lacs sont reliés au Mississipi d'une part et à New-York de l'autre par des canaux. Le tonnage total de ces voies navigables, qui était de 1.050.000 tonnes en 1837, a atteint 3.500.000 tonnes en 1894. L'auteur montre l'influence de ce trafic sur les importations des produits américains en Europe.

V. — TRAVAUX MARITIMES.

Oesterreischiche Monatschrift für den öffentlichen Baudienst (décembre 1897) : A. SCHROMM. — *Le paquebot allemand « Kaiser Wilhem der Grosse »* (Voy. 1er trimestre 1898 : *Périodiques allemands*, p. 383). — L'article donne quelques détails sur la construction de ce paquebot et sur son premier voyage, effectué en septembre 1897, de Brême à New-York. La durée de ce voyage a été de cinq jours vingt-deux heures quarante-cinq minutes, avec une vitesse moyenne de 21nœuds,36. Il résume, comme ci-dessous, les dimensions des plus grands paquebots de l'Océan actuellement existants et ayant une longueur supérieure à 150 mètres.

	LONGUEUR entre les perpendiculaires extrêmes	PLUS GRANDE largeur à la ligne d'eau	TONNAGE	PUISSANCE des machines en chevaux indiqués
Kaiser Wilhem der Grosse.	190m,50	20m,10	13.800t	28.000ch
Campania et Lucania....	182 ,90	19 ,80	12.500	28.000
Saint-Paul et Saint-Louis.	163 ,10	19 ,20	11.600	20.000
Paris et New-York......	160 ,50	19 ,20	10.500	20.000
Majestik et Teutonic.....	172 ,20	17 ,50	9.686	19.500
Fürst Bismark..........	153 ,20	17 ,50	9.000	17.000

—— (Février 1898) : SCHROMM. — *Les bacs pour chemins de fer au Danemark.* — Le Danemark renferme un grand nombre d'îles qui ne peuvent être reliées avec les chemins de fer du continent qu'au moyen de « ferry-boats ». Par exemple, en partant de la péninsule du Jutland pour atteindre à l'île de Fünen, il faut traverser d'abord le petit Belt, plus loin le grand Belt, et, pour aller en Suède, il faut franchir encore le Sund. Tous ces bras de mer sont trop larges pour comporter des ponts ou des tunnels sous-marins ; le petit Belt a 2.778 mètres ; le Sund a dans sa partie nord 4.630 mètres. L'article, accompagné de plusieurs figures dans le texte et d'une planche d'atlas, donne la description des bacs à vapeur, ou ferry-boats, employés par les voies ferrées pour la traversée de ces bras de mer (Voy. *Périodiques français*, 4e trimestre 1897, p. 230).

Oesterreichische Monatschrift für den öffentlichen Baudienst (mars 1898) : Schromm. — *Le nouveau dock flottant du port de Saint-Paul-de-Loanda.* — Description, avec figures et une planche d'atlas, du bassin flottant construit en 1896 par la maison A.-F. Smulders, de Rotterdam, pour le port de Saint-Paul-de-Loanda, au Congo portugais. La longueur totale du bassin est de 60^m,90 ; sa largeur de 21^m,40 à l'extérieur du ponton ; les caissons latéraux, de 3 mètres de largeur, laissent entre eux une largeur libre de 15 mètres ; leur hauteur est de 6^m,81. La hauteur totale du dock est de 9^m,15. Les pompes centrifuges qui sont employées pour le service de ce dock sont mues par un courant électrique pris dans une usine centrale, à terre. Le temps nécessaire pour faire entrer ou sortir un bateau est de quarante-cinq à cinquante minutes (Voy. *Périodiques français*, 4º trimestre 1897, p. 230 ; et *Périodiques anglais*, p. 278).

Das Schiff (nº 923, 10 décembre 1897) : *Agrandissement du port de Hambourg.* — En raison de l'accroissement du trafic de ce port, l'article annonce la construction prochaine de nouveaux bassins. Au point de vue seulement de la navigation maritime, Hambourg qui recevait, en 1882, 6.189 bateaux chargés de 3.030.909 tonnes, a reçu, en 1895, 9.443 bateaux chargés de 6.812.384 tonnes. La longueur des quais affectés à ces bateaux, qui était de 14.215 mètres en 1882, n'avait atteint, en 1895, que le chiffre de 24.980 mètres. Le trafic maritime s'est donc augmenté de 125 0/0, alors que l'étendue des emplacements affectés aux bateaux ne croissait que de 75 0/0. Il faut, d'ailleurs, ajouter à ce trafic maritime celui qui vient de l'Elbe inférieur, qui était représenté, en 1882, par 9.300 bateaux avec 1.434.443 tonnes, et qui a atteint, en 1895, le chiffre de 14.135 bateaux avec 3.076.421 tonnes.

Zeitschrift für Bauwesen (1898, fascicules 1 à 3) : Fülscher. — *La construction du canal de l'Empereur-Guillaume.* — L'article, accompagné de nombreuses figures dans le texte et de six planches d'atlas, continue (Voy. *Périodiques allemands*, 4º trimestre 1897, p. 254) le compte rendu des travaux de cet important canal : il est consacré à la description de l'écluse de

Rendshourg, des petites écluses accessoires du canal et aux petits travaux de port.

L'écluse, établie près de Rendsbourg, sert de communication entre le canal de l'Empereur-Guillaume et l'Eider inférieur, et remplace l'ancienne écluse du canal de l'Eider. Tandis que l'ancienne écluse avait 28 mètres de longueur utile et 8 mètres de largeur, la nouvelle présente une longueur utile de 68 mètres et une largeur de 12 mètres ; la profondeur d'eau est de 5^m,27 pour la tenue d'eau habituelle du canal. L'écluse est munie de trois paires de portes métalliques de 0^m,55 d'épaisseur au milieu et d'une surface de 87^m,984. Le prix d'une porte est de 17.400 marks, soit 195 marks (ou 244 francs) par mètre carré de porte. Le prix d'une tonne ressort à 378 marks (ou 472 fr. 50).

Sur la tête amont de l'écluse est établie une passerelle levante, devant servir seulement au passage des voitures légères et calculée pour un chariot de 4 tonnes. Sa largeur est de 4 mètres ; elle est manœuvrée au moyen de câbles fixés à des leviers établis au-dessus de la passerelle. Son prix de revient est de 10.400 marks, soit 270 marks (ou 337 fr. 50) la tonne.

Un pont-levis, destiné au passage des poids lourds, et calculé pour une voiture de 7 tonnes et demie, est établi à l'autre extrémité de l'écluse. Sa largeur est de 7^m,50, comprenant une voie charretière de 5 mètres et deux trottoirs de 1^m,25. Son prix de revient est de 42.000 marks, soit 370 marks (ou 462 fr. 50) par tonne de fer et d'acier.

Un pont pour chemin de fer est établi sur l'Eider supérieur près de l'écluse. Ce pont, construit pour deux voies, comprend deux travées tournantes de 22 mètres chacune et une ouverture fixe de 19^m,50.

Un certain nombre de petites écluses accessoires ont été construites pour relier le canal principal avec des voies secondaires. L'article donne les détails d'établissement de ces écluses, ainsi que ceux des petits travaux de ports.

Zeitschrift für Bauwesen (1898, fascicules 1 à 3) : ANDERSON. — *Le niveau moyen de la mer Baltique aux bouches de Kolberg.* — Recherches sur le niveau moyen de la mer Baltique, d'après les résultats d'expériences faites pendant quatre-vingt-une années, de 1816 à 1896. Ce niveau, qui avait été fixé à 1^m,5171 au-dessus du zéro de l'échelle du pont, d'après les observations faites de 1848 à 1867, et ensuite rectifié à 1^m,5235 d'après celles de 1868 à 1875, se trouve désormais fixé au chiffre de 1^m,5290, d'après les nouveaux calculs.

Zeitschrift für Bauwesen (1898, fascicules 4 à 6) : FÜLSCHER. — *La construction du canal de l'Empereur-Guillaume.* — Continuation du compte rendu des travaux (Voy. *suprà*, p. 371). L'article, accompagné de figures dans le texte et de six planches d'atlas, est consacré aux portes des écluses de Brunsbüttel et de Holtenau. Il traite, avec les plus grands détails, toutes les questions qui se rapportent à la construction et à la mise en place de ces portes, dont les dimensions sont très grandes et qui sont manœuvrées au moyen de l'eau sous pression. La largeur de chaque porte est de 14 mètres environ, son épaisseur de 1^m,30 ; sa hauteur de plus de 16 mètres pour les portes de flot, de plus de 11 mètres pour les portes d'èbe, et de près de 11 mètres pour les portes d'entrée.

La dépense totale des portes de ces deux écluses, y compris la mise en place, s'est élevée à 2.333.000 marks (soit 2.916.250 francs).

Le poids total de ces portes, non compris les ancrages, est le suivant :

Portes de flot :
    Brunsbüttel .... 124^t,456
    Holtenau................................ 92 ,206
Portes d'èbe................................ 92 ,687
Portes d'entrée............................ 76 ,233

Le poids des ouvrages varie de 3 à 4 tonnes par porte.
Le prix total d'un vantail de porte est le suivant :

Portes de flot :
    Brunsbüttel .... 63.330 fr.
    Holtenau.............................. 49.000
Portes d'èbe.............................. 46.500
Portes d'entrée.......................... 42.000

Le prix de revient de 1 mètre carré de surface de porte varie de 267 fr. 50 à 323 fr. 75.

Zeitschrift des Oesterr. Ingenieur und Architekten-Vereines (n° 8, 25 février 1898) : VON HORN. — *Murs de rive sur la mer du*

Nord. — L'article donne, avec figures à l'appui, quelques profils de murs construits sur les rivages de la mer du Nord. Ils se ramènent à trois types : 1° le type belge (Ostende et Blankenberghe), à parois très inclinées ; 2° le type hollandais (Scheveningue), avec une paroi courbe terminée au pied par un talus incliné à 1/4 ; 3° le type allemand (Norderney, Borkum), avec un profil composé de deux courbes, l'une concave, et l'autre convexe.

VI. — CHEMINS DE FER. — TRAMWAYS. — AUTOMOBILES.

Archiv für Eisenbahnwesen (fascicule 1, janvier et février 1898) :
1° LOEWE. — *Sur la nature légale et économique des voies de raccordement privées.* — Étude de cette question, présentée au point de vue administratif (1re partie).

2° *Une enquête sur les chemins de fer italiens.* — Compte rendu d'une enquête ordonnée, en 1894, par le Ministre des Travaux publics d'Italie sur les conditions financières d'établissement des lignes suivantes : Novara-Pino, Parma-Spezia, Faenza-Florence, Gozzano-Domodossola, environs de Giovi, Sondrio-Colico-Chiavenna, Avezzano-Roccasecca, Benevent-Avellino, Lecco-Como. Ces lignes représentent ensemble une longueur de 514 kilomètres ; leur prix d'établissement s'est élevé à 352.912.750 francs ;

3° *Les chemins de fer exploités par l'État saxon pendant l'année 1896.* — Compte rendu statistique ;

4° *Résultats principaux de la statistique des chemins de fer autrichiens pour les années 1894 et 1895 ;*

5° *Les chemins de fer de l'État autrichien pour l'exercice 1896.* — Compte rendu statistique ;

6° RUDOLF NAGEL. — *Les chemins de fer de l'État hongrois pendant l'année 1896.* — Réseau de 11.350 kilomètres de longueur, dont les recettes totales ont atteint 98.234.190 florins (soit 206.290.000 francs) en 1896 ;

7° *Le chemin de fer du Gothard en 1896.* — Longueur, 266 kilomètres ; recettes du trafic voyageurs, 5.805.013 francs ; tonnage des marchandises, 873.100 tonnes. Le prix moyen du transport d'un voyageur kilométrique est de 6^{cent},73 ; celui d'une tonne kilométrique est de 7^{cent},43 ;

8° *Les chemins de fer en France en 1895.* — Compte rendu de statistique, d'après les documents publiés par le Ministère des Travaux publics.

Archiv für Eisenbahnwesen (fascicule 2, mars et avril 1898) :
1° Gustave Cohn. — *Recherches sur l'économie des moyens de trafic.* — Article assez développé, dans lequel l'auteur étudie successivement: le but des moyens de trafic, leur nature (voie de terre, de fer et d'eau), leur disposition technique et les principes financiers de leur organisation ;

2° Placide Weissenbach. — *La solution de la question des chemins de fer en Suisse* (1re partie). — L'auteur, qui est directeur de la partie administrative du Département des Chemins de fer suisses à Berne, étudie, dans une première partie, l'histoire de la constitution du réseau des chemins de fer suisses de 1848 à 1884 ;

3° Loewe. — *Sur la nature légale et économique des voies de raccordement privées.* — Deuxième et dernière partie ;

4° C. Thamer. — *La récolte des céréales en 1896 et les chemins de fer de l'Allemagne.* — Tableaux statistiques ;

5° Lomler. — *Les chemins de fer en Alsace-Lorraine et les chemins de fer de Guillaume-Luxembourg.* — Compte rendu statistique pour l'année 1896-1897 ;

6° Tolsdorff. — *Les chemins de fer de l'État prussien pendant l'année 1896-1897.* — Longueur, 27.723 kilomètres; recettes totales, 1.099.449.944 marks (soit 1.374.312.430 francs).

Centralblatt der Bauverwaltung (nos 41, 42 et 43; 9, 16 et 23 octobre 1897) : Otto Sarrazin et Oscar Hossfeld. — *Le Métropolitain électrique de Berlin, de Siemens et Halske.* — La ville de Berlin comporte actuellement un réseau de chemins de fer urbains composé d'une grande artère transversale, la *Stadtbahn*, et d'une ligne circulaire, la *Ringbahn*, qui fait, comme la Ceinture de Paris, tout le tour de la ville. Indépendamment de ce réseau, on construit actuellement une autre ligne transversale à traction électrique établie sur viaduc métallique ; c'est à la description de cette ligne qu'est consacré l'article dont nous rendons compte. Cette ligne, d'une longueur de 10km,150, commence à la station du Jardin Zoologique de la *Stadtbahn* à l'ouest de la ville et se termine à l'est à la *Warschauerstrasse.* Elle est établie avec deux voies de largeur normale sur un viaduc en métal, dont les travées sont supportées par des piliers, également en métal, distants de 16m,50 d'axe en axe; la largeur totale du viaduc est de 7 mètres. La distance des voies d'axe en axe est de 3 mètres. Un embranchement de la ligne en viaduc va vers le nord jusqu'à la station de la place de Postdam. En outre, deux autres lignes sont projetées, dont l'une, de la place de Postdam au pont du château, sera en souterrain, et dont l'autre, de cette même place au pont de Köpenick, sera en viaduc et en souterrain.

Centralblatt der Bauverwaltung (n° 47, 20 novembre 1897) : *Les progrès des chemins de fer, au Siam.* — Il existe une ligne de Bangkok à Korat, dont les 70 premiers kilomètres, jusqu'à Ayuthia, ont été ouverts au mois de mars 1897. Une autre ligne, de 160 kilomètres, doit aller de Bangkok à Petchaburi. Bangkok possède aussi un tramway, le seul du royaume de Siam. —— (Nos 47 et 48, 20 et 27 novembre 1897) : SCHALKMANN. — *La manœuvre des aiguilles sous les trains.* — La statistique des accidents sur les chemins de fer prussiens montre que 12 0/0 environ des déraillements en gare sont dus à la manœuvre intempestive des aiguilles sous les trains. L'article est consacré à l'examen de quelques systèmes de manœuvre à distance des aiguilles, imaginés en vue d'éviter ces déraillements.

Oesterreichische Monatschrift für der öffentlichen Baudienst (février 1898) : RUDOLF ZIFFER. — *Les travaux de défense de rives sur les chemins de fer d'intérêt local de Bukowine.* — L'article, accompagné de deux planches d'atlas, est consacré à la description des travaux de défenses de rives exécutés sur les chemins de fer d'intérêt local de Bukowine, dans les Carpathes, où l'on rencontre de nombreux fleuves et torrents, qui ont nécessité d'importants travaux de cette nature. La violence du courant est telle que les hautes eaux de 1888 ont occasionné, sur la section de 67 kilomètres comprise entre Hatna et Kimpolung une interruption de la circulation qui a duré six semaines et des dégâts dont la réparation a coûté 153.000 florins (soit 321.300 francs).

Organ für die Forschritte des Eisenbahnwesens (1896, fascicule 8) : R. KÜHN. — *Le chauffage à la vapeur des voitures à voyageurs des chemins de fer suisses.* — Description, avec une planche d'atlas à l'appui, de ce système de chauffage, qui est appliqué en Suisse depuis 1882 et qui a été récemment modifié dans les conduites de vapeur.

Organ für die Forschritte des Eisenbahnwesens (1897, fascicule 8) :
Accouplement des wagons système Robinsohn. — Description, avec
une planche d'atlas à l'appui, d'un système d'accouplement
automatique des véhicules de chemins de fer, qui se fait par
côté et évite aux agents d'avoir à s'introduire entre les véhicules qu'il s'agit de relier.

—— (1897, fascicules 8 et 9) : J. Freiherrn von Engerth et
M. Spitz. — *Le cheminement des rails dans les voies de chemins de
fer.* — L'article reproduit une communication faite sur ce
sujet par les deux auteurs au groupe des ingénieurs de chemins
de fer de l'Association des Ingénieurs et Architectes autrichiens.
Il discute les résultats donnés par M. Coüard dans la *Revue générale des chemins de fer*, en 1896, et étudie la question au triple
point de vue du tracé des lignes et du trafic, de la pose de la
voie, du matériel d'exploitation.

—— (1897, 9° fascicule) : Courtin. — *Les nouveaux wagons d'exploitation des chemins de fer de l'État badois.* — Description de cinq
locomotives nouvelles, dont deux à cylindres jumeaux et trois
destinées au fonctionnement compound.

—— (1897, 9° et 10° fascicules) : L. Neumann. — *Superstructure
des chemins de fer de l'État saxon.* — Description d'une voie consolidée, profil n° VI, employée sur les chemins de fer de l'État
saxon. Le rail pèse 46 kilogrammes le mètre courant ; l'éclisse
extérieure cornière, surélevée au droit du joint, a 850 millimètres de longueur ; elle comporte six boulons d'éclisse et se
trouve fixée par deux tirefonds sur les traverses contre-joints.
Les rails ont 10 mètres de longueur, et le poids total d'acier et
de fer compris dans une travée de 10 mètres, posée sur 13 traverses en bois, atteint 1.243^{kg},48. Cette pose est adoptée sur les
voies parcourues par des trains express.

—— (1897, 9°, 10° et 11° fascicules) : Franz Kreuter. — *Projet
pour la construction du tunnel du chemin de fer de la Jungfrau.*
— L'article, accompagné d'une planche d'atlas, donne la description complète d'un projet d'exécution de la partie en tunnel
de cette ligne, d'une longueur de 10 kilomètres environ avec
une pente de 250 millimètres et dont les difficultés doivent
être très grandes, en raison de l'altitude et du climat. L'étude
très complète faite dans ce but prévoit tous les détails d'exécution du tunnel principal, de 4^m,70 de largeur sur 4^m,20 de
hauteur, de la superstructure, de l'éclairage, de l'aération, etc.

—— (1897, 10° fascicule) : Von Borries. — *Les nouvelles locomotives des chemins de fer de l'État autrichien.* — Description, avec

figures dans le texte et planche d'atlas à l'appui, de huit nouvelles locomotives compound employées sur les chemins de fer de l'État autrichien, savoir :

1° Locomotive pour trains express, à deux essieux couplés, avec bogie à l'avant ; ces machines ont une stabilité telle qu'elles peuvent franchir des courbes de 380 et 475 mètres de rayon avec des vitesses respectives de 85 et 90 kilomètres à l'heure ;

2° Locomotive-tender, à cinq essieux, dont trois accouplés ; elle est construite en vue du chemin de fer métropolitain de Vienne, qui comporte des rampes de 25 millimètres et des courbes de 150, et même 100 mètres de rayon ; elle peut atteindre en ligne droite une vitesse de 92 kilomètres à l'heure ;

3° Locomotive à trois essieux couplés destinée à remorquer des trains de marchandises, à la vitesse de 45 kilomètres à l'heure ;

4° Locomotive à quatre essieux, dont trois accouplés à l'arrière, pour trains de marchandises et aussi pour trains de voyageurs et express sur les lignes accidentées. Cette machine a réalisé aux essais une vitesse de 78 kilomètres à l'heure ;

5° Locomotive à cinq essieux, dont quatre accouplés à l'arrière. Cette machine, qui peut développer un effort de traction de 10 tonnes, est destinée au service des trains express sur les lignes de montagne ; elle est établie en vue d'une vitesse maxima de 60 kilomètres à l'heure ; mais elle a pu atteindre 84 kilomètres aux essais. Elle remorque des trains de 200 tonnes sur la ligne de l'Arlberg et franchit les courbes de 200 à 250 mètres situées sur cette ligne avec une vitesse de 40 à 45 kilomètres à l'heure ;

6°-7° et 8° Petites locomotives compound pour voie normale et voie étroite (1^m,106 et 760 millimètres de largeur).

Organ für die Forschritte des Eisenbahnwesens (1897, 11° fascicule) : F. Blazek. — *Appareils de manœuvre à la main pour la sécurité des stations sans installation du Block system électrique.*
— Description, avec figures à l'appui, d'un système de leviers de manœuvre à la main des signaux et des aiguilles, applicable aux stations intermédiaires, non munies du Block system.

—— (1897, 11° fascicule) : Dr Victor. — *Rail à patin ou rail à coussinet.* — Quelques mots sur la question de la forme du rail, sur laquelle les diverses Administrations de chemins de fer sont loin d'être d'accord.

Organ für die Forschritte des Eisenbahnwesens (1897, 11ᵉ fascicule) : LOCHNER. — *Locomotive-tender, système Hagans.* — Description détaillée avec une planche d'atlas d'une locomotive-tender à cinq essieux, qui présente une disposition particulière. Les trois premiers essieux sont accouplés à la manière ordinaire et donnent un empattement rigide de 2ᵐ,680, égal à la distance du premier au troisième essieu. Les deux essieux d'arrière sont également accouplés entre eux et sont reliés par un système de leviers à la tige du piston moteur, de manière à pouvoir utiliser les cinq essieux de la machine pour l'effort de traction. La longueur totale de la machine est de 11ᵐ,910 ; la distance des essieux extrêmes est de 6ᵐ,860. Les deux groupes d'essieux peuvent d'ailleurs tourner autour d'un pivot situé à 1ᵐ,196 en arrière du troisième essieu. Le poids total de la locomotive en service est de 69ᵀ,90 ; le poids adhérent moyen est de 65ᵀ,60.

Ce type de locomotive peut remorquer les poids suivants, sur des rampes de 33 millimètres et des courbes de 180 mètres :

265 tonnes à la vitesse de 15 kilomètres à l'heure
110 — — 30 — —

Sur des rampes de 25 millimètres et des courbes de 200 mètres :

270 tonnes à la vitesse de 15 kilomètres à l'heure
160 — — 30 — —

Sur des rampes de 20 millimètres et des courbes de 320 mètres :

320 tonnes à la vitesse de 15 kilomètres à l'heure
210 — — 30 — —

—— (1897, 12ᵉ fascicule) : *Locomotive à deux essieux mue électriquement pour voie de 1ᵐ,435.* —Description, avec dessins à l'appui, d'une locomotive électrique construite par la Société d'Électricité de Berlin. La machine, portée par deux essieux, pèse 20.000 kilogrammes ; elle prend le courant sur un fil supérieur, de manière à actionner deux dynamos calées sur les essieux et pouvant donner chacune 110 ampères et 500 volts, en faisant 840 tours à la minute. La force de traction disponible est de 675 kilogrammes. La machine peut remorquer en palier un train de 120 tonnes à la vitesse de 50 kilomètres à l'heure.

Organ für die Forschritte des Eisenbahnwesens (1898, fascicules 1, 2, 3 et 4) : MARTIN BODA. — *La théorie du Block.* — L'article, accompagné de planches schématiques représentant les stations et les appareils, est consacré à une étude détaillée des diverses combinaisons du Block system, applicables aux différents cas qui peuvent se présenter dans l'exploitation des lignes.

—— (1898, fascicule 1) : *Modifications à la voie « Phœnix » pour tramways.* — Description de quelques modifications apportées à l'éclissage des rails Phœnix pour tramways. L'article cite la voie des tramways de Hambourg et de Dresde, où des éclisses recourbées sous le patin du rail ont été appliquées pour renforcer le joint.

—— (1898, fascicules 1 et 2) : G. KECKER. — *De l'exploitation des lignes à quatre voies.* — L'article, accompagné de figures dans le texte, est consacré à l'étude des différentes questions que soulève l'exploitation des lignes à quatre voies, pour les aiguilles, les traverses, les gares, etc.

—— (1898, fascicule 3) : KLINKE. — *Accouplement automatique pour véhicules de chemin de fer.* — Description, avec figures et photographies à l'appui, d'un système d'accouplement automatique des wagons dû à M. Biedermann.

—— (1898, fascicule 3) : VON BORRIES. — *Foyer fumivore pour locomotive système Lauger-Marcotty.* — Courte description, avec une figure, d'un foyer de locomotive dans lequel on lance un jet de vapeur pour faciliter la combustion.

Zeitschrift für Bauwesen (1898, fascicules 4 et 6) : KIEL. — *La reconstruction des gares de Cologne sur le Rhin.* — L'article donne la première partie de la description des importants travaux de reconstruction des diverses installations des gares de Cologne, qui ont été livrés à l'exploitation successivement dans ces dernières années et dont la dernière partie, la gare principale des voyageurs, a été ouverte au mois de mai 1894. Les dépenses totales effectuées ont atteint la somme de

31.900.000 marks (soit 39.875.000 francs), dont 11 millions de marks (soit 13.750.000 francs) pour les travaux de fondations.

Après un historique du développement des gares de Cologne, l'article donne la description générale des nouvelles dispositions adoptées, qui comportent : la gare principale des voyageurs, située entre la cathédrale et le Rhin, la gare de voyageurs de Cologne-Sud, la gare de voyageurs de Cologne-Est, la gare principale des marchandises de Cologne-Gereon, et deux autres gares aux marchandises, de Cologne-Sud et de la porte de Bonn. Puis l'article donne le détail des dispositions et des travaux de la gare principale. Plusieurs figures dans le texte et trois planches d'atlas accompagnent l'article.

Zeitschrift des Oesterr. Ingenieur und Architekten-Vereines (n° 8, 25 février 1898) : GUSTAVE GERSTEL. — *L'exploitation du chemin de fer métropolitain de Vienne.* — Reproduction d'un rapport donnant, avec deux planches d'atlas à l'appui, le programme de l'exploitation des lignes métropolitaines récemment construites à Vienne (Voy. *Annales*, 2e trimestre 1897, *Périodiques allemands*, p. 405). L'auteur insiste sur l'intensité du trafic à desservir à certaines heures de la journée, d'après les exemples tirés des villes de Londres et de Berlin. Il prévoit, dans la période d'été, de cinq heures du matin à minuit, en semaine, les nombres de trains suivants :

Ligne de la vallée de la Vienne (supérieure)..	230 trains
— — (inférieure)...	280 —
Ligne circulaire Sud.......	110 —
Ligne du quai	270 —
Ligne du Prater.......	120 —
Ligne de ceinture	190 —

Dans la période d'hiver il y aura une certaine réduction du nombre de ces trains.

Les wagons sont à intercommunication et de deux classes seulement, secondes et troisièmes. La vitesse maxima de marche est de 40 kilomètres.

—— (N° 19, 13 mai 1898) : ROMAN ABT. — *Le développement de la crémaillère système Abt pendant les dix dernières années en Autriche-Hongrie.* — Il y a actuellement en Autriche-Hongrie huit lignes de chemins de fer à crémaillère du système Abt, savoir : les lignes d'Eisenez-Vordernberg et de Tiszolcz-Zolyom-brezo, qui sont à voie normale et desservent un trafic important ; les lignes de Zarajevoo à Konjica et de Travnik à Bugojuon, qui dépendent de l'État de Bosnie-Herzégovine et qui sont à voie de 76 centimètres ; les lignes du Schafberg et du Schneeberg, qui sont des chemins de fer de touristes, à voie de 1 mètre ; enfin la ligne de Rima-Murany, de 635 millimètres de largeur de voie, et la ligne de la vallée de Hernad en Hongrie, à voie large, la première exploitée par l'électricité, la seconde par la vapeur.

La longueur totale de ces lignes est de 180 kilomètres, dont 63 kilomètres à crémaillère.

L'article donne de nombreux détails sur la crémaillère et les machines employées à l'exploitation de ces lignes.

VII. — GÉNIE RURAL. — ASSAINISSEMENT. — DISTRIBUTION D'EAU.

Allgemeine Bauzeitung (1898, 2ᵉ fascicule) : THOMAS HOFER. — *L'aqueduc de la vallée de la Vienne et l'étang de Tullnerbach.* — Très long article, accompagné de nombreuses figures dans le texte et de six planches d'atlas, consacré à une description détaillée des travaux exécutés pour l'établissement de l'aqueduc de la vallée de la Vienne, et pour la construction de l'étang de Tullnerbach, connu sous le nom de « Réservoir de Wolfsgraben », près de Vienne.

L'idée de l'établissement d'un étang sur le cours de la Vienne, en vue d'amener ses eaux à la ville, n'est pas nouvelle, et l'auteur rapporte les diverses phases par lesquelles est passée la question avant d'aboutir à la solution actuelle, dont le projet d'ensemble comprend la construction de quatre étangs, embrassant une superficie totale de bassin de 109 kilomètres carrés, parmi lesquels se trouve l'étang de Tullnerbach, de 53 kilomètres carrés. Chacun de ces étangs doit être clos par une digue en terre ayant 5 mètres de largeur en couronne et arasée à 1 mètre au-dessus du niveau des plus hautes eaux.

L'article donne tous les détails de l'établissement de l'étang de Tullnerbach, terminé en 1897, ainsi que des travaux accessoires de déviation de la Vienne, de canaux, d'écluses, etc.

La concession des travaux dont il s'agit a été faite pour quatre-vingt-dix-neuf ans, à partir du 1ᵉʳ juin 1880, à la Société des Eaux de Vienne.

Zeitschrift des Oesterr. Ingenieur und Architekten-Vereines (n° 4, 28 janvier 1898) : P.-K. — *La construction du collecteur sur la rive droite du canal du Danube, à Vienne.* — Compte rendu, avec figures à l'appui, des travaux d'établissement d'une section de collecteur d'eau de la rive droite du canal du Danube, sur une longueur de 491 mètres, avec une section voûtée de 2m,25 de hauteur sur 2m,90 de largeur.

VIII. — MACHINES.

Zeitschrift des Oesterr. Ingenieur und Architekten-Vereines (n° 6, 11 février 1898) : A. SCHROMM. — *Accouplement magnétique (système de Bovet).* — Description, avec figures à l'appui, d'un système d'accouplement de pièces de machines et d'engrenages, au moyen du passage d'un courant électrique qui aimante une pièce de fer convenablement disposée, de manière à réaliser l'accouplement. Ce système a été employé depuis 1896 dans plusieurs installations, notamment aux chemins de fer du Nord, aux chemins de fer Paris-Lyon-Méditerranée, à l'usine Menier à Noisiel, par la Compagnie de Touage de la basse Seine et de l'Oise, pour l'éclairage électrique de Paris (secteur des Champs-Élysées), etc. La force en chevaux pour 100 tours varie depuis 10 jusqu'à 830 chevaux.

—— (N° 10, 11 mars 1898) : FRITZ KRAUSS. — *Le nouveau moteur de Diesel.* — Description détaillée, avec figures à l'appui, du nouveau moteur thermique de M. Diesel (Voy. aussi la *Schweizerische Bauzeitung*, septembre 1897).

—— (N° 12, 25 mars 1898) : GEORGES WELLNER. — *Remarques critiques sur la théorie et la construction des nouvelles machines à gaz et sur le moteur de Diesel.* — L'auteur étudie le diagramme et le fonctionnement en général des machines à gaz, puis il s'occupe spécialement du nouveau moteur inventé par M. Diesel, qui est à quatre temps. Il conclut que, lorsque l'on prend l'air et le gaz dans des réservoirs séparés, il y a lieu de recommander l'emploi des pressions supérieures à 10 atmosphères.

—— (N° 14, 8 avril 1898) : SCHROMM. — *Les progrès dans la construction des bateaux depuis cinquante ans.* — L'auteur résume une étude de M. *Ridgely Hunt* sur cette question ; il s'occupe particulièrement des machines et donne le dessin comparatif d'une machine de bateau d'une puissance de 1,000 chevaux en

1874 et en 1896. La hauteur de la première est à celle de la seconde dans le rapport de 2,75 à 1.

Zeitschrift des Oesterr. Ingenieur und Architekten-Vereines (n°s 17 et 18 ; 29 avril, 6 mai 1898) : L. Czischek. — *Les automobiles.* — Étude comparative, avec figures à l'appui, des divers systèmes de voitures automobiles actuellement employées. L'auteur les divise en quatre groupes principaux, suivant qu'ils emploient l'énergie mécanique, calorique, chimique ou électrique. Il donne les diagrammes des diverses machines ; il fait connaître le travail qu'elles produisent par rapport à leur poids. G. H.

<h2 style="text-align:center">IX. — Électricité appliquée.</h2>

Elektrotechnische Zeitschrift (7 avril 1898) : F.-A. Kubiersky. — *Le frein magnétique de la Compagnie Union.* — La Compagnie allemande d'électricité Union, de Berlin, construit pour des voitures de tramways un frein magnétique analogue à celui de la Compagnie Thomson-Houston, mais à inducteurs multipolaires. L'auteur décrit ce système avec plusieurs illustrations. L'inducteur fixé au truck est en acier coulé, l'armature calée sur l'essieu est en fonte ; l'usure due au frottement, et qui ne dépasse pas 1 à 2 millimètres d'épaisseur par an, se reporte exclusivement sur cette dernière pièce, qu'il est facile de remplacer.

—— (14 avril 1898) : J. Werther. — *Le chemin de fer électrique à voie étroite de la fabrique de sucre Groenendijk à Breda (Hollande).* — Cette petite ligne industrielle, construite par la maison Arthur Koppel de Berlin-Bochum, est destinée au transport des betteraves entre le port de débarquement et la fabrique distante de 2^{km},5 ; en sept heures elle transporte chaque jour 170.000 kilogrammes ; la voie, de 600 millimètres, est en rails Vignole ; une locomotive de 16 chevaux, pesant 3.300 kilogrammes, remorque un train de douze wagonnets de 2 mètres cubes. A la fabrique, pendant le déchargement, on aiguille la locomotive, et celle-ci reconduit les wagons vides au port, où elle s'attèle à un autre train chargé pendant le précédent voyage. La vitesse est de 14 km : h. pour le train chargé, 17 km : h. pour le train vide. Les rampes atteignent 1,7 0/0 ; les courbes, très raides, s'abaissent ordinairement à 9^m,50 de rayon.

La locomotive est munie de deux moteurs et d'un régulateur série-parallèle, la distribution de courant se fait par fil aérien et archet.

Elektrotechnische Zeitschrift (21 avril 1898) : *Distribution électrique à courants continus et triphasés dans un entrepôt.* — Cette installation, exécutée dans un entrepôt de la Export und Lagerhaus Gesellshaft, à Hambourg, par la Compagnie électrique Union, présente un certain intérêt par la combinaison rationnelle qu'elle présente des courants continus et triphasés ; les premiers sont employés pour l'éclairage avec le concours d'une batterie d'accumulateurs, les seconds pour la manœuvre des treuils. L'usine génératrice comprend un moteur à vapeur de 100 chevaux à 120 tours, actionnant par courroie une dynamo triphasée à 8 pôles donnant 75 kilowatts à 60 périodes sous la tension de 220 — 240 volts entre fils ; un moteur synchrone branché sur le circuit triphasé actionne une dynamo génératrice à courant continu de 20 kilowatts, à excitation shunt, aux bornes de laquelle est reliée une batterie de 120 éléments, donnant 288 ampères-heures, et 96 ampères de débit maximum. Cette batterie sert, d'une part, à l'éclairage et à l'excitation des diverses dynamos ; d'autre part, pendant les heures de faible charge pendant lesquelles on arrête la machine, notamment la nuit, elle se décharge dans la dynamo qui entraîne le moteur synchrone et lui fait débiter l'énergie nécessaire au service des treuils. Pendant cette période de service réduit, l'usine n'a besoin d'aucun personnel, et on abandonne les machines à elles-mêmes. Les moteurs polyphasés actionnent des treuils fixes et mobiles, dont quelques-uns placés sur des chalands, des grues, etc. Au-dessous de 10 chevaux, leurs armatures sont à cage d'écureuil ; au-dessus, elles sont munies de résistances de démarrage avec bagues de court circuit.

Cette installation fonctionne de la façon la plus satisfaisante.

—— (28 avril 1898) : Emil Dick. — *Système Dick pour l'éclairage électrique des trains.* — Dans les systèmes les plus ordinairement employés, le courant nécessaire à l'alimentation des lampes à incandescence est fourni par des accumulateurs transportables placés sous les trucks et qu'on doit retirer pour les recharger ; il en résulte une manutention coûteuse et défavorable pour la conservation des accumulateurs. Il se produit quelquefois des erreurs, pendant le changement de batteries, et, dans ce cas, au bout de peu de temps, la lumière vient à manquer.

Pour éviter ces inconvénients, on est naturellement conduit à charger la batterie pendant la marche du train à l'aide de dynamos entraînées par les essieux et convenablement réglées par des procédés automatiques. D'après l'auteur, le nouveau système serait très supérieur à ceux qui ont été imaginés déjà dans le même but; il serait moins encombrant, plus sûr, plus simple, plus précis comme régulation; il coûterait peu d'installation et d'entretien. Il est en essai depuis cinq mois sur un train composé de douze voitures et d'un fourgon à bagages, circulant sur la ligne de Vienne à Saint-Pölten.

Sous chaque voiture est une batterie, suspendue dans une caisse fermée, à la manière ordinaire; il existe pour tout le train une seule dynamo suspendue à l'essieu comme un moteur de tramways, avec son train d'engrenages (au rapport 1 : 4). Les appareils nécessaires pour maintenir constante la tension de la dynamo malgré les variations de vitesse et pour la mettre en circuit ou hors de circuit en temps voulu sont logés dans la voiture au-dessus de ladite machine et n'exigent qu'un espace très restreint. Les batteries se chargent pendant le jour à l'aide d'une canalisation générale, et sous un faible courant très favorable à sa conservation; pendant la nuit, la plus grande partie de l'énergie consommée par les lampes est fournie directement par la dynamo; celle-ci n'est mise hors de circuit que pendant les arrêts et aux vitesses moindres que 25 km : h.

Dynamo. — La dynamo à quatre pôles du type cuirassé est tout à fait semblable à un moteur de tramway. La puissance absorbée sur l'essieu varie de 6 à 12 chevaux; elle fonctionne sans étincelles, et le voltage reste constant entre la vitesse de 25 et 80 km : h. correspondant à 530 et 1.700 tours de l'arbre; ce qui a exigé un choix bien raisonné des éléments de construction magnétiques et électriques.

La régulation automatique est réalisée à l'aide de dispositions ingénieuses que représente schématiquement la *fig.* 1.

Commutateur automatique du courant. — A l'arrêt, l'excitation de la dynamo en dérivation est fournie par la batterie; le sens du courant induit à la mise en marche dépend du sens de la marche du train; pour qu'il soit de même direction dans le circuit des voitures, on emploie un premier commutateur K formé d'un arbre commandant trois leviers isolés, à deux

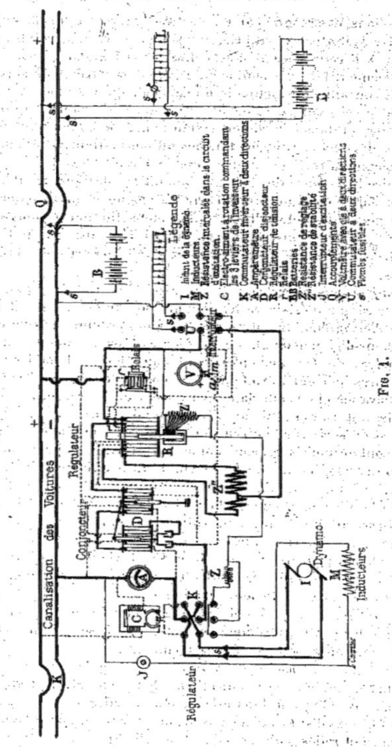

Canalisation des Voitures
Conjoncteur
Régulateur
Régulateur
Dynamo
Inducteurs
Légende
I Shunt de la dynamo.
M Inducteurs.
Z Résistance intercalée dans le circuit d'excitation.
C Electro-aimant à rotation commandant les 3 leviers de l'inverseur.
K Commutateur inverseur à deux directions.
A Ampèremètre.
D Conjoncteur disjoncteur.
R Régulateur de tension.
r Relais.
BB Batteries.
Z' Résistance de réglage.
Z" Résistance de stabilité.
J Interrupteur d'excitation.
Q Accouplements.
V Voltmètre avec clé à deux directions.
U Commutateur à deux directions.
s Plombs fusibles.

Fig. 1.

directions, et actionné par un électro C, du type dynamo, excité en dérivation par la batterie. Sur la figure, les neuf points marqués en K représentent neuf contacts ; la manœuvre relie respectivement les trois contacts du milieu aux trois contacts de droite ou aux trois contacts de gauche ; on voit que, suivant celle de ces deux positions qui est réalisée, le courant va dans un sens ou dans l'autre ; en même temps, dans les deux positions en court circuit, les touches du bas mettent la résistance supplémentaire Z intercalée dans le circuit d'excitation pour réduire la dépense de courant pendant les stationnements. Un assez faible courant, produit par la dynamo et pris en dérivation aux bornes de celle-ci, suffit pour actionner le commutateur C, rappelé cependant dans sa position neutre par un lourd contrepoids, qui le maintient assez stable malgré les trépidations.

Conjoncteur-disjoncteur. — La mise en circuit de la dynamo sur le réseau d'éclairage n'a lieu que lorsque celle-ci a un voltage d'au moins 120 volts ; elle est alors produite par un conjoncteur-disjoncteur D. Ce dernier est formé d'une balance à cylindres de fer doux plongeant dans deux solénoïdes ; les cylindres portent à droite un contrepoids de réglage, à gauche un cavalier plongeant dans des godets de mercure. Les solénoïdes ont trois enroulements compoundés, l'extérieur, en gros fil, est en série sur le circuit principal ; les deux autres, en fil fin, sont branchés respectivement en dérivation sur la canalisation et aux bornes de la dynamo. L'enroulement intérieur polarise les noyaux d'une manière constante ; le second détermine la mise en circuit ou hors circuit de la machine dès que la vitesse atteint 25 km : h., lorsque le commutateur a bien fonctionné ; l'action du courant renforce alors l'action du second enroulement ; mais, lorsque le courant vient à s'inverser, il agit en sens opposé et le disjoncteur s'ouvre automatiquement.

L'expérience de plusieurs mois a montré que les godets de mercure ne sont le siège d'aucun arc ni d'étincelles exagérées, malgré les ruptures fréquentes du circuit ; il se produit seulement un peu de sifflement à la fermeture.

Régulateur automatique de tension. — Le régulateur R consiste en un solénoïde à quatre enroulements compoundés, qui attirent un noyau plongeant dans une cuve à mercure dont les parois sont formées d'anneaux de tôle découpés, séparés par des feuilles de mica et reliés à divers points d'un rhéostat Z'.

Les quatre enroulements, qui ont des actions concordantes,

sont enroulés, les deux intérieurs en fil fin, et les deux extérieurs en gros fil. Le premier est constamment en dérivation sur les bornes de la dynamo ; le second entre en jeu, sous l'effet du relai r, seulement lorsque la charge des accumulateurs est terminée ; le troisième est inséré dans le circuit de la dynamo pendant la charge ; le quatrième n'est ajouté en circuit que pendant l'alimentation directe des lampes, comme on l'expliquera ci-dessous.

Ce régulateur assure la constance presque complète du courant de charge, bien que la vitesse varie entre 500 et 1.700 tours par minute. La résistance Z' sert à amortir les à-coup produits par la mise brusque en circuit de la dynamo au moment où fonctionne le conjoncteur ; on met en circuit seulement la partie gauche de cette résistance pendant la charge des batteries.

Le relai r a pour but de réduire, comme on vient de l'expliquer, l'excitation de la dynamo, une fois la charge des accumulateurs effectuée ; il consiste en un électro en fer à cheval qui attire son armature lorsque le voltage de la batterie dépasse 2,5 volts par élément. Cette armature ferme le deuxième circuit du régulateur sur la machine et augmente l'ascension de son plongeur ; il en résulte un affaiblissement d'excitation qui ramène la tension à 2 volts. Les appareils qu'on vient de décrire assurent automatiquement la charge des batteries en dehors des heures d'éclairage.

Une fois la charge des batteries achevée, le régulateur a pour rôle de maintenir la tension dans la canalisation entre 2 et 2,1 volts par élément, et d'éviter ainsi toute surcharge des batteries.

Commutateur des lampes. — Lorsqu'on veut allumer les lampes, on ferme sur elles le commutateur V, ce qui a pour effet de mettre le relai hors du circuit et d'intercaler la résistance totale Z' et le quatrième enroulement du régulateur en série avec la dynamo. Celle-ci se règle toujours automatiquement et fournit à peu près tout le courant, sauf aux arrêts, où les batteries assurent seules l'éclairage. Pendant la marche, elles contribuent surtout à rendre l'éclairage fixe par la constance du voltage.

Les treize voitures du train contiennent en tout quatre-vingt-cinq lampes de 16, 10 et 5 bougies, avec appareillage du type tramway, donnant en tout 730 bougies (moyenne 8,6 bougies par lampe) et consommant normalement 20 ampères sous 112 volts, soit, en chiffre rond, 2.260 watts (3,4 watts par bougie). Comme, pendant la marche en parallèle, la dynamo fournit une tension maxima de 148 volts, la différence $148 - 112 = 36$ volts doit être absorbée par la résistance Z' ; on lui donne pratiquement 2 ohms. La répartition des courants entre la machine (courant I ; force électromotrice E ; résistance totale $R + Z'$), et la batterie (courant i, force électromotrice c, résistance r) est fixée à chaque instant par les relations

$$\begin{cases} E - (R + Z')I = c - ri \\ I + i = 20. \end{cases}$$

La *fig.* 2 indique les valeurs des courants I et i ainsi déterminées pour les diverses tensions de la dynamo ; la surface hachée indique les limites entre lesquelles peut varier la tension aux bornes des lampes.

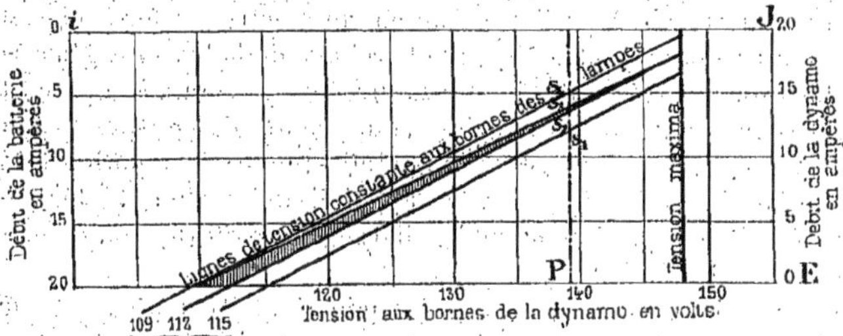

Fig. 2.

On constate que les variations de voltage ne dépassent pas 2,5 0/0.

Chaque voiture a une batterie de 57 éléments de 25 ampères-heures, pouvant supporter un régime de charge de 3 ampères et alimenter les lampes de la voiture, pendant huit heures. Les lampes de chaque voiture, dont deux de 5 bougies sur les plates-formes, sont mises en circuit à volonté par le chef de train, à l'aide d'un commutateur enfermé dans une boîte close placée à une extrémité du wagon.

Elektrotechnische Zeitschrift (12 mai 1898) : ESSBERGER. — *Outillage électrique des navires.* — L'auteur décrit deux séries d'appareils construits par la Compagnie d'électricité Union : des transmetteurs d'ordre et des appareils de levage pour les manutentions à bord. Les premiers, d'une ingénieuse simplicité, consistent dans la combinaison d'un voltmètre à deux directions servant de récepteur avec un potentiomètre à trois bornes servant de transmetteur; il y a deux fils seulement pour la transmission. Le voltmètre du type Weston, très apériodique, porte les indications correspondant à celles du transmetteur.

Quant aux treuils et engins de levage, ils ne présentent que peu de particularités spéciales, mais ils sont très judicieusement étudiés. Il convient de signaler surtout le très ingénieux dispositif de manœuvre qui fait commander deux régulateurs et par suite deux moteurs à la fois par un seul levier. Un des appareils les plus intéressants de cette série, c'est l'appareil de commande de gouvernail, que nous avons déjà signalé antérieurement. Il consiste en deux moteurs placés avec leurs arbres en prolongement et attaquant en sens inverse un engrenage différentiel. Ces deux moteurs tournent constamment ; si leurs vitesses sont égales, la roue satellite reste immobile ; il suffit de faire varier, au contraire, la vitesse de l'un d'eux par un rhéostat d'induit pour mettre en mouvement cette roue qui commande le gouvernail. L'auteur justifie cette combinaison en montrant que, malgré sa complication apparente, elle est, en réalité, plus simple que toutes celles qu'on a employées ou proposées jusqu'ici.

Elektrotechnische Zeitschrift (12 mai 1898) : Stobrava. — *Mesure d'isolement des lignes de traction.* — L'auteur décrit un système très simple pour la mesure grossière de l'isolement d'une section qui vient d'être mise hors de circuit par un disjoncteur automatique. Ce n'est, en définitive, qu'un indicateur de terre à dix lampes, dont le point milieu est réuni à la section à étudier.

—— (12 mai 1898) : Ludwig Kohlfurst. — *Cloches électriques pour passages non gardés.* — L'auteur donne une longue description, avec figures d'un nouveau système de cloches; l'article ne se prête pas à une analyse.

—— (2 juin 1898) : Dr Mullendorff. — *Le labourage électrique.* — Depuis quelques années, la maison d'électricité Fritsche et Pischon, de Berlin, s'est associée avec la fabrique d'instruments agricole de Zimmermann, à Halle, pour l'étude de charrues électriques et de leurs accessoires. Elles sont arrivées à produire aujourd'hui un matériel très perfectionné, que l'auteur décrit avec de nombreuses illustrations. C'est un système à charrue automotrice ; la prise de courant se fait par un petit chariot courant au-dessous d'un câble porté par des supports amovibles. La charrue, à deux directions, est actionnée par un moteur cuirassé à courant continu très léger, muni d'un double train d'engrenages.

Une charrue à deux socs ainsi équipée pèse, au total, 5.329 kilogrammes, et une charrue à trois socs 6.719 kilogrammes.

Les dépenses d'exploitation sont évaluées comme il suit, en marks, par jour de travail :

	2 socs	3 socs	4 socs
Intérêt et amortissement du capital.....	2.100	2.750	3.300
Frais d'exploitation......................	900	950	1.250
Dépense de courant......................	2.500	3.750	5.000
TOTAL............	5.500	7.450	9.550
Dépense par journal......................	5,50	4,97	4,78

la surface travaillée étant de 1.000, 1.500 et 2.000 journaux respectivement.

Elektrotechnische Zeitschrift (9 juin 1898) : *Développement des réseaux téléphoniques généraux en Allemagne.* — Statistique détaillée, avec cartes et tableaux.

A. B.

X. — ARCHITECTURE.

Allgemeine Bauzeitung (1898, 1er fascicule) : ALOIS KOCH. — *La nouvelle école supérieure d'agriculture à Vienne.* — Compte rendu, avec cinq planches d'atlas à l'appui, des travaux de ce nouveau bâtiment, qui présente une surface utile de 6.816 mètres carrés, alors que l'ancien n'en avait que 3.422. Les dépenses se sont élevées à 665.000 florins (soit 1.396.500 francs).

—— (1898, 1er fascicule) : A. DUMAS. — *Les nouveaux palais des Champs-Élysées à Paris.* — Compte rendu, avec trois planches d'atlas à l'appui, des dispositions adoptées pour les nouveaux palais des Beaux-Arts, actuellement en construction dans les Champs-Élysées, à Paris.

Allgemeine Bauzeitung (1898, 2ᵉ fascicule) : ZDENKO RITTER SCHU-BERT V. SALDEM. — *Les monuments de Samarkande.* — Compte rendu, avec de nombreuses figures dans le texte et trois planches d'atlas de photogravures, d'un voyage architectonique exécuté par l'auteur à Samarkande, la ville que les Orientaux appellent, dans leur langage fleuri, le Paradis de la Terre.

—— (1898, 2ᵉ fascicule) : GUSTAVE SACHS. — *Projet pour une église grecque orientale à Rosch.* — Description, avec quatre planches d'atlas à l'appui, d'un projet d'église paroissiale à établir dans le style grec oriental, à Rosch, un faubourg de Czernowitz. Dépense prévue : 30.500 florins (soit 64.050 francs).

Centralblatt der Bauverwaltung (nᵒ 49, 4 décembre 1897) : OTTO SARRAZIN et OSCAR HOSSFELD. — *Le nouveau bâtiment de la prison de Carlsruhe.* — Description, avec figures à l'appui, de ce bâti-ment à trois étages avec grandes cours intérieures et de plus de 80 mètres de façade. Le prix de la construction, non compris les terrains et les frais d'études, s'est élevé à 565,885 marks (soit 707.350 francs).

Oesterreichische Monatschrift für den öffentlichen Baudienst (octobre 1897) : M. et C. HINTRÄGER. — *Le palais de justice et la prison de Böhm-Leipa.* — Compte rendu, avec cinq planches d'atlas à l'appui, des travaux de ces deux constructions établies dans le même enclos. Dépense totale : 456.000 florins (soit 957.600 francs).

—— (Novembre 1897) : FRANZ JACOB SCHMIDT. — *L'église métropo-litaine des Saints Rupert et Virgile, à Salzbourg, à l'époque ro-mane.* — Étude historique de cette église, accompagnée de nombreuses figures dans le texte.

—— (Mars 1898) : FRANZ JACOB SCHMIDT. — *L'ancienne église collé-giale du Saint-Esprit et la bibliothèque palatine à Heidelberg.* — Étude historique et description de ces monuments qui sont fort anciens.

—— (Avril 1898) : A. Z. — *Le château de Herrenchiemsee, sa décora-tion et son ornementation.* — Sur la ligne de Munich à Salzbourg, se trouve, au pied des Alpes, le plus grand des lacs bavarois, la Chiemsée, aussi appelé la mer Bavaroise ; il contient trois îles : la Herreninsel, la Fraueninsel et la Krautinsel. C'est dans la

première que se trouve le château de Herrenchiemsee, l'une
des constructions les plus fastueuses du roi Louis II, sur le
modèle du château de Versailles, qu'il a laissé inachevé. L'article, accompagné de figures et d'une planche d'atlas, est consacré à l'ornementation de ce château, exécutée récemment.

Oesterreischiche Monatschrift für den öffentlichen Baudienst
(mai 1898) : Heimann. — *Archives et bibliothèque de la ville de
Cologne.* — Compte rendu, avec trois planches d'atlas à l'appui,
des travaux de construction du monument contenant la bibliothèque et les archives de la ville de Cologne. Dépense totale :
588.140 marcks (soit 735.175 francs, dont 237.500 francs pour
les fondations).

Zeitschrift für Architekten und Ingenieur vereines (1898,
1er fascicule): Sommerschuh et Rumpel. — *La nouvelle construction de la banque de Dresde.* — Compte rendu, avec nombreuses
figures dans le texte et une planche d'atlas, des travaux de
cette importante construction, qui ont duré deux ans et coûté
1.500.000 marks (soit 1.875.000 francs). Le prix de revient par
mètre carré de surface est de 1.250 francs.

Zeitschrift für Bauwesen (1898, fasc. 1 à 3) : Hasak. — *La nouvelle
banque de Cologne.* — Compte rendu, avec nombreuses figures
dans le texte et quatre planches d'atlas, des travaux de cet
important monument, construit, dans le style ogival, de l'été de
1894 au mois de mai 1897.
—— (1898, fascicules 1 à 3) : P. Wittig. — *La bibliothèque du
Reichstag, à Berlin.* — Compte rendu, avec figures dans le texte
et trois planches d'atlas, des dispositions de la bibliothèque
établie dans les nouveaux bâtiments du Reichstag, en vue de
contenir environ 320.000 volumes.
—— (1898, fascicules 4 à 6) : *Le nouveau palais du Gouvernement
à Osnabrück.* — Compte-rendu, avec trois planches d'atlas à
l'appui, des travaux du nouveau palais du gouvernement, établi de 1893 à 1896, à Osnabrück. Dépense totale : 552.000 marks
(soit 690.000 francs).
—— (1898, fascicules 4 à 6) : P. Lehmgrubner. — *La façade principale de l'hôtel de ville de Bocholt.* — Étude des formes archi-

tecturales de ce monument qui date de la Renaissance. — Figure et planche jointe à l'article.

Zeitschrift für Bauwesen (1898, fascicules 4 à 6) : *L'École royale des Arts industriels à Nuremberg.* — Compte rendu, avec figures et quatre planches d'atlas à l'appui, des travaux de ce monument, dont la construction a duré trois années, et dont le prix s'est élevé à 893.000 marks (soit 1.116.250 francs).

Zeitschrift des Oesterr. Ingenieur und Architekten-Vereines (n° 11, 18 mars 1898) : *L'hôpital d'Alland près Bade.* — Compte rendu, avec figures et une planche d'atlas à l'appui, des travaux de ce monument.
—— (Nos 12 et 13 ; 25 mars et 1er avril 1898) : Hermann Béraneck. — *Les bains municipaux à Vienne.* — Compte rendu, avec figures à l'appui, de plusieurs établissements de bains populaires construits dans différents districts de la ville de Vienne. L'établissement de bains du 16e district a coûté 72.089 florins, soit 151.390 francs, y compris tous les aménagements intérieurs.
—— (Nos 13 et 14 ; 1er et 18 avril 1898) : Auguste Prokop. — *Le palais du Parlement à Budapest et parallèle avec d'autres Parlements.* — Description, avec figures et une planche de texte, du palais du Parlement de Budapest et comparaison des dispositions de ce monument avec celles des autres Parlements d'Europe, Londres, Paris, Berlin, Rome, Vienne, Washington, etc. Le palais du Parlement de Budapest, actuellement en construction, rappelle un peu, par son aspect extérieur, le palais de Westminster ; les dépenses prévues s'élèvent à 12.500.000 florins (soit 26.250.000 francs). Les dépenses de construction du palais du Reichstag, à Berlin, se sont élevées à 13.332.200 florins (soit 27.997.600 francs).

G. H.

PÉRIODIQUES ANGLAIS.

II. — Matériaux et Procédés généraux de construction.

Street Railway Journal (mai 1898) : *Manière de courber les bois.*
Description d'un procédé simple pour courber les bois, employé
dans des ateliers de construction de voitures de chemins de
fer.

III. — Routes, Ponts et Viaducs.

The Engineering Record (16 avril 1898) : *Construction du pont
de Topeka.* — Cet ouvrage (*fig.* p. 397) franchit la rivière de Kaw
Topeka (Kansas) et est construit pour remplacer un ancien
pont hors de service.

La longueur totale est de 196^m,58 et comporte cinq arches
dont les ouvertures sont de 29^m,72 pour les arches de rive, de
38^m,09 pour l'arche centrale et de 33^m,53 pour les arches intermédiaires. Toute la construction est en béton de ciment de
Portland ; les voûtes sont armées au moyen de douze arcs en
acier noyés dans la maçonnerie ; le poids de l'acier mis en
œuvre ne dépasse pas 140 tonnes.

Presque tous les matériaux mis en œuvre ont été approvisionnés sur l'une des rives et sont transportés jusqu'au lieu
d'emploi au moyen d'un câble funiculaire établi au-dessus de
l'emplacement du pont.

Les travaux, commencés en août 1896, ont été terminés en
octobre 1897 ; la dépense a atteint 750.000 francs.

—— (Mars, mai 1898) : *Des ponts tournants.* — Cette longue série
d'articles, accompagnée de nombreux croquis, est extraite
d'un ouvrage de M. Est Wright de Wilmington et passe en
revue les différents types de ponts tournants en usage aux
États-Unis.

IV. — Navigation intérieure.

American Society of civil Engineers (avril 1898) : B.-F. Thomas. — *Des barrages mobiles.* — L'auteur consacre un long
mémoire à la description des différents types de barrages

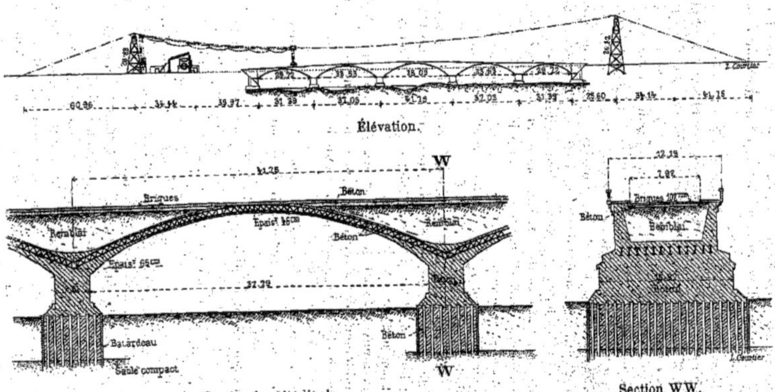

Élévation.
Briques
Béton
Remblai
Épais 16cm
Béton
Remblai
Épais 66cm
Batardeau
Sable compact
Béton
W
W
Section longitudinale.
Pont de Topeka.
Béton
Briques 107mm
Remblai
L. Courtier
Section WW.

mobiles en usage en France, en Belgique et aux États-Unis. Il s'arrête en particulier sur le nouveau barrage de Louisa sur la rivière Big-Sandy.

Ce barrage comporte une écluse de 15^m,85 de largeur et de 77^m,72 de longueur totale, une passe navigable de 39^m,62 et un déversoir de 42^m,67, séparé de la passe navigable par une pile de 3^m,657. La hauteur de chute normale est de 3^m,96.

Pour réduire le coût de l'ouvrage, la partie fixe du déversoir n'a pas été exécutée entièrement en maçonnerie ; le noyau est constitué en enrochements, pris entre deux murs de béton.

Les fermettes (*fig.* 1) de la passe navigable sont au nombre de trente et un et espacées de 1^m,22 d'axe en axe ; leur hauteur est de 4^m,62 et leur poids de 517^{kg},096. Celles du déversoir, au nombre de trente-quatre, présentent le même espacement et ont seulement 2^m,95 de hauteur et un poids de 417^{kg},306.

La traverse inférieure des fermettes est supprimée, afin de diminuer la hauteur qu'elles occupent sur le radier après avoir été couchées.

Les aiguilles ont 0^m,305 de largeur ; celles de la passe ont 4^m,34 de longueur, 0^m,216 d'épaisseur à la base et 0^m,114 en crête ; leur poids atteint 119^{kg},295 ; celles du déversoir ne pèsent pas 36^{kg},287.

La manœuvre d'abatage et de relevage des fermettes s'opère très rapidement au moyen d'un système de chaînes et de roues dentées ; les fermettes de la passe ou du déversoir peuvent être relevées en vingt minutes.

La mise en place des lourdes aiguilles de la passe nécessite l'emploi d'une grue à vapeur disposée sur le bateau de manœuvre.

L'enlèvement des aiguilles s'opère avec rapidité au moyen d'un treuil à vapeur disposé soit sur la rive, soit sur le bateau de manœuvre qui actionne une chaîne parallèle au barrage et à laquelle sont reliées toutes les aiguilles ; le temps de l'enlèvement des aiguilles est alors extrêmement court, et celles-ci flottent à la surface de l'eau, d'où elles sont ultérieurement retirées.

En terminant, l'auteur propose un nouveau système de barrage (*fig.* 2), applicable aux retenues de hauteur moyenne, et dans lequel est supprimé l'emploi d'aiguilles, de rideaux, ou de vannes de toutes espèces ; le barrage est alors uniquement constitué par les fermettes. Celles-ci présentent la forme d'un **A** et sont distantes de 0^m,61 d'axe en axe ; elles portent un bordé ayant une largeur égale à leur écartement ; lorsqu'elles sont

Fig. 1.

relevées, elles constituent un rideau continu; lorsqu'on les abaisse, chacune d'elles se place à l'intérieur de la suivante, de

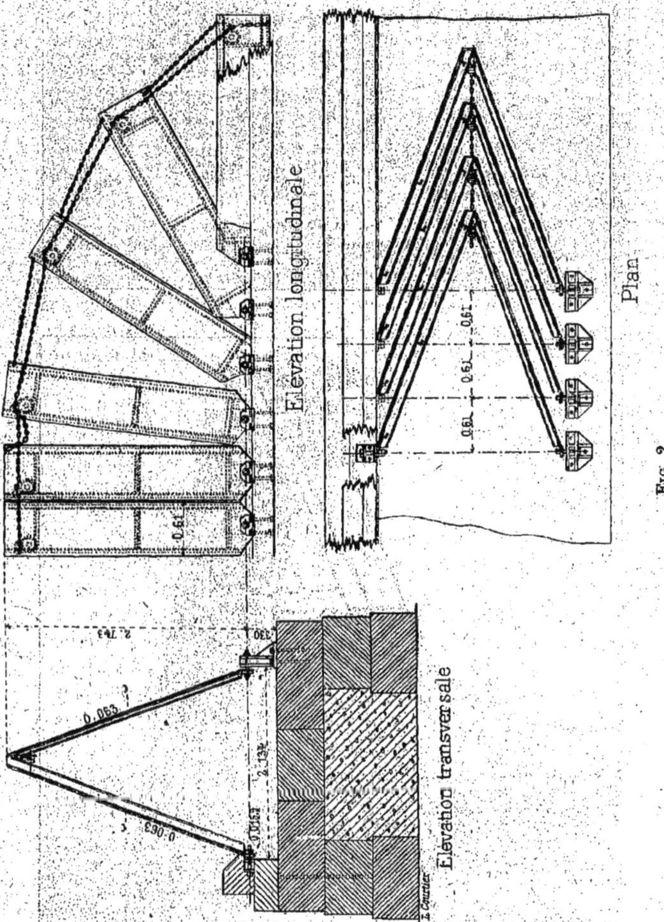

telle sorte que la saillie du barrage abaissé, sur le fond de la chambre des fermettes n'est que de 0^m,61. La manœuvre, dont il est facile d'imaginer le dispositif, s'opère facilement de la rive.

Engineering News (28 avril 1898) : F.-B. MALTBY. — *Construction de l'écluse n° 1 de la rivière Osage (Missouri)*. — Cet ouvrage, situé à 11^{km},265 de l'embouchure de l'Osage, a 84^m,12 de longueur totale; le sas a 67^m,05 de longueur entre les buscs des écluses et 12^m,80 de largeur utile. La chute maxima est de 3^m,04 et la hauteur des bajoyers au-dessus du radier atteint 8^m,23.

L'écluse est entièrement en béton; le radier, qui n'a que 0^m,91 d'épaisseur, repose sur des pilotis distants de 1^m,22 d'axe en axe. Les bajoyers ont 4^m,26 de largeur à la base et 1^m,32 en crête. Le béton se compose de 1 partie de ciment pour 2 de sable et 3 1/2 de gravier. Le prix moyen de revient du béton mis en place a été de 27 fr. 15 se répartissant ainsi :

	Francs.
Ciment...........................	11,42
Sable............................	1,86
Gravier..........................	2,66
Façon du béton...................	5,46
Mise en place du béton...........	5,36
Divers...........................	0,39
TOTAL	27,15

V. — TRAVAUX MARITIMES.

American Society of civil Engineers (mars 1898) : J. RITCHIE. — *Construction de la forme de radoub de Lorraine (Oregon) et du chantier de construction de la Cleveland Ship-Building*. — La forme de radoub de Lorraine a 170^m,68 de longueur totale et 152^m,40 de longueur sur tins, 29^m,87 de largeur en crête et 17^m,98 de largeur au plafond; sa hauteur est de 6^m,40. La largeur de l'écluse d'entrée est de 18^m,28 au plafond et de 20^m,12 en tête; son tirant d'eau est de 5^m,18 en eaux moyennes. Cet ouvrage est entièrement en charpente. Les bajoyers de l'écluse sont constitués par des trib-works de 9^m,75 de longueur, 8^m,53 de largeur et 7^m,32 de hauteur; le radier est en béton, son épaisseur varie de 1^m,22 à 1^m,52. Le bateau-porte est en acier.

Les pompes d'épuisement, au nombre de deux, ont chacune un débit de 227^m,175 par minute.

Les travaux ont été commencés en février 1897, et, moins d'un an après, le 23 janvier 1898, la forme était mise en service.

Engineering News (14 avril 1898): *Nouvelle entrée pour le port de New-York.* — Le lieutenant-colonel William Ladlow propose d'approfondir l'East Channel, qui donnerait au port de New-York l'accès le plus court. Il évalue le cube de dragage à faire pour ouvrir un chenal de 609^m,58 de largeur et de 10^m,67 de profondeur à 20.900.000 mètres cubes, et estime la dépense à 16.587.886 francs ; le travail serait exécuté en trois ans au moyen de quatre dragues suceuses de grande puissance.

Minutes of Proceedings of the Institution of civil Engineers (1898, 1er vol.) : Sir E.-L. WILLIAMS. — *Le canal de Manchester.* — W. ELIOT : *Digues de l'estuaire de la Mersey, section d'Eastham.* — Sir E.-L. WILLIAMS : *Digues dans l'estuaire de la Mersey, section de Runcoin.* — Ces trois articles, relatifs au canal de Manchester, comprennent l'historique de la création du canal et la description générale des travaux ; ils sont accompagnés de dessins assez complets.

Les dépenses, arrêtées au 1er janvier 1897, se sont élevées à 376.719.956 francs.

Depuis l'ouverture du canal, le trafic a été le suivant :

	1894	1895	1896
	Tonnes.	Tonnes.	Tonnes.
Navires de mer...	697.136	1.104.842	1.533.812
Bateaux de navigation intérieure.	243.333	275.774	321.644
TOTAL	940.469	1.380.616	1.855.556

Les articles sont suivis d'une discussion complète et d'une correspondance, dans laquelle on trouve des renseignements intéressants sur l'exploitation même du canal. En réponse à différentes questions posées par M. Corthell, sir Williams fait connaître que les grands navires de mer n'éprouvent aucune difficulté à naviguer dans le canal avec une hauteur de 0^m,15 à 0^m,30 sous la quille, que le temps d'éclusage d'un grand navire est, en moyenne, de quinze minutes, et que le parcours total d'Eastham à Manchester se fait dans un laps de temps qui varie de six à dix heures. Les berges du canal, protégées par des perrés, ne souffrent nullement des remous qui se produisent. Enfin la hauteur des ponts par dessus (22^m,80) n'apporte au commerce aucun obstacle appréciable : elle dépasse la hauteur des mâts de perroquet des navires à voiles ; quant aux steamers, il est très rare que leur mâture soit trop élevée pour passer sous le pont ; quelques-uns cependant ont des mâts à glissière ou à rabattement.

Minutes of Proceedings of the Institution of civil Engineers (1898, vol. I) : Hugh Callanay. — *Slipway sur le Hooghly.* — Ce slipway est destiné aux navires côtiers ou de navigation fluviale déplaçant au plus 800 tonnes. Il a une longueur de 188ᵐ,97 et présente une inclinaison de 41 millimètres par mètre ; il est à berceau roulant.

L'ascension est produite par une machine à vapeur actionnant un câble en acier.

Les rails sont placés sur des traverses reposant sur des murs longitudinaux en maçonnerie. Le travail a été exécuté à sec à l'aide d'un batardeau de 7ᵐ,01 de hauteur.

La dépense a été de 254.301 francs se décomposant ainsi qu'il suit :

	Francs.
Terrassements	19.671
Maçonnerie	56.880
Ballast	14.220
Charpente	59.250
Ossature métallique	42.660
Batardeau	14.220
Machinerie	41.001
Divers	6.399
Total	254.301

VI. — Chemins de fer. — Tramways. — Automobiles.

Engineering (20 mai 1898) : *Voitures automobiles pour transports de marchandises.* — Il y a lieu de signaler deux types de voitures automobiles qui prennent part actuellement au concours de Liverpool : le premier type est celui des deux voitures à immondices de Cheswick (Voy. *Compte Rendu des périodiques,* 4ᵉ trimestre 1897, p. 283), dont le service a été des plus réguliers : la première de ces deux voitures (*fig.* 1) effectue son service régulier de six jours par semaine depuis trente-neuf semaines, et la seconde depuis vingt-six semaines ; elles n'ont

Fig. 1.

Fig. 2.

été arrêtées l'une que pendant deux jours, et l'autre pendant un jour. Elles ont transporté 7.746^{m3},960 de détritus pesant 5.070 tonnes. La consommation de combustible n'a été que de 45^T,5, soit en moyenne 711^{kg},200 par semaine et par véhicule.

Le second type est celui d'un camion à vapeur susceptible de porter un poids de 4 tonnes sur une plate-forme dont la surface est de 7^{m2},25 et de gravir à pleine charge une pente de 1/7 (*fig.* 2).

La pression à la machine est de 14 kilogrammes par centimètre carré, la chaudière monte en pression en dix-huit minutes. Le combustible employé est l'huile minérale dont la consommation ne dépasse pas 7^{dm3},950 par heure.

Minutes of Proceedings of the Institution of civil Engineers (1898, 1er vol.) : F.-J. WARING. — *Prolongement du chemin de fer d'Hafurtale et de Bandazawela dans l'île de Ceylan et renseignements sur différents chemins de fer récemment construits dans la colonie.* — Ces différentes lignes, construites dans des pays accidentés, comportent des courbes dont le rayon minimum est d'environ 100 mètres et dont les déclivités maxima sont de 22 millimètres. Elles sont à une seule voie de 1^m,67 d'écartement. Leur prix de revient varie, suivant les sections, entre 354.705 francs par kilomètre (ligne du Bandarawela) et 79.687 francs par kilomètre (ligne de Kurnwegala).

Railway Engineer (avril 1898) : *Locomotives lourdes à six essieux.* — Les nouvelles locomotives livrées au Great Northern Railway, par la Société Brooks, comportent quatre essieux plus un bogie placé à l'avant. Elles pèsent 96^T,501 en ordre de marche, dont 78^T,018 reposent sur les roues motrices ; avec le tender, le poids total de la machine est de 140^T,047.

La vapeur travaille dans les cylindres à la pression de 14^{kg},7 par centimètre carré ; ceux-ci ont 0^m,533 de diamètre et 0^m,864 de longueur.

La chaudière en acier est du type Player-Belpaire ; la surface de chauffe est de 304^{m2},71, et la surface de grille de 3^{m2},16.

Le tender porte 21^{m3},218 d'eau et 10 tonnes de charbon bitumineux.

Railway Engineer (mai 1898) : *Express de l'Atlantic-City.* — Un train extra-rapide a été organisé entre Camsden et Atlantic City, dont la distance est de 89^{km},300. Le temps moyen de cinquante-six trajets, en juillet et en août dernier, a été de quarante-huit minutes, et un des trajets a été effectué à la vitesse de 111^{km},204 à l'heure.

La locomotive qui a fait ce service est à quatre cylindres et a cinq paires de roues, dont deux paires sont motrices. Elle pèse avec son tender 102^{t},065, dont 35^{t},652 portent sur les roues motrices.

—— (Mai 1898) : *Tunnels de la seconde partie de la ligne de Musktal-Bolan aux Indes.* — Description, procédé d'exécution et prix de revient des principaux tunnels de cette ligne, dont le plus important est le tunnel de Pamir, qui a 980^{m},85 de long. Cet ouvrage est établi pour deux voies de 1^{m},67 de largeur.

Scientific American (19 février 1898) : D'après ce journal, les nouvelles locomotives du Great Northern, dont la description est donnée plus haut, (p. 406), ont développé aux essais une puissance de 2.640 chevaux avec un effort de traction de 23 tonnes sur la barre d'attelage. Elles ont pu remorquer un train de 32 wagons pesant 1.070 tonnes sur une rampe de 16 millimètres par mètre, en courbe de 437 mètres de rayon.

Street Railway Journal (avril 1898) : D.-D. WILLIS. — *Les traverses, leur durée, leur préservation.* — Les traverses de cyprès et de cèdre donnent dans les sols bas et humides de très bons résultats. Dans le Texas à San Antonio, on a mis en service, en 1894, des traverses de ces deux essences, les unes sans avoir subi de traitement préalable, les autres après les avoir injectées avec un liquide préservateur. Après trois ans de service, les premières furent trouvées en état passable, et les secondes en aussi bon état que neuves. Dans les terrains secs, le cyprès et le cèdre ne sauraient, au contraire, être recommandés.

—— (Mai 1898) : T.-J. NICHELL. — *Utilisation des vieux rails comme poteaux télégraphiques.* — La Compagnie de Rochester utilise les vieux rails pour faire des poteaux, il suffit de placer deux rails côte à côte en les séparant par des blocs en fonte de place en place et de les réunir par des boulons.

On obtient ainsi des poteaux qui reviennent à 44 fr. 60, c'est-à-dire à 40 0/0 moins cher que des poteaux neufs.

Street Railway Journal (mai 1898) : *Voitures de tramway construites pour l'exportation.* — La difficulté du transport s'oppose souvent à l'exportation des voitures de tramway. Depuis quelque temps, la Brill C^y de Philadelphie a cherché à établir des voitures démontables et y est parvenu, après avoir rencontré de grandes difficultés ; elle construit aujourd'hui des voitures démontables par parties pesant moins de 75 kilogrammes et, par suite, transportables à dos de mulet ; un charpentier ordinaire peut les remonter. L'article est accompagné d'une vue de voitures ainsi établies pour desservir un district montagneux de l'Amérique du Sud.

VII. — Génie rural. — Assainissement. — Distribution d'eau.

Engineering News (3 mars 1898) : *Distribution d'eaux de Galveston.* — Les travaux d'amenée des eaux à Galveston ont été exécutés en 1895-1896. Les eaux proviennent de trente puits artésiens situés à une distance de $32^{km},180$ de l'usine élévatoire placée au centre de la ville. Vingt-sept de ces puits ont $0^m,17$ de diamètre, et trois ont $0^m,23$. La conduite d'amenée, qui a $0^m,76$ de diamètre, traverse la baie de Galveston, sur une longueur de $3^{km},155$. Elle aboutit à un réservoir de 5.338 mètres cubes, qui permet d'assurer le service des eaux pendant quatorze heures.

Les trente puits artésiens sont distants de $91^m,437$ à $228^m,59$ les uns des autres et occupent une largeur de $4.983^m,32$. Leur profondeur varie de $228^m,59$ à $259^m,07$. Le principal intérêt du travail consiste dans la mise en place du siphon qui traverse la baie de Galveston qui a été exécuté en quatre mois et demi, une fouille étant faite à la drague ; le siphon a été immergé par un chaland spécial par petites longueurs dont les joints ont été exécutés au scaphandre.

La dépense totale a été de 4.094.175 francs.

—— (10 mars 1898) : *Mur de réservoir d'Otay (Californie).* — Le mur de réservoir d'Otay en Californie est constitué par une digue en enrochements avec une âme centrale en acier qui en assure l'étanchéité (*fig.*). La hauteur totale du mur de réservoir est de $45^m,72$; la paroi métallique centrale n'a que $37^m,184$ de hauteur et s'engage à la partie basse dans un massif de ma-

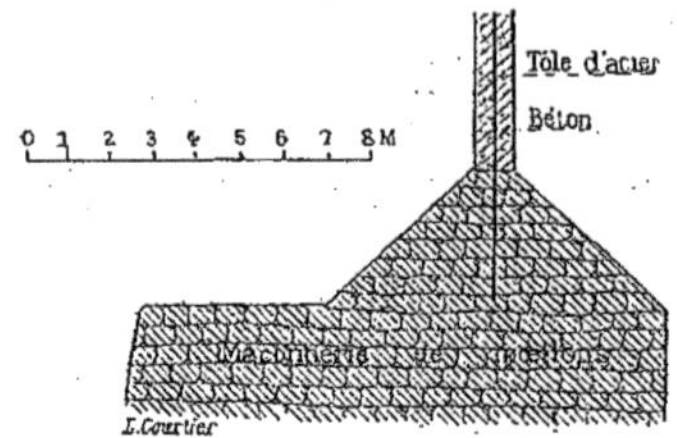

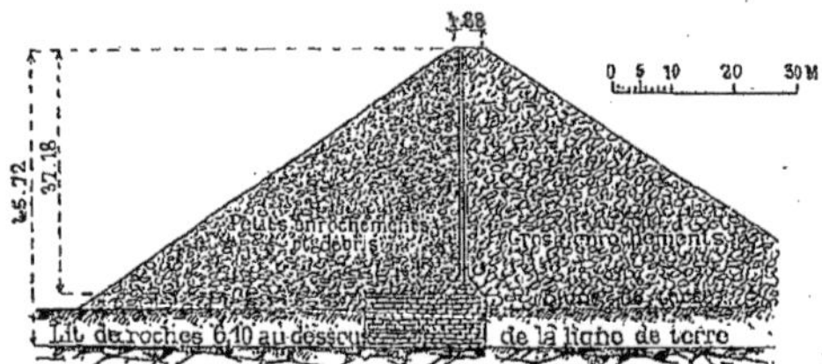

Coupe longitudinale de la digue à sa
plus grande largeur et coupe de l'âme d'acier

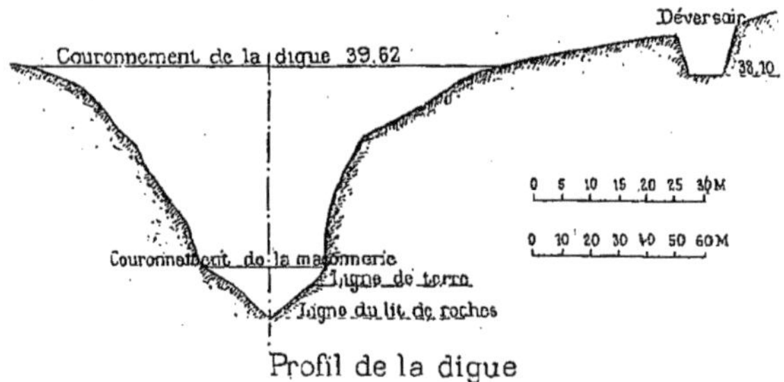

Profil de la digue

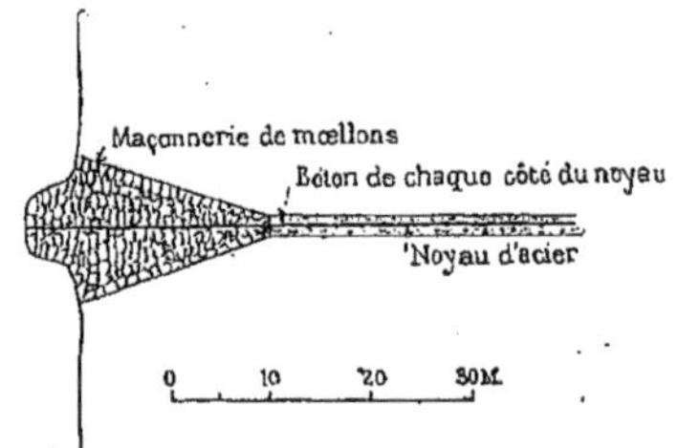

Plan montrant l'élargissement de la
maçonnerie à l'extremité de la base de la digue

Mur du réservoir d'Otay.

çonnerie de 19ᵐ,81 de largeur et 8ᵐ,53 de haut; latéralement elle est encastrée dans deux tranchées de 1ᵐ,22 de largeur, ouvertes dans la paroi latérale rocheuse.

L'ossature métallique est protégée par deux revêtements en béton de 0ᵐ,304 d'épaisseur.

La digue en enrochements présente en crête une largeur de 4ᵐ,88 et de part et d'autre des talus de 3 de base pour 2 de hauteur.

Elle est constituée du côté de la retenue par de menus blocs mêlés de déchet de carrière, et du côté de l'aval par de gros blocs de porphyre pesant de 2 à 10 tonnes et dont les intervalles sont remplis de petits blocs.

Les gros blocs n'ont d'ailleurs été placés qu'à une distance de 2ᵐ,50 à 3 mètres de l'âme métallique, afin d'éviter toute avarie, l'intervalle étant rempli avec soin de blocs plus petits.

Le travail a été terminé en août 1897.

H. D.

IX. — ÉLECTRICITÉ APPLIQUÉE.

Electrical World (9 avril 1898) : J.-S. PECK. — *Transformateurs réducteurs pour l'énergie du Niagara.* — Description illustrée des grands transformateurs réducteurs à courants triphasés de la Cataract Power and Conduit Co, construite par la Compagnie Westinghouse. En dehors de la nouveauté du procédé de régulation employé, ces appareils sont intéressants en ce qu'ils représentent la pratique la plus récente dans la construction de grandes unités à isolement d'huile, à haute tension et à rendement élevé.

Chacun des quatre appareils fournis a une puissance de 850 kilowatts. Les primaires sont connectés en étoile ; les secondaires, en triangle. La tension de la ligne, actuellement de 11.000 volts, sera portée ultérieurement à 22.000 ; la tension secondaire est de 2.200 volts.

Chaque transformateur est placé dans un bac d'huile contenant un serpentin pour circulation d'eau.

La régulation du voltage secondaire se fait d'une façon ingénieuse, à l'aide de survolteurs en série dont le primaire est excité par un courant variable pris sur une bobine spéciale ajoutée au secondaire du transformateur principal. Il suffit de deux de ces petits survolteurs, au lieu de trois, pour chaque transformateur. On fait varier le nombre des spires excitatrices pour les deux à la fois, à l'aide d'un commutateur multiple enfermé et muni d'une manette isolée. Un commutateur inverseur permet de retrancher ou d'ajouter la force électromotrice du survolteur. Il eût été impossible de faire le réglage sur la basse tension.

—— (23 avril ; 7, 14, 28 mai) : HANCHETT. — *Distributions superficielles pour tramways.* — Description encyclopédique et illustrée des très nombreux systèmes à contacts superficiels qui ont été imaginés depuis dix ans.

The Electrician (1ᵉʳ avril 1898) : HAMMOND. — *Le prix de revient de l'énergie électrique.* — Très long mémoire discutant les résultats d'exploitation des stations centrales anglaises en 1895-1897. Le prix de vente de l'énergie est de 26,6 centimes à Kensvington, 24,9 centimes à Westminster, 14,5 centimes à Manchester, 15 à Leeds, 11,3 centimes à Edimbourg. Les prix sont généralement inférieurs à ceux des années précédentes.

L'auteur analyse, à l'aide de nombreux diagrammes, l'influence des divers éléments sur le prix de revient, en particulier de la production totale et du coefficient de charge ; il appelle ainsi le rapport de la quantité d'énergie réellement produite dans l'année à la quantité maxima qui eût pu être produite en pleine charge continuelle. Cette définition diffère un peu de la définition ordinaire.

Cette étude présente le grave défaut de ne pas tenir compte du capital d'établissement.

—— (13 mai 1898) : *Éclairage du chemin de fer souterrain de Glasgow.* — Le chemin de fer souterrain de Glasgow est actionné par câble ; mais on a dû établir toute une installation électrique pour l'éclairage ; elle contient quatre unités génératrices de 80 kilowatts actionnées directement par machines Belliss verticales compound, à grande vitesse.

A. B.

X. — ARCHITECTURE.

The Engineering Record (26 mars 1898) : *La banque de commerce de Chicago.* — Description et dessins de la nouvelle banque de commerce de Chicago, construite de façon à être à l'épreuve du feu.

The Engineering Record (19-26 mars 1898) : *Ventilation d'Astria Hôtel.* — L'Astria Hôtel de New-York occupe un rectangle de 30^m,17 sur 106^m,68 et s'élève à 76^m,20 au-dessus de la chaussée ; il est donné une description complète des procédés mis en œuvre pour assurer la ventilation de cet immense édifice.

XII. — DIVERS.

Scientific American (30 avril 1898) : *Utilisation de la force de la marée.* — Une Compagnie, créée pour utiliser la force de la marée, vient d'exécuter une expérience qui lui paraît concluante à Potencia-Beach (Californie).

Le principe de l'installation est le suivant : Une estacade métallique s'avance en mer ; le long de cette estacade sont disposés des flotteurs dont le poids est d'environ 25 0/0 supérieur au déplacement, et qui sont attelés directement à des pistons de pompe. Soulevés par la force des vagues, ces flotteurs descendent par leur poids, et le mouvement de va-et-vient est utilisé à refouler et à comprimer de l'eau dans un réservoir dont la partie supérieure est pleine d'air. Cette eau sous pression constitue la force produite, utilisée ensuite suivant les besoins.

Du 1er au 15 décembre, chaque flotteur a produit une force de 2 à 3 chevaux, et l'installation a alimenté neuf lampes électriques. La Compagnie estime que chaque cheval de force reviendra à 65 francs par an.

H. D.

PÉRIODIQUES BELGES.

I. — SCIENCES APPLIQUÉES.

Annales des Travaux publics de Belgique (février 1892) : A. LAMBIN et G. CHRISTOPHE. — *Le pont Vierendeel.* — Les auteurs furent chargés de rendre compte des épreuves auxquelles a été soumis le pont de 31^m,50 d'ouverture, construit dans le parc de Tervueren, pour servir à l'essai du système.

Dans un rapport très développé ils donnent la description du système, relatant les avantages attribués à ce système par son inventeur, rendent compte des essais (au cours desquels on a mesuré les efforts au moyen de l'enregistreur Manet-Rabut), comparant les résultats de ces essais avec ceux des calculs opérés selon la méthode de M. Vierendeel, indiquent les améliorations à apporter au type du pont de Tervueren, comparent les poutres à arcades aux poutres à treillis et, de cette comparaison, faite aux points de vue du poids, du prix de revient et de l'exactitude des calculs, ils tirent la conclusion que : « Dans l'état actuel de la question, la poutre à arcades est, d'une manière générale, un système sensiblement équivalent à la poutre en treillis. »

IV. — NAVIGATION INTÉRIEURE.

Annales des Travaux publics de Belgique (février 1898) : J.-A. PIERROT et A. LAMBIN. — *Défense des berges des canaux.* — Chap. I : Description des travaux de défense en usage sur différents canaux ; — Canal de Liège à Maëstricht ; — Canal de Maëstricht à Bois-le-Duc ; — Canal d'Amsterdam à la Merwede ; — Canal d'Amsterdam à la mer du Nord, à Ymuiden ; — Canaux de Zuilbeveland, Walcheren, de Gand à Terneuzen.

Chap. II : Considérations générales ; — Passage d'un bateau à vapeur dans un canal ; — Résistance éprouvée par un steamer en mouvement sur un canal ; — Détérioration des berges d'un canal par la navigation à vapeur ; — Défense des berges ; — Choix d'un système de défenses ; — Défense des berges d'une cunette nouvelle.

Un bon ouvrage de défense doit, au dire de l'auteur, satisfaire aux conditions suivantes : 1° offrir un pied solide ; 2° avoir un revêtement étanche. La solution dépend, dans chaque cas, des circonstances particulières à ce cas.

VI. — CHEMINS DE FER. — TRAMWAYS. — AUTOMOBILES.

Bulletin de la Commission du Congrès des Chemins de fer (mars 1898) : M. FRIDERICIA. — *Notions générales sur la construction et l'exploitation des bacs à vapeur des chemins de fer en Danemark et à l'Étranger* (traduit de l'*Ingénieur danois*, avec des additions). — Le premier bac-ferry a été mis en service en Écosse, en 1851, sur le Firth of Forth, large de 8^{km},8. D'autres bacs-ferrys furent ensuite construits en divers pays de l'Europe, notamment en Allemagne, en Suisse et en Danemarck. L'usage de ce mode de transport s'est développé surtout dans l'Amérique du Nord (une pièce annexe donne, d'après la *Railroad Gazette* du 24 décembre 1897, le tableau des lignes de bacs à vapeur des chemins de fer américains.) — L'auteur donne la description sommaire des différents systèmes employés.

Bulletin de la Commission du Congrès des Chemins de fer (mars 1898) : *L'avènement du wagon en acier* (extrait de la *Railroad Gazette* du 12 novembre 1897). — L'emploi de l'acier pour la construction des wagons permet, à cause de la grande résistance de ce métal, de transporter une charge utile plus considérable dans un train d'un même poids brut. L'avantage est notable pour les trains lourds avec wagons à pleine charge. La charge utile peut atteindre les 3/4 du poids brut, tandis qu'avec des wagons ordinaires la proportion ne dépasse pas les 2/3. En même temps, le nombre des wagons et la longueur du train diminuent. Plusieurs compagnies américaines, dont le trafic comporte la formation de trains lourds, se sont mises à construiredes wagons en acier.

F. D.

PÉRIODIQUES HOLLANDAIS

Par M. van YSSELSTEYN, Ingénieur, sous-directeur des travaux
de la ville de Rotterdam.

II. — Matériaux et Procédés généraux de construction.

Ingénieur (9, 16, 23, 30 avril et 7 mai 1898) : L.-A. Sanders. — *Théorie des constructions en ciment et en ciment armé.* — L'auteur donne une théorie assez complète des constructions en ciment armé. Il s'occupe particulièrement des tôles Menier et donne de nouvelles formules pour le calcul de ces constructions.

Il démontre notamment qu'une tôle Menier ne peut *pas* être considérée, pour le calcul de sa résistance, comme une matière homogène, puisque la place de la fibre neutre varie

quand le moment des forces extérieures devient de plus grand
en plus petit. En effet la valeur des coefficients d'élasticité du fer
et des autres métaux est constante entre certaines limites, tandis que le coefficient d'élasticité du ciment armé varie avec les
moments des forces extérieures.

Les formules de l'auteur méritent confiance non seulement
parce que la théorie semble juste, mais aussi parce qu'elles
sont contrôlées par des essais faits par lui dans la fabrique de
ciment armé à Amsterdam, à laquelle il est attaché comme Ingénieur.

III. — ROUTES. — PONTS ET VIADUCS.

Ingénieur (12 et 19 mars) : JANKHEER J.-C. VAN BEIGERSBERG VERS-
LUYS. — *Notice sur les ponts mobiles dans les chemins de fer de
l'État Néerlandais.* — On trouve dans le réseau de ces chemins
de fer soixante-neuf ponts tournants et six ponts-levis.

L'auteur trace un aperçu historique de ces ponts et s'occupe
surtout des fautes diverses, constatées dans les ponts existants.
Il donne quelques avis pratiques pour éviter ces fautes dans les
nouvelles constructions et pour corriger les défauts des anciens
ponts.

Bulletin de l'Institut royal des Ingénieurs (année 1897-1898,
livr. 2) : M. N.-C. Kist a lu, dans la séance du 9 novembre, une
*notice sur le contrôle institué par l'État Néerlandais sur les divers
ponts métalliques*, dans le réseau des chemins de fer.

En citant le fait que deux cent cinquante et un ponts de
chemin de fer se sont écroulés au Canada et aux États-Unis
pendant la période 1878-1887, l'auteur démontre qu'un contrôle est impérieusement nécessaire, attendu que le poids des
trains est augmenté de beaucoup, depuis que la plupart des
ponts hollandais ont été construits.

M. Kist donne une description des instruments pour mesurer
la tension dans les différentes parties d'une construction. Ces
instruments sont du système imaginé par M. Manet, et améliorés par M. L. Schweder van der Kolk, l'ingénieur en chef
dudit contrôle.

Il est prouvé par divers exemples qu'il se produit souvent, en
certaines parties d'un pont, des efforts dont la valeur ne peut

pas être déterminée par le calcul. Il est donc nécessaire de mesurer ces efforts au moment du passage des trains lourds, et de déterminer ainsi empiriquement les renforcements nécessaires.

Ce système est contraire à celui qui est en usage en Prusse. Les ingénieurs de l'État Prussien font de nouveaux calculs pour les ponts, en y appliquant les poids des trains actuels. Les constructions peuvent être ainsi renforcées dans des parties où l'expérience ne montre pas qu'il soit utile de le faire.

VI. — CHEMINS DE FER. — TRAMWAYS. — AUTOMOBILES.

Bulletin de l'Institut royal des Ingénieurs (année 1897-98, livr. 3) : P.-J. VAN VOORST VADER. — *Étude sur les différents systèmes de tramways.* — L'auteur donne des détails historiques et s'occupe très amplement de la législation sur les tramways dans les différents pays.

Il donne un aperçu détaillé des moteurs de tramways, en y ajoutant des chiffres intéressants sur les frais de traction pour chaque système.

VIII. — MACHINES.

Electra : N.-C.-H. VERDAM. — *Les générateurs du Dr de Laval.* — Description fort intéressante des générateurs, dans lesquels la vapeur peut atteindre une pression de 100, et même de 225 atmosphères. Cette haute pression est nécessaire pour faire fonctionner les turbines à vapeur du système de Laval. Ces machines travaillent très économiquement, si l'on peut fournir de la vapeur à haute pression. L'auteur donne des calculs qui démontrent que, si l'on fait fonctionner une turbine de Laval avec de la vapeur à 10 atmosphères et sans condensation, la consommation par cheval et par heure sera, théoriquement, 6^{kg},9. Si l'on applique la condensation, ce chiffre est diminué jusqu'à 3^{kg},9. Mais, si l'on fournit de la vapeur à 50 atmosphères, la consommation théorique ne dépasse pas 2^{kg},9.

Pour la pratique, il faut ajouter à ces chiffres $\pm$ 40 0/0, de sorte qu'une bonne turbine de Laval, fonctionnant à 50 atmosphères, ne consommerait plus que $\pm$ 4^{kg},1 par cheval et par heure.

A l'Exposition de Stockholm de 1897, la Compagnie des turbines Laval exposait deux générateurs, l'un à 200, et l'autre à 100 atmosphères. L'auteur donne des détails et des croquis de ces chaudières.

Jusqu'ici la Compagnie n'a pas encore accepté de commandes de générateurs, parce qu'elle veut changer quelques détails de son système. L'auteur ne doute pas que ces générateurs, combinés avec les turbines de Laval, déjà bien connues, n'obtiennent un très grand succès.

V. Y.

PÉRIODIQUES RUSSES

Par M. de TIMONOFF, Professeur
à l'Institut impérial russe des Voies de Communication.

I. — Sciences appliquées.

Recueil de l'Institut des Voies de Communication (nᵒˢ XLIII et XXXVI) : D.-K. BOBYLEFF. — *Étude des théories de M. Boussinesq concernant les eaux courantes.* — L'auteur, l'un des mathématiciens russes les plus remarquables, analyse les théories de M. Boussinesq, tout en les exposant sous une forme plus brève et plus à la portée de la majorité des lecteurs. Il indique les applications que ces théories trouvent lors de la solution des problèmes techniques concernant l'amélioration des fleuves et des rivières.

II. — Matériaux et Procédés généraux de construction.

Journal du Ministère des Voies de Communication (nᵒ 2, 1898) : J. KLIMTCHITSKI. —*Étude sur le degré d'exactitude que donnent les essais de rupture du fer fondu et de l'acier.* — L'auteur passe en revue les recommandations faites dans les conférences internationales, sur les essais des matériaux de construction, en ce qui concerne la question de l'exactitude des essais de rupture, et indique les méthodes appliquées par lui, pour les essais de cette nature. Il conclut en disant:

1° Que la *résistance* à la rupture varie peu suivant les diverses méthodes d'essai ; les appareils courants donnent une exactitude de 1/100 ;

2° Que la *diminution de la section transversale* dépend également peu de la manière dont l'essai est fait, les écarts étant principalement dus aux défauts de la matière ;

3° Que l'*allongement* dépend de la forme et de la dimension des échantillons, le degré d'exactitude ne dépasse pas, même pour les échantillons très bien faits, 1/20, indépendamment des différences dues à la loi de Barbe.

III. — ROUTES, PONTS ET VIADUCS.

Recueil de l'Institut des Voies de Communication (n° XLVI) : LAKNITZKI. — *Cours de routes.* — Le traité de M. Laknitzki donne une description complète des études, de la construction et de l'entretien des routes; cet ouvrage contient beaucoup de données concernant les conditions spéciales des routes en Russie, et à ce titre peut intéresser les ingénieurs et les entrepreneurs français qui voudraient connaître de près les circonstances du travail en Russie.

IV. — NAVIGATION INTÉRIEURE.

Recueil de l'Institut des Voies de Communication (n° XLII) : ZBROJEK. — *Cours de navigation intérieure* (627 p., atlas de 136 pl.). — Ce cours très complet ne sera pas sans intérêt pour le lecteur étranger, car il contient la description de signaux, de systèmes de travaux, etc., inventés ou grandement améliorés en Russie et pouvant trouver une application avantageuse dans bien des pays.

Comptes Rendus de l'Association des Ingénieurs des Voies de Communication (n° 1, 1898) : J. POLKOVSKY. — *Sur le calcul des portes d'écluse.* — L'auteur applique les méthodes des calculs des portes d'écluse dues à M. Lavoinne, à quelques cas spéciaux, et donne des tableaux numériques pouvant faciliter les calculs dans des cas analogues.

V. — TRAVAUX MARITIMES.

Recueil de la Commission des Ports de commerce (n° XXII) : KANDIBA. — *Description des appareils et procédés employés pendant la construction du môle Sud et des brise-lames du port de Libau* (atlas et texte). — Parmi les ports de la Russie, Libau occupe en ce moment la première place au point de vue de l'importance des ouvrages qu'on y construit, afin de créer, sur une plage de sable, un port de commerce et un port de guerre (les données générales sur ce port ont été publiées en français dans les *Nouvelles Annales de Construction*, en 1888).

L'étude actuelle de M. Kandiba fournit une description très complète accompagnée d'excellents dessins à grande échelle des instruments de transport, des installations de chantiers, des grues à grande puissance, etc., qui ont permis de faire les travaux de Libau avec une rapidité qui dépasse tous les exemples connus. L'ouvrage de M. Kandiba, grâce à ses illustrations, sera consulté avec intérêt, même par l'ingénieur ne sachant pas la langue russe.

Journal du Ministère des Voies de Communication (n° 1, 1898) : — *Le port de Djarylgatch.* — La baie de Djarylgatch, en Crimée, est très bien abritée et présente un admirable port naturel qui vient d'être ouvert au commerce étranger. L'article nommé contient une description de la baie de Djarylgatch et présente un intérêt assez sérieux, grâce à l'essor que prend le nouveau port et à l'avenir important qui l'attend, lorsque ce point du littoral de la mer Noire sera réuni au réseau des chemins de fer de l'État.

VI. — CHEMINS DE FER. — TRAMWAYS. — AUTOMOBILES.

Recueil de l'Institut des Voies de Communication (n° XLI) : LUBIMOFF. — *L'action des gelées sur la stabilité de la voie ferrée et de la manière de combattre les effets des gelées.* — La question des gelées au point de vue indiqué ci-dessus, très importante en Russie à cause des conditions climatériques et autres, est traitée dans l'étude de M. Lubimoff avec une grande compétence.

—— STÉTSÉVITCH. — *Sur la stabilité de la voie.* — L'auteur a imaginé un appareil enregistreur des mouvements de la voie et a

entrepris une série d'expériences qui sont analysées dans l'étude
ci-dessus nommée.

VII. — Génie rural. — Assainissement. — Distribution d'eau.

Recueil de l'Institut des Voies de Communication : V.-E. Timonoff.
— *Éléments de l'assainissement des villes* (302 p., 217 illustr.)

VIII. — Machines.

L'Ingénieur (février 1898) : Filonenko. — *Les élévateurs à grains
flottants.* — L'élévateur à grains flottant est une machine dont
l'importance peut être très grande dans les ports où le trans-
bordement du grain doit se faire directement des bateaux flu-
viaux sur les navires de mer.

Les élévateurs décrits par M. Filonenko s'emploient avec
succès à Nikolaïeff (mer Noire). L'élévation des grains s'y fait
à l'aide d'une machine à vapeur. Les appareils paraissent économiques ; il s'est formé une Société spéciale pour les exploi-
ter.

IX. — Électricité appliquée.

Journal électrotechnique (n° 1, 1898) : Voïnarovski. — *Lutte entre
le téléphone et le tramway électrique. Sur la question du développement de l'industrie électrotechnique en Russie.*

X. — Architecture.

Le Constructeur (janvier 1898) : — *Les nouveaux bâtiments de
Saint-Pétersbourg :* Banque internationale de commerce, Bibliothèque impériale.
— A.-J. Hogen. — *Les constructions décoratives à Saint-Pétersbourg*, lors de la visite de M. le Président de la République fran-
çaise.

XI. — Administration. — Législation.

Bulletin officiel du Ministère des Voies de Communication
(numéro du 28 février 1898) : A.-S. Ermoloff. — *Le centenaire de*

la création de l'Administration Centrale des Voies de Communication en Russie. — La première institution centrale appelée à diriger l'œuvre des voies de communication en Russie date du 28 février 1798 seulement. A cette époque la Russie n'avait presque pas de routes et très peu de canaux. Les ingénieurs manquaient également. Aussi le Ministère actuel a-t-il pu, à juste titre, célébrer le Centenaire, car il administre plus de 100.000 kilomètres de voies navigables, 26.000 kilomètres de chemins de fer et une série de ports de commerce bien outillés, tout en exécutant de grands travaux tels que le Transsibérien et autres. Le budget du Ministère des Voies de Communication est aujourd'hui de plus de 265.000.000 roubles (700 millions de francs environ).

XII. — DIVERS.

Journal photographique russe (nᵒ 1, 1898) : *Historique de la photographie et de ses applications en Russie.*

Technologue (nᵒ 1, 1898) : *Gisements de sel de Glauber dans le golfe de Karabougaz* (mer Caspienne).

V. T.

BULLETIN BIBLIOGRAPHIQUE.
1898.

N° 31

OUVRAGES ALLEMANDS.

I. — Sciences appliquées.

LAUENSTEIN, Ingen. Prof. (R.). — Die Festigkeitslehre. Elementares
Lehrbuch f. den Schul-u. Selbstunterricht, sowie zum Gebrauch
in der Praxis, nebst e. Anh., enth. Tabellen der Potenzen,
Wurzeln, Kreisumfänge u. Kreisinhalte. 4. Aufl. gr. 8°. (VI,
153 S. m. 90 Abbildgn.) St., A. Bergsträsser. N. 3.50 ; geb. in
Leinw. Nn 4.50.
Leçons élémentaires de résistance.

SCHAROWSKY, Reg. Baumstr. Civ.-Ingen. (C.). — Säulen u. Träger.
Tabellen üb. die Tragfähigkeit eiserner Säulen u. Träger.
Auszug aus dem im Auftrage des Vereins deutscher Eisen-u.
Stahl-Industrieller v. C. Scharowsky hrsg. « Musterbuch f.
Eisenconstructionen ». 2. [Titel-] Aufl. 12°. (43 S. m. Fig.) L.
(1890), O. Spamer. N — 60.
Tables pour la résistance des poutres et colonnes.

—— Widerstands-Momente u. Gewichte genieteter Träger.
Berechnung v. 32.000 genieteten Trägern, enthaltend als Gurt-
winkel die Normalprofile f. Winkeleisen von 50 — 130 Mm
Schenkelbreite, als Gurtplatten Flacheisen in 6 verschiedenen
Breiten u. den Gesammtdicken von 5 — 39 Mm. 2. [Titel-] Aufl.

Fol. (VIII, 83, S. m. Fig.) Ebd. (1890). N. 8 — ; geb. in Leinw.
Nn 10 —
   Moments de résistance et poids des poutres rivées.
Scharowsky, Reg. Baumstr. Civ.-Ingen. (C.) und Dir. L. Seifert.
   — Tabellen zur Gewichtsberechnung v. Walzeisen u. Eisencon-
   structionen.
      Tables pour le calcul des poids des constructions en fer et
   en acier.
Diegraphische Statik. Elementares Lehrbuch f. techn. Unterrichts-
   anstalten u. zum Gebrauch in der Praxis. 4. Auft. gr. 8°. (VI,
   235 S. m. 255 Abbildgn.) Ebd. n 5 — ; geb. in Leinw. n 6 —
      La statique graphique élémentaire.
Stöckl, Bau-R. (Carl.), u. Ob.-Ingen. (Wilh.) Hauser. — Hilfs-
   Tabellen f. die Berechnung eiserner Träger m. besond. Rück-
   sichtnahme auf Eisenbahn-u. Strassenbrücken. 2. Aufl. Mit
   38 Holzschn. u. 3 Taf. Lex. 8°. (XI, 285 s.) Wien, Spielhagen und
   Schurich. N. 14 —
      Tables pour le calcul des poutres de ponts métalliques.
Toldt, Adjunct (Frd.). — Die Chemie des Eisens. Tabellarische
   Zusammenstellg. der dem Eisen beigemengten Elemente u.
   deren Einfluss. auf die Eigenschaften dieses Metalles. gr. 8°.
   (23 S. m. 3 Diagr. u. 3 Taf.) Leoben, L. Nüssler. Geb. in Leinw.
   N. 3.
      La chimie du fer.

   II. — **Matériaux et Procédés généraux de construction.**

Dürre, Prof. Dr. (Ernst Frdr.). — Vorlesungen üb. allgemeine
   Hüttenkunde. Uebersichtliche Darstellg. aller Methoden der
   gewerbl. Metallgewinng., eingeleitet durch e. ausführl. Schil-
   derg. aller in Betracht komm. Eigenschaften der Metalle u.
   ihrer Verbindgn., u. abgeschlossen durch e. Uebersicht aller
   wichtigeren Apparate u. Hilfsmittel. 1. Hälfte. Mit zahlreichen
   in den Text gedr. Abbildgn. hoch 4°. (VII, 128 S.) Halle, W.
   Knapp. N. 10 —
      Leçons sur la métallurgie générale.
Kerpely's (Ant. v.). Bericht üb. die Fortschritte der Eisenhütten-
   Technik im J. 1893. Hrsg. v. Dir. Thdr. Beckert. Neue Folge.
   10. Jahrg. (Der ganzen Reihe 30. Jahrg.) gr. 8°. (XII, 362 S. m.
   277 Abbildgn. L., A. Felix. Nn 22 —
      Rapports sur les progrès techniques de la forge.

Kick, Reg.-R. Prof. (Frdr.). — Vorlesungen üb. mechanische
Technologie der Metalle, des Holzes, der Steine u. anderer
formbarer Materialien. Mit vielen Abbildgn. II. Hft. gr. 8°. (S. 191
— 398.) Wien, F. Deuticke. N. 5 —
Leçons sur la technologie mécanique du métal, du bois, de
la pierre et autres matériaux.

VI. — Chemins de fer. — Tramways. — Automobiles.

Eisenbahn-Technik, die, der Gegenwart. Hrsg. v. Geh. Baur. Blum
Reg.-u. Baur. v. Borries, Geh. Reg.-R. Prof. Barkhausen. 1. Bd.
Das Eisenbahn-Maschinenwesen. 2. Abschn. Die Eisenbahn-
Werkstätten. Bearb. von v. Borries, Grimke, Troske, etc. Lex.-
8°. (XVI, VII u. S. 745 — 870 m. 119 Abbildgn. u. 2 lith. Taf.)
Wiesbaden, C.-W. Kreidel. N. 5.40 ; geb. in Halbfrz. N 7.50.
La technique des chemins de fer du temps présent.
Handbuch der Ingenieurwissenschaften in 5 Bdn. 5. Bd. Der
Eisenbahnbau. Ausgenommen Vorarbeiten, Unterbau u. Tun-
nelbau. 2. Abtlg. : Berechnung, Konstruktion, Ausführg. u.
Unterhaltg. des Oberbaues. Bearb. v. Herm. Zimmermann, Alfr.
Blum, Herm. Rosche, hrsg. v. Prof. F. Loewe u. Geh. Ob.-
Baur. vortrag. Rat Dr. H. Zimmermann. Mit 3 Taf., 284 Abbil-
dgn. im Text u. vollständ. Namen- u. Sachverzeichnis. Lex.-8°.
(XIV, 394 S.) L., W. Engelmann N. 12 —'; geb. Nn. 15 —
Manuel des sciences de l'Ingénieur (5° volume : la Construc-
tion des chemins de fer).
Kirberg, Rechn.-R. Betriebsbür.-Vorst. (A.). — Eisenbahn-Wör-
terbuch in deutscher u. französischer Sprache. 2. Aufl. gr. 8°.
(302 S.) Köln, Kölner Verlags-Anstalt und Druckerei. Bar n. 5 —;
geb. N. 5.60.
Dictionnaire des chemins de fer (allemand-français).

VII. — Génie rural. — Assainissement. — Distribution d'eau.

Muller, Reg.-Baumstr. (Frdr.). — Das Wasserwesen der nieder-
ländischen Prov. Zeeland. Mit 10 Taf. in Steindr., enth. 133
Abbildgn. (in Mappe), sowie 121 Abbildgn. im Text. Lex.-8°.
(XXV, 612 S.) B., W. Ernst und Sohn. N. 36.
Les eaux dans la province hollandaise de Zeeland.
Strukel, Prof. (M.). — Der Wasserbau. Nach den Vorträgen, geh.
am polytechn. Institute in Helsingfors. 1. Thl. Mit 93 Textfig.

u. 6 Taf., nebst vollständ. Skizzenbuch, enth. 22 Taf. Lex.-8°.
(VIII, 144 u. 31 S.) Helsingfors, L.-A. Twietmeyer in Komm.
Nn. 12.

Les travaux d'eau.

VIII. — Machines.

Anleitung zur Einrichtung u. Instandhaltung v. Triebwerken
(Transmissionen), hrsg. v. der Berlin-Anhaltischen Maschi-
nenbau-Actien-Gesellschaft in Dessau Ausg. 1897. 8° (VIII, 277
S. m. Abbildgn.). L. (J.-J. Weber). Geb. in Leinw. Nn. 250.
Méthode pour l'installation des roues de transmission.

Pechan, Masch.-Ingen. Prof. (Jos.). — Berechnung der Leistung
u. des Dampfverbrauches der Zweicylinder-Dampfmaschinen
zweistufiger Expansion. gr. 8°. (XV, 289 S. m. 14 Fig. u. 48 Tab.)
Wien, F. Deuticke. N. 8 — ; geb. in Leinw. N. 9.
Calcul du travail et de la consommation de vapeur des
machines à deux cylindres à double expansion.

Pregel, Prof. (Th.).. — Neuere Werkzeugmaschinen f. die Metall-
bearbeitung. Drehbänke, sowie Maschinen zum Drehen,
Bohren u. Gewindeschneiden. gr. 8°. (X, 362 S. m. 820 Abbildgn.)
St., A. Bergsträsser N. 10.
Nouvelles machines-outils pour le travail des métaux.

Rebber, Ingen. Maschinenbaulehr (Wilh.). — Die Festigkeitslehre
u. ihre Anwendung auf den Maschinenbau. Elementar behan-
delt zum Gebrauche f. Studierende u. in der Praxis. 3. Aufl.
Hrsg. v. Ingen. Ingenieursch.-Dir. L. Hummel. gr. 8°. (XVI,
476 S. m. 261 Abbildgn.) Mittweida, Polytechn. Buchh. N.
10.50 ; geb. bar. N. 12.
La résistance au point de vue de la construction des
machines.

Weickert (A.) u. R. Stolle, Ingenieure Fachlehrer. — Praktisches
Maschinenrechnen. Eine Zuzammenstellg. der wichtigsten
Erfahrungswerte aus der allgemeinen u. angewandten Mechanik
in ihrer Anwendg. auf den prakt. Maschinenbau. Erläutert
durch zahlreiche der Praxis entnommene Beispiele u. eingeleitet durch e. leichtfassl. Darstellg. der f. Maschinenbauer
unentbehrl. Gesetze des allgemeinen Buchstabenrechnens.
Mit üb. 100 in den Text gedr. Abbildgn. 3. Aufl. 6. u. 7. Taus.
gr. 8°. (VII, 262 S.) B., Polytechn. Buchh. A. Seydel. N. 3.50 ;
geb in Leinw. N. 4.25.
Calcul pratique des machines.

IX. — Électricité appliquée.

Bibliothek, elektrotechnische. 11. Bd. 8°. Wien, A. Hartleben.
N. 3 — ; geb. n. 4 — 11. URBANITZKY, Dr. (Alfr. Ritter v.), Die
elektrischen Beleuchtungs-Anlagen m. besond. Berücksicht.
ihrer praktischen Ausführung. Mit 113 Abbildgn. 3. Aufl. (VIII,
240 S.)
   Bibliothèque électrotechnique. Les installations d'éclairage
électrique.

Blätter, schweizerische, f. Elektrotechnik u. das gesamte Beleuch-
tungswesen. 3. Jahrg. 1898. Deutsche u. französ. Ausg. (Revue
d'électricité.) à 24 Nrn. gr. 4°. (Deutsche u. französ. Ausg. Nr.
1. à 8 S.) Bern (Marktgasse 59), Administration. Bar nn 10 — ;
jede Ausg. allein nn 6.50.
   Revue suisse d'électrotechnique et d'éclairage électrique.

Fortschritte d. Elektrotechnik. 9. Jahrg. 5. Hft. B., Springer.
N° 5.
—— dasselbe. 11. Jahrg. 1897. 2. Hft. Ebd. N. 5.60.
   Les progrès de l'électrotechnique.

GAISBERG, Ingen. (S.-Frhr. v.). — Taschenbuch f. Monteure elek-
trischer Beleuchtungsanlegen. 14. Aufl. 12° (VIII, 203 S. m. Fig.)
München, R. Oldenbourg. Geb. in Leinw. N. 2.50.
   Manuel du monteur d'éclairage électrique.

GRAWINKEL (C.), u. K. STRECKER. — Hilfsbuch f. die Elektrotechnik. Bearb. u. hrsg. v. Ober-Telegr. Ingen. Doc. Dr. K. Strecker. 5. Aufl. Mit 361 Fig. im Text. gr. 8°. (X, 696 S.) B., J.
Springer. Geb. in Leinw. N. 12.
   Aide-mémoire d'électrotechnique.

HENTZE, Ingen. (Willy). — Analytische Berechung elektrischer
Leitungen. Mit 37 in den Text gedr. Fig. gr. 8°. (V, 81 S.) Ber-
lin, J. Springer. — München, R. Oldenbourg (Auslieferg. durch
J. Springer). Geb. N. 3.
   Calcul analytique des conducteurs électriques.

HOPPE, Doz. (Osk.). — Elementarer praktischer Leitfaden der
Elektrotechnik in technisch-wissenschaftlichem Zusammen-
hange m. der Maschinen-, Berg-u. Hütten-Technik, aufgebaut
auf der techn. Mechanik als der gemeinsamen Grundlage f.
das Gesamtgebiet der Technik u. der erklär. Naturwissenschaften
f. Techniker u. Nichttechniker. Mit 37 Abbildgn. im Text.
gr. 8° (XIV, 175 S.) Essen, G. D. Baedeker. Geb. in Leinw. N. 4.
   Guide pratique élémentaire de l'électrotechnique.

KAPP (Gisb.). — Elektromechanische Konstruktionen. Eine
Sammlg. v. Konstruktionsbeispielen u. Berechngn v. Maschinen u. Apparaten f. Starkstrom. Imp. 4° (VIII, 200 S. m.
54 Fig. u. 25 Taf.) B., J. Springer. — München, R. Oldenbourg.
(Auslieferung durch Springer). Geb. in Leinw. N. 20.
   Constructions électromécaniques.

KAPP (Gisbert). — Elektrische Kraftübertragung. Ein Lehrbuch f.
Elektrotechniker. Deutsche Ausg. v. DD. L. Hölborn u. K. Kahle.
3 Aufl. Mit zahlreichen in den Text gedr. Fig. gr. 8°. (VI, 338 S.)
Berlin. J. Springer. — München, R. Oldenbourg (Auslieferg.
durch. J. Springer). Geb. in Leinw. N. 8.
   Transport électrique de la force.

MEISSNER, Ingen. (G.). — Die Kraftübertragung auf weite Entfernungen u. die Konstruktion der Triebwerke u. Regulatoren.
2. Aufl. v. Ingen. Jos. Krämer. 1. Bd. gr. 8°. (387 S. m. 30 Taf.)
Jena, H. Costenoble. N. 18.
   Le transport de la force à grande distance et la construction
des roues et régulateurs.

SCHIEMANN, Civ.-Ingen. (MAX). — Bau u. Betrieb elektrischer Bahnen.
Anleitung zu deren Projektierg., Bau u. Betriebsführg. Strassenbahnen. Mit 364 Abbildgn., 2 photo-lith. Taf., 3 Taf. Diagramme u. mehreren Fig.-Taf. 2. Aufl. gr. 8°. (VIII, 392 S.)
L., O. Leiner. N. 12 ; — geb. in Leinw. bar 13.50.
   Construction et exploitation des chemins de fer électriques.

SCHMIDT-ULM, Ingen. (Geo.). — Die Wirkungsweise, Berechnung
u. Konstruktion der Gleichstrom-Dynamomaschinen u. Motoren. Mit 204 Abbildgn., 33 Taf. Konstruktionsskizzzen u. 1 Diagrammtaf. gr. 8° (VIII, 272 S). L., N. Leiner. — N. 850 ; geb.
in Leinw. bar. N. 9.60.
   Calcul et construction des machines dynamos.

ZACHARIAS, Ingen. (Johs). — Transportable Akkumulatoren.
Anordnung, Verwendg., Leistg., Behandlg. u. Prüfg. derselben. Mit 59 Abbildgn. im Text, gr. 8°. (VIII, 259 S.) B., W. und
S. Loewenthal. N. 7.
   Accumulateurs transportables.

Zeitschrift f. Elektrotechnik. Red.: Dr. J. Sahulka. 16. Jahrg. 1898.
52 Hfte. gr. 8°. (I. Hft. 16 S. m. Fig.) Wien, Lehmann und
Wentzel in Komm. Bar. N. 16.
   Revue de l'électrotechnique.

X. — Architecture.

Adami. — Baumstr. Baugewerksch.-Lehr. (H.). — Entwürfe f. Ziegelrohbau. Wohnhäuser f. Stadt u. Land, Villen, Geschäfts-häuser, öffentl. Bauten etc. 1. Thl. 30 Farbendr.-Taf. gr. Fol. (1 Bl. Text.) B., B. Hessling. In Mappe N. 36.

Projets de constructions en briques crues.

Aufleger, Archit. (Otto). — Mittelalterliche Kunstdenkmale Bambergs. Der Dom zu Bamberg, photographisch aufgenommen v. A. Mit geschichtl. Einleitg. v. Priv.-Doc. Dr. Art. Weese. (In 2 Abtlgn.) 1. Abtlg. Fol. (30 Lichtdr.-Taf. m. 1 Bl. Text.) München, L. Werner. In Mappe. N. 30.

Les monuments du moyen âge à Bamberg. — La cathédrale de Bamberg.

Baukunst, die, hrsg. v. R. Borrmann u. R. Graul. 1. Jahrg. 1. Hft. gr. 4°. B., W. Spemann. N. 3.

Luthmer, Prof. Dr. (Ferd.). [— Das deutsche Wohnhaus der Renaissance. (16 S. m. 17 Abbildgn. u. 8 Lichtdr.-Tat.)

Les maisons allemandes de la Renaissance.

Ebe, Archit. (Gust.). — Die Schmuckformen der Monumental-bauten aus allen Stilepochen seit der griechischen Antike. Ein Lehrbuch der Dekorationssysteme f. das Aussere u. Innere. VII. Thl. 2 klassizir. Barockperiode. gr. 4°. (3. Bd. S. 1-191 m. 137 Abbildgn.) B., W. und S. Loewenthal. N. 16.

Les formes ornementales des monuments dans les différents styles, depuis l'antiquité grecque (7e partie : le baroque).

—— Die Schmuckformen der Monumentalbauten aus allen Sti-lepochen seit der griechischen Antike. Ein Lehrbuch der Dekorationssysteme f. das Aussere u. Innere. (In 8 Thln.) 8. Thl. Rokoko u. Klassizismus. Mit 133 Textabbildgn. gr. 4°. (3. Bd. VIII u. S. 193-359.) B., W. und S. Loewenthal. N. 16.

Les formes ornementales des monuments dans les différents styles, depuis l'antiquité grecque (8e partie : Rococo et clas-sique).

Lambert u. Stahl. — Villen in Helz u. Stein. 17. Lfg. St., Wittwer 7.50.

Villas en bois et pierre.

Leidich, Reg.-Baumstr. — Die Kirche u. der Kreuzgang des ehe-maligen Cistercienserklosters in Pforta [Aus : « Zeitschr. f.

Bauwesen ».] gr. Fol. (15 S. m. 16 Abbildgn. u. 4 Kpfr.-Taf.)
B.-W. Ernst und Sohn.
  L'église et le cloître des Cisterciens à Pforta.
Licht, Stadtbaudir (Hugo). — Architektur der Gegenwart. Ueber-
  sicht der hervorragendsten Bauausführgn. der Neuzeit. Mit
  Text v. Dr. A. Rosenberg. 16. Lfg. gr. Fol. (22 Lichtdr. u. 3 lith.
  Taf. m. Text, 4. Bd. V, 28 S.) B.-E. Wasmuth. In Mappe. N. 25.
  L'architecture du temps présent.
Mauke (Adf.). — Die Baukunst als Steinbau. Eine Darstellg. der
  konstruktiven u. ästhet. Entwicklg. der Baukunst. Mit 138 Taf.
  Abbildgn. gr. 8°. (VII, 230 S.) Basel, B. Schwabe. Geb. in Halb-
  leinw. N. 28 —
  L'architecture des constructions en pierres.
Ohmann, Prof. Archit. (Frdr.). — Architektur u. Kunstgewerbe der
  Barockzeit, des Rococo u. Empires aus Böhmen u. anderen
  österreichischen Ländern. Mit begleit. Text v. Prof. Karel B.
  Madl. 2. Lfg. Fol. (10 Lichtdr.-Taf. m. 2 S. Text.) Wien. A. Schroll
  und Co. Bar. N. 10 —
  L'architecture à l'époque du baroque, du rococo et de l'empire,
  en Bohême et pays autrichiens.
—— Barock. Eine Sammlg. v. Plafonds, Cartouchen, Consolen,
  Gittern, Möbeln, Vasen, Ofen, Ornamenten, Interieurs, etc.,
  zumeist in kaiserl. Schlössern, Kirchen, Stiften u. andere Monu-
  mentalbauten Osterreichs aus der Epoche Leopold I. bis Maria
  Theresia, aufgenommen u. gezeichnet v. O. 2. Aufl. 4. u. 5.
  (Schluss-) Lfg. Fol. (22 Lichtdr.-Taf.) Ebd. Bar à N. 8 —
  Exemples du style baroque en Autriche.
Ruckwardt, Archit. Hofphotogr. (Herm.). — Cölner Neubauten.
  Eine Sammlg. der schönsten Façaden der in der Neuzeit in
  Cöln a. Rh. ausgeführten Bauten. Photographische Orig-Auf-
  nahmen nach der Natur. In Lichtdr. hrsg. 3. [Titel-] Aufl. 3.
  Lfg. Fol. (10 Taf.) B. (1891), M. Spielmeyer. N. 12 —
  Les nouvelles constructions de Cologne.
Seesselberg (Frdr.). — Die skandinavische Baukunst der ersten
  nordisch-christlichen Jahrhunderte, in ausgewählten Beispie-
  len bildlich vorgeführt. Imp.-Fol. (26 Lichtdr.-Taf. m. 3 Bl.
  Text.) Nebst Textbd. : Die früh-mittelalterliche Kunst der ger-
  manischen Völker. Unter besond. Berücksicht. der skandinav.
  Baukunst in ethnologisch-anthropolog. Begründg. dargestellt.
  gr. Fol. (VII, 146 S. m. 500 Fig.) B.-E. Wasmuth. In Mappe
  Textkart. N. 150 —
  L'architecture scandinave des premiers siècles chrétiens.

UNGEWITTER, Archit. (G.-G.). — Details f. Stein- u. Ziegel-Architektur im romanisch-gothischen Style. 48 Taf. 4. Aufl. gr. Fol. (18 S. Text.) B.-B. Hessling. In Mappe. N. 30 —
Détails d'architecture en pierres et briques dans le style roman-gothique.

XII. — Divers.

JOLY (Hub.). — Technisches Auskunftsbuch f. d. J. 1898. Notizen, Tabellen, Regeln, Formeln, Gesetze, Verordngn., Preise u. Bezugsquellen auf dem Gebiete des Bau-u. Ingenieurwesens in alphabet. Anordng. 5. Jahrg. 8°. (IX, 1087 S., Schreibkalender u. LV S. m. 148 Fig. u. 1 Karte.) L., K.-F. Koehler's Bar-Sort. Geb. in Leinw. N. 8 —
Renseignements techniques pour l'année 1898.
PELLISSIER (Geo.). — Praktisches Handbuch der Acetylenbeleuchtung u. Calciumcarbidfabrikation. Deutsche Ausg. v. Dr. Ant. Ludwig. gr. 8°. (XVI, 265 S. m. Fig.) B., S. Calvary und C°. Geb. in Leinw. N. 6 —
Manuel pratique de l'éclairage à l'acétylène et de la fabrication du carbure de calcium.
WEBBER (Ed.). — Technisches Wörterbuch in 4 Sprachen. III. Bd. Français, — italien, — allemand, — anglais. 12°. (509 S.) B.-J. Springer. Geb. in Leinw. N. 3 —
Dictionnaire technique en quatre langues (français, — italien, allemand, — anglais).

OUVRAGES ANGLAIS.

I. — Sciences appliquées.

RANKINE (William-John-Macquorn). — A Manual of Applied Mechanics. With Numerous Diagrams. 15th ed., thoroughly Revised by W. J. Millar, C.E. Cr. 820, pp. 690. C. Griffin. 12/6.
Manuel de mécanique appliquée.
USILL (George-William). — Practical Surveying : A Text-Book for Students Preparing for Examinations, or for Survey Work in the Colonies. With 4 Lithographic Plates and about 350 Illusts.

5th ed., Revised, including Tables of Natural Sines, Tangents, Secants. etc. C., 8° pp. 348. Crosby Lockwood, and Son. 7/6.
Traité pratique de lever de plan.

II. — Matériaux et Procédés généraux de construction.

Binns (Charles-F.). — The Story of the Potter. Being a Popular Account of the Rise and Progress of the Principal Manufactures of Pottery and Porcelain in all Parts of the World. With some Description of Modern Practical Working. With 57 Illusts. (Library of Useful Stories.) Cr. 8° pp. 248. G. Newnes. 1/.
Histoire de l'Art du potier.

Daw (Albert-W.) and Zacharias (W.). — The Blasting of Rock in Mines, Quarries, Tunnels, etc. : A Scientific and Practical Treatise for the Use of Engineers and others. Engaged in Mining quarring and Tunnelling, etc., and for Mining and Engineering Students. Part 1, The Principles of Rock Blasting and their General Applications. With 90 Illusts. 8°, pp. 294, Spons, 15/.
Procédés pour faire des mines dans le rocher, pour la construction des tunnels ou l'exploitation des carrières et des mines.

Evans (Thomas Jay). — Notes on Carpentry and Joinery Adapted to Meet the Requirements of the City and Guilds of London Institute ; The Worshipful Company of Carpenters, and the Technical Education Board of the London County Council Examinations. Fully Illustrated with over 300 Diagrams. Vol. 1. First Stage or Elementary. 8°, pp. 412. Chapman and Hall. 7/6.
Éléments de charpente et de menuiserie.

Fletcher (Banister F.) and Fletcher (H. Philips). — Carpentry and Joinery : A Text-Book for Architects, Engineers, Surveyors and Craftsmen. Fully Illust. (The Builder Students' Series.) Cr. 8° pp. 294. Fourdrinier. 5/.
Manuel de charpente et de menuiserie.

O'Connor (Henry). — The Gas Engineer's Pocket Book, Comprising Tables, Notes and Memoranda relating to the Manufacture, Distribution and Use of Coal Gas, and the Construction of Gas Works. 120, leather, pp. 454. Crosby Lockwood and Son. 10/6.
Manuel de poche des Ingénieurs du gaz.

Rankine (William John Macquorn). — A Manual of Civil Engineering. With numerous Diagrams 20th ed., Thoroughly Revised. By W. J. Millar. Cr. 8°, pp. 834. C. Griffin. 16/.
Manuel de l'Ingénieur civil.

VI. — Chemins de fer. — Tramways. — Automobiles.

ALLEN (George T.). — Tables of Parabolic Curves for the Use of
Railway Engineers and others. 12°, pp. 50. Spons 4/.
Tables des courbes paraboliques pour les ingénieurs de che-
mins de fer.

FULLER (Harnett John). — The Preparation of Parliamentary Plans
for Railways. 8°, pp. 40. « Engineer » Office. Net 2/6.
Préparation des projets de chemins de fer pour le Parlement.

MILLS (W.-H.). — Railway Construction (Longmans' Civil Engineering Series). 8°. Longmans. Net 18/.
Construction des chemins de fer.

VII. — Génie rural. — Assainissement. — Distribution d'eau.

BOULNOIS (H. Percy). — The municipal and Sanitary Engineer
Handbook. 3rd ed., Revised and Enlarged. 8°, pp. 492. Spons. 15/
Manuel de l'Ingénieur municipal et hygiéniste.

BURTON (W.-K.). — The Water Supply of Towns and the Construction of Watersworks : A Practical Treatise for the Use of Engineers ant Students of Engineering. With numerous Plates and
other Illusts. 2nd ed., Revised and Extended. Roy. 8°, pp. 334.
Crosby Lockwood and Son. 25/.
Distribution des eaux urbaines et exécution des travaux.

COLEMAN (T.-E.). — Stable Sanitation and Construction. With 183
Illusts. Cr. 8°, pp. 226. Spons. 6/.
Construction et assainissement des étables.

SPINKS (Wm.). — House Drainage : A Guide to the Design and
Construction of Systems of Drainage and Sewage Disposal from
Houses. With Tables, Illustrations, Extracts from the Public
Health Acts, Metropolis Management Acts, and Model By-Laws
Relating to House Drainage. 8°, pp. 326. Biggs. 5/.
Drainage des eaux ménagères.

VIII. — Machines.

EWING (J.-A.). — The Steam-Engine and other Heat-Engines.
2nd ed. Roy. 8°, pp. 472. Cambridge University Press. 15/.
Machines à vapeur et autres machines calorifiques.

Halliday (George). — Steam Boilers (Arnold's Practical Science Manuals). Cr. 8°. Arnold. Red. 5/.
   Chaudières à vapeur.
Hutton (Walter-S.). — Steam Boiler Construction : A Practical Handbook for Engineers, Boilers-makers and Steam Users. Containing a Large Collection of Rules and Data Relating to Recent Practice in the Design, Construction and Working of all Kinds of Stationary, Locomotives and Marine Steam Boilers. With upwards of 500 illusts 3rd ed., carefully Revised and much Enlarged. 8°, pp. 505. Crosby Lockwood and Son. 18/.
   Construction des chaudières à vapeur.
Reed's Useful Hints to Sea-going Engineers, and How to Repair and Avoid « Breakdowns »; also Appendices containing Boiler. Explosions, Useful Formulæ, etc. With 42 Diagrams and 8 Plates 3rd ed., revised and Enlarged. Cr. 8°, pp. 242. Simpkin. 36/.
   Avis pratiques aux mécaniciens de navires de mer, et moyens d'éviter et de réparer les avaries.
Reed's Dravings of Types of Steamships. With index. Simpkin. In cloth case, 6/; in cloth and rollers, 10/.
   Recueil de types de navires à vapeur.
Sennett (Richard) and Oram (Henry J.). — The Marine Steam Engines : A Treatise for Engineering Students, Young Engineers and Officers of the Royal Navy and Mercantile Marine. With numerous Diagrams, 3rd ed., Revised and largely Re-written, by H.-J. Oram. Roy. 8°, pp. 532. Longmans. 21/.
   Machines à vapeur marines.

IX. — Électricité appliquée.

Bell (James) and Wilson (S.). — Practical Telephony. Adapted to the Requirements of the City and Guilds of London Institute. Cr. 8°, limp, pp. 296. « Electricity » Office. 2/6.
   Téléphonie pratique.
Bottone (S.-R.). — Radiography and the « X. » Rays in Practice and Theory. With Constructional and Manipulatory Details. With 47 Illusts. (Library of Art, Science and Industries.) Cr. 8°, pp. x-176. Whittaker. 3/.
   Radiographie et les rayons X; pratique et théorie.
Byng (M.) and Bell (F.-G.). — A Popular Guide to Commercial and Domestic Telephony. Cr. 8°, pp. 164. Whittaker. 2/6.
   Guide populaire de téléphonie.

FLEMING (J.-A.). — Magnets and Electric Currents. An Elementary Treatise for the Use of Electrical Artisans and Science Teachers. Cr. 8°, pp. 424. Spons. 7/6.

Courants magnétiques et électriques.

GRAY (Andrew). — A Treatise on Magnetism and Electricity. 2 vols. Vol. 1. Roy. 8°, pp. 498. Macmillan. Net, 14/.

Traité de magnétisme et d'électricité.

HENDERSON (John). — Practical Electricity and Magnetism. (Physical and Electrical Engineering Laboratory Manuals, Vol. 2). Cr. 8°, pp. 404. Longmans. 6/6.

Électricité et magnétisme pratiques.

ISENTHAL (A.-W.) and WARD (H. Snowden). — Practical Radiography. A Handbook of the Applications of the X-Rays. With many Illustrations. The 2nd ed. entirely Re-written and Up-to-Date. 8°, pp. 158. Dawbarn and Ward. Net, 2/6.

Radiographie pratique.

JUDE (R.-H.). — First Stage Magnetism and Electricity. Tested from the Standpoint of Potential and Potential-Gradient. For the Elementary Examination of the Science and Art Department. With 133 Illusts. and numerous Exercises and Examination Questions. (The Organised Science Series.) Cr. 8°. pp. 358. Clive. 2/.

Traité élémentaire de magnétisme et d'électricité.

SLOANE (T. O'Connor). — The Standard Electrical Dictionary, A Popular Encyclopædia of Words and Terms used in the Practice on Electrical Engineering. 2nd ed., with Appendix to Date. Cr. 8°, pp. 682. Crosby Lockwood and Son. 7/6.

Dictionnaire des mots et termes employés dans la pratique de l'électricité.

THOMPSON (Silvanus-P.) and THOMAS (Eustace). — Electrical Tables and Memoranda. New ed. Obl. 64°. leather, pp. 134. Spon. 1/.

Tables électriques et aide-mémoire.

WIENER (Alfred-E.). — Practical Calculation of Dynamo Electric Machines : A Manual for Electrical and Mechanical Engineers, and a Text-book for Students of Electro-Technics. Illust. 8°, pp. xxiv-683. W.-J. Johnston Co (New-York). Whittaker. 12/.

Calcul pratique des dynamos.

WILSON (Ernest). — Electrical Traction. (Arnold's Practical Science Manual.) 12°, pp. 262. Arnold. 5/.

Traction électrique.

X. — Architecture.

Academy Architecture and Architectural Review, 1897. Vol. 12.
4°, pp. 148. Office. Sd, net 4/; 4/10.
    Revue d'architecture de l'Académie.

FLETCHER (Banister-F.) — The Influence of Material on Architecture. Folo, bds, pp. 26 and Plates. Batsford. 5/.
    Influence des matériaux sur l'architecture.

FLETCHER (Banister) and FLETCHER (Banister F.). — A History of Architecture for the Student, Craftsman and Amateur : Being a Comparative View of the Historical Styles from the Earliest Period. With 115 Plates, mostly Collotypes, and other Illusts. in the Text, 3rd ed., Revised. Cr. 8°, pp. 332. Batsford. 12/6.
    Histoire de l'architecture.

MIDDLETON (G.-A.-T.). — Architectural Photography. Practical Lessons and Suggestions for Amateurs (Amateur Photographer's Library, n° 15). Cr. 8°, limp. pp. 80. Hazell. 1/.
    Photographie architecturale.

XII. — Divers.

Laxton's Builders' Price Book fr. 1898, 81st ed. Cr. 8°, pp. 818. Kelly. 4/.
    Série de prix du constructeur pour 1898.

Lockwood's Builder's, Architect's, Contractor's and Engineer's Price Book for 1898. A Comprehensive Handbook of the Latest Prices of every kind of Material and Labour in Trades connected with Building. Including many useful Memoranda and Tables. Edited by Francis T.-W. Miller. With a Supplement containing the London Building Act, 1894, and other Enactments relating to Buildings in the Metropolis with the By-laws and Regulations now in Force, and Notes of all Important Decisions in the Superior Courts. Cr. 8°. Crosby Lockwood and Son. 4/.
    Série de prix pour constructeurs, architectes et ingénieurs. pour 1898.

Low (David-Allan). — A Pocket-Book for Mechanical Engineers. With over 1.000 Illustrations. 18°, pp. 748. Longmans. 7/6.
    Livre de poche des mécaniciens.

MILFORD (Philip). — Pocket, Dictionary of Mining Terms. 3rd ed. Roy. 24°, limp, pp. 60. E. Wilson. Net, 1/.
    Dictionnaire de poche des termes miniers.

REDWOOD (Iltyd-I.). — Lubricants, Oils and Greases. Treated Theoretically and giving Practical Information regarding their Composition, Uses and Manufacture. A Practical Guide for Manufacturers, Engineers and Users in General of Lubricants. 8°, pp. 64. Spon. 4/6.

Matières lubrifiantes : Graisses et huiles.

OUVRAGES ITALIENS.

V. — Travaux maritimes.

ZAINY (D.). — Sul completamento delle difese e della costruzione di uno stabilimento di raddobbo pel porto di Napoli. Napoli, tip. della Società anonima cooperativa, 1898, 8°, p. 25, con tre tavole.

Achèvement des ouvrages de défense et de la construction d'un établissement de radoub dans le port de Naples.

VII. — Génie rural. — Assainissement. — Distribution d'eau.

BOLDINI (C.), ROMANO (G.-A.) e DE KIRIAKI (A.-S.). — La fognatura delle città : studio medico, tecnico, legale, con prefazione di Alessandro Pascolato. Venezia, stab. tip. lit. succ. M. Fontana, 1898, 8°, p. xvij-320, con quattro tavole.

1. L'igiene, le scienze ausiliarie di essa e canoni igienici fondamentali. 2. Inquinazione del terreno e dell'aria e sue conseguenze. 3. Le cloache, le fogne ed il colera. 4. Le cloache, le fogne, il tifo e la difterite. 5. La peste ed il culto dell'igiene di Venezia antica. 6. Il colera ed il tifo in Venezia e le sue fogne e cloache ; riforma necessaria di queste. 7. Descrizione sommaria dei sistemi di raccolta e smaltimento. 8. Studio critico sui diversi sistemi di raccolta e di smaltimento delle materie escrementizie ed altre immondezze delle abitazioni. 9. Condizioni odierne di Venezia in fatto di raccolta e smaltimento delle deiezioni umane, dei rifiuti ed acque luride delle cucine e delle acque meteoriche. 10. Qual modo di raccolta e smaltimento delle materie provenienti dai cessi ed acquai delle latrine e degli orinatoi pubblici sia di preferenza indicato per

Venezia e quanto altro occorra al risanamento di essa. 11. La questione dei riguardi economici. 12. La questione dei riguardi politicogiuridici.

L'assainissement de Venise. — Étude médicale, technique et administrative.

Bustini ing., Filadelfo, Spadon ing. (Ces.) e Villoresi ing. (Lu.). — Relazione della commissione nominata dal ministero dei lavori pubblici con decreto 5 novembre 1893, n° 8857 per lo studio e proposta di un riparto delle acque dell'Adda fra i canali Muzza, Retorto e roggia di Cassano. Milano, stab. tip. P.-B. Bellini, 1897, 8°, p. VII, 387, con cinque tavole.

1. Premesse generali. 2. Quantità d'acqua occorrente alla roggia di Cassano a termini della convenzione. 3. Determinazione delle superficie attualmente irrigate dai canali Retorto e Muzza. 4. Esame degli elementi che hanno influenza sulla quantità d'acqua necessaria all'irrigazione. 5. Competenza di diritto della roggia di Cassano. 6. Competenza di diritto del canale Retorto. — 7. Diritti del canale Muzza. 8. Riparto delle acque dell'Adda fra i canali Muzza e Retorto durante le deficenze del fiume nel periodo della irrigazione estiva, a termini della convenzione 10 maggio 1893. 9. Conseguenze dell'assegnazione alla roggia di Cassano della portata stabilita dalla convenzione. 10. Riparto dell'acqua d'inverno. 11. Modo di attuazione dei riparti fra i canali Muzza e Retorto. 12. Osservazioni sulla quantità d'acqua utilizzata attualmente dai canali Muzza e Retorto per la irrigazione estiva. 13. Schema di convenzione tra le parti interessate per l'attuazione delle proposte della commissione. 14. Appendici.

Rapport de la commission chargée d'étudier la répartition des eaux de l'Adda entre les canaux Muzza, Retorto et roggia di Cassano.

Marzolla, ing. (Cav.-Ben.). — Consorzio per la distribuzione d'acqua di Serino nei comuni di Somma Vesuviana, Ottajano, S. Giuseppe Vesuviano, Scafati, Boscoreale, Boscotrecase e Torre del Greco : progetto di massima. Napoli, tip. Angelo Trani, 1897, 8°, p. 42.

Syndicat pour la distribution d'eau du Serino dans les communes de Somma, Ottajano, Saint-Giuseppe, Scafati, Boscoreale, Boscotrecase et Torre del Greco.

Vantini, ing. (Umb.). — La costruzioni rurali. Milano, stab. tip. della casa edit. dott. Francesco, Vallardi, 1898, 16°, fig., p. 165.
L. 2.

1. Fabbricati d' abitazione. 2. Fabbricati per gli animali domestici. 3. Particolari dei fabbricati destinati ad abitazione di animali. 4. Fabbricati per il ricovero delle macchine e di alcuni prodotti. 5. Accessori dei fabbricati. 6. Costruzioni destinate a raccogliere le acque potabili. 7. Fabbricati per l' esercizio di alcune industrie rurali. 8. Disposizioni e distribuzione di caseggiati rustici. 9. Cenni sulle spese inerenti a fabbricati rurali. — Biblioteca Vallardi ; piccola enciclopedia illustrata.

Les constructions rurales.

X. — Architecture.

Atti dell' ottavo congresso degli ingeneri ed architetti italiani in Genova : settembre 1896. Genova, tip. istituto Sordomuti, 1897, 8°, 2 vol. (p. LXXVJ-214; 280).

I. Resoconti. — II. Memorie preliminari, dati statistici e conferenze. 1. L'architettura nella storia della civiltà : conferenza di Angelo Coppola. 2. Il Sempione ; il S. Bernardo ; il Loetschberg : conferenza di C. Canovetti. 3. Ferrovie a trazione elettrica su forti pendenze : sunto di conferenza di Cesare Ratti.

Actes du huitième Congrès des Architectes et Ingénieurs italiens à Gênes.

BENVENUTI SIROE. — Il muratore architetto : manuale pratico illustrato per la costruzione di case civili, operaie e coloniche, per uso dei maestri muratori. Certaldo, tip. Benvenuti, 1897, 4°, p. 39, con venti tavole.

L'architecte-constructeur, manuel pratique illustré.

GHELLI, ing. (Pietro). — Progetto della nuova aula del Parlamento : ventilazione, riscaldamento, refrigeramento, illuminazione. Roma, tip. Tiberina di F. Setth, 1807, 8°, p. 63.

Projet de la nouvelle salle du Parlement.

MORA, ing. (Fr.), e MONACO, ing. (Ed.). — Relazione che accompagna il progetto di una nuova aula per la camera dei deputati nel palazzo di Montecitorio. Roma, tip. dell' Unione cooperativa editrice, 1898, 8°, p. 75, con due tavole.

Rapport accompagnant le projet d'une nouvelle salle pour la Chambre des députés.

TABLE DES MATIÈRES

PAR ORDRE D'INSERTION.

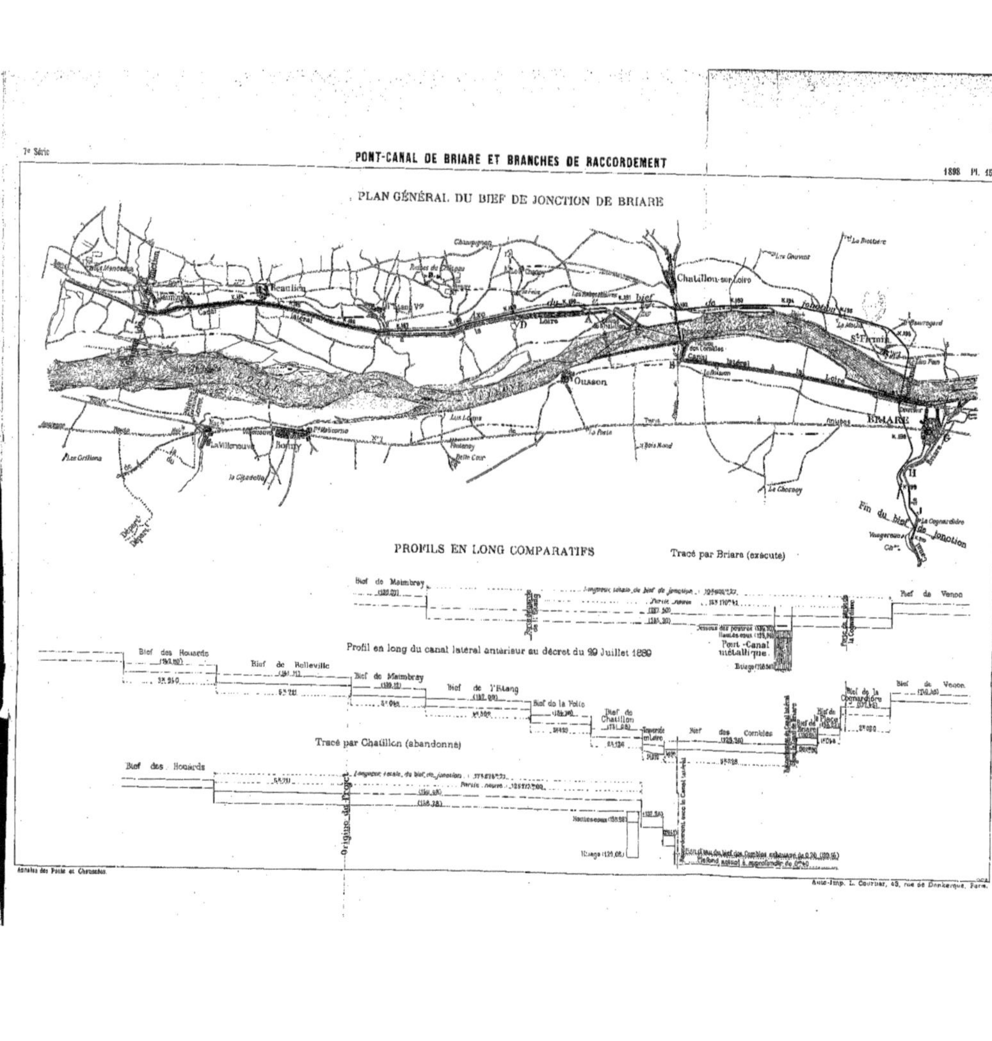

PLAN GÉNÉRAL DU BIEF DE JONCTION DE BRIARE
Chatillon-sur-Loire
Beaulieu
Ousson
La Villeneuve
Bonny
BRIARE
St Firmin
Fin du bief de Jonction
PROFILS EN LONG COMPARATIFS
Tracé par Briare (exécuté)
Bief de Maimbray
Bief de Vanon
Pont-Canal métallique
Profil en long du canal latéral antérieur au décret du 29 Juillet 1889
Bief des Houards
Bief de Belleville
Bief de Maimbray
Bief de l'Étang
Bief de la Folie
Bief de Chatillon
Bief des Cormiers
Bief de la Cognardière
Bief de Vanon
Tracé par Chatillon (abandonné)
Bief des Houards

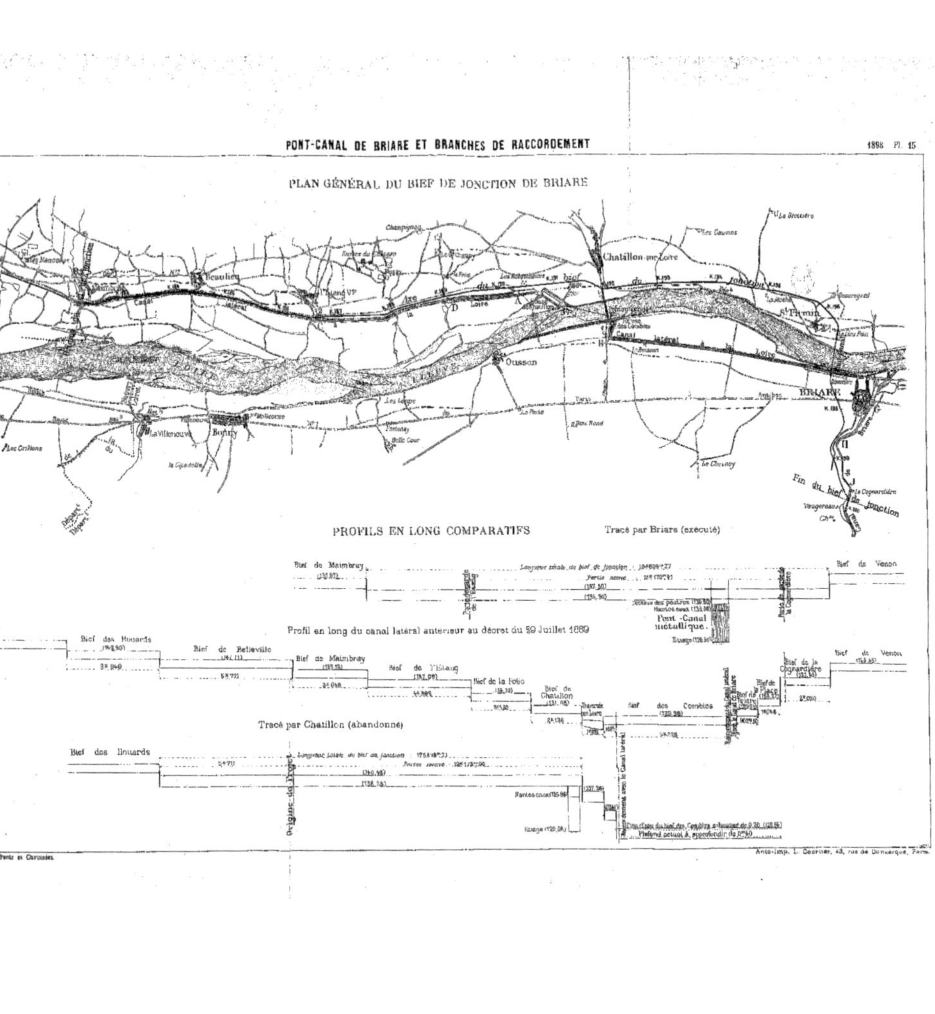
PLAN GÉNÉRAL DU BIEF DE JONCTION DE BRIARE
Châtillon-sur-Loire
Beaulieu
Ousson
La Villeneuve
Boismy
BRIARE
Fin du bief de Jonction
PROFILS EN LONG COMPARATIFS
Tracé par Briare (exécuté)
Bief de Maimbray
Bief de Venon
Profil en long du canal latéral antérieur au décret du 29 Juillet 1889
Bief des Houards
Bief de Belleville
Bief de Maimbray
Bief de l'Étang
Bief de la Folie
Bief de Chatillon
Bief des Combles
Bief de la Cognardière
Bief de Venon
Tracé par Chatillon (abandonné)
Bief des Houards
Pont-Canal métallique.

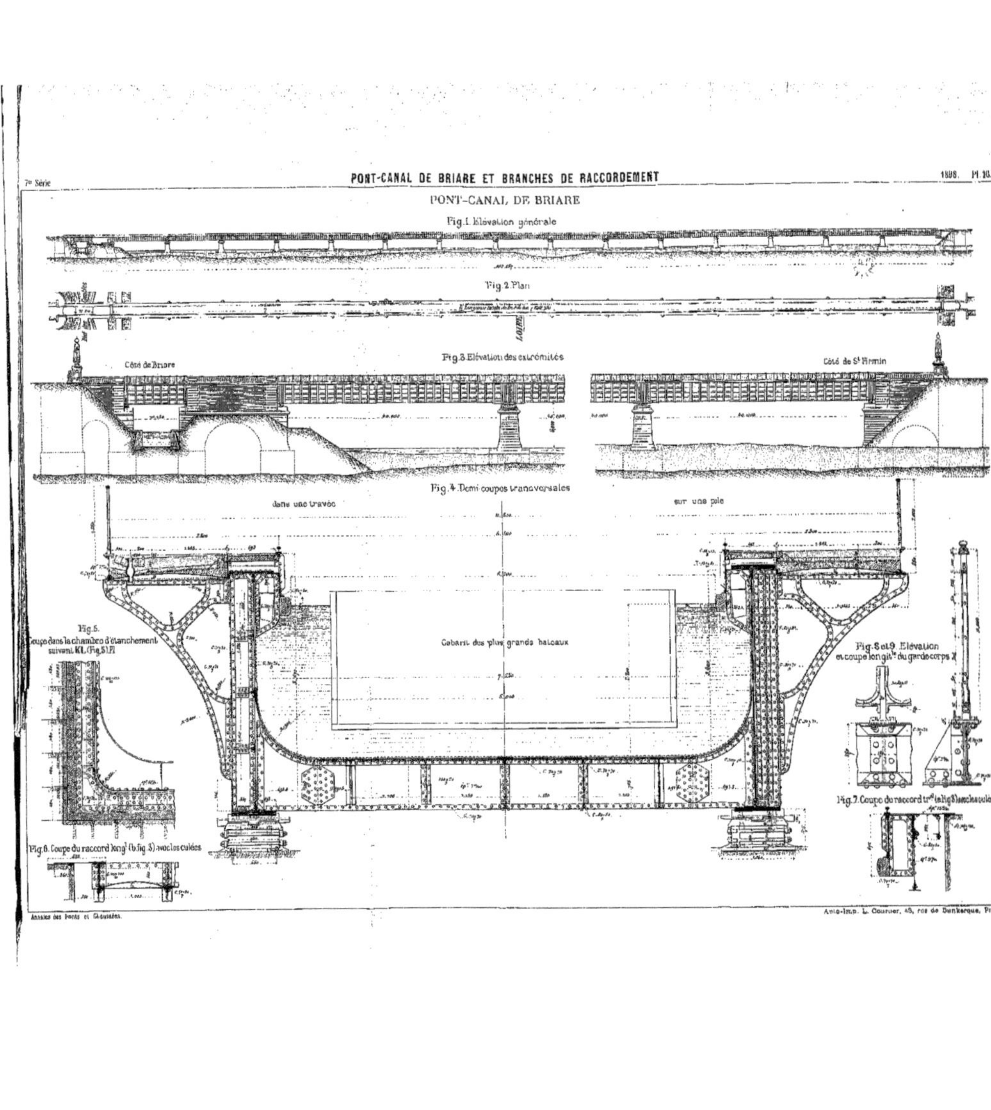
PONT-CANAL DE BRIARE
Fig. 1. Élévation générale
Fig. 2. Plan
Fig. 3. Élévation des extrémités
Côté de Briare
Côté de St Firmin
Fig. 4. Demi coupes transversales
dans une travée
sur une pile
Gabarit des plus grands bateaux
Fig. 5.
Coupe dans la chambre d'étanchement suivant KL (Fig. 3) FI
Fig. 6. Coupe du raccord long¹ (b fig. 3) avec les culées
Fig. 7. Coupe du raccord tr³ (a fig. 3) avec les culées
Fig. 8 et 9. Élévation et coupe long¹⁾ du garde-corps X

PONT-CANAL DE BRIARE
Fig. 1 à 3. Élévations

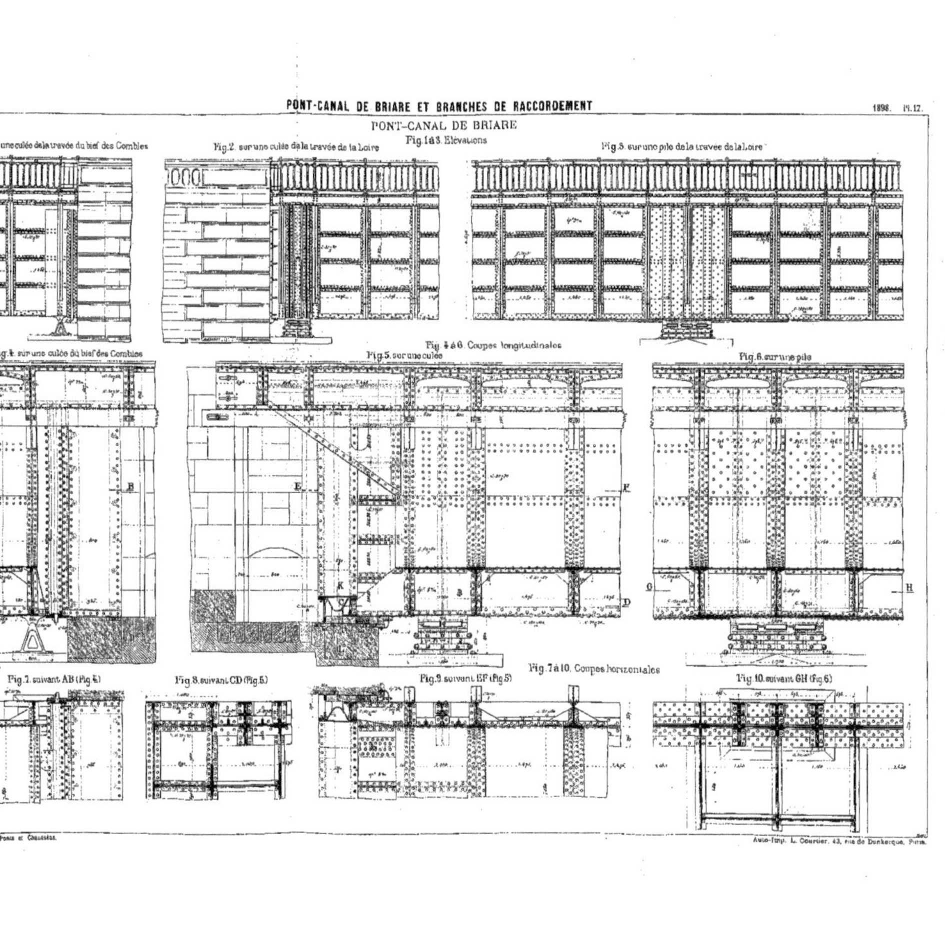

PONT-CANAL DE BRIARE

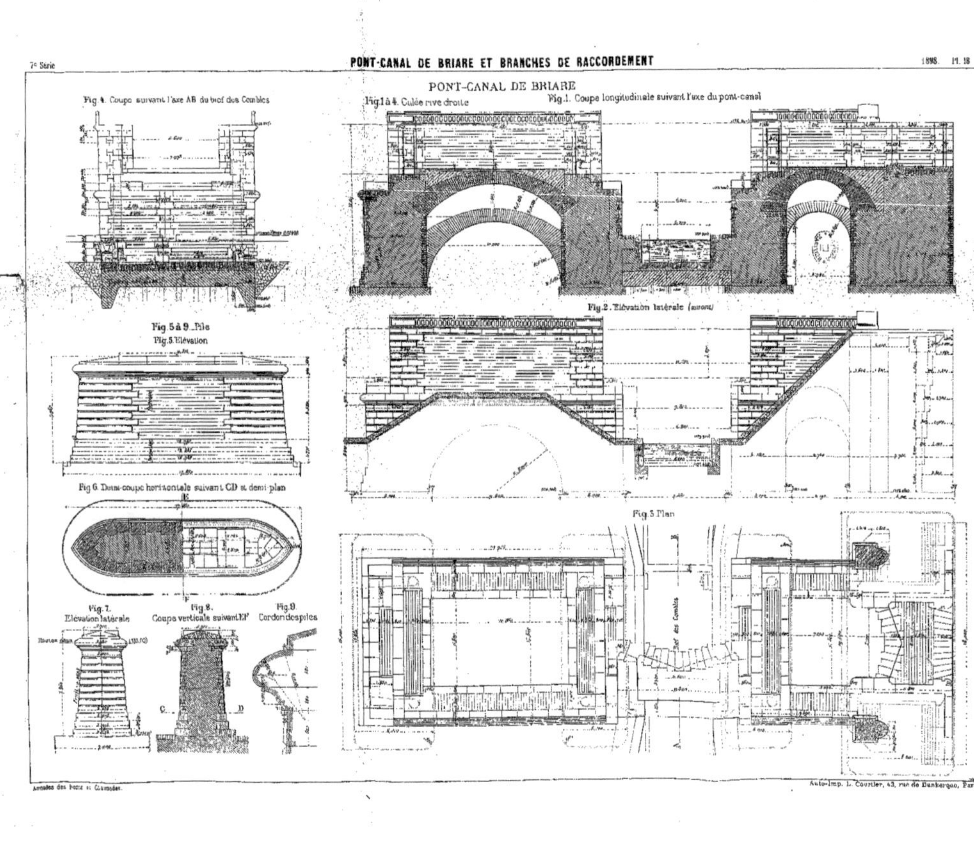

1898. Pl. 19

PONT-CANAL DE BRIARE

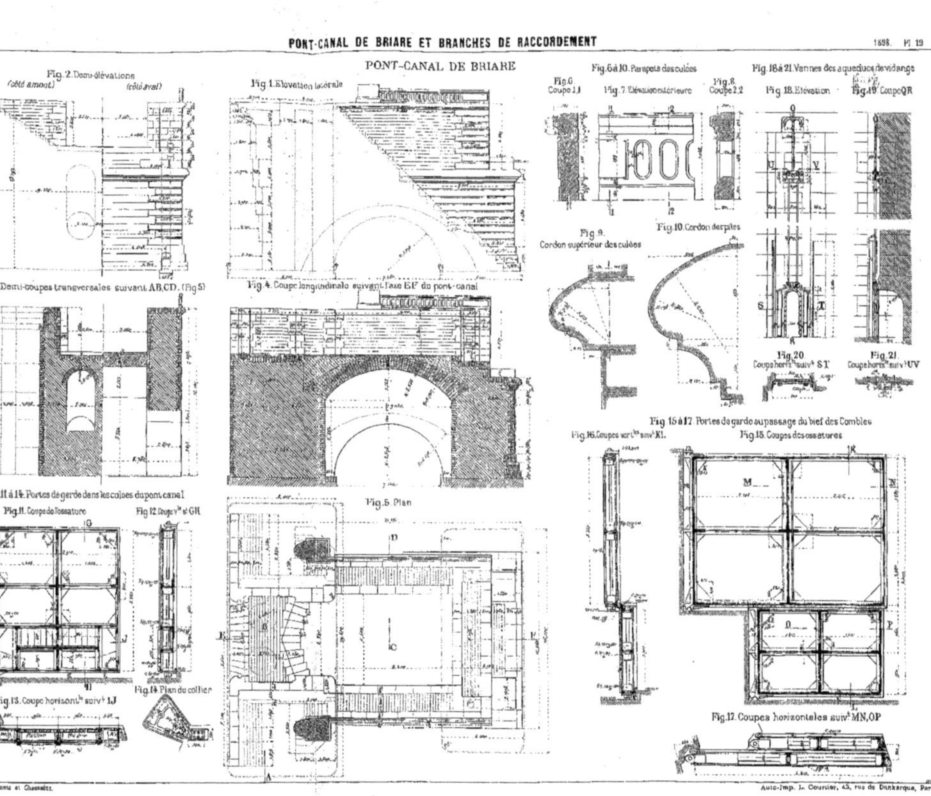

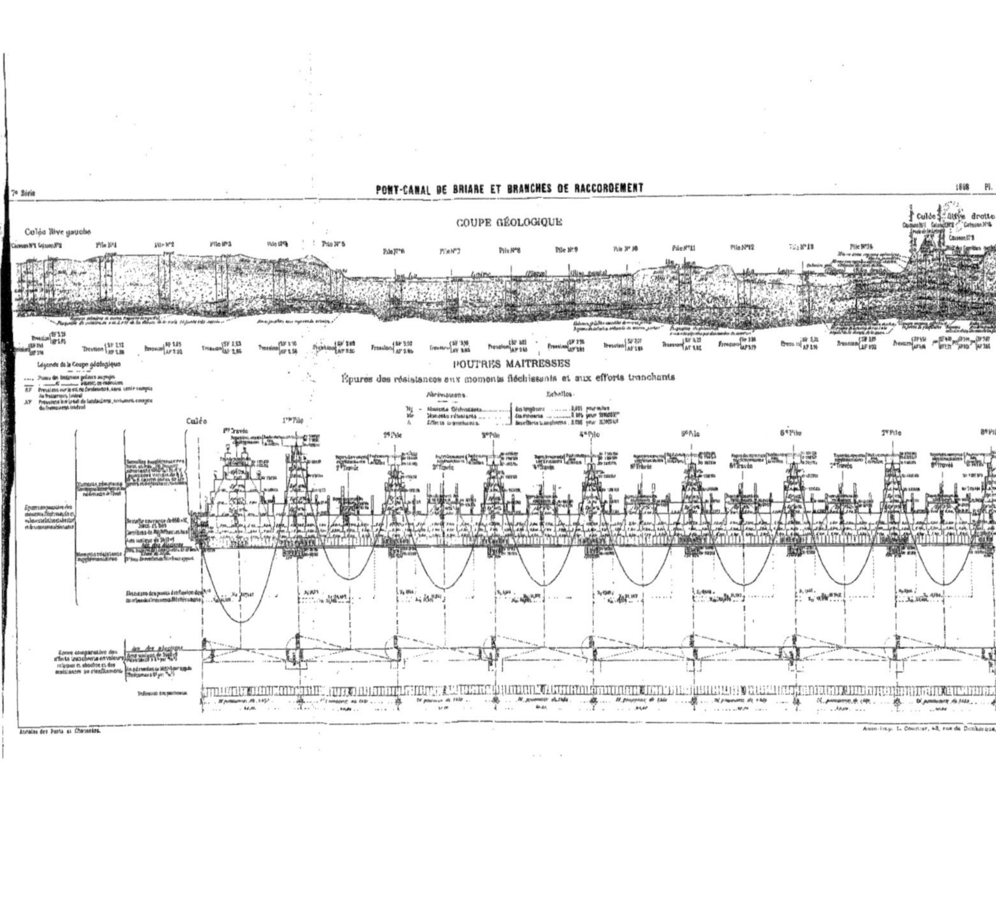
COUPE GÉOLOGIQUE
Culée Rive gauche
Culée Rive droite
POUTRES MAITRESSES
Épures des résistances aux moments fléchissants et aux efforts tranchants
Légende de la Coupe géologique

PONT-CANAL DE St-FIRMIN sur la Route Départementale N° 2

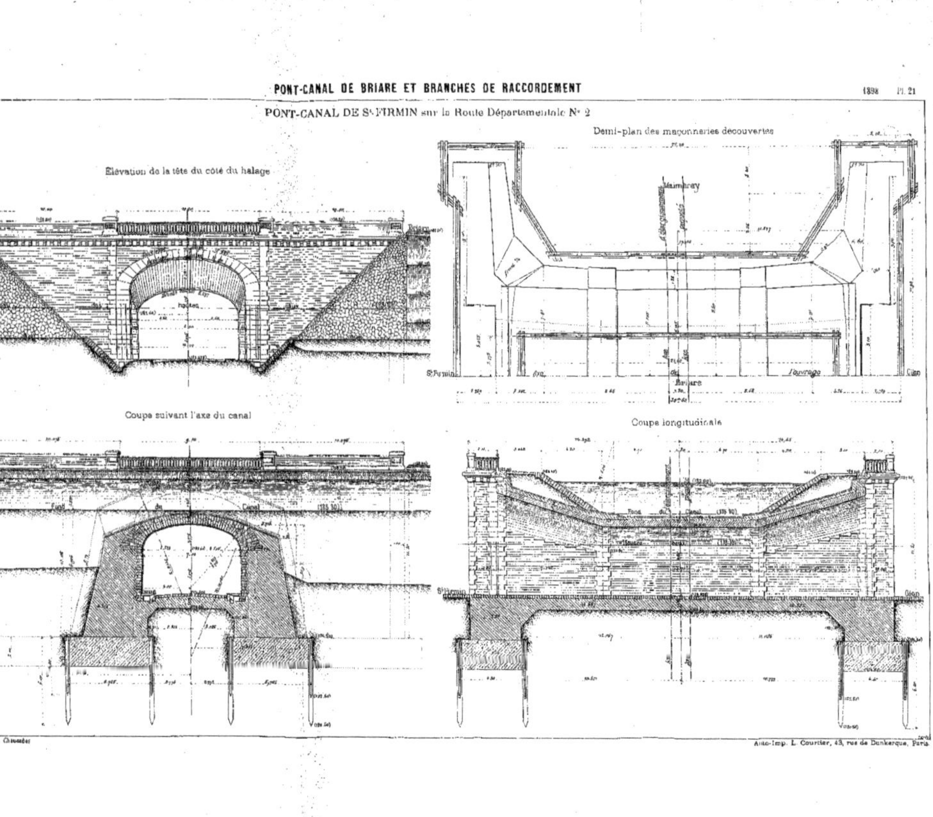

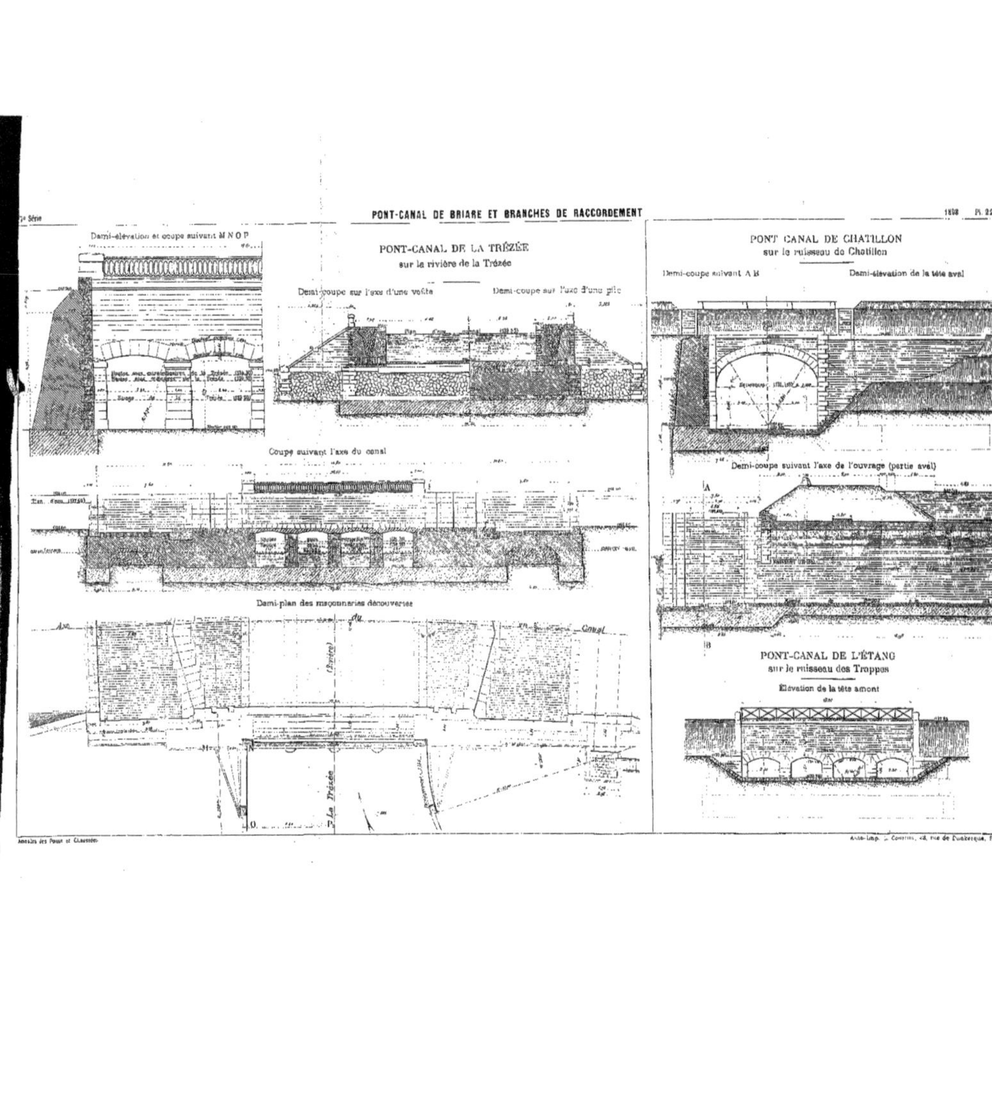
Demi-élévation et coupe suivant M N O P
PONT-CANAL DE LA TRÉZÉE
sur la rivière de la Trézée
Demi-coupe sur l'axe d'une voûte
Demi-coupe sur l'axe d'une pile
Coupe suivant l'axe du canal
Demi-plan des maçonneries découvertes
PONT-CANAL DE CHATILLON
sur le ruisseau de Chatillon
Demi-coupe suivant A B
Demi-élévation de la tête aval
Demi-coupe suivant l'axe de l'ouvrage (partie aval)
PONT-CANAL DE L'ÉTANG
sur le ruisseau des Troppes
Élévation de la tête amont

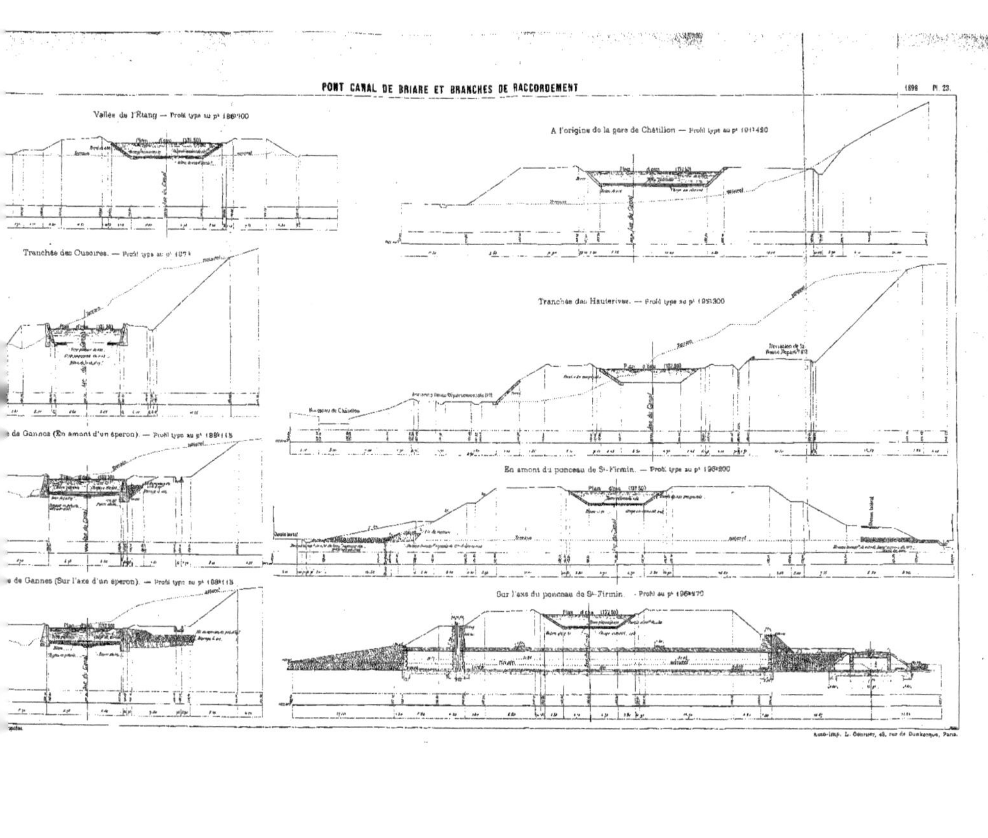

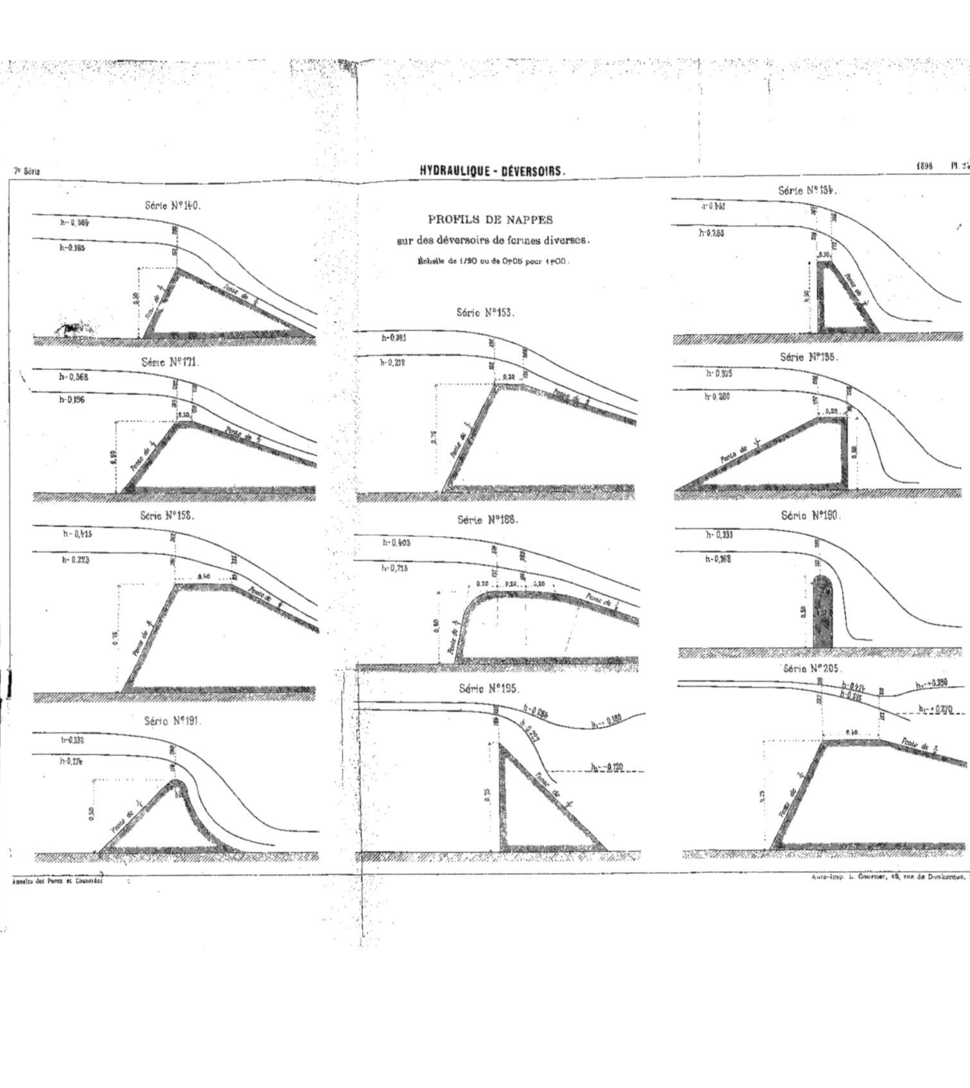
PROFILS DE NAPPES
sur des déversoirs de formes diverses.
Échelle de 1/20 ou de 0m05 pour 1m00.
Série N° 140.
Série N° 171.
Série N° 158.
Série N° 191.
Série N° 153.
Série N° 188.
Série N° 195.
Série N° 134.
Série N° 135.
Série N° 190.
Série N° 205.

APPLICATION DU TYPE DÉTERMINÉ PAR LES DONNÉES EXPÉRIMENTALES

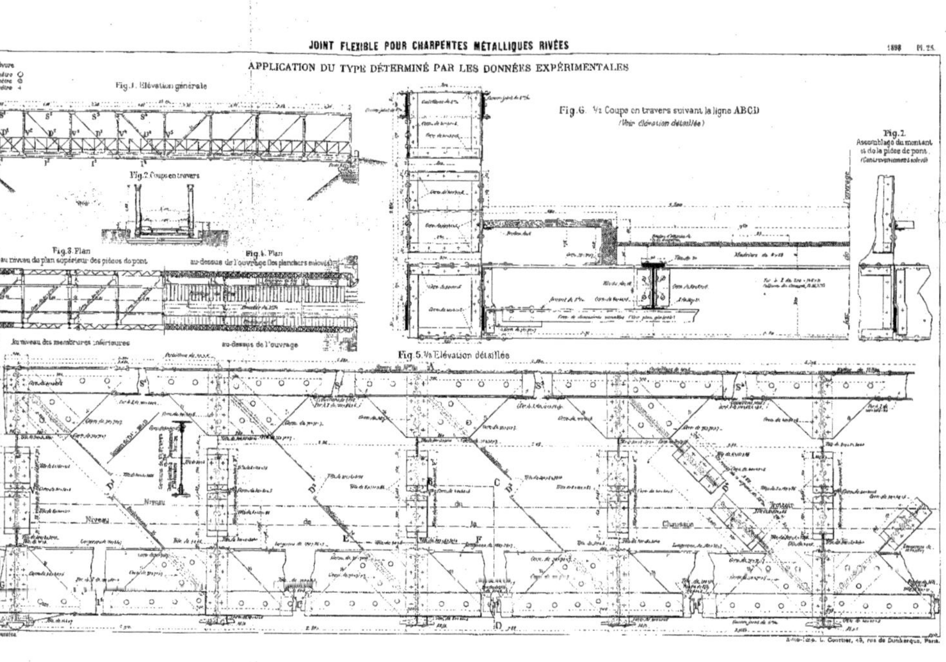

Annales des Ponts et Chaussées.

1ᵉʳᵉ Epure

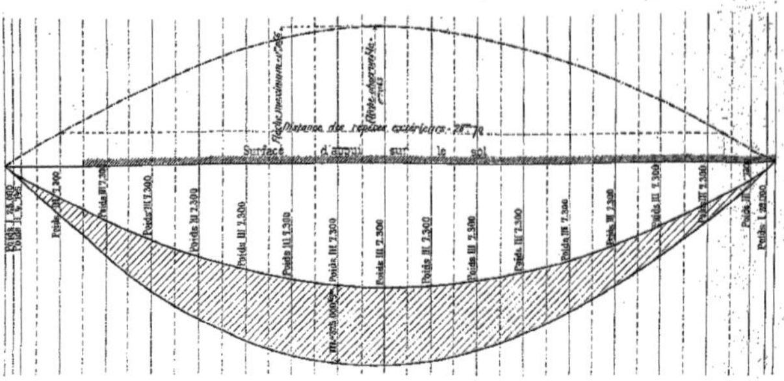

$$S = 20,7 \times 3.000 = 62.100 \text{ cmq}$$
$$\frac{I}{v} = 31,05 \times 10^6$$
$$\Sigma P = 177.545 \; ; \; m = 177.545 \times 1,65 = 292.950$$
$$R = \frac{177.545}{62.100} \pm \frac{29.295.000}{31,05 \times 10^6}$$

Réaction côté terre 1^k91
Réaction côté rivière $3,79$ } par cm.q.

Moment maximum 325.000^{kgm}
Flèche maximum $0,056$
Travail maximum du métal { Compression 12^k7 / Tension 3^k5

2ᵉ Epure

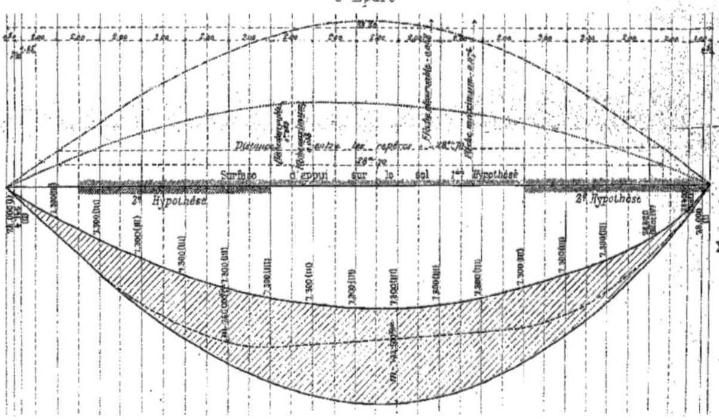

$$S = 20,7 \times 2.000 = 41.400 \text{ cq}$$
$$\frac{I}{v} = 29,9 \times 10^6$$
$$\Sigma P = 219.785 \; ; \; m = 219.785 \times 1,165 = 256.049,53$$
$$R = \frac{219.785}{41.400} \pm \frac{25.604.953}{29,9 \times 10^6}$$

Réaction du côté terre 6^k16
Réaction du côté rivière $4,54$ } par cm.q.

Moment maximum 432.500^{kgm}
Flèche maximum $0,074$
Travail maximum du métal { Compression 16^k9 / Tension $4,7$

$$S = 20,7 \times 3.000 = 62.100 \text{ cq}$$
$$\frac{I}{v} = 31,05 \times 10^6$$
$$\Sigma P = 219.785 \; ; \; m = 219.785 \times 1,165 = 256.049,53$$
$$R = \frac{219.785}{62.100} \pm \frac{25.604.953}{31,05 \times 10^6}$$

Réaction du côté terre $4,5355$
Réaction du côté rivière $2,715$ } par cm.q.

Moment maximum 250.000^{kgm}
Flèche maximum 0^m038
Travail maximum du métal { Compression 9^k8 / Tension $2,7$

3ᵉ Epure

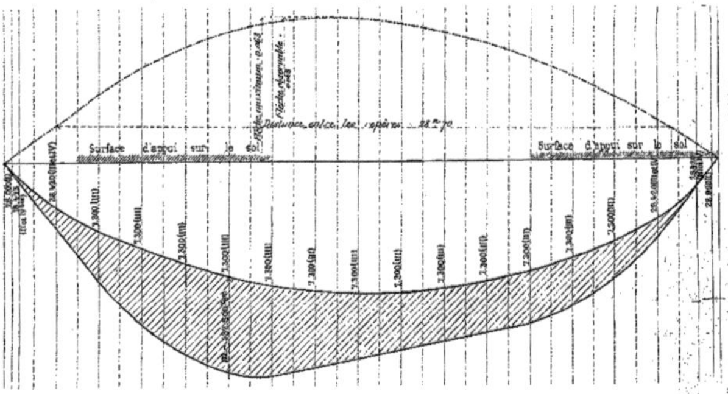

$$S = 20,7 \times 2.000 = 41.400 \text{ cq}$$
$$\frac{I}{v} = 29,9 \times 10^6$$
$$\Sigma P = 257.933 \; ; \; m = 257.933 \times 1,46 = 376.482,18$$
$$R = \frac{257.933}{41.400} \pm \frac{37.648.218}{29,9 \times 10^6}$$

Réaction du côté terre 4^k82
Réaction du côté rivière $7,39$ } par cm.q.

Moment maximum 432.500^{kgm}
Flèche maximum $0,063$
Travail maximum du métal { Compression 16^k9 / Tension 4^k7

4ᵉ Epure

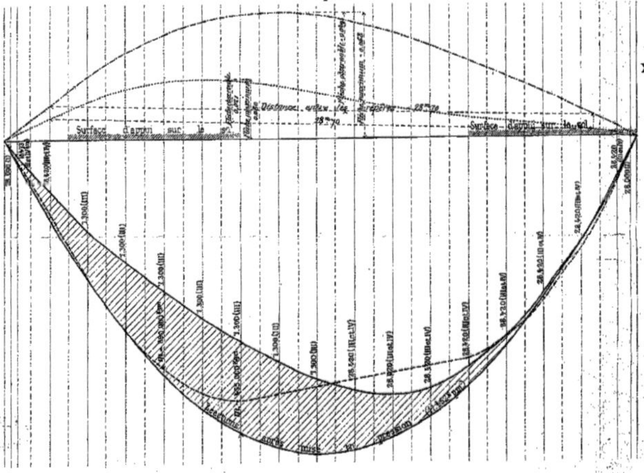

$$S = 20,7 \times 2.000 = 41.400 \text{ cq}$$
$$\frac{I}{v} = 29,9 \times 10^6$$
$$\Sigma P = 381.353 \; ; \; m = 381.353 \times 0,88 = 147.919,14$$
$$R = \frac{381.353}{41.400} \pm \frac{11.461.14}{29,9 \times 10^6}$$

Réaction du côté terre 9^k69
Réaction du côté rivière $8,13$ } par cm.q.

Moment maximum 390.000^{kgm}
Flèche maximum $0,063$
Travail maximum du métal { Compression 15^k23 / Tension 4^k2

Après la mise en pression

Réaction égale au poids soit 383.616^k

Réaction par mètre $\dfrac{383.616}{33,56} = 11.432^k$

Moment maximum 455.000^{kgm}

Flèche maximum $0,090$
Travail maximum du métal { Compression 17^k77 / Tension 4^k90

Auto-Imp. L. Courtier, 43, rue de Dunkerque, Paris.

ÉCHAFAUDAGE DE MONTAGE DE L'ENCORBELLEMENT. — Détails.

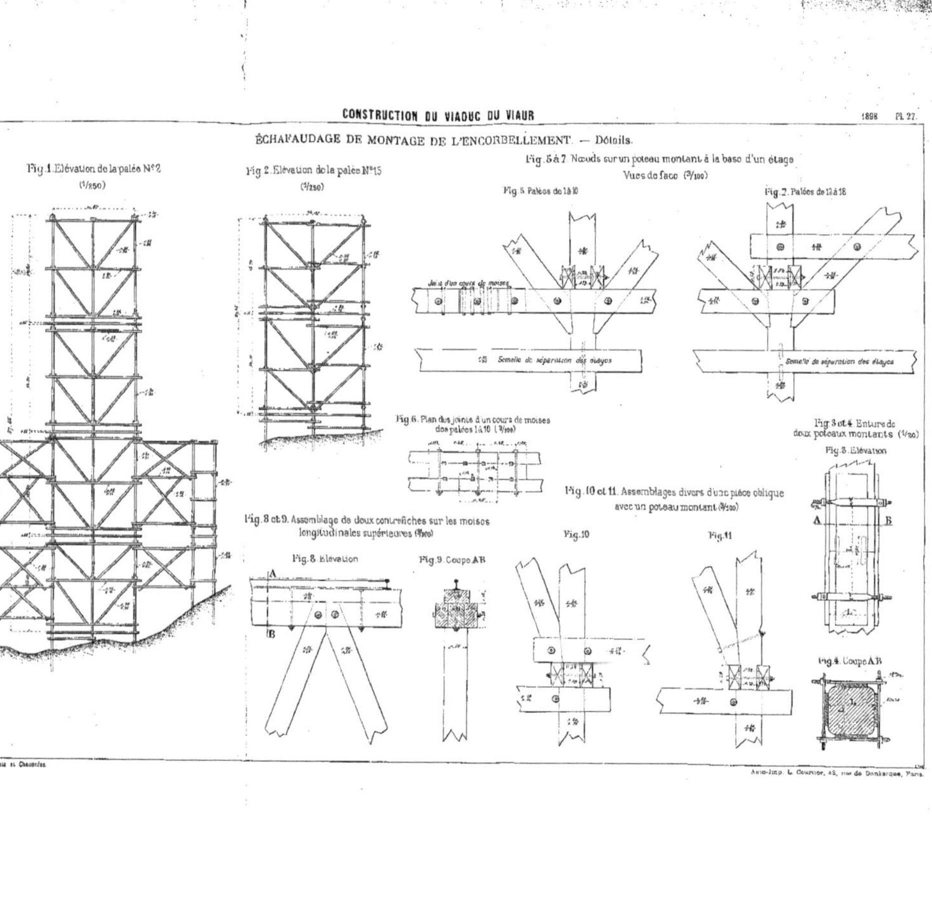

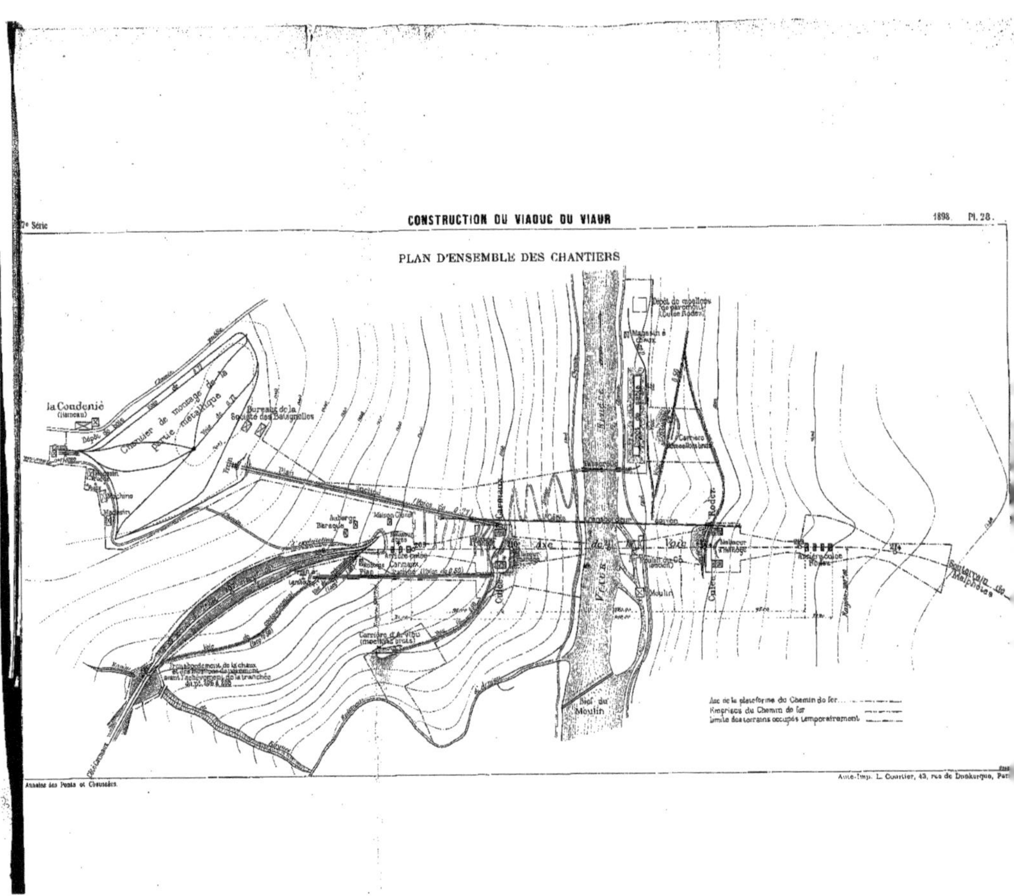
PLAN D'ENSEMBLE DES CHANTIERS
la Condenié
(hameau)
Chantier de montage de la
Partie métallique
Bureaux de la
Société des Batignolles
Auberge
Baraque
Maison Carmaux
Carrière d'Aubign
(moellons bruts)
Dépôt de mitraille
de charpente
(côté Rodez)
Magasin à
ciment
Carrière
(moellons bruts)
Rocher
Moulin
Rû du
Moulin
Axe du
Viaur
Axe de la plateforme du Chemin de fer
Emprises du Chemin de fer
Limite des terrains occupés temporairement

CIMENTS SUPÉRIEURS DU MIDI

ROMAIN BOYER & Cⁱᵉ

5, rue Cannebière, MARSEILLE

FOURNISSEUR DES ADMINISTRATIONS DE L'ÉTAT

Médailles Or et Argent

CIMENTS A PRISE DEMI-LENTE ET A PRISE PROMPTE
CIMENTS DE PORTLAND ARTIFICIEL ET NATUREL

Notre **PORTLAND ARTIFICIEL** est fabriqué dans une usine spéciale par la méthode du dosage rigoureux avant cuisson. Ce produit est livré avec toutes-garanties de résistance et de composition chimique.

Les produits sont livrés en sacs plombés et en barils de différents poids portant la marque de fabrique et la désignation de la qualité.

Adresser les commandes au siège de la maison. — Envoi franco de Notices et Prix Courants.

Fabrication des Bétons agglomérés de François COIGNET, brev. S. G. D. G.

EDMOND COIGNET & Cⁱᵉ

Rue de Londres, 20, Paris

Usine : 4, rue de la Parfumerie, à ASNIÈRES (Seine)

PIERRES MOULÉES
DE TOUTE ESPÈCE
EN BÉTONS AGGLOMÉRÉS COIGNET, BREV. S. G. D. G.

BUSES ET TUYAUX DE TOUS DIAMÈTRES AVEC EMBOITEMENT
POUR CONDUITES ET CANALISATIONS

CARREAUX UNIS ET STRIÉS, BORDURES DE TROTTOIRS
Pour Cours, Passages, Écuries, Remises et Portes cochères

DALLAGES MOSAIQUES VÉNITIENNES ET ROMAINES

Mosaïques décoratives en Ors et Émaux

GRAND PRIX — DIPLOME D'HONNEUR — MÉDAILLE D'OR
Exposition de Bordeaux 1895 — Hors concours — Membres du Jury

TURBINE HERCULE-PROGRÈS

Brevetée S. G. D. G. en France et dans tous les pays étrangers

LA SEULE BONNE POUR DÉBITS VARIABLES, 300,000 chevaux en fonctionnement

Supériorité reconnue pour Éclairage électrique, Transmission de force, Moulins, Filatures, Tissages, Papeteries, Forges et toutes industries.

Rendement garanti au frein de 80 à 85 0/0. — Rendement obtenu avec une turbine fournie à l'état français 00,4 0/0. — Nous garantissons, au frein, le rendement moyen de la TURBINE HERCULE-PROGRÈS supérieur à celui de tout autre système ou imitation, et nous nous engageons à reprendre, dans les trois mois, tout moteur qui ne donnerait pas ces résultats.

AVANTAGES : Pas de graissage, Pas d'entretien, Pas d'usure, Régularité parfaite de marche, Fonctionne noyée, même de plusieurs mètres, sans perte de rendement. Construction simple et robuste. Installation facile. Prix modérés.

Toujours au moins 100 turbines en construction ou prêtes pour expédition immédiate.

PRODUCTION ACTUELLE DES ATELIERS
2 turbines par jour.

SINGRUN FRÈRES
Ingénieurs-Constructeurs
A ÉPINAL (France)

TURBINE SANS HUCHE. Éviter les contrefaçons. Se méfier des imitations. TURBINE AVEC HUCHE
Renseignements, circulaires, prix et références sur demande.

Contraste insuffisant

NF Z 43-120-14

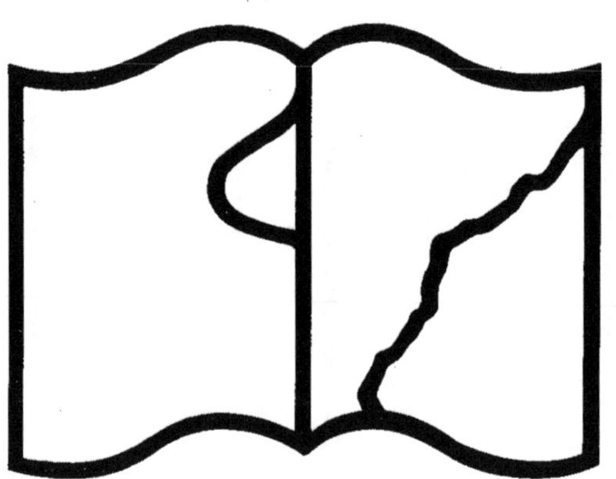

Texte détérioré — reliure défectueuse

NF Z 43-120-11